河南省"十四五"普通高等教育规划教材

煤炭高等教育"十四五"规划教材

数字测图原理与方法

（第 3 版）

主　编　何　荣　李长春
副主编　齐修东　连增增　王宏涛　强晓焕

应急管理出版社
·北　京·

内 容 提 要

　　本书内容包括绪论、测量的基本知识、水准测量、角度测量与距离测量、测量误差的基本知识、小区域控制测量、地形图的基本知识、数字地形图绘图基础、大比例尺数字地形图的数据采集、数字地形图的绘制方法、无人机测绘技术、无人机测绘内业数字测图、数字地形图的应用等，共 13 章。

　　本书适用于测绘工程、地理信息科学、遥感科学与技术、土地资源管理、自然地理与资源环境等专业，也可以作为其他专业测绘类课程的教学用书以及供相关技术人员参考。

第 3 版 前 言

本书为河南省"十四五"普通高等教育规划教材、煤炭高等教育"十四五"规划教材，由普通高等教育"十三五"规划教材修订而成。在新时代高等教育发展和信息化测绘的背景下，本次修订工作更新和新增了部分知识内容，将无人机数字测图技术分为两个章节编写，更加详尽地介绍无人机测绘技术的内外业工作，修订后的教材更加符合现行测绘类本科专业人才培养的规范要求。

数字测图原理与方法是测绘工程、遥感科学与技术和导航工程等测绘类专业的必修课程，通常为本科生第一门专业课程，为后续课程的开设奠定专业基础。本教材在编写和修订过程中，注重传授基础理论知识，同时，为了有利于学生能力的培养和知识面的拓宽，本书努力做到知识的先进性、通用性和实用性相结合，反映信息化测绘技术的发展趋势，符合新时代高等教育改革潮流。

教材由河南理工大学何荣、李长春、齐修东、连增增、王宏涛和强晓焕共同编写，本次修订工作，编写团队充分讨论并多次征求意见。参编人员及分工为：何荣编写第四章、第七章；李长春编写第五章、第六章（第一节、第五节）、第十三章；齐修东编写第一章、第二章、第八章；强晓焕编写第三章、第九章；连增增编写第六章（第二节、第三节、第四节、第六节）、第十一章；王宏涛编写第十章、第十二章；全书由何荣统稿。

本教材得到了河南省教育厅"十四五"普通高等教育规划教材和中国煤炭教育协会煤炭高等教育"十四五"规划教材立项建设的支持，在此表示感谢。

在本书的编写和修订过程中，河南理工大学教授魏峰远、袁占良等提出了许多宝贵意见，在此表示衷心感谢！同时，编者在编写过程中参阅了大量同类文献，在此向文献资料的作者表示真诚的谢意！由于编者水平有限，修订过程中可能存在疏漏和不足之处，敬请广大读者批评指正。

编 者

2023 年 8 月

前　言

　　《数字测图原理与方法》是测绘工程、地理信息科学和遥感科学与技术等专业的专业基础课，也是后续进行各门测绘类课程学习的入门课程。为了适应现代测绘科学技术数字化、自动化和智能化发展趋势，并根据 21 世纪测绘科学的发展需要和我国测绘工作的实际状况，以及全国测绘教学指导委员会对本门课程提出的指导意见，编者将原《测量学》的内容进行精化提炼，同时结合《大比例尺数字测图》的内容编写成本教材。

　　本教材在编写过程中，注重加强基础理论教学。同时，为了有利于学生能力培养和知识面的拓展，本书努力做到先进性、通用性和实用性相结合，力争反映当代测绘科学技术发展趋势，符合 21 世纪高等教育改革潮流。

　　本书由河南理工大学李长春、何荣、齐修东和强晓焕等老师共同编写。具体分工如下：第一章、第二章、第六章（第三节和第四节）、第八章、第十章（第三节）由齐修东老师编写；第三章、第九章由强晓焕老师编写；第五章、第六章（第一节、第五节和第六节）、第十章（第二节）、第十一章由李长春老师编写；第四章、第六章（第二节）、第七章、第十章（第一节）由何荣老师编写。

　　河南理工大学的郭增长教授、张健雄教授、袁占良教授在本书编写过程中提出了许多宝贵意见，在此表示衷心感谢！同时，编者在编写过程中参阅了大量同类文献，在此向有关文献资料的作者表示真诚的谢意！由于编者水平有限，书中可能有不足和不妥之处，敬请读者批评指正。

编　者

2014 年 1 月

第 2 版修订说明

本书为普通高等教育"十三五"规划教材，由同名规划教材修订而成。在信息化测绘和高等教育发展的新形势下，本次修订工作更新或新增了部分知识点，为了满足数字测图技术发展的需求，本次修订新增无人机数字测图章节。修订后的教材更加符合现行测绘类本科专业人才培养的规范要求。

数字测图原理与方法是测绘工程、遥感科学与技术和地信信息科学等专业的必修课程，也是测绘类专业后续课程的重要基础。本教材在编写和修订过程中，注重加强基础理论教学；同时，为了有利于学生能力培养和知识面的拓宽，努力做到知识的先进性、通用性和实用性相结合，反映当代测绘科学技术的发展趋势，符合 21 世纪高等教育的改革潮流。

本书由河南理工大学何荣、李长春、齐修东、强晓焕和连增增老师共同编写。本次修订工作参编人员及分工：第一章（第五节）、第四章、第六章（第二节、第三节、第六节）、第七章、第十章（第一节、第四节）由何荣编写；第五章、第六章（第一节、第五节）、第十章（第二节、第三节）、第十二章由李长春编写；第一章（第一～四节）、第二章、第六章（第四节）、第八章由齐修东编写；第三章、第九章由强晓焕编写；第十一章由连增增编写；何荣对全书进行统稿。

本书的编写和修订得到了河南理工大学魏峰远教授、张健雄教授等提出的许多宝贵意见，在此表示衷心感谢！同时，编者在编写过程中参阅了大量同类文献，在此向文献资料的作者表示真诚的谢意！

由于编者水平所限，修订过程中仍可能存在疏漏和不妥之处，恳请广大读者批评指正。

编　者

2019 年 8 月

目　　次

第一章　绪论 ……………………………………………………………… 1

 第一节　测绘学的内容和作用 …………………………………………… 1

 第二节　测绘学的发展 …………………………………………………… 4

 第三节　测量的任务与基本原则 ………………………………………… 6

 第四节　测图技术发展 …………………………………………………… 7

 第五节　测绘法律法规和技术标准 ……………………………………… 9

 思考题 …………………………………………………………………… 12

第二章　测量的基本知识 ………………………………………………… 13

 第一节　地球的形状和大小 ……………………………………………… 13

 第二节　测量常用坐标系 ………………………………………………… 15

 第三节　地图投影和高斯平面直角坐标系 ……………………………… 19

 第四节　高程基准 ………………………………………………………… 28

 第五节　用水平面代替水准面的限度 …………………………………… 29

 第六节　直线定向 ………………………………………………………… 32

 思考题 …………………………………………………………………… 35

第三章　水准测量 ………………………………………………………… 36

 第一节　水准测量原理与方法 …………………………………………… 36

 第二节　水准仪和水准尺 ………………………………………………… 39

 第三节　水准测量方法 …………………………………………………… 48

 第四节　水准仪和水准尺的检验与校正 ………………………………… 54

 第五节　水准测量误差分析 ……………………………………………… 62

 思考题 …………………………………………………………………… 66

第四章　角度测量与距离测量 …………………………………………… 67

 第一节　角度测量原理 …………………………………………………… 67

 第二节　角度测量仪器 …………………………………………………… 68

 第三节　角度测量方法 …………………………………………………… 84

 第四节　经纬仪的检验与校正 …………………………………………… 91

 第五节　水平角观测的误差分析 ………………………………………… 97

 第六节　钢尺量距和视距测量 …………………………………………… 102

第七节　电磁波测距 ……………………………………………………………… 105

思考题 …………………………………………………………………………… 114

第五章　测量误差的基本知识 …………………………………………………… 115

第一节　概述 ……………………………………………………………………… 115

第二节　评定精度的指标 ………………………………………………………… 118

第三节　误差传播定律 …………………………………………………………… 120

第四节　算术平均值及观测值的中误差 ………………………………………… 124

第五节　广义算术平均值及精度评定 …………………………………………… 127

第六节　由真误差计算中误差 …………………………………………………… 131

思考题 …………………………………………………………………………… 132

第六章　小区域控制测量 …………………………………………………………… 134

第一节　控制测量概述 …………………………………………………………… 134

第二节　导线测量 ………………………………………………………………… 138

第三节　交会测量和自由设站法 ………………………………………………… 149

第四节　卫星导航定位技术控制测量 …………………………………………… 155

第五节　水准测量 ………………………………………………………………… 160

第六节　三角高程测量 …………………………………………………………… 172

思考题 …………………………………………………………………………… 178

第七章　地形图的基本知识 ………………………………………………………… 179

第一节　地形图概述 ……………………………………………………………… 179

第二节　地形的表示方法 ………………………………………………………… 184

第三节　地形图的分幅与编号 …………………………………………………… 191

思考题 …………………………………………………………………………… 199

第八章　数字地形图绘图基础 ……………………………………………………… 200

第一节　计算机绘图概述 ………………………………………………………… 200

第二节　图形裁剪与显示 ………………………………………………………… 202

第三节　地形图地物符号的自动绘制 …………………………………………… 204

第四节　规则图形的正形化及图幅接边 ………………………………………… 209

第五节　DTM 的构建 …………………………………………………………… 211

第六节　等高线的自动绘制 ……………………………………………………… 215

思考题 …………………………………………………………………………… 221

第九章　大比例尺数字地形图的数据采集 ………………………………………… 222

第一节　数字测图概述 …………………………………………………………… 222

第二节　大比例尺数字测图的技术设计 ………………………………………… 226

第三节　全站仪野外数据采集原理与方法 ……………………………………… 231

第四节　RTK 技术在数据采集中的应用 ……………………………………… 242

思考题 ………………………………………………………………………………… 250

第十章　数字地形图的绘制方法 …………………………………………………… 251

第一节　数字图像基本知识 ………………………………………………………… 251

第二节　扫描矢量化成图 …………………………………………………………… 252

第三节　数字地形图绘制 …………………………………………………………… 256

第四节　大比例尺数字地形图的检查验收 ……………………………………… 258

思考题 ………………………………………………………………………………… 262

第十一章　无人机测绘技术 ………………………………………………………… 263

第一节　概述 ………………………………………………………………………… 263

第二节　无人机测绘系统组成 …………………………………………………… 264

第三节　无人机影像数据获取及质量控制 ……………………………………… 272

第四节　无人机测绘外业像控测量 ……………………………………………… 279

思考题 ………………………………………………………………………………… 283

第十二章　无人机测绘内业数字测图 …………………………………………… 284

第一节　概述 ………………………………………………………………………… 284

第二节　无人机影像实景三维模型生成 ………………………………………… 288

第三节　基于实景三维模型的数字地形图绘制 ………………………………… 300

第四节　无人机测绘的应用 ……………………………………………………… 311

思考题 ………………………………………………………………………………… 314

第十三章　数字地形图的应用 …………………………………………………… 315

第一节　概述 ………………………………………………………………………… 315

第二节　地形图的基本应用 ……………………………………………………… 315

第三节　地形图在工程建设中的应用 …………………………………………… 320

第四节　DTM 的应用 ……………………………………………………………… 323

思考题 ………………………………………………………………………………… 327

参考文献 …………………………………………………………………………………… 328

第一章 绪 论

第一节 测绘学的内容和作用

一、测绘学的概念及学科分支

测绘学是研究地理信息的获取、处理、描述和应用理论与技术的一门科学。其内容主要是研究测定、描述地面点的几何位置、地球的形状、大小、重力场、地表形态以及它们的各种变化，确定地物空间位置及属性和地貌形态，制成各种地图和建立有关信息系统。测绘学是"数字地球"的基础。现代测绘学技术已部分应用于其他行星和月球上。

地形测量指的是测绘地形图的作业，即对地球表面的地物、地貌在水平面上的投影位置和高程进行测定，并按一定比例缩小，用符号和注记绘制成地形图的工作。

测绘学研究的内容比较广泛。测绘科学与技术是一级学科，包括大地测量学与测量工程、摄影测量与遥感、地图制图学与地理信息工程、导航与位置服务、矿山与地下工程测量和海洋测绘 6 个二级学科。

1. 大地测量学与测量工程

大地测量学与测量工程是地球科学的一门分支学科，它既是一门测绘科学与技术的基础学科，又是一门工程应用学科。本学科以精密工程测量、变形监测理论与方法、空间信息测量学理论与应用和多系统定位信息融合理论与方法为主要特色和研究方向，研究和解决各种有特殊精度要求的测量技术和测量方法，建立大型工程测控理论与监测技术；研究各种安全监控模型和监测系统的网络化理论，建立安全监控信息管理系统及专家评判系统；研究卫星导航和精密定位技术，建立多系统定位信息融合模型与方法等。

其主要研究方向有：现代大地测量理论与方法、精密工程测量理论与技术、安全监控理论与技术、卫星导航与定位和多系统定位信息融合理论与方法等。

大地测量学是研究和测定地球的形状、大小和地球重力场以及地面点的几何位置、变化理论和方法的科学。其通过研究大地水准面形状，把地球理想化为一个旋转椭球体。地面点的位置用该点沿法线方向投影在椭球面上的大地经度（L）、大地纬度（B）和该点至投影点的法线距离大地高程（H）表示。另外，也可用以地球质心为原点的空间直角坐标系的三维坐标（x，y，z）来表示。

大地测量学的主要任务是建立地球参考框架，提供和维持高精度的地面水平控制网与高程控制网，以满足国民经济和国防建设的需要；研究重力网为重力找矿和发射卫星、导弹和各种航天器提供重力场资料。

现代大地测量又分为几何大地测量、物理大地测量和空间大地测量。随着全球定位系统等高精度测量仪器设备的发展，出现了以地球板块的移动和固体潮等为研究内容的动态大地测量学。

2. 摄影测量与遥感

摄影测量与遥感学作为基于影像的空间信息科学，是地球空间信息学的核心。地球空间信息学是空间数据的采集、量测、分析、存储、管理、显示和应用的集成科学与技术，属于现代空间信息科学与技术的范畴。

（1）地球空间信息获取的发展趋势具有多平台、多传感器、多比例尺和高光谱、高空间、高时间分辨率以及空天地一体化的明显特征。随着航天技术、通信技术和信息技术的飞速发展，人们将可以从各种航天、近空间、航空和地面平台上用紫外线、可见光、红外线、微波、合成孔径雷达、激光雷达、太赫兹等多种传感器获取多种比例尺的目标影像，大大提高其空间分辨率、光谱分辨率和时间分辨率，形成天地一体化摄影测量与遥感的数据获取方法，为人们提供越来越多的影像和非影像数据。

（2）地球空间信息处理和信息提取的发展趋势是走向定量化、自动化和实时化。目前存在的一个突出问题是：数据量过大，信息不足，知识难求。解决这个问题需要从时空基准、遥感成像机理、模式识别、计算机视觉及数据挖掘等诸多方面取得突破，以实现几何与物理方程的整体反演求解，才能最终实现空间信息处理和信息提取的定量化、自动化和实时化。

（3）地球空间信息管理与分析的发展趋势是走向信息共享、互操作和网格化，需要解决地理空间数据存在的时间基准不一致、空间基准不一致、数据格式不一致和语义不一致引起的问题。随着全球信息网格（GIG）概念的提出，建立全球统一的空间信息网格已势在必行。格网中心为经纬度坐标和全球地心坐标系坐标，格网内存储各个地物及其属性特征。

3. 地图制图学与地理信息工程

地图制图学与地理信息工程学科是研究地球空间信息存储、处理、分析、管理、分发及应用的科学与技术。它能够提供一种科学的手段来提高工作效率与工程质量，以完善、丰富、强大的数据信息为科技人员和各级管理人员提供良好的决策基础和决策环境，为社会广大民众提供各种咨询和信息服务，促进社会经济与城市建设的迅猛发展。

其研究内容主要有：地理信息系统理论及应用、虚拟现实技术与三维 GIS、地图制图学与地理空间信息可视化、遥感信息技术及地学应用等方面。主要应用领域有：资源与环境、交通土建、国土、矿业、水利电力、通信、农林、城市建设与规划、地质勘测和政府管理服务，与地球空间信息相关的科研、规划、设计、施工、技术开发与管理工作。

4. 导航与位置服务

导航与位置服务是指基于导航定位、移动通信、数字地图等技术，建立人、事、物、地在统一时空基准下的位置与时间标签及其关联，为政府、企业、行业及公众用户提供随时获知所关注目标的位置及位置关联信息的服务。卫星导航系统是服务经济建设、社会发展和公共安全的战略性基础设施。大力发展以自主卫星导航系统为基础的导航与位置服务，推进资源共建共享，对于提升公众生活质量、培育战略性新兴产业和保持经济平稳较快发展具有十分重要的意义。卫星导航是提供用户导航与位置服务的主要手段，目前，世界大国竞相发展各自的卫星导航及增强服务系统，保障其导航与位置服务产业的优势和竞争力。位置相关信息是位置服务的基础要素，正成为各国导航与位置服务产业力争的战略资源。其具有广泛的产业关联性、普适性，应用与服务的大众化、全球化特征，以及与通信产业和互联网产业良好的互补性、融合性等优势；对带动农业、现代服务业、交通运输业、电子制造业、移动通信业等多个产业升级改造具有重要的促进作用。

5. 矿山与地下工程测量

矿山与地下工程测量是采矿科学的一个分支学科，它是综合运用测量、地质、土木工程及采矿等多种学科的知识，来研究和处理矿山和地下工程的地质勘探、建设和采矿过程中由工程本身、矿体和围岩，从地下到地面在静态和动态下的各种空间几何问题的学科。

矿山与地下工程测量主要服务于地下通道工程、地下建（构）筑物和开采各种地下矿产资源（金属和非金属）而建设的地下采矿工程。其是研究工程建设和资源开发与环境治理在规划设计、施工和运营管理各阶段测量工作的理论、技术和方法的科学，为工程建设提供精确的测量数据和大比例尺地图，保障工程选址合理，并按设计施工和变形监测等要求进行有效管理。

目前国内把工程建设有关的工程测量按勘测设计、施工建设和运行管理 3 个阶段进行划分；也有按行业划分成线路（铁路、公路等）工程测量、水利工程测量、桥隧工程测量、建筑工程测量、矿山测量、海洋工程测量、军事工程测量、三维工业测量等。总的来说，矿山和地下工程测量主要包括以工程建筑为对象的地下工程测量和以机器设备为对象的工业测量两大部分，主要任务是为各种服务对象提供测绘保障，满足它们所提出的各种要求，可分为普通地下工程测量和精密地下工程测量。精密地下工程测量代表地下工程测量学的发展方向，大型特种精密工程是促进地下工程测量学科发展的动力。

6. 海洋测绘

海洋测绘学是对海洋水体和海底进行测量与制图的理论和技术进行研究的科学。海洋测绘工作主要在船上进行，并且大多采用声学或无线电方法，主要包括：海道测量、海洋大地测量、水深测量、海洋定位、海底地形测量、海洋工程测量、海洋重力测量、海洋磁力测量、海洋水文测量等海洋专题测量以及航海图、海底地形图、各种海洋专题图和海洋图集的编制等海洋信息的综合管理和利用。

二、测绘学的应用

测绘学的应用范围很广，其渗透到了国民经济建设、自然资源利用和管理、国防建设、社会发展和科学研究等领域。

1. 在国民经济建设中的应用

测绘学在国民经济建设中有着广泛的应用。在城乡建设规划、国土资源的合理利用、农林牧渔业的发展、环境保护以及地籍管理等工作中，必须进行土地测量和测绘各种类型、各种比例尺的地图，以供规划、设计、施工、管理和决策使用；在城市建设、地质勘探、矿产开发、水利、交通等工程建设中，则必须进行控制测量、矿山测量和线路测量，并测绘大比例尺地形图，为地质普查和各种工程勘察、设计、施工、变形监测和运营管理提供测量服务。

2. 在自然资源利用和管理中的应用

测绘技术在自然资源利用中起着重要作用。自然资源是人类生存和发展的重要基础，科学合理的自然资源对于实现可持续发展至关重要。测绘技术通过获取地理空间信息，测绘数据可以实现自然资源信息与其他资源数据的精确叠加，为规划、决策、合理利用提供科学依据。例如，在城市土地利用规划中，测绘技术可以提供城市现状的空间信息，了解自然资源利用状况，进行自然资源分类、动态监测、评价等工作。

3. 在国防建设中的应用

测绘除了为军事行动提供军用地图外，还要为保证火炮射击、导弹等武器的迅速定位、发射和精确制导，提供精确的地心坐标和精确的地球重力场数据；以地理空间信息为基础的战场指挥系统必须以数字化测量数据为保障；另外，在边界谈判、疆界划定、界线管理、缉私禁毒、边防建设中均有重要作用。

4. 在社会发展中的应用

以地理空间信息为平台，加载大量的经济和社会信息，建立空间决策系统，进行空间分析和管理决策以及实施电子政务等，为政府管理和决策的科学化、民主化提供技术保障；为公安部门合理部署警力，有效预防和打击犯罪提供电子地图、GNSS 和 GIS 的技术支持。

5. 在科学研究中的应用

人与自然需要和谐相处，研究人类生存环境的变化在当今世界更加重要。诸如地壳变形、地震预报、地球潮汐、海平面变化、重力场变化、气象预报、滑坡监测、灾害预报和防治、资源调查等都需要测绘科学技术来解决；同时，对外太空间、月球和其他星球的研究和利用，也都离不开测绘技术。

测绘工作既是其他建设工作的基础，又贯穿工程规划、设计、建设和营运的整个过程。所以测绘工作者既是先行者，又是建设者。测量工作在矿山工程、城市地下工程、隧道工程、水利工程等地下工程中被誉为工程的眼睛。在我国的现代化建设中，在实现中华民族伟大复兴中国梦的过程中，都离不开测绘人的辛勤劳动和贡献。

第二节　测绘学的发展

测绘学有着悠久的历史。古代的测绘技术起源于水利和农业。古埃及尼罗河每年洪水泛滥，淹没了土地界线，水退以后需要重新划界，从而开始了测量工作。中国司马迁在《史记·夏本纪》中叙述了禹受命治理洪水的情况："左准绳，右规矩，载四时，以开九州、通九道、陂九泽、度九山。"说明在公元前 21 世纪，中国人为了治水，已经会使用简单的测量工具了。

测绘学的发展从对地球形状的认识开始，随着地图制图的进步和测绘方法与仪器工具的变革，其过程可由下列 3 个方面来说明。

一、人类对地球的认识

人类对地球形状的科学认识，最早是从公元前 6 世纪古希腊的毕达哥拉斯提出地球是球形开始的。公元 6~7 世纪中国唐代僧人一行在今河南境内进行了弧度测量，根据测量结果推算出了经度 1 度的子午弧长。这是世界上最早有记载的实测。

17 世纪末，英国的牛顿和荷兰的惠更斯首次从力学观点提出地球是两极略扁的椭球体，称为地扁说。

19 世纪初，随着测量精度的提高，人们通过对各处弧度测量结果的研究，发现垂线方向同地球椭球面的法线方向之间的差异不能忽略。因此法国的拉普拉斯和德国的高斯相继指出：地球形状不能用旋转椭球来表示。1873 年，利斯廷提出用"大地水准面"代表地球形状。

人类对地球形状的认识和测定，经过了球—椭球—大地水准面 3 个阶段。随着对地球形状和大小的认识和测定，测绘学理论也不断得到了丰富。

二、地图制图的演变

据文字记载，中国春秋战国时期地图已应用于地政、军事和墓葬等方面。例如，《管子·地图篇》记述："凡兵主者必先审知地图。"

公元前 3 世纪，埃拉托斯特尼最先在地图上绘制经纬线。1973 年在中国长沙马王堆汉墓中发现了公元前 168 年绘制在帛上的地图，这些地图已注意到比例尺和方位，要求一定的精度。

公元 2 世纪，古希腊的 C. 托勒密在所著《地理学指南》一书中，提出了地图投影问题。100 多年后，中国西晋的裴秀总结出"制图六体"的制图原则，从此地图制图有了标准，提高了地图的可靠程度。

从 16 世纪起，随着三角测量方法的创立，人们开始了大地测量工作，并根据实地测量结果绘制国家规模的地形图。这样测绘的地形图不但有准确的方位和比例尺，具有较高的精度，而且能在地图上描绘出地表形态的细节，还可按不同的用途，将实测地形图缩制编绘成各种比例尺的地图。

20 世纪 60 年代以来，随着计算机的发展，现代地图制图进入了计算机辅助地图制图时代，成图的精度和速度都大大提高。其发展趋势为系统化、自动化、数字化和信息化。

三、测绘技术和仪器工具的变革

1. 测量技术与仪器发展

（1）17 世纪之前，人们使用简单的工具，例如中国的绳尺、步弓、矩尺和圭表等进行测量。1617 年，荷兰的斯涅耳首创三角测量法，以代替在地面上直接测量弧长，从此开始了角度测量。约于 1730 年，英国的西森（Sisson）制成了第一架测角的经纬仪，从此进入了以角度测量为主的时代。18 世纪发明时钟之后，经纬度的测定得到了圆满解决。19 世纪 50 年代初，法国洛斯达首创摄影测量方法，并随着航空技术的发展，出现了航空摄影测量。

（2）从 20 世纪 50 年代起，测绘技术又朝着电子化和自动化方向发展，出现了电磁波测距仪。电磁波测距仪的出现称得上是一次测量的技术革命，随着测量精度的提高，距离观测逐步替代了角度观测。1957 年第一颗人造地球卫星的发射成功，开辟了卫星大地测量学这一新领域；同时，利用光学、光谱、激光等设备可从空间对地面进行成像，出现了遥感科学与技术。随着无线电导航理论的发展，无线电导航设备被搬到天基卫星上，于是出现了 GPS、北斗等全球卫星定位系统。它能实时进行定位和导航，卫星导航定位技术也是测量的一次革命。20 世纪 50 年代以后，测绘仪器的电子化和自动化以及许多空间技术的出现，使得测绘仪器和测绘作业实现了高精度、自动化、遥测和持续观测，提高了测绘成果的质量，而且使传统的测绘技术发生了巨大变革，测绘的对象也由地球扩展到月球和其他星球。

（3）无人机发展和最早的军事战争紧密相连，进入 21 世纪后，随着数码相机、GNSS 和贯导的发展，无人机和这些技术相结合，使摄影测量从"贵族"企业飞入了寻常百姓家。无人机遥感，即利用先进的无人驾驶飞行器技术、遥感传感器技术、遥测遥控技术、通信技术、GNSS 差分定位技术和遥感应用技术，能够实现自动化、智能化、专用化，快速获取国土资源、自然环境、地震灾区等空间遥感信息，且完成遥感数据处理、建模和应用分析。无人机遥感系统由于具有机动、快速、经济等优势，已经成为世界各国争相研究的热点课题，现已逐步从研究开发发展到实际应用阶段，成为未来的主要航空遥感技术之一。

（4）三维激光扫描技术是 20 世纪 90 年代中期开始出现的一项高新技术，是继 GNSS 空间定位系统之后又一项测绘技术新突破。它是利用激光测距的原理，通过大面积高分辨率地快速记录被测物体表面大量的密集点的三维坐标、反射率和纹理等信息，可快速复建出被测目标的三维模型及线、面、体等各种图件数据。由于三维激光扫描系统可以密集地大量获取目标对象的数据点，为快速建立物体的三维影像模型提供了一种全新的技术手段。因此相对于传统的单点测量，三维激光扫描技术也被称为从单点测量进化到面测量的革命性技术突破。该技术在文物古迹保护、建筑、规划、土木工程、工厂改造、室内设计、建筑监测、交通事故处理、法律证据收集、灾害评估、船舶设计、数字城市、军事分析等领域也有了很多的尝试、应用和探索。由于其具有快速性，不接触性，实时、动态、主动性，高密度、高精度、数字化、自动化等特性，按照载体不同，三维激光扫描系统又可分为机载、车载、地面和手持型 4 类。

2. 测绘学理论发展

19 世纪初，法国的勒让德和德国的高斯发表了最小二乘准则，为测量平差计算奠定了基础。最小二乘配置包括平差、滤波和推估。

现代测量中因变形监测网参考点稳定性检验的需要，促进了自由网平差和拟稳平差的发展；观测值粗差的研究促进了控制网可靠性理论的发展；针对观测值存在粗差，出现了稳健估计；针对法方程系数阵存在病态的可能，发展了有偏估计。稳健估计和有偏估计称为非最小二乘估计。

第三节　测量的任务与基本原则

一、测量的任务

测量的主要任务包括测定和测设。

测定也就是测绘，指运用测量仪器和方法，通过测量和计算，获得地面点的测量数据，或者把地球表面的地形按一定比例缩绘成地形图，供科学研究、国民经济建设和规划设计使用。

地形图测绘分为模拟测图和数字测图两种。目前，数字化测图已经取代了传统的模拟测图。数字测图的任务主要是使用全站仪、GNSS、数码相机和三维激光扫描仪等现代数字测量仪器，按照一定的方法和步骤，测绘地表所有的地物和地貌，依据地形图图式规定的符号和语言，按照一定数学法则，以图形数据的形式存储在计算机能够识别的介质上，并可直接作为数字地面模型和地理信息的基础数据。

测设也称为施工放样，是将规划图纸上设计好的建筑物、构筑物的位置（平面位置和高程）用测量仪器和测量方法在地面上标定出来作为施工的依据。

二、基本观测量

确定点与点间的相对空间位置需要角度、距离和高差 3 个量，这些量称为基本观测量。

角度可分为水平角和垂直角：水平角是同一水平面内两条直线的交角，垂直角是在同一竖直平面内倾斜线与水平线之间的交角。

距离包括平距和斜距。平距是指在同一平面内两点间的距离，斜距是不在同一水平面内的两点间的距离。

高差是两点间沿铅垂线方向的距离。

三、测量的基本原则

当完成一项测量任务时，由于仪器的不完善、人为因素和外界条件的影响，在测量过程中，每操作一次仪器，每做一个动作，都不可避免地会产生误差。而且连续作业步骤越多，误差积累就越大。所以我们要尽可能地减少连续控制，增加平行作业等级。同一级别精度相同，上一级别的误差会向下一级别传播，为了防止误差积累，保证测绘成果的质量，在实际测量工作中应当遵守以下基本原则：

（1）在测量布局上，应遵循"由整体到局部"的原则；在测量精度上，应遵循"由高级到低级"的原则；在测量程序上，应遵循"先控制后碎部"的原则；在测量过程中，应遵循"随时检查，步步检核，杜绝错误"的原则。

（2）对于一个测绘项目，首先进行整体规划控制骨架，这相当于渔网的纲，然后分区控制，分区控制相当于渔网的目，这就是由整体到局部；在实施步骤上，先进行首级（高等级）控制，然后再加密低级控制，最后在控制点的基础上进行测绘工作或放样工作，即是先控制后碎部。无论先整体后局部，还是先控制后碎部，在精度上都体现由高级到低级的原则。

（3）测绘工作的每项成果都必须进行检核，确保无误后方能进行下一步工作。任何中间环节出现错误，后面的工作都是徒劳无益。遵循"随时检查，步步检核，杜绝错误"的原则，才能保证测绘成果符合技术规范要求。

第四节　测图技术发展

传统地形图测绘是利用测量仪器按一定的比例尺将地物、地貌绘制在图纸上，即模拟法测图。随着电子、通信和信息技术的发展，计算机、扫描仪、全站仪和 GPS-RTK 等仪器设备广泛应用，数字测图得到了快速发展。数字测图与模拟法测图相比具有自动化、数字化和高精度的特点。

一、传统测图

传统测图也称模拟法测图，就是利用平板仪、经纬仪等仪器测量地物、地貌特征点与控制点之间的相对关系（角度、距离及高差），以控制点起算数据为基础，根据测量相对位置关系数据，由人工按一定的比例尺和地形图图式符号绘制在图纸上。测图精度受读数、展点、绘图和图纸伸缩变形等因素的影响。另外，从数据采集到成图是全手工作业，作业工序多、劳动强度大、成图速度慢，外界环境和人为因素影响大、误差来源多、成图精度低，难以快速编辑和更新，共享程度低，复制变形大，难以适应现代经济社会的发展需要。

二、数字测图

随着全站仪、GNSS、数码相机、计算机、无人机和卫星测绘等电子仪器设备的发展，测绘技术从模拟测量到了数字测图时代。数字测图技术主要有原纸质图数字化、全野外数字化测图、数字摄影测量测图、遥感技术测图和三维激光扫描技术测图等 5 种方法。

1. 纸质地形图的数字化

原纸质地形图的数字化是数字测图的起源，原纸质图的数字化设备主要有扫描仪和数字化仪两种。

2. 全野外数字化测图

全野外数字化测图主要是利用全站仪、GNSS-RTK 采集地物地貌特征点的三维坐标数据，同时人工绘制标注测点点号的草图，记录属性信息，到室内将测量数据直接由记录器传输到计算机，再由人工按草图编辑图形文件，经人机交互编辑修改，最终生成数字地形图。由绘图仪绘制地形图，这是数字测图发展的初级阶段。随着绘图软件的发展，出现了智能化的外业数据采集软件，能直接对接收的地形信息数据进行处理，形成了测绘法大比例尺地面数字测图方法。

3. 数字摄影测量测图

数字摄影测量测图是对相机获得的数字影像进行同名点技术匹配，建立数字立体模型，得到数字高程模型，最后获得正射影像图、数字地形图等产品。随着无人机和倾斜摄影测量的发展，通过立体相对、正射影像+DEM 和三维立体模型等几种模式，实现了无人机摄影测量的大比例尺数字地形图测绘；另外，附着影像全站仪和影像 GNSS 接收机出现，实现了能更快更方便地测绘困难地区的大比例尺地形图。

4. 遥感技术测图

随着测绘新技术的发展，地形图测绘的方法更多。例如，采用遥感技术可以测绘制作各种中小比例尺地形图和专题图；用机载激光雷达（LDAR）测量可以测绘大、中比例尺地形图和专题图，制作数字地面模型；用合成孔径雷达测量也可测绘制作各种比例尺地形图。

5. 三维激光扫描技术测图

三维激光扫描测图是利用激光测距的原理，通过大面积高分辨率地快速记录被测物体表面大量密集的点的三维坐标、反射率和纹理等信息，构建被测目标的三维模型，为快速建立物体的三维影像模型和地形图测绘提供一种全新的技术手段。按照载体不同，三维激光扫描系统又可分为机载、车载、地面和手持型几类。

三、数字地图产品

数字测绘技术与计算机不断融合发展，地图产品的表达形式越来越丰富多样，现代数字地图主要以 4D 产品为代表，即 DOM、DEM、DRG 和 DLG 以及复合模式组成。

（1）DOM（数字正射影像图）：利用航空相片、遥感影像，经象元纠正，按图幅范围裁切生成的影像。它的信息丰富直观，具有良好的可判读性和可量测性，从中可直接提取自然地理和社会经济信息。

（2）DEM（数字高程模型）：指以高程表达地面起伏形态的数字集合，其可制作透视图、断面图，进行工程土石方计算、表面覆盖面积统计，用于与高程有关的地貌形态分析、通视条件分析、洪水淹没区分析。

（3）DRG（数字栅格地图）：指地形图的栅格形式的数字化产品，其可作为背景与其他空间信息相关，用于数据采集、评价与更新，与 DOM、DEM 集成派生出新的可视信息。

（4）DLG（数字线划地图）：指地理要素分层存储的矢量数据集。数字线划地图既包括空间信息也包括属性信息，可用于建设规划、资源管理、投资环境分析等多个方面，也可作为人口、资源、环境、交通、治安等各专业信息系统的空间定位基础。

第五节 测绘法律法规和技术标准

测绘是国民经济建设中的基础性工作，为地质勘探、规划建设、工程施工、竣工验收和设施安全运行等提供技术性保障。测绘的应用领域非常广泛，涉及自然资源、规划、不动产、生态环境等多个行业，因此必须有统一、完善的技术标准体系和作业规范。同时，测绘工作还涉及国防建设、国土安全等国家地理信息的问题，国家为测绘工作进行了立法。

一、测绘法律法规

1. 《中华人民共和国测绘法》

《中华人民共和国测绘法》（以下简称《测绘法》）于 1992 年 12 月 28 日第七届全国人民代表大会常务委员会第二十九次会议通过，自 1993 年 7 月 1 日开始实施，2002 年 8 月 29 日第九届全国人民代表大会常务委员会第二十九次会议第一次修订，2017 年 4 月 27 日第十二届全国人民代表大会常务委员会第二十七次会议第二次修订，自 2017 年 7 月 1 日起施行。《测绘法》是我国测绘的基本法律，是从事测绘活动和进行测绘管理的基本依据和基本准则，是我国整个测绘法规体系中的母法，是制定测绘法规和测绘行政管理的基本依据。该法对测绘进行了定义，即测绘是指对自然地理要素或者地表人工设施的形状、大小、空间位置及其属性等进行测定、采集、表述，以及对获取的数据、信息、成果进行处理和提供的活动。现行《测绘法》共 10 章 68 条，主要包括总测、测绘基准和测绘系统、基础测绘、界线测绘和其他测绘、测绘资质资格、测绘成果、测量标志保护、监督管理、法律责任、附则等内容。

2. 测绘行政法规

测绘行政法规由国务院根据宪法和法律，按照行政法规制定的程序制定。测绘行政法规是针对某一项测绘工作所做的专门法律规定。目前，我国的测绘行政法规主要有以下四项。

《中华人民共和国测量标志保护条例》，该条例对测量标志的管理分工、测量标志的建设要求、占地范围、设置标记、义务保管、检查维修、有偿使用、拆迁审批、标志保护、打击破坏测量标志的违法行为等作了规定。

《基础测绘条例》对基础测绘的分级管理、规划和计划制定、经费来源、组织实施、成果更新、信息共享等作了规定。

《中华人民共和国地图编制出版管理条例》是一部专门规范地图出版活动和地图管理的主要依据。条例对地图内容的表示原则、编制地图需要的资质、出版地图的资质、地图印刷和展示前的审核与备案、地图著作权保护等作了明确规定。

《中华人民共和国测绘成果管理条例》对测绘成果汇交、保管、秘密范围及等级规定、利用涉及国家秘密的测绘成果时的保密技术处理、利用测绘成果的审批、著作权保护、重要地理信息数据的审核发布与使用等作出了规定。

3. 部门规章和重要规范性文件

相关行政主管部门还制定了有关测绘的系列管理规章，主要有《外国的组织或者个人来华测绘管理暂行办法》《地图审核管理规定》《重要地理信息数据审核公布管理规定》《国家基础地理信息数据使用许可管理规定》《房产测绘管理办法》《国家涉密基础测绘成果资料提供使用审批程序规定》《测绘资质管理规定》《测绘资质分级标准》《注册测绘师制度暂行规定》《测绘作业证管理规定》《建立相对独立平面坐标系统管理办法》《测绘标准化工作管理办法》《地理信息标准化工作管理规定》《测绘计量管理暂行办法》《测绘质量监督管理办法》《测绘生产质量管理规定》《关于汇交测绘成果目录和副本实施办法》《测绘科学技术档案管理规定》《基础测绘成果提供使用管理暂行办法》等，为测绘管理工作提供了行政执法标准，为测绘从业者规范作业提供了依据。

二、测绘技术标准

技术标准是工程作业的工作依据，根据《中华人民共和国标准化法》规定，我国的技术标准分为国家标准、行业标准、地方标准和企业标准 4 个级别。

1. 国家标准

国家标准分为强制性国家标准和推荐性国家标准；GB 代号国家标准含有强制性条文及推荐性条文，当全文强制时不含有推荐性条文；GB/T 代号国家标准为全文推荐性。强制性国家标准由国务院有关行政主管部门依据职责提出、组织起草、征求意见和技术审查，由国务院标准化行政主管部门负责立项、编号和对外通报。

地形图的外业测量、内业绘图、质量控制、检查验收和成果管理均有相应的质量标准，如《国家三、四等水准测量规范》（GB/T 12898—2009）规定了建立三、四等水准网的布设原则、施测方法、精度指标和技术要求；《工程测量标准》（GB 50026—2020）规定了平面控制测量、高程控制测量、地形测量、线路测量等相关测量技术方法精度指标等标准；《全球定位系统（GPS）测量规范》（GB/T 18314—2009）规定了利用全球定位系统

（GPS）静态测量技术，建立 GNSS 控制网的布设原则、测量方法、精度指标等；《国家基本比例尺地图图式　第 1 部分：1∶500　1∶1000　1∶2000 地形图图式》（GB/T 20257.1—2017）对大比例尺地形图图式符号作了详细规定；《1∶500　1∶1000　1∶2000 外业数字测图规程》（GB/T 14912—2017）基于外业数字测图方法生产数字线划图、数字高程模型的作业方法、技术规定和精度要求等作出了详细规定；《国家基本比例尺地形图分幅和编号》（GB/T 13989—2012）规定了国家基本比例尺地形图的分幅与编号，给出了各比例尺地形图图幅编号和图幅经、纬度计算应用的公式和示例。《数字成果质量检查与验收》（GB/T 24356—2023）规定了对数字测绘产品进行质量检查和验收的方法和要求。

2. 行业标准

行业标准是对没有国家标准而又需要在全国某个行业范围内统一的技术要求所制定的标准。行业标准不得与有关国家标准相抵触，有关行业标准之间应保持协调、统一，不得重复，行业标准由行业标准归口部门统一管理。

测绘行业标准由自然资源部（原国家测绘地理信息局）组织制定和发布，如《测绘技术设计规定》（CH/T 1004—2005）规定了测绘项目专业技术方案设计编写的主要内容和要求，适用于测绘生产项目技术方案设计的编制；《测绘技术总结编写规定》（CH/T 1001—2005）规定了测绘项目总结和专业技术总结编写的主要内容和要求，适用于测绘生产项目技术总结的编制；《全球定位系统实时动态测量（RTK）技术规范》（CH/T 2009—2010）规定了利用全球定位系统实时动态测量（RTK）技术，实施平面控制测量和高程控制测量、地形测量的技术要求和方法。

由于测绘工程面向的行业较多，涉及建筑、公路交通、铁路、水利、矿山等领域，因此测绘工程项目的实施还要遵从相关行业的技术规范，如《建筑变形测量规范》（JGJ 8—2016）由中华人民共和国住房和城乡建设部发布，适用于工业与民用建筑的地基、基础、上部结构及场地的沉降测量、位移测量和特殊变形测量。

3. 地方标准

地方标准是由地方（省、自治区、直辖市）标准化主管机构或专业主管部门批准、发布，在某一地区范围内统一的标准。

省、自治区、直辖市出于省情的需要，发布了一些测绘地方标准，如北京市地方标准《建筑施工测量技术规程》（DB11/T 446—2015）统一了北京市行政区域内建筑工程施工测量的技术要求，保证建筑工程施工各阶段的质量要求，适用于北京市行政区域内工业与民用建筑工程控制测量、施工测量、变形测量、竣工测量等测绘工作。湖南省制定了《湖南省网络 RTK 测量技术规程》（DB43/T 1599—2019），规定了网络 RTK 测量的术语与定义、参考基准、基本规定、平面和高程测量技术要求、仪器设备及作业要求、成果数据处理和检查、资料提交和成果验收等技术要求。

4. 企业标准

企业标准是在企业范围内需要协调、统一的技术要求、管理要求和工作要求所制定的标准，是企业组织生产、经营活动的依据。国家鼓励企业自行制定严于国家标准或者行业标准的企业标准。企业标准一般以"Q"作为标准的开头。

思 考 题

1. 测绘学的主要研究内容是什么？
2. 测绘技术成果主要应用在哪些领域？
3. 测量的主要任务有哪些？
4. 测量工作主要遵循的原则是什么？
5. 数字地图产品主要有哪几种？

第二章　测量的基本知识

第一节　地球的形状和大小

人类对地球形状的科学认识是从公元前 6 世纪古希腊的毕达哥拉斯（Pytha-goras）最早提出地是球形的概念开始的。公元前 350 年前后，亚里士多德（Aristotle）作了进一步论证，称为地圆说。17 世纪末，英国牛顿（I. Newton）和荷兰的惠更斯（C. Huygens）首次从力学观点探讨地球形状，提出地球是两极略扁的椭球体，称为地扁说。

19 世纪初，随着测量精度的提高，通过对各处弧度测量结果的研究，发现测量所依据的垂线方向同地球椭球面的法线方向之间的差异不能忽略。因此法国的 P. S. 拉普拉斯和德国的 C. F. 高斯相继指出，地球形状不能用旋转椭球来表示。1873 年，利斯廷（J. B. Listing）提出"大地水准面"的概念，以该面代表地球形状。

1945 年，苏联的 M. C. 莫洛坚斯基创立了直接研究地球自然表面形状的理论，并提出"似大地水准面"的概念，从而解决了长期无法解决的重力归算问题。

人类对地球形状的认识和测定，经过了球—椭球—大地水准面 3 个阶段，花去了二千五六百年的时间。随着科学技术的发展，出现了高精度的微波测距、激光测距，特别是人造卫星的上天，对地球形状和大小的认识和测定也更加精确，同时也不断丰富了测绘学理论。

一、大地水准面

由于地球自然表面很不规则，既有高达 8844.86 m 的珠穆朗玛峰，也有深至 11034 m 的马里亚纳海沟。尽管它们高低起伏悬殊，但与半径为 6371 km 的地球比较，可以忽略不计。此外，海洋面积约占地球表面总面积的 71%，陆地面积仅占 29%。因此，在测量中把地球形状看作是由静止的海水面向陆地延伸并包围整个地球所形成的闭合曲面。

地球表面上的任一质点，受到地球自转产生的离心力和地心引力两个作用力，其合力称为重力，重力的作用线称为铅垂线，如图 2-1 所示。

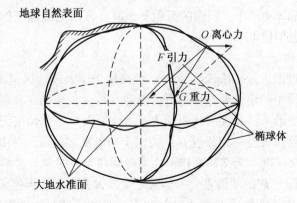

图 2-1　重力与地球形态

处于自由静止状态的水面称为水准面，是一个重力等位面。水准面上各点的切线与该点的重力方向（铅垂线方向）垂直。在地球表面重力作用的范围内，通过任何高度的点都有一个水准面，因而水准面有无数个。其中，把一个假想的、与静止的平均海水面重合并向陆地延伸且包围整个地球的特定重力等位面称为大地水准面。

大地水准面和铅垂线是测量工作所依据的基准面和基准线。

二、椭球及定位

1. 地球椭球

由于地球内部质量分布不均匀，引起了铅垂线方向的改变，致使大地水准面成为一个有微小起伏的复杂曲面，无法用数学公式精确表达。

人们经过长期观测，发现地球非常近似于旋转椭球体。旋转椭球面可以用数学公式准确表达，所以，在测量工作中用旋转椭球面替代大地水准面作为测量计算的基准面。代表地球形状和大小的旋转椭球称为"地球椭球"其参数值见表 2-1，与大地体最接近的地球椭球称为"总地球椭球"；把与某个区域如一个国家大地水准面最为密合的椭球称为参考椭球，其椭球面称为参考椭球面。参考椭球有许多个，而总地球椭球只有一个。

表 2-1　代表性的地球椭球的参数值

椭球名称	年代	半长轴 a/m	扁率 f	备注
克拉克	1880	6378249	1 : 293. 459	英国
海福特	1909	6378388	1 : 297. 0	美国
克拉索夫斯基	1940	6378245	1 : 298. 3	苏联
1975 大地测量参考系统	1975	6378140	1 : 298. 257	IUGG 第 16 届大会推荐值
1980 大地测量参考系统	1979	6378137	1 : 298. 257	IUGG 第 17 届大会推荐值
WGS84	1984	6378137	1 : 298. 257223563	美国国防部制图局（DMA）
CGCS2000	2000	6378137	1 : 298. 257222101	中国国家测绘局

注：IUGG 指国际大地测量与地球物理联合会（International Union of Geodesy and Geophysics）。

在大地测量上，椭球的形状和大小一般是用长半轴 a 和扁率 f 表示，其关系式为

$$f = \frac{a - b}{a} \tag{2-1}$$

由于地球椭球的扁率 f 很小，当测区面积不大时，可以把地球当作圆球来看待，圆球半径 $R = (2a+b)/3$，近似值取 6371 km。

2. 参考椭球的定位

旋转椭球面非常近似大地水准面，为使二者在某个国家或地区范围内达到最佳密合，需要确定椭球在地球体中的定位和选择适宜的椭球参数（长半轴 a 和扁率 f），称为参考椭球定位。椭球定位的一般方法是在一地面点 P（大地原点）上作精密天文观测，测定该点的天文经度、天文纬度以及至一相邻点 Q 的方向上的天文方位角，并由水准测量求定该点的正高 H；然后把天文经度、天文纬度作为大地经度和大地纬度，这相当于使 P 点的垂线与其在椭球面上的投影点 P' 的法线重合，即假定垂线偏差为零；再把天文方位角作为大地方位角，这相当于使 P' 的大地子午面（包含 P' 点法线和椭球短轴的平面）与 P 的天文子

午面（包含 P 点垂线并与地球自转轴平行的平面）重合，使椭球短轴平行于地球自转轴（这两轴一般不重合）；最后使 P 点上大地水准面对于椭球面的差距为零，即把正高作为大地高程，如图 2-2 所示。这样就完成了参考椭球定位，这种定位方法称为单点定位。

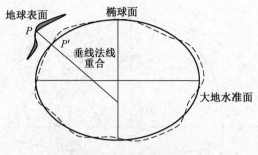

图 2-2　参考椭球体定位

对于领土辽阔的国家，取得一定数量的几何大地测量和重力测量数据后，利用多点天文观测成果和已有的椭球参数进行椭球定位，这种方法称为多点定位法。多点定位的结果使在大地原点处椭球的法线方向不再与铅垂线方向重合，椭球面与大地水准面不再相切，但在定位中所利用的天文大地网的范围内。由于垂线偏差分量的平方和 $\sum(\xi^2+\eta^2)$ 及高程异常的平方和最小（高等数学中的最小二乘法求极值），因此，椭球面与大地水准面达到最佳的密合。按上述方法确定的椭球参数和定位，只是与一个区域的大地水准面最佳拟合，称为参考椭球。

第二节　测量常用坐标系

测量工作的实质是确定地面点的位置，而地面点的空间位置需要用三维表示，即二维的平面（或球面）坐标和一维的高程来表示。因此，必须首先了解测量的坐标系统和高程系统。目前，随着卫星大地测量的发展，空间点的坐标实现了真三维表达。

一、大地坐标系

根据椭球中心位置的不同，大地坐标系分为地心坐标系（原点与地球质心重合）和参心坐标系。

1. 椭球基本知识

地轴：地球的自转轴（NS），N 为北极，S 为南极。

子午面：过地球某点与地轴所组成的平面。

起始子午面：通过英国格林尼治天文台的子午面。

子午线：子午面与地球面的交线，又叫经线。

纬线：垂直于地轴的平面与地球面的交线。

赤道平面：垂直于地轴并通过地球中心的平面。

赤道：赤道平面与地球面的交线。

2. 地面点的大地坐标

大地坐标是用大地经度 L、大地纬度 B 和大地高 H 表示，如图 2-3 所示。大地坐标系是以椭球面作为基准面，以起始子午面（即通过格林尼治天文台的子午面）和赤道面作为在椭球面上确定某一点投影位置的两个参考面。

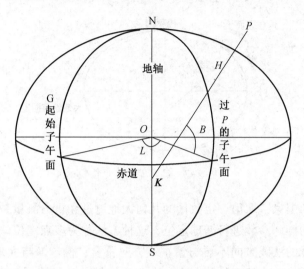

图 2-3　大地坐标系

过地面某点 P 的子午面与起始子午面之间的夹角，称为该点的大地经度 L。规定从起始子午面起向东或向西自 0°起算至 180°，向东者为东经，向西者为西经。

过地面 P 点的椭球面法线与赤道面的夹角称为该点的大地纬度 B。规定从赤道面起算，由赤道面向北或向南自 0°起算至 90°，分别称为北纬和南纬。

P 点沿椭球面法线到椭球面的距离，称为大地高 H，从椭球面算起，向外为正，向内为负。

根据大地测量所得数据推算求得大地经度和大地纬度。我国国土均在北半球，或东半球。例如，焦作市的大地坐标为东经 113°12′，北纬 35°14′。

二、空间直角坐标系

根据坐标系原点位置的不同，空间直角坐标系分为地心坐标系（原点与地球质心重合）和参心坐标系（原点与参考椭球中心重合）。前者以总地球椭球为基准，以地心为原点；后者以参考椭球为基准。

1. 参心空间直角坐标系

以椭球体中心 O 为原点，起始子午面与赤道面交线为 X 轴，赤道面上与 X 轴正交的方向为 Y 轴，椭球体的旋转轴为 Z 轴，构成右手直角坐标系 $O\text{-}XYZ$。在该坐标系中，P 点的点位用 OP 在这 3 个坐标轴上的投影 X、Y、Z 表示，如图 2-4 所示。

2. 地心空间直角坐标系

地心空间直角坐标系的定义：原点 O 与地球质心重合，Z 轴指向地球北极，X 轴指向格林尼治平均子午面与地球赤道的交点，Y 轴垂直于 XOZ 平面构成右手坐标系。

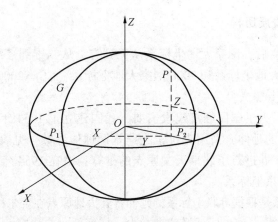

图 2-4　空间直角坐标系

三、平面直角坐标系

在工程建设中，用大地坐标或空间直角坐标表示地面点的位置，进行测量计算时十分不便。为方便测量计算，需要把点的位置和图形表示在平面上，通常采用平面直角坐标系。对于测量人员来说，平面直角坐标系主要有数学平面直角坐标系、测量平面直角坐标系。

1. 数学平面直角坐标系

数学平面直角坐标系的横轴为 X 轴，向右为正方向；纵轴为 Y 轴，向上为正方向。X 轴和 Y 轴把坐标平面分成 4 个象限，右上面为第一象限，其他 3 个部分按逆时针方向依次为第二象限、第三象限和第四象限，如图 2-5a 所示。

2. 测量平面直角坐标系

将球面坐标和曲面图形转换成相应的平面坐标和图形必须采用适当的投影方法。投影方法有多种，我国采用的是高斯-克吕格投影，在此基础上建立的坐标系称为高斯平面直角坐标系。将高斯平面直角坐标系坐标纵轴向西平移 500 km，形成了我国的测量平面直角坐标系。

测量平面直角坐标系的纵轴为 X 轴，表示南北方向，向北为正；横轴为 Y 轴，表示东西方向，向东为正。X 轴和 Y 轴把坐标平面分成 4 个象限，右上面为第一象限，其他三个部分按顺时针方向依次为第二象限、第三象限和第四象限，如图 2-5b 所示。

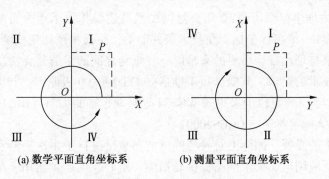

(a) 数学平面直角坐标系　　　　(b) 测量平面直角坐标系

图 2-5　两种平面直角坐标系

四、我国坐标系发展历程

1949 年新中国成立后，国家大地坐标系从无到有，从二维到三维，历经 1954 年北京坐标系、1980 年国家大地坐标系和 2000 国家大地坐标系（CGCS2000）3 种坐标系。

1. 1954 年北京坐标系

新中国成立初期，为了国民经济建设需要，我国建立了 1954 年北京坐标系。它实际是苏联 1942 年坐标系的延伸，采用克拉索夫斯基椭球体参数，见表 2-2；在东北完成了与苏联大地网的联测，并进行了北京天文原点的推算；因在 1954 年完成测量平差计算工作，又称为 1954 年北京坐标系。

1954 年北京坐标系是根据苏联坐标系的延伸，其大地原点在普尔科沃，是根据苏联的大地水准面进行的椭球定位。该坐标系椭球参数少，精度低，与我国大地水准面符合得不好，几何大地测量与物理大地测量应用的参考不统一，而且定向不明，控制网精度不均匀。

2. 1980 年国家大地坐标系

为适应经济和国防发展的需要，我国于 1984 年建立了新的大地基准。大地原点位于陕西省西安市以北 60 km 处的泾阳县永乐镇，简称西安原点。椭球参数采用 1975 年国际大地测量与地球物理联合会第 16 届大会的推荐值（表 2-2），并进行多点椭球定位，与我国境内的大地水准面达到最佳密合。该坐标系建立后，实施了全国天文、大地和重力测量，平差后提供的大地点成果属于 1980 年国家大地坐标系，也称 1980 年西安坐标系。

1980 年国家大地坐标系采用以下椭球基本参数描述：长半轴 $a = 6378140$ m，扁率 $f = 1 : 298.257$，地球自转角速度 $\omega = 7292115 \times 10^{-11}$ rad/s，地球引力常数 $G_M = 3986005 \times 10^8$ m^3/s^2，重力场二阶带球谐系数 $J_2 = 1.08263 \times 10^{-3}$。

表 2-2　我国常用的坐标系统

坐标系统	1954 年北京坐标系	1980 年西安坐标系	2000 国家大地坐标系（CGCS2000）	WGS84 坐标系
起用年代	1954 年	1982 年	2008 年	1984 年
椭球类型	参考椭球	参考椭球	总地球椭球	总地球椭球
长半轴 a/m	6378245	6378140	6378137	6378137
扁率 f	1 : 298.3	1 : 298.257	1 : 298.257222101	1 : 298.257223563

1980 年国家大地坐标系历经 50 年，对国民经济建设作出了重大贡献，效益显著。但其成果是二维平面+一维高程坐标，受技术条件制约，距离精度比现代测量成果低 10 倍左右。低精度、二维与现代社会需要的高精度、三维之间的矛盾是无法协调的，无法满足卫星导航定位新技术的要求。其椭球短半轴指向 JYD1968.0 极原点，与国际上通用的地面坐标系如 ITRS 或与 GPS 定位中采用的 WGS84 等椭球短轴的指向（BIH1984.0）不同。

3. 2000 国家大地坐标系（CGCS2000）

随着科学技术的发展，国际上对参考椭球的参数已进行了多次更新和改善。空间技术的发展成熟与广泛应用迫切要求国家提供高精度、地心、动态、实用、统一的大地坐标系作为各项社会经济活动的基础性保障。因此，2000 国家大地坐标系（CGCS2000）应运而生。

2000 国家大地坐标系（CGCS2000）采用的椭球参数为：长半轴 $a = 6378137$ m，扁率 $f = 1 : 298.257222101$，地球自转角速度 $\omega = 7292115 \times 10^{-11}$ rad/s，地球引力常数 $G_M = 3986004.418 \times 10^8$ m³/s²，重力场二阶带球谐系数 $J_2 = 1.08263 \times 10^{-3}$。其原点位于包括海洋和大气的整个地球的质量中心；$Z$ 轴指向 BIH1984.0 定义的协议地球极（CTP）方向；X 轴指向 BIH1984.0 的零子午面和 CTP 赤道的交点；Y 轴垂直于 X、Z 轴，X、Y、Z 轴构成右手直角坐标系。经国务院批准，2008 年 7 月 1 日起，我国启用 2000 国家大地坐标系（CGCS2000），2018 年 7 月 1 日全面实施 2000 国家大地坐标系（CGCS2000）。

五、WGS84 坐标系

WGS84 坐标系是美国 GPS 采用的地球质心大地坐标系统。其椭球参数为：长半轴 $a = 6378137$ m，扁率 $f = 1 : 298.257223563$。其原点位于地球质心；Z 轴指向 BIH1984.0 定义的协议地球极（CTP）方向；X 轴指向 BIH1984.0（注：BIH1984.0 指以国际时间局 BIH 在 1984 年第一次公布的瞬时地极）的零子午面和 CTP（注：CTP 指协议地球极）赤道的交点；Y 轴垂直于 X、Z 轴，X、Y、Z 轴构成右手直角坐标系。

第三节　地图投影和高斯平面直角坐标系

一、地图投影

（一）地图投影的概念

测量计算的基准面是椭球面，但是椭球面上的计算相当复杂和烦琐；另外，工程应用的图纸一般是二维平面的。因此，为了便于测量计算和工程应用，就需要将椭球面上点的位置和图形转换到平面上。这种转换就需要采用地图投影。

地图投影就是把椭球面上的各种元素（坐标、方向、长度）按一定的数学法则投影到平面上。其数学式表达为

$$\begin{cases} x = f_1(L, B) \\ y = f_2(L, B) \end{cases} \tag{2-2}$$

式中　L、B——椭球面上某点的大地坐标；

　　　x、y——该点投影后的平面直角坐标。

地球椭球体表面是个不可展平的曲面，要把它展成平面，势必会产生破裂与褶皱，即投影变形。不同的投影方法具有不同性质和大小的投影变形。投影变形一般分为角度变形、长度变形和面积变形。投影变形尽管不可避免，但可以根据需要选择适当的方法，使某种变形为零，或使全部变形减小到某一适当程度。

（二）地图投影的分类

1. 按变形方式分类

（1）等角投影。等角投影又称正形投影，指投影面上任意两方向的夹角与地面上对应的角度相等。在微小的范围内，可以保持图上的图形与实地相似；不能保持其对应的面积成恒定的比例；图上任意点的各个方向上的局部比例尺都应该相等；不同地点的局部比例

尺随着经、纬度的变动而改变。

（2）等（面）积投影。指地图上任何图形面积经主比例尺放大以后与实地上相应图形面积保持大小不变的一种投影方法。保持等积就不能同时保持等角。

（3）任意投影。任意投影为既不等角也不等积的投影。另外，还有一类"等距（离）投影"，在标准经纬线上无长度变形，多用于中小学教学用图。

2. 按正轴投影时经纬网的形状分类

（1）平面投影。又称方位投影，将地球表面上的经、纬线投影到与球面相切或相割的平面上的投影方法。平面投影大都是透视投影，即以某一点为视点，将球面上的图像直接投影到投影面上。

（2）圆锥投影。用一个圆锥面相切或相割于地面的纬度圈，圆锥轴与地轴重合，然后以球心为视点，将地面上的经、纬线投影到圆锥面上，再沿圆锥母线切开展成平面。投影后地图上纬线为同心圆弧，经线为相交于地极的直线。

（3）圆柱投影。用一圆柱筒套在地球上，圆柱轴通过球心，并与地球表面相切或相割，将地面上的经线、纬线均匀地投影到圆柱筒上，然后沿圆柱母线切开展平，即成为圆柱投影。

3. 根据投影面与地球表面的相关位置分类

（1）正轴投影（重合）。投影面的中心线与地轴一致。

（2）斜轴投影（斜交）。投影面的中心线与地轴斜交。

（3）横轴投影（垂直）。投影面的中心线与地轴垂直。

4. 根据投影面与地球表面的关系分类

（1）切投影。投影面与地球球面相切。

（2）割投影。投影面与地球球面相割。

（三）地形图测绘对地图投影的要求

投影方法的选择应根据测绘任务和目的进行。为满足国防和国民经济建设需要，在有限范围内保证投影前后图形相似，应采用等角投影。等角投影即正形投影，具有保角性和伸长的固定性两个特点。

采用正形投影后，还要求长度和面积变形不大，以控制投影变形，而且方便计算改正数。

二、高斯平面直角坐标系

（一）高斯-克吕格投影

高斯平面直角坐标系采用高斯投影方法建立。高斯投影是由德国测量学家高斯于1825—1830年首先提出。1912年德国测量学家克吕格推导出实用的坐标投影公式，所以又把该投影称为高斯-克吕格投影。

高斯投影是将一个椭圆柱体横套在椭球外面，使横圆柱的轴心通过椭球的中心，并与椭球面上某投影带的中央子午线相切，然后将中央子午线附近一定范围内椭球面上的点、线投影到横圆柱面上，如图2-6所示；再顺着过南北极的母线将圆柱面剪开，展开为平面，该平面称为高斯投影平面。高斯投影为横轴等角切椭圆柱投影。

（二）高斯投影的特点

高斯投影为正形投影，具有以下特点：

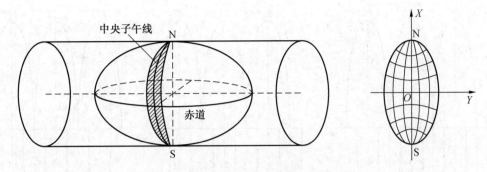

图 2-6 高斯投影和高斯平面直角坐标系

（1）中央子午线投影后为直线，且长度不变。其余子午线的投影均为凹向中央子午线的曲线，向两极收敛，并以中央子午线和赤道为对称轴。投影后有长度变形，离中央子午线越远，长度变形越大。

（2）赤道线投影后为直线，但有长度变形。其余纬线，投影后为凸向赤道的曲线，并以赤道为对称轴。

（3）经线与纬线投影后仍然保持正交。

（三）高斯平面直角坐标系的建立

在高斯投影平面上，中央子午线和赤道的投影是两条相互垂直的直线。我们规定中央子午线的投影为高斯平面直角坐标系的 X 轴，赤道的投影为高斯平面直角坐标系的 Y 轴，两轴交点 O 为坐标原点，并规定 X 轴正向指向北方，Y 轴正向指向东方，以此建立高斯平面直角坐标系，如图 2-6 所示。

（四）投影带

高斯投影为正形投影，除中央子午线投影后长度保持不变外，其他长度投影后均产生变形，且距离中央子午线愈远，长度变形愈大。为了限制长度变形，将地球椭球面按一定的经度差进行分带投影。

1. 分带原则

从限制长度变形方面看，分带越多，变形越小。分带后各带坐标系相互独立，各带相同位置的高斯坐标相同，需要通过换带计算建立不同带间坐标联系。这样分带越多，带间坐标换算工作量越大。因此分带原则为：既要使长度变形满足变形要求，也要使分带数不过多，减小换带计算工作量。根据上述分带原则，我国的带宽一般分为经差 6° 和 3°，分别称为 6° 带和 3° 带。

2. 6° 带

从首子午线（零子午线）开始，自西向东每隔 6° 划为一带，每带均有统一编排的带号，用 N 表示，全球共划分 60 带。位于各投影带中央的子午线称为中央子午线（L_0），各带相邻子午线称为分界子午线，如图 2-7 所示。我国领土所属范围大约为 6° 带的第 13~23 带，即带号 $N=13\sim23$。带号、中央子午线、经度之间的关系式为

$$L_0 = 6N - 3 \tag{2-3}$$

$$N = \left[\frac{L}{6}\right] + 1 \quad （取整） \tag{2-4}$$

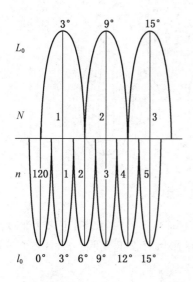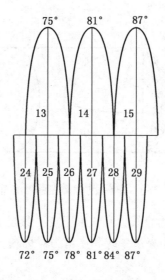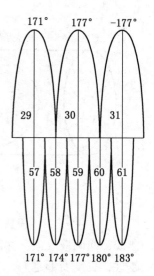

图 2-7　6°带和 3°带分带

例如，焦作市处于东经 113°12′，它属于 6°带的第 19 带，相应 6°带的中央子午线经度为 111°。

$$N = \left[\frac{113°12′}{6}\right] + 1 = 19$$

$$L_0 = 6N - 3 = 6 \times 19 - 3 = 111°$$

3. 3°带

以 6°带中央子午线和分界子午线为中央子午线，自东经 1°30′开始，自西向东每隔 3°划为一带，其带号用 n 表示，全球共划分 120 带。我国领土在 3°带中大约为第 24～46 带，即带号 $n = 24～46$。带号、中央子午线、经度之间的关系式为

$$l_0 = 3n \tag{2-5}$$

$$n = \left[\frac{l}{3} + 0.5\right] \quad (\text{取整}) \tag{2-6}$$

例如，焦作市处于东经 113°12′，它属于 3°带的第 38 带，相应 3°带的中央子午线经度为东经 114°。

$$n = \left[\frac{l}{3} + 0.5\right] = \left[\frac{113°12′}{3} + 0.5\right] = 38$$

$$l_0 = 3n = 3° \times 38 = 114°$$

（五）国家统一坐标

在图 2-8a 中，地面点 A 在高斯平面上的位置可用高斯平面直角坐标 x、y 来表示。

由于我国领土全部位于北半球（赤道以北），故我国领土上全部点位的 x 坐标均为正值，而 y 坐标值则有正有负。为了避免 y 坐标出现负值，规定将每带的坐标原点向西移 500 km，如图 2-8b 所示。由于各投影带上的坐标系是采用相对独立的高斯平面直角坐标系，为了能正确区分某点所处投影带的位置，规定在横坐标 y 值前面冠以投影带带号。例如，在图 2-8b 中，A 点位于高斯投影 6°带的第 20 号带内（$N = 20$），其高斯横坐标自然值

22

$y_A = 123456.789$ m，按照上述规定，国家统一坐标 y 值表示为

$$y_B = 20(123456.789 + 500000) = 20623456.789 \text{ m}$$

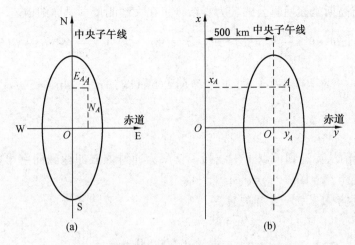

图 2-8　高斯平面直角坐标和国家统一坐标

三、坐标转换

坐标转换分同一椭球下坐标转换和不同椭球间的坐标转换两种，下面分别介绍。

（一）同一椭球下坐标转换

本章第二节讲述了我国 1954 年北京坐标系、1980 年西安坐标系和 2000 国家大地坐标系（CGCS2000）等地球框架。地球表面上某点在任何一种地球框架下都有其大地坐标、空间直角坐标、高斯坐标、国家统一坐标 4 种坐标值。例如，我国地球表面某点 A 的大地坐标、空间直角坐标、高斯坐标、国家统一坐标分别为 (B, L, H_D)、(X, Y, Z)、(N, E, H_Z)、(x, y, H_Z)，则它们的换算关系如下。

1. 大地坐标与空间直角坐标的转换

$$\begin{cases} X = (N + H_D)\cos B\cos L \\ Y = (N + H_D)\cos B\sin L \\ Z = \left[N(1 - e^2) + H_D \right]\sin B \\ e^2 = \dfrac{a^2 - b^2}{a^2} \\ N = \dfrac{a}{\sqrt{1 - e^2\sin^2 B}} \end{cases} \tag{2-7}$$

$$\begin{cases} L = \arctan\dfrac{Y}{X} \\ B = \arctan\dfrac{Z + Ne^2\sin B}{\sqrt{X^2 + Y^2}} \\ H = \dfrac{\sqrt{X^2 + Y^2}}{\cos B} - N \end{cases} \tag{2-8}$$

计算大地纬度 B 时，通常采用迭代法，具体参考大地测量学相关教材。

2. 大地坐标与高斯坐标的转换

大地坐标与高斯坐标换算公式较为复杂，将在大地测量学里详细描述。

$$
\begin{cases}
x = X + \dfrac{l^2}{2}N\sin B\cos B + \dfrac{l^4}{24}N\sin B\cos^3 B(5 - t^2 + 9\eta^2 + 4\eta^4) + \dfrac{l^6}{720}N\sin B\cos^5 B(61 - 58t^2 + t^4) \\[2mm]
y = lN\cos B + \dfrac{l^3}{6}\cos^3 B(1 - t^2 + \eta^2) + \dfrac{l^5}{120}N\cos^5 B(5 - 18t^2 + t^4 + 14\eta^2 - 58\eta^2 t^2) \\[2mm]
H_Z = H_D - \xi
\end{cases}
$$

$$(2-9)$$

式中：X 为投影前从赤道到该点子午线弧长，N 为通过该点卯酉圈曲率半径，l 为该点与中央子午线的经差，$t = \tan B$，$\eta = e'\cos B$。

3. 高斯坐标与国家统一坐标的转换

$$
\begin{cases}
x = N \\
y = 带号 + 500000 + E \\
H_Z = H_Z
\end{cases}
$$

$$(2-10)$$

4. 示例

下面以 CGCS2000 大地坐标系为例，说明大地坐标、空间直角坐标、高斯坐标和我国统一坐标间转换关系，如图 2-9 所示。

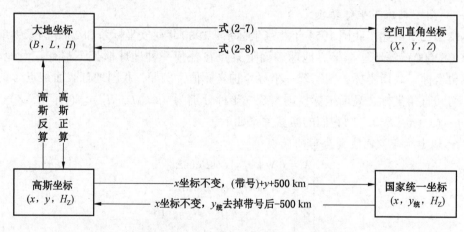

图 2-9 同一大地坐标系下各坐标间的转换

（二）不同椭球间坐标转换

不同椭球间的坐标转换要根据转换区域面积大小采用不同的方法。

1. 小区域坐标转换

小区域不同椭球间坐标转换时，一般是二维四参数模型。先利用公共点结合四参数模型计算出转换参数，然后转换其他未知点。

$$
\begin{bmatrix} x_2 \\ y_2 \end{bmatrix} = \begin{bmatrix} \Delta x \\ \Delta y \end{bmatrix} + (1 + m)\begin{bmatrix} \cos\alpha & -\sin\alpha \\ \sin\alpha & \cos\alpha \end{bmatrix}\begin{bmatrix} x_1 \\ y_1 \end{bmatrix}
$$

$$(2-11)$$

式中　x_1、y_1——原坐标系下平面直角坐标，m；

x_2、y_2——要转换到的坐标系下的平面直角坐标，m；

Δx、Δy——平移参数，m；

α——旋转参数，rad；

m——尺度参数，无量纲。

2. 大区域坐标转换

大区域不同椭球间坐标转换时，以空间直角坐标间的转换为纽带，一般采用七参数模型。分别将已知坐标转换成相对应椭球下的空间直角坐标，利用公共点结合七参数模型计算转换参数，然后利用转换参数和模型再转换其他点坐标，最后将转换过的空间直角坐标再转换成对应椭球下的需要的坐标，图 2-10 为 1980 年西安坐标系与 2000 国家大地坐标系（CGCS2000）各坐标转换流程。

$$\begin{bmatrix} X_2 \\ Y_2 \\ Z_2 \end{bmatrix} = \begin{bmatrix} X_1 \\ Y_1 \\ Z_1 \end{bmatrix} + \begin{bmatrix} T_X \\ T_Y \\ T_Z \end{bmatrix} + \begin{bmatrix} D & R_Z & -R_Y \\ -R_Z & D & R_X \\ R_Y & -R_X & D \end{bmatrix} \begin{bmatrix} X_1 \\ Y_1 \\ Z_1 \end{bmatrix} \tag{2-12}$$

式中　　　　　　　　X_1、Y_1、Z_1——原坐标系下空间直角坐标；

　　　　　　　　　　X_2、Y_2、Z_2——目标坐标系下的间直直角坐标；

T_X、T_Y、T_Z、D、R_X、R_Y、R_Z——七参数。

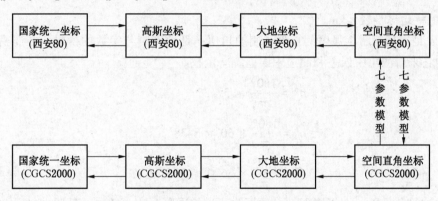

图 2-10　不同大地坐标系下各坐标间的转换

（三）高精度转换

为满足卫星大地测量要求，目前地心坐标系的椭球定义带有时间参数，即历元。即使是同一椭球（同一大地坐标系）下，某点在不同时间的坐标值不相同。因此，高精度坐标转换需要有时间参数，有兴趣的同学可查阅相关参考书，这里不再赘述。

四、高斯平面直角坐标改化计算

1. 距离改化

高斯投影使任意两点的长度产生变形，且投影在平面上的长度大于球面上的长度。将球面上距离拉长改化为投影面上的距离，叫作距离改化，其计算公式为

$$\frac{\Delta S}{S} = \frac{y_m^2}{2R^2} \tag{2-13}$$

式中　ΔS——长度变形，km；

　　　　S——椭球面上两点间的距离，km；

　　　　y_m——两点高斯横坐标的平均值，km；

　　　　R——地球半径，km。

由式（2-13）可知，离开中央子午线的距离越远，长度变形越大，见表2-3。为减小长度变形的影响，满足测图和工程建设要求，可采用6°带、3°带、1.5°带或任意带投影计算。

表 2-3　y_m 与长度相对变形对照表

y_m/km	10	20	30	45	50	100	150
$\Delta S/S$	1/810000	1/200000	1/90000	1/40000	1/32000	1/8100	1/3600

2. 方向改化

如图 2-11a 所示，球面四边形 ABB_1A_1 由 A、B 两点的连线、经 Q 和 A、B 两点的大圆与轴子午线围成。根据球面三角学原理，四边形 ABB_1A_1 的内角和为 360°加球面角超 ε。

$$\varepsilon'' = \rho'' \frac{P}{R^2} \tag{2-14}$$

式中　P——球面四边形 ABB_1A_1 的面积，km^2；

　　　　R——地球半径，km。

注：ρ 是用来表示 1 弧度的长分秒制的角值，是角度制与实数的桥梁，在严密平差中必须用到它来对测角中误差和测边中误差统一定权。

$$\rho° = \frac{180°}{\pi} \approx 57.3°$$

$$\rho' = \frac{180°}{\pi} \times 60 \approx 3438'$$

$$\rho'' = \frac{180°}{\pi} \times 3600 \approx 206265''$$

要保持等角投影，在投影面上必须用曲线连接图形顶点 a 和 b，且凹向轴子午线，如图 2-11b 所示；然而在投影面上，为利用平面三角学计算，a、b 两点间曲线用直线代替，这样就需要计算曲线的切线与直线的夹角 δ，当距离很小时，$\delta_{ab} = \delta_{ba}$。

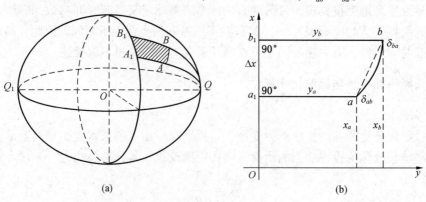

(a)　　　　　　　　　　　(b)

图 2-11　方向改化

$$\delta'' = \frac{\delta_{ab} + \delta_{ba}}{2} = \frac{1}{2}\varepsilon'' \tag{2-15}$$

若用四边形 aa_1b_1b 的面积代替球面四边形 ABB_1A_1 的面积，此时面积可以表示为

$$P = \frac{1}{2}(y_a + y_b)(x_b - x_a)$$

则式（2-15）可改化为

$$\delta'' = \frac{1}{2}\varepsilon'' = \frac{\rho''P}{2R^2} = \frac{\rho''(y_a + y_b)(x_b - x_a)}{4R^2} = \rho'' \frac{y_m}{2R^2}(x_b - x_a) \tag{2-16}$$

式中 y_m——直线 AB 两端点横坐标自然值的平均值；

     R——地球半径，km。

根据方向改化可求出球面上观测的角度与其在投影面上平面角度的关系，如图 2-12 所示。

$$\beta_{平面} = \beta_{球面} + \delta_{AB} - \delta_{AC} \tag{2-17}$$

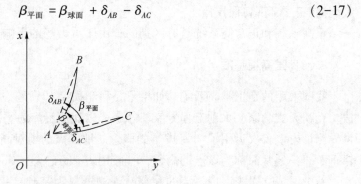

图 2-12   球面角度与平面角度关系

五、通用横轴墨卡托投影

通用墨卡托投影（universal transverse mercator projection，UTM）为一在椭圆柱面与地球椭球体面横割于与中央子午线对称的两个小圆上，如图 2-13 所示。墨卡托投影与高斯投影同属等角横轴椭圆柱分带投影，差别仅是高斯投影为切投影，而墨卡托投影为割投影，即椭圆柱横割于与中央子午线对称的两个等高圈上，从而改善低纬度处的投影变形。在这两个标准等高圈上的长度比为 1，而在中央子午线上的长度比为 0.9996。两条割线以内长

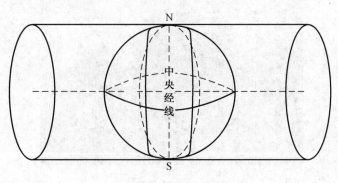

图 2-13   UTM 投影

度变形为负值，两条割线以外长度变形为正值，这样可显著降低靠近投影带边缘地区变形。此投影应用十分广泛，美国、日本、加拿大、泰国、阿富汗、巴西、法国、瑞士等80个国家和地区均将其作为地形图的数学基础。

第四节 高 程 基 准

地面点到高度起算面的垂直距离称为高程，选用不同的高程基准面，得到不同的高程系统。世界上采用的高程系统主要有两类：正高系统和正常高系统。

一、基本概念

正高是地面点沿铅垂线到大地水准面的距离。正常高是地面点沿铅垂线到似大地水准面的距离。大地高是从地面点沿法线到椭球面的距离。大地高=正高+大地水准面差距；大地高=正常高+高程异常。

正高系统和正常高系统是有区别的，由于重力场的影响不同，重力线会产生偏移。

二、我国高程基准

我国采用的是正常高系统。如果不是科学研究，只是一般应用，正常高系统也称为海拔。元朝天文学家、水利工程专家郭守敬，以我国沿海海平面作为水准测量的基准面，在世界测量史上首次运用了"海拔"的概念。地面点的绝对高程就是地面点到大地水准面的铅垂距离，通常简称为该点的高程，一般用 H 表示。

新中国成立以来，以多年的验潮站观测资料为基础，我国建立使用过两种高程系统，分别为1956年黄海高程系和1985国家高程基准。

1. 1956年黄海高程系

我国曾以青岛验潮站1950—1956年间的观测资料求得黄海平均海水面，作为我国的大地水准面（高程基准面），由此建立了1956年黄海高程系，并在青岛市观象山上建立了中华人民共和国水准原点，如图2-14所示。它由1个原点5个附点构成水准原点网，原点高程 $H=72.289\ \text{m}$。

图2-14 水准原点

2. 1985 国家高程基准

随着几十年来验潮站观测资料的积累，在 1952—1979 年间观测资料基础上，我国重新计算了黄海平均海水面，建立了 1985 国家高程基准，此时测定的国家水准基点高程 $H=72.260$ m。根据国家测绘总局〔1987〕198 号文件通告，该基准自 1985 年 1 月 1 日起执行。

1956 年黄海高程系统及其他高程系统（如吴淞高程系统）均应统一到 1985 国家高程基准的高程系统上，在实际测量中要注意高程系统的统一。

三、相对高程

地面点的高程一般采用绝对高程（海拔）。例如，在图 2-15 中，地面点 A、B 的高程分别为 H_A、H_B。在个别测区，若远离已知国家高程控制点或为便于施工，也可以假设一个高程起算面（即假定水准面）。此时地面点到假定水准面的铅垂距离，称为该点的假定高程或相对高程。在图 2-15 中，A、B 两点的相对高程为 H'_A、H'_B。

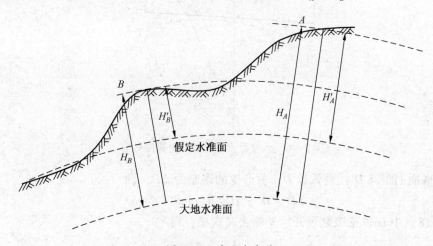

图 2-15　高程和高差

地面上两点间的高程之差称为高差，一般用 h 表示。图 2-15 中 A、B 两点间高差 h_{AB} 为

$$h_{AB} = H_B - H_A = H'_B - H'_A$$

式中，h_{AB} 有正有负，下标 AB 表示 A 点至 B 点的高差。上式也表明两点间高差与高程起算面无关。

综上所述，通过测量与计算，求得了表示地面点位置的 3 个量 x、y、H，那么地面点的空间位置也就可以确定了。

第五节　用水平面代替水准面的限度

在实际测量工作中，在一定的精度要求范围内和测区面积不大的情况下，往往以水平面代替水准面，这样可以简化计算，又不会影响工程质量。本节主要讨论用水平面代替水准面对水平距离、水平角和高差的影响（或称地球曲率的影响），以便给出水平面代替水准面的限度。

一、水准面曲率对水平距离的影响

如图 2-16 所示，设球面（水准面）P 与水平面 P' 相切于 A 点，A、B 两点在球面上弧长为 D，在水平面上的距离（水平距离）为 D'，则

$$D = R\theta$$
$$D' = R\tan\theta$$

式中 R——球面 P 的半径，m；

θ——弧长 D 所对的圆心角，rad。

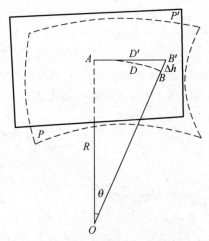

图 2-16 水准面曲率对水平距离的影响

以水平面上距离 D' 代替弧长 D，所产生的误差为 ΔD，则

$$\Delta D = D' - D = R(\tan\theta - \theta) \tag{2-18}$$

将式（2-18）中 $\tan\theta$ 按级数展开，并略去高次项，得

$$\tan\theta = \theta + \frac{1}{3}\theta^3 + \frac{2}{15}\theta^5 + \cdots$$

因此，$\Delta D = R\left[\left(\theta + \frac{1}{3}\theta^3 + \frac{2}{15}\theta^5 + \cdots\right) - \theta\right] \approx R \cdot \frac{1}{3}\theta^3$，将 $\theta = D/R$ 代入上式，得

$$\Delta D = \frac{D^3}{3R^2} \tag{2-19}$$

或

$$\frac{\Delta D}{D} = \frac{1}{3}\left(\frac{D}{R}\right)^2 \tag{2-20}$$

若取地球平均曲率半径 $R = 6371$ km，并以不同的 D 值代入式（2-19）或式（2-20），则可得出距离误差 ΔD 和相应相对误差 $\Delta D/D$，见表 2-4。

表 2-4 水平面代替水准面的距离误差和相对误差

距离 D/km	距离误差 ΔD/mm	相对误差 $\Delta D/D$
5	1	1/5000000
10	8.2	1/1217700

表 2-4（续）

距离 D/km	距离误差 ΔD/mm	相对误差 $\Delta D/D$
15	27.7	1/541500
25	128	1/200000

由表 2-4 可知，当距离为 10 km 时，用水平面代替水准面（球面）所产生的距离相对误差为 1/1217700，这样小的距离误差就是在地面上进行最精密的距离测量也是允许的。因此，可以认为在半径为 10 km 的范围内（相当于面积 314 km²），用水平面代替水准面所产生的距离误差可忽略不计，也就是可不考虑地球曲率对距离的影响。

二、水准面曲率对水平角的影响

根据球面三角学原理，球面多边形的内角和较其在平面上投影的多边形内角之和大一个球面角超 ε，其计算公式为

$$\varepsilon'' = \rho'' \frac{P}{R^2} \tag{2-21}$$

式中　P——球面多边形的面积，km²；

　　　R——地球半径，km；

　　　$\rho'' = 206265$。

当 $P = 100$ km² 时，$\varepsilon'' = 0.51''$。

对于面积在 100 km² 内的多边形，水准面曲率对水平角的影响只有在最精密的测量中才考虑，一般测量工作则不必考虑。

三、水准面曲率对高差的影响

在图 2-16 中，A、B 两点在同一球面（水准面）上，其高程应相等（即高差为零）。B 点投影到水平面上得 B' 点。则 BB' 即为水平面代替水准面产生的高差误差。设 $BB' = \Delta h$，则

$$(R + \Delta h)^2 = R^2 + D'^2$$

即
$$2R\Delta h + \Delta h^2 = D'^2$$

$$\Delta h = \frac{D'^2}{2R + \Delta h}$$

上式中，可以用 D 代替 D'，同时 Δh 与 $2R$ 相比可略去不计，则

$$\Delta h = \frac{D^2}{2R} \tag{2-22}$$

以不同的 D 代入式（2-22），取 $R = 6371$ km，则得相应的高差误差值见表 2-5。

表 2-5　水平面代替水准面的高差误差

距离 D/m	100	200
Δh/mm	0.8	3

由表 2-5 可知，用水平面代替水准面，即使距离为 100 m 时，高差误差也有 0.8 mm。

所以，在进行水准（高程）测量时，即使很短的距离都应考虑地球曲率对高差的影响，也就是说，应当用水准面作为测量的基准面。

综上所述，在面积为 100 km² 的范围内，不论是进行水平距离或水平角测量，都可以不考虑地球曲率的影响，在精度要求较低的情况下，这个范围还可以相应扩大。但地球曲率对高差的影响是不能忽视的。

第六节　直　线　定　向

在测量工作中，要确定两点间平面位置的相对关系，仅测定两点间的距离是不够的，还需确定两点所连直线的方向。一条直线的方向是根据某一基本方向来确定的，确定一条直线与一基本方向之间的水平角，称为直线定向。我国早在西周的《诗经·鄘风》中就有定的记载："定之方中，作于楚宫。揆之以日，作于楚室。"

一、基本方向

在测量工作中常用的基本方向有 3 种：真北方向、坐标北方向和磁北方向，即"三北方向"，如图 2-17 所示。

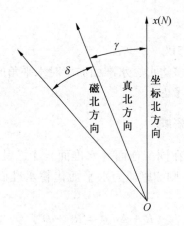

图 2-17　三北方向

1. 真北方向

过地面某点真子午线的切线北端所指示的方向，称为真北方向。真北方向可采用天文测量的方法测定，如观测太阳、北极星等，也可采用陀螺经纬仪测定。

2. 坐标北方向

坐标纵轴正向所指示的方向，称为坐标北方向。常取与高斯平面直角坐标系中坐标纵轴平行的方向为坐标北方向。

3. 磁北方向

磁针自由静止时其指北端所指的方向，称为磁北方向，可用罗盘仪测定。

4. 子午线收敛角和磁偏角

（1）子午线收敛角。过一点的真北方向与坐标北方向之间的夹角，用 γ 表示，如图 2-18 所示。规定坐标北方向在真北方向东侧时，γ 为正；坐标北方向在真北方向西侧时，

γ 为负。

地面上一点 P 的子午线收敛角 γ_P 的计算公式为

$$\gamma_P = (L_P - L_C)\sin B_P \tag{2-23}$$

式中　　L_C——中央子午线大地经度；

　　L_P、B_P——P 点的大地经度和大地纬度。

当经度差不变时，纬度越高，子午线收敛角越大。

（2）磁偏角。过一点的真北方向与磁北方向之间的夹角，用 δ 表示，如图 2-19 所示。规定磁北方向在真北方向东侧时，δ 为正；磁北方向在真北方向西侧时，δ 为负。

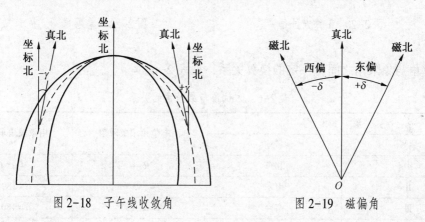

图 2-18　子午线收敛角　　　　　　图 2-19　磁偏角

地磁极接近南极和北极，但并不和南极和北极重合。各个地方的磁偏角不同，而且某一地点磁偏角会随时间而改变。当然，磁偏角的变化呈现出一定的规律，主要有长周期变化（源于地球内部的物质运动）和短周期变化（源于电离层、太阳活动的影响、磁铁矿和高压线等）。

二、直线定向方法

1. 方位角

由基本方向的北端起，顺时针量至直线的水平角称为该直线的方位角，方位角的取值范围是 $[0°, 360°)$。

由真北方向起算的方位角，叫真方位角，用 A 表示；由坐标北方向起算的方位角，叫坐标方位角，用 α 表示；由磁北方向起算的方位角，叫磁方位角，用 A_m 表示。如图 2-20 所示，三者之间的关系为

$$\begin{cases} A = A_m + \delta \\ A = \alpha + \gamma \end{cases} \tag{2-24}$$

2. 象限角

直线与基本方向线所夹的锐角称为象限角，用符号 R 表示。它是由基本方向线北端或南端顺时针或逆时针方向量到直线的角度，其取值范围为 $0° \sim 90°$。用象限角表示直线方向时，不但要注明角度大小，而且要注明其所在象限。例如，直线 $O1$、$O2$、$O3$、$O4$ 的象限角应写成北东 $R1$、南东 $R2$、南西 $R3$、北西 $R4$，如图 2-21 所示。

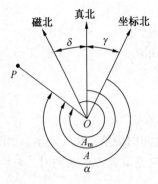

图 2-20　3 种方位角关系

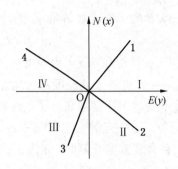

图 2-21　象限角

方位角与象限角之间有一定的换算关系，见表 2-6。

表 2-6　方位角与象限角的关系

象　限		由方位角求象限角	由象限角求方位角
编号	名称		
I	北东	$R=\alpha$	$\alpha=R$
II	南东	$R=180°-\alpha$	$\alpha=180°-R$
III	南西	$R=\alpha-180°$	$\alpha=180°+R$
IV	北西	$R=360°-\alpha$	$\alpha=360°-R$

三、正、反坐标方位角

一条直线的坐标方位角，由于起始点的不同而存在两个值。如图 2-22 所示，A、B 为直线 AB 的两端点，α_{AB} 表示 AB 方向的坐标方位角，α_{BA} 表示 BA 方向的坐标方位角。α_{AB} 和 α_{BA} 互称为正、反坐标方位角。

由于在同一高斯平面直角坐标系内各点处坐标北方向均是平行的，所以一条直线的正反坐标方位角相差 180°，即

$$\alpha_{AB} = \alpha_{BA} \pm 180° \tag{2-25}$$

式中，若 $\alpha_{BA} \geq 180°$ 取 "−" 号，若 $\alpha_{BA} \leq 180°$ 取 "+" 号。

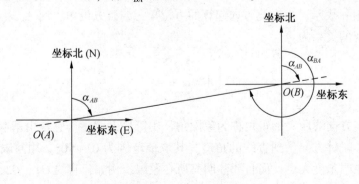

图 2-22　正反坐标方位角

思 考 题

1. 什么叫大地水准面？

2. 测量工作的坐标系统、高程系统有哪些？建立 CGCS2000 坐标系的意义是什么？

3. 请介绍地图投影的分类和特点。

4. 什么是正高？什么是正常高？

5. 高斯投影具有什么样的特征？

6. 测量的基本方向有哪些？什么是子午线收敛角？什么是磁偏角？它们之间有什么关系？

7. 什么是方位角？其主要作用是什么？

第三章 水 准 测 量

第一节 水准测量原理与方法

高程是描述地面点空间位置的三要素之一。测定地面点高程的测量工作，称为高程测量。根据使用仪器和观测方法的不同，高程测量可分为水准测量、三角高程测量和 GNSS 技术高程测量。

水准测量的原理和操作方法简单，且精度可靠，是目前高程测量中最基本的测量方法。

一、水准测量原理

水准测量是利用水准仪和水准尺来测定地面上两点间高差的方法。其基本原理是利用水准仪提供一条水平视线在两点水准尺上截取读数，两读数之差即为地面两点之间的高差。确定了每两点之间的高差，然后再根据已知点的高程，并沿一定的路线依次推算每个未知点的高程。

如图 3-1 所示，已知 A 点高程为 H_A，求未知点 B 的高程 H_B。首先在 A、B 两点之间选择一合适位置安置水准仪，在 A、B 两点上竖立水准尺，利用水准仪提供一条水平视线，根据两尺上的读数推算两点之间的高差。若 A 点水准尺上读数记为 a，B 点水准尺上读数记为 b，则两点之间的高差 h_{AB} 为

$$h_{AB} = a - b \tag{3-1}$$

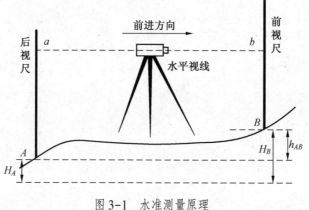

图 3-1 水准测量原理

则 B 点的高程为

$$H_B = H_A + h_{AB} \tag{3-2}$$

在水准测量时，沿已知点开始布设水准路线，沿着路线的前进方向，前面的点称为前视点，该点水准尺称为前视尺，该点水准尺上的读数称为前视读数；后面的点称为后视

点，该点水准尺称为后视尺，该点水准尺上的读数称为后视读数。

在水准测量中，高程一般用 H 表示，某个点的高程就在 H 后加该点点号作为下标来表示，如 A 点的高程则记为 H_A。高差一般用 h 表示，高差是两点高程之间的差值，所以高差表示时，在 h 后面加两点点号为下标，如 A、B 之间的高差表示为 h_{AB}。这里 A、B 的书写顺序具有一定的意义，不能随便颠倒。h_{AB} 表示从 A 到 B 的高差，h_{BA} 表示从 B 到 A 的高差。很明显，高差是有正负的：为正时，表明前视点高于后视点；反之，则表明前视点低于后视点。理论上，h_{AB} 和 h_{BA} 应该是绝对值相等而符号相反。在实际应用中，有时为了方便，高差也可简化表示为 h_i 的形式，表示第 i 段的高差。

二、水准测量方法

在水准测量时，如果所测量的两点之间距离不远，在两点之间安置一次仪器，就可以测得两点之间的高差。但是如果要测定的两点之间距离较远或者高差较大时，只安置一次仪器不能方便和准确地测出它们之间的高差，这时需要在两点之间临时加设一定数量的立尺点来传递高程，这些临时加设的高程过渡点称为转点。转点无固定标志，无须算出高程。每安置一次仪器，称为一个测站；安置仪器位置的点，称为测站点。

如图 3-2 所示，欲求 A 点到 B 点之间的高差，临时加设 1，2，…，n 点，共 n 个转点，即 $n+1$ 测站，依次测得每两点之间的高差 h_i，然后求它们的代数和而得 A、B 之间的高差 h_{AB}。

$$h_{AB} = h_1 + h_2 + \cdots + h_n + h_{n+1} \qquad (3-3)$$

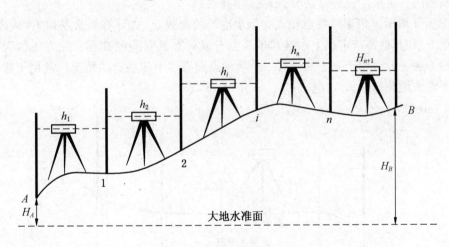

图 3-2　多测站连续水准测量

1. 高差法

高差法是根据水准测量的基本原理，在两点之间安置水准仪，测得两点之间的高差 h，然后根据已知后视点的高程 H_A，计算前视点的高程 H_B。这种方法适用于一个测站只有一个前视点和一个后视点的情况。

如图 3-3 所示，若 A 点水准尺上读数 a 为 1.205，B 点水准尺上读数 b 为 0.836，则两点之间的高差 h_{AB} 为

$$h_{AB} = a - b = 1.205 - 0.836 = +0.369$$

B 点的高程为

$$H_B = H_A + h_{AB} = H_A + 0.369$$

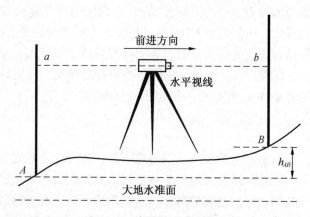

图 3-3　高差法水准测量

在测量时，一般先根据已知点按一定的前进方向设计水准测量路线，然后依次按高差法测量每两点之间的高差 h_i，最后分别计算各未知点的高程 H_i。

2. 视线高法

在实际工作中，根据地形情况，当利用一个后视点安置一次仪器而测出若干个前视待定点的高程时，可采用视线高法（或称仪器高法）。

如图 3-4 所示，根据后视已知点 A 上水准尺的读数 a，先计算测站点 i 的视线高程 H_i，然后根据 H_i 和其他各待定点上水准尺的读数分别计算其对应的高程，此方法称为视线高法。这种方法一般适用于一个测站有一个后视点而有多个前视点的情况，常用于建筑工程测量、平整土地测量中。

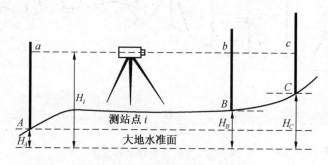

图 3-4　视线高法水准测量

图 3-4 中，后视点 A 的高程 H_A 为 72.5 m，在 A 点水准尺上的读数 a 为 1.865，在前视点 B 和 C 点水准尺上的读数 b 和 c 分别为 1.536 和 1.426，则水准仪的视线高程 H_i 为

$$H_i = H_A + a = 72.5 + 1.865 = 74.365$$

则 B 点和 C 点高程分别为

$$H_B = H_i - b = 74.365 - 1.536 = 72.829$$
$$H_C = H_i - c = 74.365 - 1.426 = 72.939$$

第二节 水准仪和水准尺

水准测量所使用的仪器为水准仪，配套使用的工具有水准尺、三脚架和尺垫。

一、水准仪

水准仪按其精度指标可分为 DS_{05}、DS_1、DS_3 和 DS_{10} 四个等级。其中 D 代表"大地"，S 代表"水准仪"，后面的数字代表该仪器的测量精度，表示每千米水准测量往返测高差中数的偶然中误差，单位为 mm。通常在书写时可省略字母"D"。

水准仪按其精密程度可分为普通水准仪和精密水准仪。S_3 级和 S_{10} 级为普通水准仪，主要用于国家三、四等水准测量及普通水准测量；S_{05} 级和 S_1 级为精密水准仪，主要用于国家一、二等水准测量。其主要适用范围见表 3-1。

表 3-1 水准仪的分类与适用范围

水准仪型号	DS_{05}	DS_1	DS_3	DS_{10}
水准仪精度	≤0.5 mm	≤1 mm	≤3 mm	≤10 mm
主要适用范围	国家一等水准测量	国家二等水准测量及其他精密水准测量	国家三等四等水准测量及工程测量	工程测量，图根控制测量

(a) 光学水准仪　　　　(b) 自动安平水准仪　　　　(c) 数字水准仪

图 3-5 水准仪分类

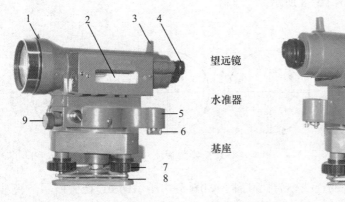

1—准星；2—管水准器；3—缺口；4—目镜及目镜调焦螺旋；5—圆水准器；6—圆水准器校正螺丝；7—脚螺旋；8—三角底板；9—水平制动螺旋；10—物镜调焦螺旋；11—物镜；12—水平微动螺旋；13—微倾螺旋

图 3-6 水准仪的基本结构

水准仪按构造可分为普通光学水准仪和数字水准仪，按照安平方式可分为微倾水准仪和自动安平水准仪。其基本外观分别如图3-5所示。

（一）微倾水准仪

水准仪的基本组成如图3-6所示，主要由望远镜、水准器和基座三部分组成。

1. 望远镜

望远镜的主要作用是放大照准目标并精确瞄准，也可进行视距测量。望远镜的基本结构如图3-7所示，主要由物镜、目镜、对光透镜和十字丝分划板四部分组成。

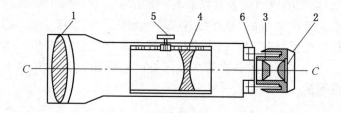

1—物镜；2—目镜；3—十字丝分划板；4—对光透镜；5—物镜对光螺旋；6—分划板护罩

图3-7　望远镜基本结构

物镜、目镜和对光透镜组成复合透镜组，主要是放大目标的像并使成像清晰显示在十字丝分划板上。调节物镜对光螺旋，可使对光透镜前后移动，从而可使不同距离的目标清晰成像在十字丝分划板上，再通过调节目镜调焦螺旋，观测者便可清晰地看到同时放大了的十字丝和照准目标的影像。从望远镜内所看到的目标影像的视角与肉眼直接观察该目标的视角之比，称为望远镜的放大率。DS$_3$水准仪望远镜的放大率一般为28倍。

十字丝分划板是用来准确瞄准目标和截取水准尺上读数的，一般是由平板玻璃圆片制成。平板玻璃圆片装在分划板座上，分划板座又固定在望远镜筒上。分划板上一般刻有两条互相垂直的长丝，中间一根水平长丝称为中丝（或横丝），与之垂直的竖直长丝称为竖丝，两条长丝的交点称为十字丝交点。在中丝的上下对称地刻有两条与中丝平行的短横丝，称为上丝、下丝，又称视距丝。不同的仪器型号和厂家对十字丝分划板的刻划有不同的设计，其基本刻划类型如图3-8所示。

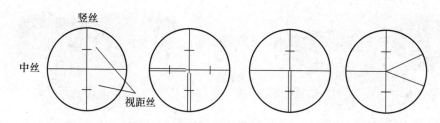

图3-8　十字丝分划板基本刻划

十字丝交点与物镜光心的连线称为视准轴，如图3-7所示的*CC*位置所示。视准轴的延长线称为视线。水准测量时，调整视准轴水平后，用十字丝的中丝截取后视尺和前视尺上的读数，进而计算高差。视距丝的读数则是用来计算水准仪至水准尺之间的大致距离。视距测量的具体计算原理和方法详见第四章第六节。

2. 水准器

水准器是用来指示视准轴是否水平或仪器竖轴是否竖直的装置，一般可分为管水准器和圆水准器两种。管水准器用来指示视准轴是否水平；圆水准器用来指示竖轴是否竖直。

1）管水准器

如图 3-9 所示，管水准器又称水准管，是一纵向内壁打磨成具有一定曲率的圆弧形玻璃管，管内充填有酒精和乙醚的混合液，加热融封冷却后内腔留有一个气泡。由于气泡轻，受重力影响，故恒处于管内最高位置。

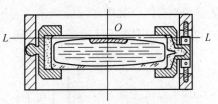

图 3-9　管水准器结构

水准管内壁圆弧的中点位置 O 称为水准管的零点。通过水准管零点作圆弧的纵切线，称为水准管轴，一般用 LL 表示。当水准管的气泡中点与水准管零点重合时，称为气泡居中。气泡居中表明水准管轴处于水平位置。水准管表面刻有间隔为 2 mm 的分划线，分划线的零刻划线在水准管零点位置。水准管上每 2 mm 分划线之间的圆弧所对的圆心角，称为水准管分划值或称水准管格值，如图 3-10 所示。设水准管分划值以 τ 表示，则

$$\tau = \frac{2}{R}\rho''\tag{3-4}$$

式中　　τ——水准管分划值，$('')$；

R——水准管圆弧的曲率半径，mm；

ρ''——弧度制和角度制之间的换算常数，一般为 206265''。

水准管分划值越小，水准管的灵敏度就越高。水准仪上水准管的分划值一般为 10''/2 mm 和 20''/2 mm，分划值较小，灵敏度高，主要用于仪器的精确整平。

2）圆水准器

如图 3-11 所示，圆水准器顶面内壁是球面，球体内充填有酒精或乙醚液体，加热密封后形成一气泡。球面上刻划有圆形分划圈，分划圈的中心称为圆水准器零点。通过圆水准器零点作球面的法线称为圆水准器轴，或理解为圆水准器零点与球面对应的球心的连线，

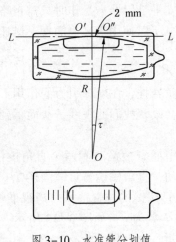

图 3-10　水准管分划值

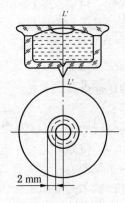

图 3-11　圆水准器

一般用 $L'L'$ 表示。当气泡居中时，圆水准器轴竖直，此时仪器竖轴处于竖直位置。当气泡不居中时，仪器竖轴不处于竖直位置。当气泡中心偏移零点 2 mm 时轴线所倾斜的角值，称为圆水准器的分划值或格值。水准仪的圆水准器分划值一般为 $5'/2 \sim 10'/2$ mm，圆水准器的分划值较大，灵敏度低，故主要用于仪器的粗略整平。

3）符合水准器

微倾式水准仪在水准管的上方还安装有符合棱镜系统，此种水准器称符合水准器。通过符合棱镜的反射作用，使气泡两端的影像反映在望远镜旁的符合气泡观察窗中。若气泡两端的半像吻合时，如图 3-12a 所示，表示气泡居中；若气泡两端的半像错开，如图 3-12b 和图 3-12c 所示，则表示气泡居中不精确。这时，应旋转微倾螺旋，使气泡的半像完全吻合。

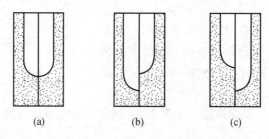

图 3-12 符合棱镜气泡观察视窗口

用带有符合水准器的水准仪进行测量，判断气泡居中的精度约可提高一倍，从而提高了测量数据的精度。

3. 基座

基座的作用是支撑、固定和整平仪器。其主要由中心连接螺旋、脚螺旋、三角形底板构成。中心连接螺旋位于三角形连接底板中心，用来连接、固定水准仪于三脚架上。3 个脚螺旋则是用来整平水准仪。

（二）自动安平水准仪

自动安平水准仪是一种具有自动安平功能的水准仪。微倾光学水准仪在使用时需要通过调节水准管气泡居中来获得水平视线，这样在测量速度和精度上都有一定的障碍。自动安平水准仪在望远镜的光学系统中装置了一个自动安平补偿器，操作时只需粗略整平便可获得水平视线。自动安平水准仪操作时不需要精平，所以使用起来更简便、迅速，极大地提高了水准测量的观测速度和精度。

1. 自动安平补偿器工作原理

自动安平补偿器的工作原理是将一组透镜用掉丝悬挂，在地球引力的作用下始终垂直于地面。当仪器没有完全整平时，经过悬挂的透镜会改变我们的视线，从而得到正确的水平视线。

如图 3-13 所示，望远镜光路中，补偿器由一个屋脊棱镜 b 和两个直角棱镜 c 组成。屋脊棱镜和望远镜筒固连在一起，随望远镜一起转动；直角棱镜与重锤固连在一起，用金属簧片悬吊于仪器内，它受到重力作用可改变与屋脊棱镜的位置关系。当视准轴水平时，光线通过补偿器不改变原来的方向，在水准尺上的读数为 a，如图 3-13 所示；当视准轴倾斜了一个小角度 α 时，通过补偿器后水平光线转折一个 β 角，若 $f\alpha = d\beta$，则读数仍相当于水平时的读数。

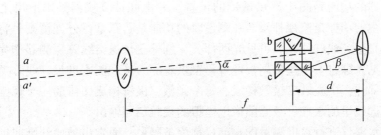

图 3-13　自动安平补偿器基本原理

但由于悬挂物的空间和精度限制，自动安平是有范围的。能使自动安平补偿器起作用的最大允许倾斜角称为补偿范围。自动安平水准仪的补偿范围一般为 ±8′～±12′，质量较好的仪器可达到 ±15′。使用自动安平水准仪时，调节使圆水准气泡居中，2～4 s 后当水准尺影像趋于稳定便可以直接在水准尺上进行读数。

2. 阻尼器

自动安平水准仪在补偿过程中，补偿器因重力作用产生摆动，为了使摆动能快速停止，减少等待读数的时间，还需装置一个阻尼器。阻尼器借助空气产生的阻力或磁场产生的阻力使补偿器快速停止。前者称为空气式阻尼器，后者称为磁阻尼式阻尼器。

（三）数字水准仪

数字水准仪又称电子水准仪，是在电子技术飞速发展和自动安平水准仪的基础上发展起来的一种新型智能化水准仪。数字水准仪将原有的由人眼观测读数完全改变为由光电设备自行探测并读数，因此具有自动化程度高、精度高、速度快、操作简单、劳动强度小等优点。

1. 数字水准仪系统

数字水准仪系统由数字水准仪及配套的条码尺构成，如图 3-14 所示。

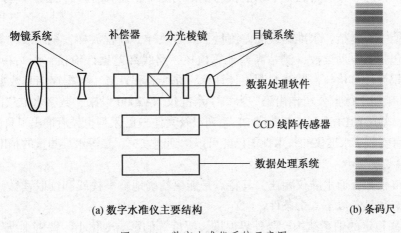

(a) 数字水准仪主要结构　　　　　　　　　　　(b) 条码尺

图 3-14　数字水准仪系统示意图

数字水准仪基本结构同光学水准仪，主要由望远镜、水准器和基座构成，在水准测量中的作用分别是瞄准目标、安平仪器和固定仪器。和自动安平水准仪相比，数字水准仪主要增加了调焦发送器、补偿器监视、分光镜和线阵探测器 4 个主要部件。

调焦发送器的功能是测定调焦透镜的位置，并由此计算仪器到水准尺之间的大致距离；补偿器监视的功能是监视补偿器在测量时的功能是否正常；分光镜则是将经过物镜进入望远镜里的光分离成红外光和可见光两部分：红外光传送给线阵探测器作为标尺图像探测的光源，可见光穿过十字丝分划板经过目镜供观测人员观测水准尺。线阵探测器是数字水准仪的核心部件，由光敏二极管构成，每个光敏二极管构成图像的一个像素。其主要功能是将进入望远镜里的水准尺条码图像以模拟的视频信号输出。

配合数字水准仪进行水准测量的水准尺称为条码尺，通常由玻璃纤维或钢钢制成。条码尺上印制有特定的条码图案，条码图案所代表的相关数字信息预置于数字水准仪的 CPU 中。水准仪的读数通过线阵探测器对瞄准区间的条码图案进行数字图像处理系统的识别、分析、对比、计算、信号转换及数据化而获得。

条码尺上的条码图案因不同生产商的设计而不同，读数原理和方法也不相同。目前，主要的条纹编码方式有二进制码条码、几何位置测量条码、相位差法条码等；自动电子读数方法有：相关法，如徕卡公司的 NA2002、DNA03 型数字水准仪；几何法，如蔡司公司的 DINI10、DINI20 型数字水准仪；相位法，如拓普康公司的 DL-101C 型数字水准仪。

2. 数字水准仪的测量原理

数字水准仪整平后，精确照准配套使用的条码尺，进行物镜、目镜调焦后，成像在十字丝分划板上的条码尺影像被线阵探测器以模拟的视频信号输出给图像处理系统，经过微处理器与预置的条码信息进行对比处理后，经信号转换可以精确计算和确定水平视线在条码尺上的读数以及水准仪至条码尺之间的水平距离，并自动记录和存储相关数据。

水准测量时，条码尺应铅垂立于水准点或尺垫上，与水准仪之间保持通视良好；条码尺尺面应无阴影投射，也不能反光太强，否则会读数困难或无法测量。立尺员应戴质地柔软的手套，避免遮挡和磨损尺面图案。

3. 数字水准仪的功能

数字水准仪除了具有普通光学水准仪的全部功能外，还具有多种测量计算和数据处理功能。

测量功能主要包括：水准路线高差测量，高差放样，高程放样，视距放样等；数据处理功能主要包括：自动读数，测站高差计算检核，路线高差累计检核，测站视距差计算，路线视距差累计计算检核，路线视距累计计算，路线高程计算，数据存储和数据通信等。

自 1990 年瑞士徕卡公司推出第一台数字水准仪 NA2000 以来，数字水准仪的研究和应用不断发展，蔡司 NIDI 系列、拓普康 DL 系列以及索佳 SDL 系列也先后推出了自己的电子水准仪产品。目前数字水准仪的技术性能已经可以达到国家一、二等水准测量的精度要求。

（四）精密水准仪

精密水准仪和普通水准仪相比，其特点是能更精确地整平视线和读取读数。精密水准仪在结构上必须具备以下 4 个条件：

（1）坚固稳定的轴系结构，受外界温度、湿度等的影响变化小。精密水准仪的主要构件都用特殊的合金钢材料制成，并在仪器上套有隔热的防护罩。

（2）良好的光学性能。为了能获得水准尺分划的清晰影像，望远镜必须有足够的放大倍率和较大的物镜孔径。一般精密水准仪望远镜的放大倍率应大于 38 倍，物镜孔径应大于 50 mm。

（3）高灵敏度的管水准器。水准器的灵敏度越高，整平的精度就越高，但同时却会使整平的操作更困难，因此，精密水准仪上必须配有微倾螺旋（又称倾斜螺旋），借以较为容易地精确整平。DS$_1$水准仪的管水准器τ值一般为$10''/2$ mm。

（4）高精度的测微器装置。光学测微器装置能精密测定水准尺上最小分划线格值的1/100个单位，从而大大提高了读数精度。一般精密水准仪的光学测微器能读到0.1 mm，估读到0.01 mm。

水准仪型号为DS$_{05}$级和DS$_1$级的为精密水准仪，主要用于国家一等、二等水准测量。

二、水准尺

水准尺是水准测量时配合使用的标尺。水准测量时通过在水准尺上读取数值，从而计算高差。水准尺质量的好坏直接影响水准测量的数据精度。因此，水准尺一般要求尺长稳定、不易变形、分划准确。

水准尺的种类较多，按材质可分为木质水准尺、合金材料水准尺和玻璃钢水准尺；按形状可分为塔尺、直尺和折尺等；按长度规格可分为2 m、3 m和5 m；按精度可分为普通水准尺和精密水准尺。不同水准尺外形如图3-15所示。

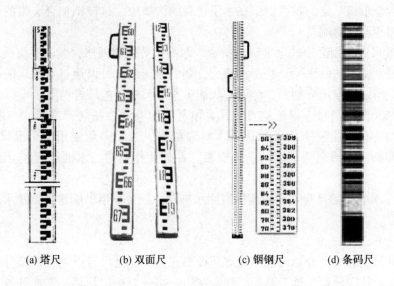

(a) 塔尺　　　(b) 双面尺　　　(c) 铟钢尺　　　(d) 条码尺

图3-15　水准尺

（一）普通水准尺

1. 塔尺和折尺

塔尺可以通过套接伸缩长短，折尺则通过对折改变尺身长度。这两种尺由于能够伸缩或对折，所以尺子的长度规格比直尺更长一些：塔尺有3 m、5 m和7 m的规格。这两种尺子运输方便，但长期使用会在套接和对折处产生损坏，影响尺长本身的精度，从而影响测量数据的精度。所以塔尺和折尺多用于等外水准测量。

2. 直尺

直尺尺身的两面均有刻划线，也称双面尺。尺身的一面为黑白相间的区格式刻划，称黑面尺（也称主尺）；另一面为红白相间的刻划，称红面尺（也称副尺）。两尺面的最小刻划均为 1 cm，并在整米处进行数字标注。双面尺多用于三、四等水准测量。

在水准测量中，为了测得两点之间的高差，需要在两个点上竖立水准尺，所以一台水准仪分别配备两根水准尺使用。两根水准尺的黑面刻划都从零开始，而红面刻划的底端，一根水准尺从 4.687 m 开始，另一根则从 4.787 m 开始。两根水准尺红面底端的起始刻划数值称为尺常数，其差值为 0.1 m。起始数值的不同主要是为了避免测量时主观意识对读数的影响，从而提高测量精度。

为了在水准测量中判断水准尺的竖直位置，水准尺的腰部侧面位置安装有一个圆水准器；同时，为了方便扶尺员操作，水准尺的腰部两侧各安置手柄一个。

（二）精密水准尺

1. 精密水准尺应满足的要求

水准尺是测定高差的长度标准，如果水准尺的长度有误差，则会对精密水准测量的观测成果带来系统性的误差影响，因此精密水准尺应满足如下要求：

（1）当空气的湿度和温度等发生变化时，水准尺的分划必须保持稳定，或仅有微小的变化。一般精密水准尺的分划是漆在铟瓦合金带上，数字注记在铟瓦合金带两旁的木质尺身上。铟瓦合金带以一定的拉力引张在木质尺身的沟槽中，这样铟瓦合金带的长度不会受木质尺身伸缩变形的影响。

（2）水准尺的分划必须非常准确与精密。水准尺分划的偶然误差和系统误差的大小主要决定于分划刻度工艺的水平。精密水准尺分划的系统误差可以通过水准尺的平均每米真长加以改正，所以水准尺分划的偶然误差代表了水准尺分划的综合精度。

（3）水准尺整个尺身应保证笔直，并且不易发生弯曲、扭转等变形。一般精密水准尺的木质尺身都以经过特殊处理的优质木料而制作。为了避免使用中水准尺底部磨损，在水准尺的底面还钉有坚固耐磨的金属底板。在外业作业时，水准尺应竖立在尺垫或尺桩上。

（4）精密水准尺的尺身上必须装配有圆水准器。扶尺员借助圆水准器使水准尺稳定保持在竖直位置。

2. 精密水准尺的分划

精密水准尺上的线条分划注记一般有两种形式：一种是尺身上刻有两排分划，尺面右边一排分划注记从零开始，称为基本分划；左边一排分划注记从某一常数开始，称为辅助分划。同一高度的基本分划与辅助分划读数相差一个常数，称为基辅差，通常又称为尺常数。另一种尺身上也有两排分划，两排分划彼此错开 5 mm，左边是单数分划，右边是双数分划，也就是单数分划和双数分划各占一排，没有辅助分划。

铟瓦尺全称铟瓦合金钢带水准尺，铟瓦是英语 invar 的译音，意思是铟钢，所以铟瓦尺又称为铟钢尺。

铟瓦尺采用含有 35.4% 镍的铁合金材料制成，常温下具有很低的热膨胀系数：米间隔真长与名义长之差小于 ±0.02 mm；米间隔平均真长小于 ±0.01 mm；分米分划真长与名义长之差小于 ±0.013 mm。铟瓦水准尺主要用于一、二等精密水准测量。

3. 精密水准尺读数

精密水准仪的操作方法与一般水准仪基本相同。经过安置、粗平、瞄准和精平后，准备读数之前，如果十字丝中丝没有和水准尺的某一整分划线重合，此时还需要旋转测微轮，使十字丝的楔形丝正好夹住某一整分划线，然后再将整分划值和测微器中的读数合起来即为最终的结果。如图 3-16 所示，水准尺上读数为 1.48 m，测微器中的读数为 6.55 mm，所以最后的读数为 1.48655 m。

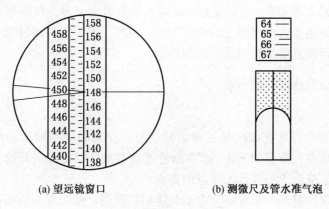

(a) 望远镜窗口   (b) 测微尺及管水准气泡

图 3-16 精密水准尺读数

三、尺垫和三脚架

尺垫主要用于转点处放置水准尺，如图 3-17 所示。尺垫用生铁铸成，一般为三角形，中央有一突起的半球体，下方有 3 个支脚。使用时将支脚牢固地放置于转点标志上，如转点处地面比较松软，则必须将支脚牢固地踩入松软的地面，以防使用过程中下沉。上方中央突起的半球形顶点作为竖立水准尺的标志。

三脚架主要用来安置和支撑仪器，一般的材质为木质或铝合金，如图 3-18 所示。三脚架在使用时，脚架的长度可以通过架腿上的固定螺旋进行伸缩调节，然后用力将脚架的 3 个支脚踩稳实，再取出仪器用中心螺旋旋紧于三脚架的架面上。

图 3-17 尺垫

图 3-18 三脚架

水准尺和三脚架是水准测量中不可缺少的配套工具。尺垫则根据测区情况需要而选择使用。

第三节　水准测量方法

水准测量按精度一般分为国家一等、二等水准测量，国家三等、四等水准测量和普通水准测量（也称等外水准测量）。工程上常用的水准测量为三等、四等水准测量和普通水准测量。本节主要讲述普通水准测量的观测方法，国家一等、二等水准测量，三等、四等水准测量将在第六章第五节水准测量中详细讲解。

一、水准点埋设及水准路线布设

1. 水准点埋设

为了统一全国的高程系统和满足各种测量需要，在全国各地埋设并测定了很多高程点，这些点称为水准点，简记为 BM。水准测量通常是从已知水准点开始，沿一定的测设路线通过测定高差，进而求得其他未知点的高程。

水准点根据其保存时间的长短可分为永久点和临时点。永久点一般用石料或钢筋混凝土制成标本，深埋到地面冻结线以下，在标石的顶面设有用不锈钢或其他不易锈蚀材料所制成的半球形标志，如图 3-19 所示。有些水准点也可以设置在稳定的墙脚和墙面上，称为墙上水准点。

临时点如果设在松软的地面上，则需要用突出的坚硬岩石或大木桩打入地下，桩顶半球形铁钉作为点的标志。如果在水泥路面等坚硬的地方，则直接打入铁钉作为标志。

水准点埋设后，还应绘出水准点与附近固定建筑物或其他明显地物的关系图，在图上注明水准点的编号和高程，称为点之记，如图 3-20 所示，以便日后寻找水准点位置。

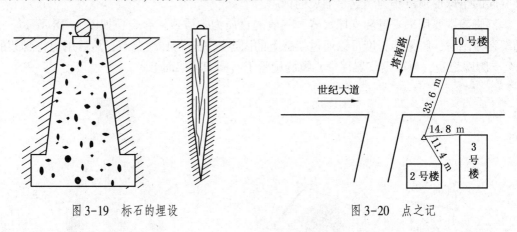

图 3-19　标石的埋设　　　　　　图 3-20　点之记

2. 水准路线布设

水准路线布设的形式分为单一水准路线和水准网。单一水准路线的主要形式又可分为闭合水准路线、附合水准路线和支水准路线 3 种。水准路线的类型见第六章第五节内容。

二、水准仪的使用步骤

水准仪在使用时，读取水准尺上读数的基本操作步骤包括安置、粗平、瞄准、精平和读数等步骤。

1. 安置

首先选择合适的地点，打开三脚架，根据观测者的身高升降架腿使高度适合眼睛观测，目估三脚架架头大致水平，检查三脚架架腿是否稳固，脚架固定螺旋是否旋紧；然后打开仪器箱，观察该型号仪器的摆放位置后，取出水准仪，用中心连接螺旋将仪器固定在三脚架架面上。

2. 粗平

粗平是使水准仪竖轴处于铅垂位置。在粗略整平的操作过程中，主要通过观察圆水准器的气泡是否居中来进行判断。气泡偏移的方向是高程比较高的位置，此时可运用"左手拇指法则"来控制气泡移动。左手拇指法则是指气泡移动的方向和左手大拇指运动的方向一致。如图3-21所示，3个脚螺旋分别记为1、2、3。气泡需要向右移动，就按图示方向两手相向旋转1、2脚螺旋，使气泡移动至左右方向的中心位置，如果此时上下位置上仍然有偏移，则利用第3只脚螺旋进行调整。

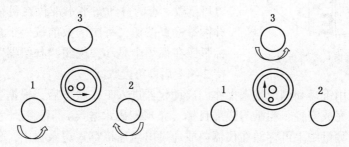

图3-21　左手拇指法

3. 瞄准

瞄准的过程可以概括为目镜对光、粗略瞄准、物镜对光、视差消除、精确瞄准等几个操作细节。

瞄准目标之前首先进行目镜对光，即把望远镜对着明亮的背景，转动目镜对光螺旋，使十字丝清晰；然后旋转望远镜，通过望远镜上方的缺口和准星粗略瞄准水准尺，旋紧制动螺旋，称为粗略瞄准；再从望远镜中观察目标，转动物镜对光螺旋使水准尺影像清晰，称为物镜对光。物镜对光和目镜对光会互相影响，所以两者需要反复调节，直到十字丝和水准尺的影像都达到很清晰的状态为止。最后再转动微动螺旋，使十字丝的竖丝与水准尺的边缘靠近或重合，称为精确瞄准，如图3-22所示。

在观测时，当眼睛上下微微移动，如发现十字丝影像与水准尺影像有相对运动，这种现象称为视差。视差产生的原因是水准尺成像和十字丝分划板没有完全重合。视差的存在会影响读数的准确性，必须加以消除。消除视差的方法是反复调节目镜对光和物镜对光，直到眼睛上下移动时，没有错动现象、读数不变为止。

4. 精平

根据水准测量的原理，望远镜视准轴需处于水平状态才能进行水准测量，经过粗平和瞄准后，在进行读数前必须对仪器进行精确整平。对于微倾水准仪，精平是通过旋转微倾螺旋，在符合棱镜窗口观察水准管气泡的吻合情况，从而判断水准仪的视准轴是否精确水平。使用自动安平水准仪和数字水准仪作业时，无须进行精平的操作。

5. 读数

仪器精平后即可用十字丝的中丝在水准尺上进行读数，读数时应从小往大读。微倾水准仪多为倒立的像，则从上往下读；自动安平水准仪加一个倒像装置后成正立的像，所以从下往上读。读数时先读清楚米和分米，再判断厘米，最后估读毫米。一般读数按四位数字来读取，估读的零也要读出，如图 3-22 所示读数为 0859。

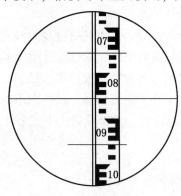

图 3-22 水准尺瞄准与读数

自动安平水准仪的操作程序因为不需要精平而分为 4 步，即安置、粗平、瞄准、读数。其中安置、粗平、瞄准的方法与普通水准仪操作相同。读数时，根据不同型号水准仪的各自设置或特殊的检查显示方式来判断补偿器的性能。有的设有自动报警窗显示，若全窗为绿色则可以读数，若任意一端出现红色，说明仪器倾斜量超出自动安平补偿范围，需重新整平仪器方可读数。有的自动安平水准仪在目镜下方配有一个补偿器检查按钮，每次读数前按一下该按钮，如果目标影像在视场中晃动，说明"补偿器"工作正常，等待 2~4 s 后即可读数。

电子水准仪用键盘和测量键来操作。启动仪器进入工作状态后，根据选项设置合适的测量模式，人工完成安置、粗平与瞄准目标（条形编码水准尺）后，按下测量键 3~4 s 即显示测量结果。测量结果可存储在仪器内或通过电缆连接存入记录器中，也可在数字水准仪面板上读出水准尺读数，记录在相应表格中。

三、水准测量的基本要求

在水准测量中，为了确保测量数据的可靠性，根据国家水准测量规范规定，水准测量观测时应满足以下基本要求：

（1）在观测前半小时左右，领取仪器并置于露天阴凉处，使仪器和外界气温逐渐趋于一致；在仪器安置过程中如果光线过强，应给仪器打伞遮光；仪器搬迁换站时应罩上仪器罩。

（2）使用水准仪时，水准仪要严格整平，微倾水准仪要使管水准器气泡居中，自动安平水准仪和数字水准仪应使圆水准气泡居中。

（3）根据测区地形情况，尽量使测站位置与前、后视水准尺基本保持在一条直线上，并且控制测站及路线上前后视距的视距差在限差范围之内。

（4）每一测段的往测、返测的测站数应为偶数，以减小尺垫及尺常数等对水准测量数据的影响。

（5）在多个测站的水准测量中，应使水准仪三脚架中的两脚与水准路线方向保持平行，第三脚则轮换置于路线前进方向的左、右侧。

（6）观测过程中需要间歇时，最好结束在固定的水准点上，否则应选定或设置两个稳固的间歇点，间歇后应检测其高差，合格后方可从间歇点继续观测。

（7）在测量整个作业期间，不得出现仪器两米之内无人看管的状况。

（8）仪器在迁站时，应取下水准仪，收拢三脚架，将三脚架抱于怀中或置于肩上稳步前行。

（9）在山区等高差大的地区进行水准测量时，应选用标尺名义长度偏差小，每分米分划误差和一对水准尺黑面零点差等都较小的标尺进行作业。

四、水准测量的外业施测方法

在水准测量中，沿水准路线的前进方向，前视点的高程都是根据后视点的高程和两点之间的高差计算出来的。若其中测错一个高差，则其后面的高程就都会出现错误。因此，按照"步步检核"的测量原则，在水准测量的每一个测站，都必须采取措施进行数据的检核。目前主要的测站检核方法有两次仪器高法和双面尺法。

1. 两次仪器高法

两次仪器高法就是在一个测站上通过架设两次不同的仪器高而测得两个高差值。两次架设仪器的高度变化值不应小于 10 cm，测得两次高差的差值进行比较，对于普通水准测量，若不超过 5 mm，则取两次高差的平均值作为该测站高差的最后结果，否则应重测。

如图 3-23 所示，在 A、B 两点之间安置水准仪，进行仪器的粗平，旋转望远镜瞄准后视水准尺，精平后读数记为 a_1，旋转望远镜瞄准前视水准尺，精平后读数记为 b_1，计算高差 h_1（$h_1 = a_1 - b_1$）；重新安置仪器，变动仪器高度大于 10 cm（升或者降均可），按上面的观测步骤读数 a_2 和 b_2，计算高差 h_2（$h_2 = a_2 - b_2$）。h_1 和 h_2 进行差值比较，符合限差要求则取平均值为该站两点之间的高差。表 3-2 中 1 号测站计算后的两次高差相等，2 号测站两次高差差值为 4 mm，都符合限差要求，最后取算术平均值为该站最终的高差。

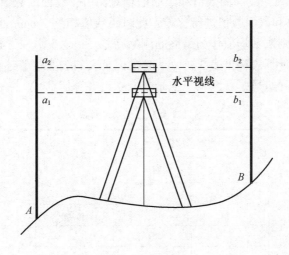

图 3-23　两次仪器高法

2. 双面尺法

双面尺法则是在一个测站上，利用水准尺的黑、红两面分别测量高差，通过测得的两次高差进行校核后获得两点之间最终的高差。

表 3-2　两次仪器高法记录与计算表

测站	点号	水准尺读数		高差/m	平均高差/m	备注
		后尺	前尺			
1	A	1134			-0.543	
		1011		-0.543		
	P_1		1677			
			1554	-0.543		
2	P_1	1444			+0.118	
		1624		+0.120		
	P_2		1324			
			1508	+0.116		

双面尺法观测时，首先选择一合适位置安置水准仪，经过粗平后，先瞄准后视尺的黑面，精平后读数记为 a_1，再旋转水准仪瞄准前视尺的黑面，精平后读数记为 b_1，计算高差 h_1；然后瞄准前视尺的红面，精平后读数记为 b_2，最后旋转水准仪瞄准后视尺的红面，精平后读数记为 a_2，计算高差 h_2。其观测程序可以概括为"黑—黑—红—红"或"后—前—前—后"。

观测读数时，两根双面尺的黑面刻划都从零开始，而红面刻划的起始值相差 100 mm。所以在进行数据计算时，红面读数的高差计算值 h_2 需要加上或者减去 100 mm 后，再和黑面的高差计算值 h_1 进行比较。表 3-3 中，1 号测站黑面高差值为 +0.249 m，红面高差值为 +0.150 m，红面的数值和黑面的相对比后，红面的数值应先加上 100 mm 即变为 +0.250 m 后，再和黑面数值进行比较，此时两数值相差 1 mm。2 号测站黑面高差值为 +0.212 m，红面高差值为 +0.314 m，红面的数值和黑面的相对比后，红面的数值应先减去 100 mm 即变为 +0.214 m 后，再和黑面数值进行比较，此时两数值相差 2 mm。两站的黑红面高差之差都符合限差要求，则取平均值作为最终的测站高差。

双面尺法记录与计算表格见表 3-3，一般在记录表的表头位置还要标注以下内容：日期、天气、仪器型号、组号、观测者、记录者、立尺者等信息。

表 3-3　双面尺法记录与计算表

测站	点号	水准尺读数		高差/m	平均高差/m	备注
		后尺	前尺			
1	A	1125			+0.250	
		5811		+0.249		
	P_1		0876			
			5661	+0.150		
2	P_1	1318			+0.213	
		6104		+0.212		
	P_2		1106			
			5790	+0.314		

五、水准测量的内业计算

水准测量外业工作通过测站检核的方法，可以检验每个测站上的数据是否存在错误或误差超限，但对于整个水准路线来说，由于外界条件（如温度、风力、大气折光、尺垫下沉等）、观测者（如尺子倾斜、估读误差、瞄准误差等）以及仪器本身的精度这三者的共同影响，可能在一个测站上产生的误差在限差范围之内，但随着测站数的增多却会使误差积累。由于这些误差的存在，使得水准测量时的实测高差与其路线上高差的理论值不符。实测高差与路线理论高差值的差值称为水准路线的高差闭合差，记为 f_h，用公式表示为

$$f_h = \sum h_测 - \sum h_理$$

水准测量的内业就是计算水准路线上存在的高差闭合差并加以调整分配，以提高每个水准点的测量精度。水准测量的内业计算可以分为以下 3 个步骤：

1. 高差闭合差的计算

针对不同的路线布设形式，高差闭合差的计算见表 3-4。

表 3-4 高差闭合差的计算

水准路线	支水准	附合水准	闭合水准
f_h	$\sum h_往 - \sum h_返$	$\sum h_测 - (H_终 - H_始)$	$\sum h_测$

2. 高差闭合差的调整

《工程测量标准》（GB 50026—2020）规定四等水准测量的高差闭合差的容许值为

$$f_{h容} = \pm 20\sqrt{L}(mm) \quad （适用于平地） \tag{3-5}$$

$$f_{h容} = \pm 6\sqrt{n}(mm) \quad （适用于山地） \tag{3-6}$$

式中　L——路线总长度，km；

　　　n——路线测站数。

《城市测量规范》（CJJ/T 8—2011）中规定四等水准测量路线的高差闭合差容许值为

$$f_{h容} = \pm 20\sqrt{L}(mm) \quad （适用于平地） \tag{3-7}$$

$$f_{h容} = \pm 25\sqrt{L}(mm) \quad （适用于山地） \tag{3-8}$$

高差闭合差如果在规定的限差范围之内，就可以进行高差闭合差的调整。当精度要求不高时，可按粗略分配的方法，即把高差闭合差按测站数平均进行反号分配；当精度要求高时则采用精确分配的方法，即把高差闭合差按测段距离与路线总距离成正比的原则反号进行分配。

$$v_i = -f_h \times \frac{n_i}{\sum n} \quad 或 \quad v_i = -f_h \times \frac{l_i}{\sum l} \tag{3-9}$$

式中　　v_i——第 i 测段上的高差分配值；

　　　　n_i——第 i 测段上的测站数；

　　　$\sum n$——水准路线上的测站总数；

l_i——第 i 测段上的测段距离，km；

$\sum l$——水准路线总长度，km。

改正后的高差值为

$$h'_i = h_i + v_i$$

3. 高程计算

高差闭合差经过调整分配后，用改正后的高差，由已知起点开始逐点推算各点高程。

第四节　水准仪和水准尺的检验与校正

按照"步步检核"的测量原则，水准测量外业之前，需要对水准测量的仪器和工具进行检验和校正，以确保其满足使用原理和条件，从而保证测量成果的正确性和准确性。

一、水准仪应满足的几何条件

1. 水准仪的主要轴线

水准仪在构造上有四大主要轴线，如图 3-24 所示，分别为视准轴、水准管轴、竖轴和圆水准器轴。视准轴为十字丝交点与物镜光心的连线，用 CC 表示；水准管轴为过水准管零点所作圆弧的纵向切线，用 LL 表示；竖轴为仪器中心与基座中心的垂直方向线，也称仪器旋转轴，用 VV 表示；圆水准器轴为过圆水准器中心的垂直方向线，用 $L'L'$ 表示。

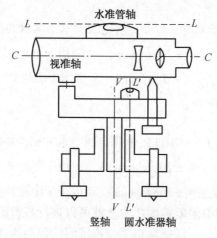

图 3-24　水准仪的主要轴线

2. 轴线之间应满足的几何关系

根据水准测量的原理，水准仪的各轴线之间应满足的几何条件主要有以下几个：

（1）水准管轴应与视准轴平行，即 $LL /\!/ CC$。只有水准管轴与视准轴平行，当水准管气泡居中时，水准管轴水平，则视准轴也是水平的，符合水准测量的工作条件。

（2）圆水准器轴应与竖轴平行，即 $L'L' /\!/ VV$。只有圆水准器轴与竖轴平行，当圆水准器气泡居中时，圆水准器轴铅垂，则竖轴也是铅垂的，满足水准仪照准部在水平面内旋转的工作要求。

（3）望远镜十字丝的横丝应与竖轴垂直，即横丝⊥VV。只有十字丝横丝与竖轴垂直，当水准仪竖轴铅垂时，十字丝横丝是水平的，在水准尺上的读数可以不严格用十字丝交点而用十字丝横丝任意位置。

（4）望远镜的视准轴不因调焦而变动位置。如果望远镜在调焦时视准轴位置发生变化，则致使视准轴倾斜或上下平移，则使前后尺读数不在同一个水平面上。

二、水准仪的检验与校正

（一）圆水准器轴与仪器竖轴平行的检验与校正

1. 检验原理

当圆水准器轴 $L'L'$ 与仪器竖轴 VV 不平行时，它们在竖直面上的投影会相交。调节脚螺旋使圆水准气泡居中，此时 $L'L'$ 竖直，若 VV 与其不平行，其偏角记为 δ，如图 3-25a 所示。仪器绕 VV 旋转180°后，$L'L'$ 旋转至图 3-25b 所示位置，$L'L'$ 与竖直方向的夹角则从 0 变为 2δ，气泡不再居中而偏移到一边，气泡偏移的弧长所对的圆心角即等于 2δ。

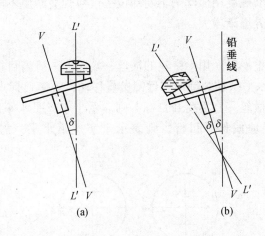

图 3-25　圆水准器轴与仪器旋转轴平行的检验原理

2. 检验方法

安置水准仪，旋转脚螺旋使圆水准器气泡居中后，将仪器旋转180°，观察气泡居中情况。若气泡仍然居中，则圆水准器轴与仪器竖轴平行；若气泡偏移，则圆水准器轴与仪器竖轴不平行，需要进行校正。根据检验原理，旋转180°后气泡偏移的弧长代表了仪器竖轴和圆水准器轴交角的两倍。

3. 校正

通过调节圆水准器下面的 3 个校正螺丝来实现校正。如图 3-26 所示，首先稍松开圆水准器底板下面中间的固定螺旋，再调整周围的 3 个校正螺旋，使气泡向中心移动偏移弧长的一半，此时纵轴即处于铅垂位置，圆水准器轴平行于竖轴。

再次用脚螺旋整平仪器，用旋转180°的方法进行检验，如还有偏移，则按同样的方法再次进行校正。校正和检验工作一般要反复进行，直到仪器旋转到任何位置气泡均居中为止，最后旋紧固定螺丝。

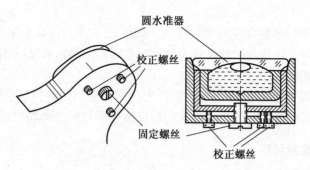

圆水准器

校正螺丝

固定螺丝

校正螺丝

图 3-26　圆水准器校正

（二）十字丝横丝与水准仪竖轴垂直的检验与校正

1. 检验原理

若十字丝横丝与水准仪竖轴垂直，当圆水准器泡居中时，则仪器竖轴铅垂，十字丝横丝是水平的。当横丝水平时，旋转微动螺旋用横丝的不同部位去读数则结果总是一致；当横丝不水平时，旋转微动螺旋用横丝的不同部位去读数则会产生不同的结果。从横丝的一端到另一端，读数的差异逐渐增大。

2. 检验方法

用圆水准器将仪器整平后，用十字丝的横丝一端照准一清晰目标 P，如图 3-27a 和图 3-27c 所示位置。旋转水平微动螺旋使望远镜慢慢移动，观察目标点 P 是否保持在十字丝横丝上。如果十字丝的横丝一直不离开目标，则表示十字丝是水平的，如图 3-27b 所示；如果十字丝的横丝慢慢地偏移开目标，则表示十字丝不水平，需要校正，如图 3-27d 所示。

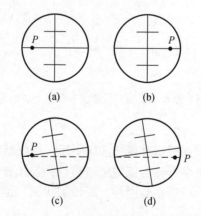

(a)　　　　　(b)

(c)　　　　　(d)

图 3-27　十字丝的横丝不水平检验原理

3. 校正

如图 3-28 所示，旋下十字丝分划板护罩，用螺丝刀松开 4 个压环固定螺丝，利用 4 个十字丝校正螺丝按横丝倾斜方向的反方向调整十字丝分划板。反复进行检验和校正，直到 P 点始终在横丝上移动，则表示横丝已水平，最后旋紧十字丝的压环固定螺丝。

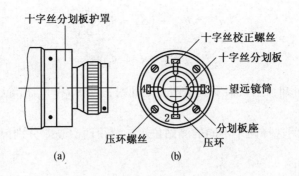

图 3-28 十字丝横丝不水平的校正

（三）望远镜视准轴与水准管轴平行的检验与校正

视准轴和水准管轴是两条空间直线，两者不平行在竖直面上投影产生的交角称为 i 角误差，对其进行检验称为 i 角检验；两者不平行在水平面上投影产生的交角称为交叉误差，对其进行检验称为交叉误差检验。水准测量时，交叉误差的影响很小，一般可以忽略，下面主要探讨 i 角检验的基本原理。

1. i 角检验的基本原理

如图 3-29 所示，在地面选定两个固定点 A、B，仪器距离两点的距离分别记为 S_A、S_B。如果没有 i 角误差，水准尺上的读数分别为 a、b，两点之间的正确理论高差为 h_{AB}；如果存在 i 角误差，则两点之间的观测高差记为 h'_{AB}。

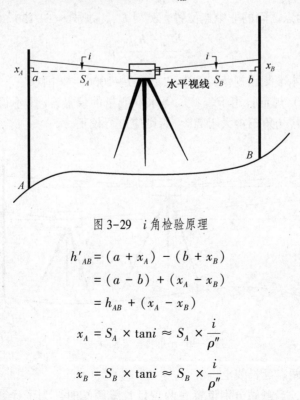

图 3-29 i 角检验原理

$$h'_{AB} = (a + x_A) - (b + x_B)$$
$$= (a - b) + (x_A - x_B)$$
$$= h_{AB} + (x_A - x_B)$$

由于
$$x_A = S_A \times \tan i \approx S_A \times \frac{i}{\rho''}$$

$$x_B = S_B \times \tan i \approx S_B \times \frac{i}{\rho''}$$

则 $$h'_{AB} = h_{AB} + (S_A - S_B) \frac{i}{\rho''}$$

即 $$h_{AB} = h'_{AB} - (S_A - S_B) \frac{i}{\rho''} \tag{3-10}$$

由式（3-10）可知，当仪器安置于两点之间时，即 S_A 和 S_B 相等，测得的高差即等于正确高差。

如果在 A、B 之间选择两个不同的测站位置，测得两次高差分别记为 h'_{AB} 和 h''_{AB}，则由式（3-10）可得

$$h_{AB} = h'_{AB} - (S'_A - S'_B) \frac{i}{\rho''} \tag{3-11}$$

$$h_{AB} = h''_{AB} - (S''_A - S''_B) \frac{i}{\rho''} \tag{3-12}$$

由式（3-11）和式（3-12）联立方程组，可解得 i 的值：

$$i = \frac{h''_{AB} - h'_{AB}}{(S''_A - S''_B) - (S'_A - S'_B)} \cdot \rho'' \tag{3-13}$$

2. 检验方法

根据 i 角检验的基本原理，检验时需要设置两个不同的测站测出两个高差，从而计算 i 值。

1）测站设置在两点之间的中点位置和非中点位置

如图 3-30 所示，测站首先设置在两点之间的中点位置，此时，$S'_A = S'_B$。

由式（3-11）可得 $$h'_{AB} = h_{AB}$$

再安置仪器在两点之间的非中点位置，测得 h''_{AB}，则式（3-13）变换为

$$i = \frac{h''_{AB} - h_{AB}}{S''_A - S''_B} \cdot \rho'' \tag{3-14}$$

《国家一、二等水准测量规范》（GB/T 12897—2006）、《国家三、四等水准测量规范》（GB/T 12898—2009）规定：用于一、二等水准测量的仪器，i 角不得大于 $15''$；用于三、四等水准测量的仪器，i 角不得大于 $20''$，否则应进行校正。

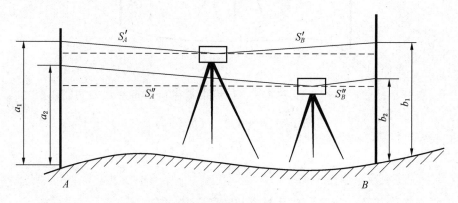

图 3-30　i 角检验方法（一）

2）测站设置在两点延长线上

如图 3-31 所示，当测站分别设置在两点延长线两端时，为了计算方便，一般使测站

位置距离两端最近点的距离相等，即

$$S_{AB} = S''_A - S''_B = -(S'_A - S'_B)$$

则式（3-13）就变换为

$$i = \frac{h''_{AB} - h'_{AB}}{2S_{AB}} \cdot \rho'' \tag{3-15}$$

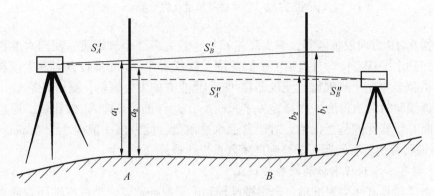

图 3-31　i 角检验方法（二）

3. 校正

在 A 点水准尺上的正确读数记为 a，观测读数记为 a'，由式（3-10）可得

$$\begin{cases} x = S \times \tan i \approx S \times \dfrac{i}{\rho''} \\[2mm] x_A = S_A \times \dfrac{i}{\rho''} \\[2mm] a = a' - x_A \end{cases} \tag{3-16}$$

校正之前，先根据式（3-14）或式（3-15）计算 i 值，再根据式（3-16）计算 x_A，进而计算出 a 值。

旋转微倾螺旋使读数对准 a 值，此时水准管气泡则会偏斜；再调节水准管校正螺丝使水准管气泡居中；反复进行对准 a 值和气泡居中的调节，直到两者都达到一定的限差要求为止。

这种校正方法的实质是先将视线水平，即读数对准，然后校正水准轴至水平位置。

（四）自动安平水准仪补偿器性能的检验

1. 检验原理

为了判断自动补偿性能是否正常，可以将仪器的旋转轴故意安置得不竖直，然后测定两点之间的高差，将测得的高差值与正确高差值进行比较，如果差值在一定的误差范围之内，则表示补偿器工作正常，否则就需要进行校正。

2. 检验方法

如图 3-32 所示，在较平坦地方选择 A、B 两点，AB 长约 80 m，在 A、B 两点各钉一木桩（或用尺垫代替），将水准仪安置于 AB 连线的中点，并使其中两个脚螺旋（记为第 1、第 2 脚螺旋）中心的连线与 AB 连线方向垂直。

具体检验方法如下：①用圆水准器将仪器置平，在中点测出 A、B 两点间的正确高差 h_{AB}；②升高第 3 个脚螺旋，使仪器在 AB 方向发生倾斜，测出高差 h_1；③降低第 3 个脚螺

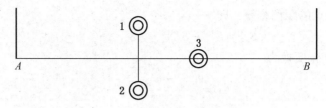

图 3-32　自动安平水准仪的检验

旋，使仪器在 AB 方向发生倾斜，测出高差 h_2；④升高第 3 个脚螺旋，使圆水准器气泡居中，仪器回到水平状态；⑤升高第 1 个脚螺旋，使仪器在 AB 的垂直方向发生倾斜，测出高差 h_3；⑥降低第 1 个脚螺旋，使仪器在 AB 的垂直方向发生倾斜，测出高差 h_4。

将仪器倾斜时所测得的 4 次高差 h_1、h_2、h_3、h_4 与正确高差 h_{AB} 做比较，通过观察其差值来判断补偿器性能是否正常。对于普通水准测量，此差值一般应小于 5 mm；如大于 5 mm，则说明补偿器有问题，需要和厂家联系进行检修。

（五）数字水准仪视准轴的检验与校正

数字水准仪具有两个视准轴：光学视准轴和电子视准轴。光学视准轴同普通光学水准仪，由光学分划十字丝中心和望远镜物镜光心构成，用于水准尺的照准、调焦和分划尺光学读数；电子视准轴是由光电探测器 CCD 中点附近的一个参考像素和望远镜光心构成，用于条码尺的电子读数。因此，数字水准仪有两个 i 角之分：光学 i 角和电子 i 角。光学 i 角的检验同普通光学水准仪 i 角的检验，下面介绍电子 i 角的检验与校正方法。

1. 检验原理

如图 3-33 所示，在一段平坦的场地上，选择 A、1、2、B 四点，使其每两点之间的间距相同，间距记为 D；在点 1 安置数字水准仪，整平瞄准条码尺后，按测量键读取视线高和视距读数，视线高读数记为 a_{1A}，视距记为 D_{1A}；同样的方法在点 2 安置水准仪，进行读数，点 2 的视线高读数记为 a_{2B}，视距记为 D_{2B}。电子 i 角的计算方法为

$$i = \arctan \frac{(a_{1A} - b_{1B}) - (a_{2A} - b_{2B})}{(D_{1A} - D_{1B}) - (D_{2A} - D_{2B})} \approx \frac{(a_{1A} - b_{1B}) - (a_{2A} - b_{2B})}{2D} \cdot \rho'' \quad (3\text{-}17)$$

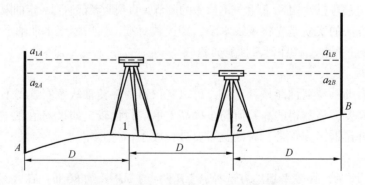

图 3-33　数字水准仪电子 i 角检验原理

2. 检验方法

数字水准仪电子 i 角的检验与校正一般采用数字水准仪出厂时内置的检校程序进行，具体的操作方法参见该型号仪器的使用说明。

对于数字水准仪的其他检验与校正，各种品牌和型号的仪器不尽相同，同时由于生产厂家对技术保密等原因，其检验校正还未形成一套完整的方法，部分检验校正方法可参照该型号仪器说明书进行。

三、水准尺的检验与校正

（一）一般检视

水准尺一般检视的主要内容包括：尺身是否弯曲，刻划是否清晰，注记是否正确，尺底有无磨损等。

检视水准尺尺身是否弯曲，可以在尺两端系一细直线，绷直，量取尺中央至细直线之间的垂距，若该值小于8 mm，则对尺长影响不计；否则应进行改正，改正公式为

$$\Delta l = \frac{8d^2}{3l} \tag{3-18}$$

式中　Δl——水准尺弯曲尺长改正数；

　　　d——水准尺尺面最大垂距，m；

　　　l——水准尺尺长，m。

水准尺在使用时，扶手上下的位置经常碰到，所以这段位置处的刻划磨损较严重，使用前要检查该段刻划是否可以清晰读数；同时要注意刻划的注记是否正确，尺底的零点位置磨损情况，如有问题应及时更换水准尺。

（二）圆水准器的检验与校正

水准尺在使用时需要通过腰部的水准气泡判断水准尺是否竖直。所以水准气泡有无破损、水准器装置是否正确必须进行检验。

其检验方法有粗略检验、精确检验两种。粗略检验时可用一垂球挂在水准尺上，待垂球稳定后，使尺的边缘与垂球线一致，这时观察水准气泡是否居中，若居中，则表明圆水准气泡功能正常；若不居中，则应调整圆水准器的校正螺钉使气泡达到居中。精确检验可以用一台检校过的水准仪，整平后照准水准尺，立尺员观察圆水准气泡使其居中，观测员精确瞄准水准尺，观察望远镜中竖丝是否与水准尺边缘重合或平行，若重合或平行则无须校正；否则，观测员指挥立尺员摆动尺身使之与竖丝平行，然后用圆水准器校正螺丝使气泡居中。该项检验与校正也需要反复进行。

（三）水准尺分划的检验与测定

1. 每米平均真长的检验与测定

水准尺每米平均真长的检验与测定就是指尺子每米的实际长度和标注的名义长度之间是否有差值以及差值的误差范围大小及改正方法。

检验时，将水准尺平置在检验台上，用一级线纹米尺作为检验尺来测定水准尺尺身分划上每个米间隔的长度是否正确。每个米间隔至少测定两次，每次将检验尺移动一定位置，使读数有所变化，取每米的多次测量平均值作为该段米间隔的真实长度。

对于三、四等水准测量用的双面木质水准尺，《国家三、四等水准测量规范》（GB/T 12898—2009）规定每米间隔长度误差不得超过±0.5 mm。对于一、二等精密水准测量，尺子的检验还要配合温度的检验，最后根据尺长和温度的改正数，利用尺长方程式计算该尺的真实长度。

2. 每分米分划误差的检验与测定

水准尺每分米分划误差的检验与测定是为了检查分米的分划刻度线位置是否正确。检验时也是与检验尺做比较，检验时每分米间隔进行比较和计算误差值。

对于三、四等测量用的双面木质水准尺，《国家三、四等水准测量规范》（GB/T 12898—2009）规定每分米分划线长度误差不得超过±1.0 mm。

3. 黑面与红面尺常数的检验与测定

在水准测量中所用到的双面尺，其中黑面尺身刻划是从零开始，红面刻划则是从常数 4.687 m 或 4.787 m 开始。水准尺红、黑面尺常数是否正确将会影响水准尺读数及高差计算。

检验时，首先安置水准仪，在距离大约 20 m 处设置一有球形标志的目标点，也可用尺垫代替，将水准尺竖立在球形标志上。精确整平水准仪，照准水准尺的黑面进行读数，不动仪器快速将水准尺转到红面进行读数。对两面的读数进行差值计算，并与该尺的理论尺常数进行比较。对仪器高度进行调整，用同样的方法测定 4 次，对 4 次计算的差值互相进行比较，取其平均值作为该水准尺的尺常数。

一个测站的两支水准尺应分别进行检验。实际作业时的计算以测定的尺常数平均值为准。

4. 一对水准尺黑面零点差的测定

水准测量中一个测站所使用的一对水准尺黑面刻划都是从零开始。如一对水准尺黑面零点不相同，其差值称为一对水准尺黑面零点差。使用过程中的磨损，使得两支水准尺的零点位置可能会发生变化，如果一对水准尺发生的变化相等，则不会影响水准测量的计算，但若发生的变化不相等，就会影响高差的计算。

检验时，将两支水准尺平置于检测台上，在尺子底面各贴一个双面刀片，在尺上一米范围内选择一清晰的同一读数分划线，用一级线纹米尺测出该位置到尺底的距离，分别记为 d_1、d_2，其差值记为 Δd，即为一对水准尺黑面的零点差。对普通木质水准尺，Δd 不得超过 0.5 mm。

在实际作业时，如果存在零点差，则可以在水准测量中采用设置偶数站的方法来抵消黑面零点差的累积误差。

第五节　水准测量误差分析

水准测量的误差主要包括仪器误差、观测误差以及外界环境影响误差 3 个方面。

一、仪器误差

水准测量仪器误差主要包括：水准仪的轴系构造误差和校正不完善产生的残余误差；水准尺的弯曲、刻划、零点等不准确产生的误差。

1. 水准仪的轴系误差及校正残余误差

水准仪从结构上必须满足一定的轴系关系才能正常使用，但由于在使用和搬运过程中的影响，轴系结构会产生一些误差。这些误差中对水准测量结果影响最大的是视准轴与水准管轴不平行所产生的 i 角误差。如果仪器存在 i 角误差，则对一个测站来说，在前、后水准尺上所产生的读数误差与测站与两点的距离成正比，观测时应尽量使前、后视距离相等或视距差控制在一定的范围之内，则可消除或减弱此项误差对水准测量的影响。

2. 水准尺误差

水准尺误差主要包括尺长误差、刻划误差、弯曲误差和零点差误差。

(1) 尺长误差主要指尺子整尺长度的误差。

(2) 刻划误差指尺身上的分划刻划不均匀或不准确所产生的读数误差。

(3) 弯曲误差指水准尺因窄而长可能产生的弯曲对读数产生的误差。

(4) 零点差误差指一对水准尺的底端零点刻划位置的不同所产生的误差，可在一水准测段中采用测站为偶数的方法予以消除或减弱。

如图 3-34 所示，设 A、B 水准尺的零点误差分别为 Δa、Δb。

在测站 I 上观测高差为

$$h_{12} = (a_1 - \Delta a) - (b_1 - \Delta b) = (a_1 - b_1) - (\Delta a - \Delta b)$$

在测站 II 上观测高差为

$$h_{23} = (a_2 - \Delta b) - (b_2 - \Delta a) = (a_2 - b_2) + (\Delta a - \Delta b)$$

则 1、3 两点之间的高差为

$$h_{13} = h_{12} + h_{23} = (a_1 - b_1) + (a_2 - b_2)$$

可见，尽管两尺子存在零点差误差，但在两相邻测站的观测高差之和中，抵消了这种误差的影响。因此在实际水准测量时，可以使各测段的测站数为偶数，并且使两水准尺轮流交替前移，这样可抵消和减弱这种误差的影响。

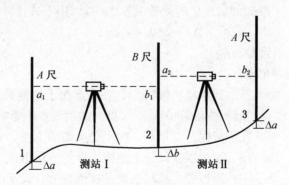

图 3-34 标尺的零点差

二、观测误差

1. 水准管气泡居中误差

指由于水准管气泡没有严格居中，造成望远镜视准轴倾斜而产生的读数误差。其读数误差的大小和水准管的分划值有关。

设水准管分划值为 τ''，居中误差公式为

$$m_{中} = \pm \frac{0.15\,\tau''}{2\rho''} \cdot D \tag{3-19}$$

式中 τ''——水准管的分划值；

D——水准仪到水准尺的距离，m。

S3 型水准仪的水准管分划值一般为 20″，如果视线长度为 75 m，那么气泡居中误差大约为±0. 5 mm。

2. 读数误差

普通水准尺的最小刻划为厘米，读数时毫米数需要估读，估读所产生的误差为读数误差。该项误差与人眼的分辨能力、望远镜的放大倍率、视线长度以及十字丝横丝的粗细、视差等因素有关。读数误差可按下式计算：

$$m_V = \frac{60''}{V} \cdot \frac{D}{\rho''} \tag{3-20}$$

式中　V——望远镜的放大倍率；

　　　D——视线长度，m。

为减小此项误差的影响，要求观测员操作时一定要消除视差，操作熟练、读数速度快、估读有经验。

3. 水准尺倾斜误差

水准尺倾斜包括沿视线方向的左右倾斜和前后倾斜。如果是沿视线方向的左右倾斜，观测时通过望远镜十字丝的竖丝很容易察觉而纠正。但是，如果水准尺的倾斜方向是沿视线方向的前后倾斜，观测时就不易察觉。

水准尺倾斜将使尺上读数增大，它对读数的影响与尺子的倾斜角度和视线距离地面的高度有关。尺子的倾斜角度越大，视线离地面点距离越高，对读数的影响就越大，产生的误差就越大。

如图 3-35 所示，水准尺倾斜产生的读数误差 Δa 可以用下式计算：

$$\Delta a = a(1 - \cos\gamma)$$

式中　a——水准尺上的读数，m；

　　　γ——尺子的倾斜角度，(°)。

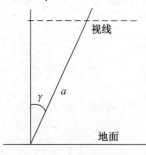
图 3-35　水准尺倾斜误差

当水准尺倾斜 3°，在水准尺上的读数为 1. 5 m，将会产生大约 2 mm 的误差。可见，此项误差的影响是比较大的。因此，在测量时，立尺是一项十分重要的工作。立尺员一定要认真对待，通过观察尺子上的圆水准气泡居中或采用摇尺法使尺身处于铅垂位置。摇尺法就是在读数时，尺子的上部在沿视线方向做前后慢慢移动，移动过程中的最小读数位置即是铅垂位置。

三、外界环境影响误差

1. 仪器下沉

在土质松软的地面进行水准测量时，容易引起水准仪、水准尺和尺垫的下沉。

（1）在一个测站观测中，读取后视读数和前视读数的时间间隔段间，水准仪可能发生下沉。水准仪下沉会使水平视线降低，前视读数变小，计算的高差就会变大。为减弱其影响，可采用双面尺法，且使读数顺序为"后—前—前—后"。两次高差的平均值可消除或减弱水准仪下沉的影响。

（2）在一个测站观测中，水准尺也会因重力和时间而发生下沉。水准仪下沉，水平视线不变，该水准尺上的读数变大，计算的高差就会受影响。水准尺下沉的误差也可指在迁站过程中，转点发生下沉，使迁站后的后视读数增大，求得的高差也增大。如果采取往返测，往测高差增大，返测高差减小，最后取往返测高差的平均值，则可以减弱水准尺下沉的影响。

（3）在转点如果发生尺垫下沉，该尺垫上所立的水准尺下沉，水平视线不变，则该水准尺上的读数将变大，从而使该站的高差产生误差。采用往返观测的方法，取平均值可以减弱其影响。

消除仪器下沉最有效的方法是在安置仪器时必须将脚架踩稳实，在转点的地方放置尺垫并踩实。

2. 地球曲率及大气折光的影响

由式（2-22）可知，地球曲率对一根水准尺上读数的影响为

$$\Delta h_{曲} = \frac{D^2}{2R}$$

地球半径 $R = 6371$ km，当 $D = 75$ m 时，$\Delta h = 0.44$ cm；当 $D = 100$ m 时，$\Delta h = 0.08$ cm；当 $D = 500$ m 时，$\Delta h = 2$ cm；当 $D = 1$ km 时，$\Delta h = 8$ cm；当 $D = 2$ km 时，$\Delta h = 31$ cm。显然，地球曲率对一根水准尺上的读数影响很大。在水准测量中，高差是通过测定两根水准尺上的读数而计算的。当水准仪安置在与两根水准尺距离相等的位置时，即 D 相等时，则两根水准尺上的曲率误差 Δh 也相等，那么计算的高差中消除了地球曲率的影响。实测时，选择测站要尽量"前后视距相等"，或者限定在一定的规范要求之内，这样就可以消除或削弱地球曲率的影响。

接近地面的空气温度不均匀，空气的密度也不均匀，光线在密度不均匀的介质中沿曲线传播，称为"大气折光"。一般情况下，白天近地面的空气温度高，密度低，弯曲的光线凹面向上；晚上近地面的空气温度低，密度高，弯曲的光线凹面向下。

除了规律性的大气折光以外，由于空气的温度不同时刻、不同地点也一直处于变动之中，所以还有不规律的大气折光部分。例如，白天近地面的空气受热膨胀而上升，较冷的空气下降补充，空气处于频繁的运动之中，形成不规则的湍流，湍流会使视线抖动，从而增加读数误差。因此，在夏天中午一般不做水准测量；在沙地、水泥地等湍流强的地区或精度要求高的水准测量一般只在上午 10 点之前进行。

由于大气折光，视线并非水平，而是一条曲线。曲线的曲率半径大约为地球半径的 7 倍。由地球曲率对读数的影响公式可同理推导出大气折光对水准读数的影响：

$$\Delta h_{气} = \frac{D^2}{2 \times 7R} \tag{3-21}$$

大气折光误差和地球曲率误差之和称为球气差。球气差可简单用公式表示为

$$f = 0.43 \times \frac{D^2}{R} \tag{3-22}$$

接近地面的温度梯度大，大气折光的曲率大，产生的误差就越大，因此在测量时尽量抬高视线，避免用接近地面的视线工作。视线距离地面的高度不应小于 0.3 m。

此外，可以选择有利的时间进行测量。中午前后观测时，尺像会有跳动，造成估读误差，应避开这段时间；阴天、有微风的天气可全天观测。

3. 温度对仪器的影响

温度的变化不但会引起大气折光的变化，而且当太阳直接照射水准管时，水准管本身温度和管内的液体温度都会升高，使气泡向温度高的方向移动而影响仪器的整平，产生气泡居中误差。

温度变化还会引起仪器的部件涨缩，从而可能引起视准轴构件（物镜、十字丝和调焦镜等）相对位置的变化，以及视准轴相对于水准管轴位置的变化。仪器部件位置上位移量的变化，可能使轴线产生偏差，从而使测量结果的误差增大。观测时应注意撑伞遮阳。

此外，风力、湿度和大雾等自然环境都会对水准测量产生一定的操作和读数误差。各种外界条件的影响是综合的、互相关联的，而且是不可避免的。在实际测量工作中，首先要根据实地情况分析误差可能产生的原因，然后选择和采取相应的措施和方法；同时要按规范的方法和步骤认真、熟练操作。观测者与立尺者紧密配合，一定要避免粗心大意所造成的数据错误和经济损失。

思 考 题

1. 试述水准测量的原理。
2. 水准仪的构造包括哪几部分，各自的作用是什么？
3. 水准仪的管水准器和圆水准器在结构和功能上有什么区别？
4. 什么是水准管轴、圆水准器轴？
5. 简述双面尺法水准测量的方法和步骤。
6. 什么是高差闭合差？分配高差闭合差的原则是什么？
7. 水准仪的主要轴线有哪些？它们之间应该满足什么样的几何关系？
8. 简述水准测量的误差来源及其相应减弱措施。

第四章 角度测量与距离测量

第一节 角度测量原理

地面点的平面坐标 X、Y，往往通过测定水平角度和丈量距离来计算。地面点的高程 H，除了用水准测量方法确定外，还可以通过测定竖直角用三角高程测量方法计算。因此，测定水平角和竖直角都是测量的基本工作，统称为角度测量。

一、水平角测量原理

水平角是指过空间两条相交方向线所在铅垂面之间的二面角，也可理解为过空间两条相交方向线在水平面内的投影之间的夹角，范围为 $0° \sim 360°$。如图 4-1 所示，空间两直线 OA 和 OB 相交于点 O，将点 O、A、B 沿铅垂方向投影到水平面上，得相应的投影点 O_1、A_1、B_1。水平线 O_1A_1 和 O_1B_1 的夹角 β 就是过两方向线所作的铅垂面间的夹角，即水平角。

在图 4-1 中，空间二面角 β 的测量方法是在与两个铅垂面的交线 OO_1 垂直的平面上安置水平度盘，使得交线 OO_1 经过度盘中心，并且使度盘处于水平状态，对以交点 O 为中心的水平方向线的方向值进行度量，通过望远镜瞄准远处的目标 A 和 B，进而给出 OA 和 OB 方向线，在水平度盘上的读数分别为 a 和 b。a 和 b 分别为 OA、OB 的方向值，水平角 β 为两个方向值之差：

$$\beta = b - a \tag{4-1}$$

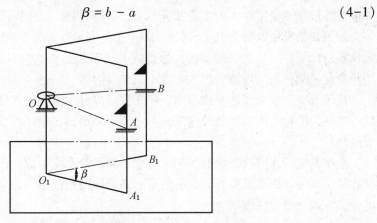

图 4-1　水平角测量原理

二、竖直角测量原理

竖直角是指在同一铅垂面内，某目标方向的视线与水平线间的夹角 α，也称竖直角或高度角。竖直角的范围为 $-90° \sim +90°$，竖直角也可以理解为某目标方向与其在水平面内投影的夹角。而视线与铅垂线的夹角称为天顶距，天顶距 z 的角值范围为 $0° \sim 180°$。图 4-2 中，Z 为视线 A 方向的天顶距。

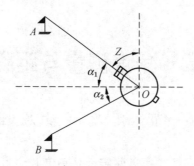

图 4-2 竖直角测量原理

当视线在水平线以上时竖直角称为仰角，角值规定为正值；视线在水平线以下时为俯角，角值规定为负值。为了测得竖直角，在经纬仪上安置有一个竖直度盘，要使该度盘位于铅垂面内，且该度盘中心通过经纬仪横轴。竖直角的大小为视线在竖盘上的读数与水平线读数之差。通常情况下，当视线水平时，竖直度盘上的读数为90°或270°。如图4-2所示，用经纬仪测量竖直角 α_1 时，望远镜照准目标 A，读出其方向在竖盘上的读数，水平方向竖盘读数为固定值，即可计算出 A 方向相对于 O 点的竖直角大小。

第二节 角度测量仪器

一、角度测量仪器的分类

角度测量是测绘学科的重要内容，其常用的仪器主要有经纬仪和全站仪。

经纬仪是测量工作中的主要测角仪器，用来测量水平角和竖直角。经纬仪的种类很多，按照其精度可以分为 DJ_{05}、DJ_1、DJ_2、DJ_6 和 DJ_{15} 5个等级，其中"D"为我国大地测量仪器总代号，"J"为经纬仪的代号，数字"05""1""2""6"和"15"为该经纬仪水平角测量一测回方向观测中误差的大小，单位为秒。

按照刻度度盘和读数方式不同，经纬仪可以分为游标经纬仪、光学经纬仪和电子经纬仪。目前，游标经纬仪早已被淘汰，本书不再介绍，光学经纬仪使用较少，最常用的是电子经纬仪。

全站型电子速测仪是由电子测角、电子测距等系统组成，测量结果能自动显示、计算和存储，并能与外围设备自动交换信息的多功能测量仪器，通常简称为全站仪。全站仪精度分类方式与经纬仪类似。

二、光学经纬仪

光学经纬仪是一种精密光学仪器，广泛使用在地形测量、工程测量及矿山测量中。它利用几何光学的放大、反射、折射等原理进行度盘读数，可以精密测定水平角度、竖直角度及概略的距离。

光学经纬仪主要由整平对中系统、瞄准系统、读数系统等几个主要部分组成。图4-3所示为 DJ_6 经纬仪的基本构造。

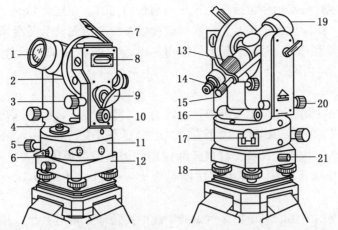

1—物镜；2—竖直度盘；3—竖盘指标水准管微动螺旋；4—圆水准器；5—照准部微动螺旋；6—照准部制动扳钮；
7—水准管反光镜；8—竖盘指标水准管；9—度盘照明反光镜；10—测微轮；11—水平度盘；12—基座；
13—望远镜调焦筒；14—目镜；15—读数显微镜目镜；16—照准部水准管；17—复测扳手；18—脚螺旋；
19—望远镜制动扳钮；20—望远镜微动螺旋；21—轴座固定螺旋

图4-3　DJ$_6$经纬仪的基本构造

1. 整平对中系统

整平对中系统是安置经纬仪必要的系统。根据角度测量原理，经纬仪纵轴要与测站点位于同一铅垂线上，且水平度盘处于水平状态，竖直度盘处于竖直状态，因此安置经纬仪时要使其整平和对中。该系统主要包括基座、光学对中器、圆水准器、管水准器、竖盘指标水准管等部分。

如图4-4所示，基座上有3个脚螺旋，其作用是整平仪器。粗略整平以基座上的圆水准器气泡居中为标志，精确整平用照准部上的水准管进行，精确整平后水准管气泡应居中。基座底板中心有连接螺旋孔，用于仪器安置时与三脚架上的连接螺丝配合固定仪器。

光学对中器是一个小型外对光式望远镜，如图4-5所示。其视线经棱镜折射后与经纬仪的纵轴重合，在仪器整平的情况下，如果对中器分划板中心与测站点中心重合，则垂直轴与过测站中心铅垂线重合，这一过程叫作仪器的对中。

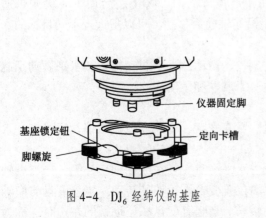

图4-4　DJ$_6$经纬仪的基座

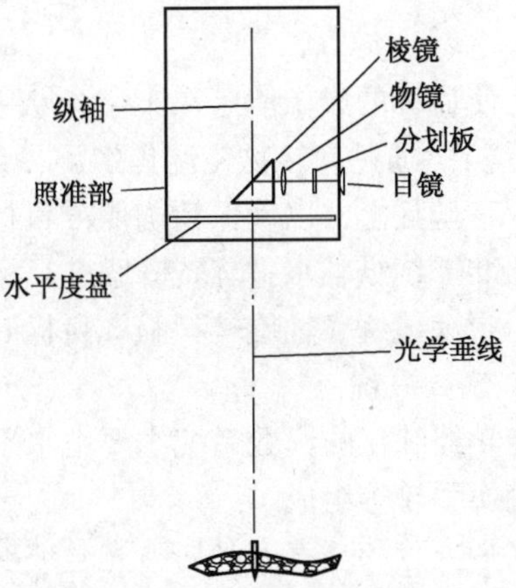

图4-5　光学对中器结构

竖盘指标水准管是指示竖盘指标位置正确与否的构造。在正常情况下，当竖盘指标水准管气泡居中时，指标位置正确，在每次竖盘读数时，均应先调节竖盘指标水准管使其气泡居中。圆水准器和管水准器的构造和作用在水准仪的构造部分已经介绍，在此不再赘述。

2. 瞄准系统

瞄准系统在角度测量时是用来瞄准目标点的，主要由望远镜、望远镜制动螺旋、望远镜微动螺旋、水平方向制动螺旋和水平方向微动螺旋等组成。

望远镜是经纬仪的照准设备，目前经纬仪用的望远镜都为内对光式，由物镜、目镜、调焦镜及十字丝分划板组成。其主要功能是放大照准目标并精确瞄准及进行光学视距测量。

人眼的望远程度主要取决于物体对眼睛形成的夹角即张角的大小，望远镜通过其光路系统的作用使张角扩大，从而实现望远镜能清楚地看到远处目标的功能。由几何光学可知，平行主光轴的光线，通过透镜后必经过焦点，过焦点的光线经过透镜后与主光轴平行，通过透镜光心的光线方向不变。

为了照准目标，物镜的焦平面上装置有一块十字丝分划板，上有标志线，作为瞄准目标的标准。分划板的类型有3种：①横竖丝均为单线（图4-6a），测量水平角时，单线与目标影像几何中心重合时即为瞄准；②竖丝的一半是双线（图4-6b），双线夹住目标影像，单竖线与目标影像几何中心重合即为瞄准；③分划板一半是两条斜线（图4-6c），为了用望远镜观测距离，十字处分划板上还有两条专门的水平标志线，叫作视距丝，也叫上丝和下丝。

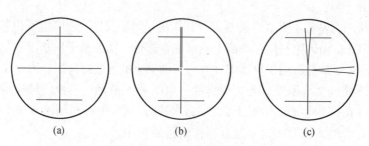

图 4-6　望远镜分划板类型

为使目标的成像能落在十字丝板上，在望远镜镜筒内，物镜之后加了一块调焦透镜（凸透镜）。通过旋转物镜调焦螺旋，该透镜沿光轴前后移动，可以把远近不同目标的影像调到十字丝板上，以确保精确照准目标。

照准部绕纵轴水平旋转，瞄准目标时的制动、微动由水平制动螺旋和水平微动螺旋来控制。望远镜绕横轴旋转，瞄准目标时，由竖直制动和微动螺旋控制。

3. 读数系统

光学经纬仪的读数系统主要由水平度盘、竖直度盘、度盘读数显微镜、反光镜、水平度盘变换手轮等组成。

水平度盘和竖直度盘均由光学玻璃制成。水平度盘安装在纵轴轴套外围，未与纵轴固定，故不随照准部转动，但是可通过水平度盘位置变换手轮使其转动。竖直度盘与横轴固定，以横轴为中心随望远镜一起在竖直面内转动。当竖直度盘在望远镜的左边时，称为盘左，也叫正镜；在望远镜的右边时，称为盘右，也叫倒镜。

竖盘的注记方式有多种，不同的竖盘注记形式不同，有顺时针和逆时针注记两种形式，如图 4-7 所示。对于顺时针注记时的竖盘，度盘注记数字顺时针逐渐增加，当仪器处于正镜位，并在视准轴水平时，竖直盘读数为 90°，当照准水平线以上的目标时，读数小于 90°；照准水平视线以下的目标时，读数则大于 90°。倒转望远镜使仪器处于盘右位置，当视准轴水平时，读数为 270°。对于逆时针注记的竖直度盘，仪器正镜或倒镜时，竖盘读数仍分别为 90°或 270°，但不同的是，当望远镜上仰或下俯时，读数的增减与顺时针注记的相反。

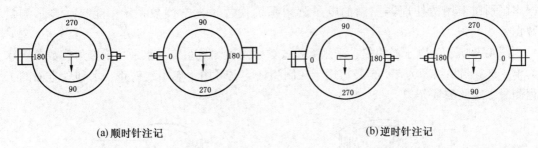

(a) 顺时针注记　　　　　　　　　　　　(b) 逆时针注记

图 4-7　竖盘注记

很多 DJ_6 光学经纬仪都采用分微尺读数设备。它是在显微镜读数窗与场镜上设置的一个带有分微尺的分划板，度盘上的分划线经显微镜物镜放大后成像于分微尺之上。分微尺 1°分划间的长度等于度盘上的一格，即 1°的宽度。由于经纬仪是密封的，为了使外部光线进入，能够从度盘读数显微镜里读取度盘读数，经纬仪上设置了一个反光镜，把外部光发射到度盘上。从读数显微镜内所见到的度盘和分微尺的影像如图 4-8 所示。读数窗口分为上下两部分，上半部分为水平度盘读数窗，注记有 Hz 字样，下半部分为竖直度盘读数窗，注记有 V 字样，其中长线和大号数字是度盘上的分划线及其注记，短线和小号数字为分微尺的分划线及其注记。每个读数窗内的分微尺分成 60 个小格，每小格代表 1′，因此在分微尺上可直接读到 1′。度盘分划线落在小格内部时，不足整格值的应估读，把每个小格分成 10 小份，每份为 6″，因此 DJ_6 光学经纬仪的最小读数为 6″的倍数。图 4-8 中，水平方向读数为 123°02′12″，竖直方向读数为 96°55′18″。

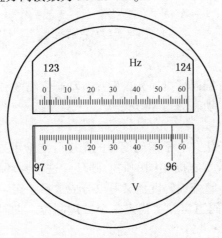

图 4-8　光学经纬仪读数

三、电子经纬仪

电子经纬仪是利用光电技术测角，带有角度数字显示装置的经纬仪。20 世纪 60 年代以来，随着近代光学、电子学的发展，角度测量向自动化记录方向发展，出现了电子经纬仪等自动化测角仪器。

（一）电子经纬仪的构造

电子经纬仪的基座、望远镜和制动、微动构造与光学经纬仪类似。它与光学经纬仪的根本区别在于用微处理器控制的电子测角系统代替了光学读数系统，能自动显示测量数据。

图 4-9 所示为电子经纬仪，采用增量式数字角度测量系统。水平、垂直角读数分辨率为 1″、5″，测角精度为 2″、5″；可用于控制测量，也可用于矿山、铁路、水利等方面的工程测量、地形测量等。

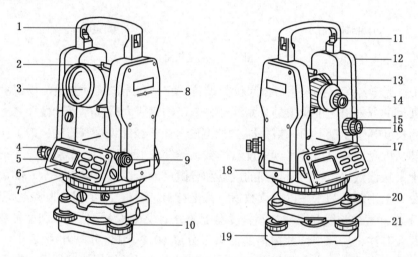

1—手柄；2—准星；3—物镜；4—水平微动螺旋；5—水平制动螺旋；6—显示器；7—操作键；
8—仪器中心标志；9—光学对中器；10—脚螺旋；11—手柄螺丝；12—电池盒；
13—物镜调焦螺旋；14—目镜调焦螺旋；15—竖直制动螺旋；16—竖直微动螺旋；
17—管水准器；18—通信接口；19—基座；20—圆水准器；21—基座固定钮

图 4-9　电子经纬仪的构造

（二）电子测量系统

电子测角的度盘主要有编码度盘、光栅度盘、动态度盘 3 种形式。因此，电子测角也就有编码测角、光栅测角、动态测角等形式。

1. 编码度盘

为便于角度读数的电子化，电子编码度盘的角度分划常用二进制码来表示。如图 4-10 所示，在编码度盘上分成若干宽度相同的同心圆环，这种圆环称为编码度盘的"码道"。在码道数目一定的条件下，整个编码度盘又可以分成数目一定、面积相等的扇形区，称为编码度盘的"码区"。每条码道实际上代表一个二进制位。设码道数为 n，则相应的码区数 S 为

$$S = 2^n \tag{4-2}$$

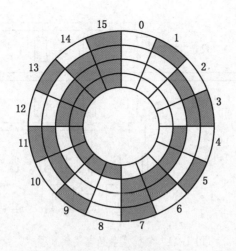

图 4-10　编码度盘

将同一码区内的各码道从外到内按二进制码的方式处理成透光或导电（0）、不透光或不导电（1），即可形成二进制编码度盘。因每一个码区——对应度盘分划中的某一角度值（表4-1），通过光电读数装置获得相应码区的二进制读数，经译码器转换成十进制值，就可实现编码度盘角度读数的自动读取与显示。

表 4-1　编码度盘二进制编码表

区间号	二进制编码	角度/(°)	区间号	二进制编码	角度/(°)
0	0000	0	8	1000	180
1	0001	22.5	9	1001	202.5
2	0010	45	10	1010	225
3	0011	67.5	11	1011	247.5
4	0100	90	12	1100	270
5	0101	112.5	13	1101	292.5
6	0110	135	14	1110	315
7	0111	157.5	15	1111	337.5

如图 4-11 所示，编码式电子测角是用光传感器来识别和获取度盘位置信息。度盘上部为发光二极管，度盘下面的相对位置上是光电二极管。发光二极管发出光信号时，对于码道的透光区，发光二极管的光信号能够通过，而使光电二极管接收到这个信号，使输出为 0；对于码道的不透光区，光电二极管接收不到这个信号，则输出为 1。在图 4-11 中，输出的角度编码为 1010，对应的角度为 225°区间内。

编码度盘所得到的角度分辨率与码道的宽窄有关，上述编码度盘的角分辨率为22.5°，所以其精度不够高。为了提高编码度盘的测角精度，需增加码道数量，但受到发光二极管等光电器件尺寸的限制，很难通过增加码道数来提高度盘的测角精度。因此，单独利用编码度盘一种方式不能得到较高的测角精度。

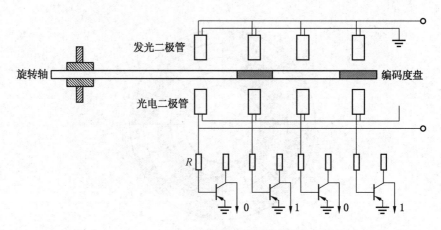

图 4-11　编码度盘光电读数原理

2. 光栅度盘

光栅度盘是在光学玻璃度盘的径向上均匀地刻制明暗相间的等角距细线条。光栅度盘电子读数系统主要组成有光栅度盘、指示光栅、发光二极管、光敏二极管及其相关电路等，如图 4-12 所示。

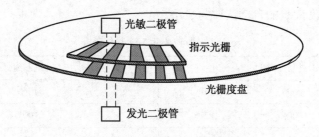

图 4-12　光栅度盘工作原理

如图 4-13 所示，辐射状条纹按透明和不透明交替刻线，条纹和间隙的宽度均为 a，然后再将密度相同的一块光栅与之重叠，并使它们的刻线相互倾斜一个很小的角度 θ，这时便会出现明暗相同的条纹，称为莫尔条纹。光栅的测角精度与光栅刻线的密度有关，一个明暗栅线与间隔宽度和为一个栅距，每个栅距对应光栅度盘上一个明暗的周期变化，每个周期变化对应一个角度值。

光栅度盘下面是一个发光二极管，上面是一个可与光栅度盘形成莫尔条纹的指示光栅，指示光栅上面为光敏二极管。若发光二极管、指示光栅和光敏二极管的位置固定，当度盘随照准部转动时，由发光二极管发出的光信号通过莫尔条纹落到光敏二极管上。度盘每转动一条光栅，莫尔条纹就移动一周期。通过莫尔条纹的光信号强度也变化一周期，所以光电管输出的电流就变化一周期。

光栅度盘相对于指示光栅的移动量为 S，为莫尔条纹在径向的移动量。两光栅间的夹角为光栅度盘与指示光栅的倾斜角度 θ，则其关系式为

$$S = 2a \cdot \cot\theta \tag{4-3}$$

由式（4-3）可知，当光栅的栅距一定时，如倾斜角度 θ 较小，则很小的光栅移动量就会产生较大条纹移动量 S。在经纬仪照准目标的时候，仪器接收元件可以计出条纹的累

74

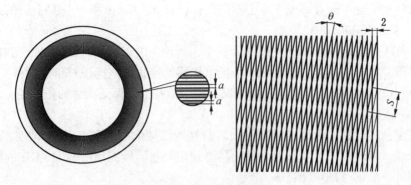

图 4-13　光栅度盘与莫尔条纹

积移动量，从而计算出光栅的移动量、角度变化量。

3. 动态光栅测角

在测角时，仪器的度盘分别绕纵轴和横轴恒速旋转称为动态式。目前，采用动态测角原理的仪器很多。

如徕卡 T2000 全站仪度盘直径为 52 mm，在该度盘上刻有 1024 条分划，则每一分划区间（包含一条透光和一条不透光部分）所对应的角度值为 $\varphi_0 = 21'05.625''$。当仪器的度盘绕纵轴和垂直轴分别以恒定的速度旋转时，由安置在度盘上对应直径位置的两组光电传感器分别在度盘转动时获取度盘信息。图 4-14 中 LS 为固定传感器，相当于角度值的起始方向；LR 为可随望远镜转动的可动传感器，相当于目标方向。这两个光电传感器之间的夹角 φ 就是我们要测定的角度值。显然 φ 值包括 $n\varphi_0$ 和不足一个 φ_0 的角度值 $\Delta\varphi$，即

$$\varphi = n\varphi_0 + \Delta\varphi$$

这样动态测角就包括了粗测 $n\varphi_0$ 和精测 $\Delta\varphi$ 两部分，只有在仪器完成角度的粗测和精测之后，由微处理器进行衔接，才能得到完整的 φ 值。

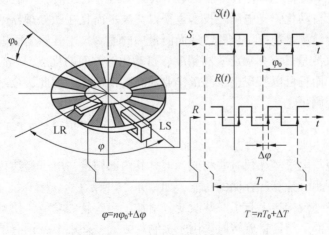

图 4-14　动态测角系统

1）粗测

粗测 $n\varphi_0$ 只能够测定角度值中的大数。为此，在度盘上每隔 90°设有一个特殊的标识符。每个标识符通过改变原来分划线的不透光部分宽度（由仪器自动识别），变窄的不透

光部分的数目和位置不同就形成了 4 个不同的标识符 A、B、C 和 D，其对应的角度值分别为 0°、90°、180° 和 270°。

设标识符 A 中仅有一个不透光的部分变窄，当动态度盘转动时，第一个光电传感器接收到该标识符时就开始计数，直至另一个光电传感器接收到该标识符信息时停止计数，这样就可获得相位差大数 $n\varphi_0$。其他几个标识符用于检验，以保证大数的正确性。

2）精测

当动态度盘转动时，两传感器 LS 和 LR 分别输出两信号 S 和 R，如同测距仪中的数字测量相位原理，使该两信号经双稳态触发器得到相位差信号，并用 1.72 MHz 的脉冲填充，即可得到不足一个 φ_0 的角度值 $\Delta\varphi$。

$$\Delta\varphi = \frac{\Delta T}{T_0}\varphi_0$$

式中　　T_0——动态度盘旋转过角度 φ_0 所用的时间，s；

　　　　ΔT——转过 $\Delta\varphi$ 所用的时间，s。

光栅度盘测角测定的是照准部旋转或望远镜上下俯仰时指示光栅相对光栅度盘的转动量，其角度输出量随上述转动量的变化而累计变化，故称光栅度盘测角为相对增量式测角。

编码度盘的角度信息直接刻在度盘上，每一度盘区域与某一角度值具有绝对的一一对应关系，角度传感器通过对编码信息的解读即可直接显示角度信息，因此常称编码度盘测角为绝对式测角。

动态度盘的角度信息体现在随仪器照准部旋转的传感器与固定传感器之间所形成的夹角。该夹角通过累计测定某一光栅度盘刻线分别经过两传感器的时间差而求得，因此与光栅度盘相似。动态度盘应属增量式测角方式。

四、全站仪

20 世纪 80 年代以来，微电子和微处理技术突飞猛进的发展，不但使经纬仪的角度测量实现了电子化、自动化，光电测距技术也得以突破，而且在微处理器的管理下，可以自动存储、计算和传输测量数据。从此，地面测量中的速测技术开始全面进入"全站型电子速测仪"时代。其测量具有多功能、高精度、自动化等方面的优点，人们不但可使测量的外业工作高效化，而且可以实现整个测量作业的高度自动化。因此，全站仪广泛适用于各种专业测量、工程测量。

（一）构造

1. 全站仪外部构造

全站仪的外观与电子经纬仪有些相似，但是其内部构造与电子经纬仪有很大差别，主要是增加了光电测距、计算和存储的功能，如图 4-15 所示。

有的全站仪在外观构造上有了一些改变，增加了一些新的功能，使操作更加便捷。如有的全站仪在照准部、望远镜旋转时采用摩擦制动方式，外观上就没有了水平、竖直制动螺旋，只有微动螺旋，可以无限位微动。

2. 同轴望远镜

全站仪的望远镜为同轴望远镜，瞄准目标用的视准轴和光电测距的红外光发射接收光轴是同轴的。基本思路是在望远镜与调焦透镜中间设置分光棱镜系统，使它一方面可以接

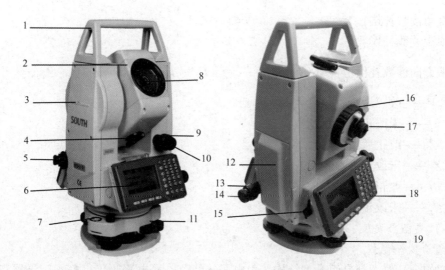

1—手柄；2—望远镜；3—仪器中心标志；4—瞄准器；5—光学对中器；6—显示屏；7—圆水准器；
8—物镜；9—竖直制动螺旋；10—竖直微动螺旋；11—基座；12—电池盒；13—水平制动螺旋；
14—水平微动螺旋；15—数据线接口；16—物镜调焦；17—目镜调焦；18—键盘；19—脚螺旋

图 4-15 全站仪的构造

收目标发出的光线，在十字丝分划板上成像，进行测角时的瞄准；另一方面可使光电测距部分发光二极管射出的调制红外光经物镜射向目标棱镜，并经同一路径反射回来，由二极管接收（称为外光路）；同时还接收在仪器内部通过光导纤维由发光二极管传来的调制红外光（称为内光路），由内、外光路调制光的相位差计算所测得的距离。

3. 双轴补偿

竖轴误差对水平方向和竖直角的影响不能通过盘左、盘右读数取平均值来消除。因此，在一些较高精度的电子经纬仪和全站仪中安置了竖轴倾斜自动补偿器，以自动改正竖轴倾斜对水平方向和竖直角的影响。如图 4-16 所示，全站仪加入双轴补偿器构造，可自动测定竖轴倾斜在横向（沿横轴方向）和纵向（沿视准轴方向）上的分量，分别用 T 和 L 表示。位置变化信息传输到全站仪微处理器上，对所测的水平角和竖直角自动加以补偿。

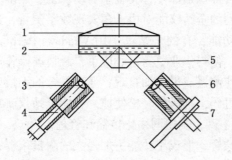

1—补偿器液体盒；2—硅油；3—发射物镜；4—发光管；
5—棱镜；6—接收物镜；7—接收二极管阵列

图 4-16 双轴补偿器

双轴补偿器对竖直角、天顶距和水平方向的补偿计算公式为

竖直角读数补偿： $V = V_L + L$

天顶距读数补偿： $Z = Z_L - L$

水平方向读数补偿： $H = H_L - \dfrac{T}{\tan Z} = H_L - T\tan V$

式中　　　V——改正后竖直角读数；

　　　　　V_L——未改正竖直角读数；

　　　　　Z——改正后天顶距；

　　　　　Z_L——未改正天顶距；

　　　　　H——改正后水平方向读数；

　　　　　H_L——未改正水平方向读数。

（二）类型与发展

1. 组合式全站仪

早期的全站仪大都是组合型结构，由电子经纬仪、光电测距仪、电子记录器三部分组成。三者之间用传输电缆连接，可以分离独自使用，也可以通过电缆和连接柱把它们组合成一体，形成全站仪，也称为积木式全站仪。

2. 整体型全站仪

积木型全站仪结构比较零散，特别是测距仪的发射、接收光轴与经纬仪的望远镜视准轴相互分离，对角度测量和距离测量要分别瞄准，带来许多不便，并且对保证测量精度产生不利影响。随着电子测距仪的进一步轻巧化，现代的全站仪大都把测距、测角和记录单元在光学、机械等方面设计成一个不可分开的整体，其中测距仪的发射轴、接收轴和望远镜的视准轴为同轴结构。目前全站仪多为此种类型。

3. 无棱镜全站仪

无棱镜全站仪是不需要反射棱镜等合作目标的配合，通过利用所发射激光束的漫反射光线原理实现无棱镜测距的功能，可以对一般的目标直接测距的全站仪。在不便设置反射棱镜目标的条件下进行测量，无棱镜全站仪具有明显的优势。

4. 智能全站仪

在全站仪上安装自动目标识别部件，具备了自动识别、照准和跟踪目标的全站仪，又称测量机器人。目前最新型的全站仪能对边、角实现数字测量，进行放样、悬高、坐标测量，具有内存、磁卡存储功能；有的全站仪采用 Windows 操作系统，配置彩色 TFT 触摸屏，一次可显示多项信息，使得作业更为得心应手，触摸屏操作简便，无须通过键盘，直接点击操作，图形化显示使测量成果更加直观；通过整合的无线蓝牙技术连接到数据采集器或电脑，无须电缆和许可码，且操作轻松便捷。智能全站仪实现了自动化、信息化、网络化，配 modem 卡可直接上网，实现网络化传输和管理。

全站仪与其他仪器相结合，形成了功能更加强大的测量仪器，如与陀螺仪相结合，形成陀螺全站仪；与 GNSS 接收机相结合，形成超站仪。随着科学的进步、技术的发展，全站仪的硬、软件系统将不断改进，功能将更加强大、操作更加人性化。

（三）基本功能

1. 角度测量功能

全站仪为集电子经纬仪、光电测距仪于一体的一种仪器，因此它具有电子经纬仪的一切测角功能，测角原理为电子测角。相对于电子经纬仪，全站仪角度测量模式更多，其主要角度测量模式有以下几种：

（1）水平角右角/左角模式的切换。右角模式是当照准部顺时针旋转时，水平角读数增大；左角模式是当照准部逆时针旋转时，水平角读数增大。

（2）竖直角度分秒/百分度模式的切换。度分秒模式为传统角度显示模式，百分度模式是以%坡度的方式显示竖直角。

（3）天顶距/高度角模式的切换。当盘左状态视准轴水平时，高度角模式下竖直角读数为90°00′00″，天顶距模式下竖直角读数为0°00′00″。

2. 距离测量功能

全站仪也具有光电测距仪的测距功能，测距原理为相位式测距或脉冲式测距。光电测距原理将在电磁波测距章节中介绍。利用全站仪测量距离也有不同的测量模式，主要有以下几种：

（1）棱镜模式和无棱镜模式。如果采用无棱镜模式无法保证精度，需用反光棱镜或反射片测量，即采用棱镜模式。无棱镜模式可以在距离测量、坐标测量、偏心测量和放样等所有模式下进行测距。在无棱镜模式下，如果照准到近距离的棱镜，由于回光太强将不会测距。无棱镜模式下测距，对目标体的物理性质有较高的要求，如对电磁波信号的吸收力强时，信号无法返回，则无法测距。

（2）精测模式、跟踪模式和粗测模式。精测模式下视准轴严格对准棱镜中心测量，用于高精度的距离测量，如控制测量、变形监测等；跟踪模式就是跟踪棱镜，不会严格对准棱镜中心，可在施工放样时使用；粗测模式测量精度低，但测量速度较快。

（3）单次测量和多次测量。当设置测量次数后，全站仪将按设置的次数进行测量，并显示出距离平均值。当设置测量次数为1，则为单次测量，仪器不显示距离平均值。

同时，全站仪测距时，借助自带的计算程序，利用测得的距离和竖直角，在仪器上分别显示斜距、平距和高差。

3. 计算功能

全站仪上加载了一些计算程序，利用其所测量的水平角度、竖直角度和直线距离的基本数据，可以自动计算出目标点与测站点之间的水平距离、相对高差等位置关系数据。

全站仪具有的测量程序功能主要包括：水平距离计算功能、高差计算功能、三维坐标计算功能、点线放样功能，还有自由设站并计算所测点坐标的计算，后方交会测量、对边测量、悬高测量、隐蔽点测量、面积测量、断面测量、容积测量等。

4. 存储和通信功能

在外业测量过程中，全站仪所测得的三维坐标等数据要记录在仪器上，以便在内业过程中进行下载、处理、分析。全站仪可以通过通信接口和通信电缆将内存中存储的数据输入计算机，或将计算机中的数据和信息经通信电缆传输给全站仪，实现双向信息传输。这种方式称为全站仪数据通信。

全站仪观测数据的记录，随仪器的结构不同有3种方式：一种是通过电缆，将仪器的数据传输接口和外接的记录器连接起来，数据直接存储在外接的记录器中；另一种是仪器内部有一个大容量的内存，用于记录数据；还有的仪器采用插入数据记录卡。外接的记录器又称电子手簿，实际生产中常利用笔记本电脑作为电子手簿。全站仪和电子手簿进行数据通信。全站仪的存储卡是一种外存储媒体，作用相当于计算机的磁盘。

（四）应用测量功能

在全站仪基本功能的基础上，通过加载相关测量计算程序，全站仪可以实现测量功能，主要有 5 种功能。

1. 坐标测量

坐标测量是指通过设置测站点和定向点的信息，主要包括测站点坐标、定向点坐标和仪器高、棱镜高，通过仪器旋转的水平角和竖直角，利用相关测量计算公式，在仪器上直接显示出目标点的三维坐标。其主要利用的是极坐标原理和三角高程测量原理。

2. 施工放样

施工放样是指通过设置测站点和定向点的信息，主要包括测站点坐标、定向点坐标和仪器高、棱镜高，并反算出放样目标点与测站点的相对关系，借助仪器旋转的水平角和竖直角，在仪器上直接显示出目标点与棱镜安置点的相对关系，即显示出对放样点还差的水平距离（dHD）和对放样点还差的高差（dZ）。施工放样也称为测设，即利用设计点的坐标，在实地测出该点所处的位置。与坐标测量原理为相反过程。放样模式有两个功能，即设置放样点和利用内存中的已知坐标数据设置新点。如果坐标数据未存入内存，也可从键盘输入坐标。运行放样模式要选择一个坐标数据文件，也可以将新点测量数据存入所选定的坐标数据文件中。

3. 对边测量

对边测量是指测量两个目标棱镜之间的水平距离、斜距、高差、坡度和方位角。如图 4-17 所示，在测站点 O 安置全站仪，依次测量出 OA 和 OB 的平距 D_1、D_2、水平角 α、点 A 相对于点 O 的竖直角 β_1 和点 B 相对于点 O 的竖直角 β_2，利用三角高程测量公式可以计算出点 A、点 B 相对于点 O 的高差 h_{OA}、h_{OB}，利用式（4-4），可以计算出 A、B 两点之间的距离、高差等。

$$\begin{cases} D = \sqrt{D_1^2 + D_2^2 - 2D_1 \cdot D_2 \cdot \cos\alpha} \\ h_{AB} = h_{OA} - h_{OB} \end{cases} \tag{4-4}$$

4. 悬高测量

悬高测量是指测量不能放置棱镜的目标点高度，只需将棱镜架设于目标点所在铅垂线上的任一点，通过瞄准棱镜进行竖直角和距离测量，然后再旋转望远镜瞄准目标点，便能显示出目标点至地面的高度。

如图 4-18 所示，为了测得 B 点高度 H，在 B' 点安置棱镜，棱镜高为 v，通过测得斜距 S 和竖直角 α_1、α_2，则 H 为

$$H = S \cdot \cos\alpha_1 \cdot \tan\alpha_2 - S \cdot \sin\alpha_1 + v \tag{4-5}$$

5. 偏心测量

1）角度偏心测量

当直接架设棱镜有困难时，可采用角度偏心测量模式，如要测量树木/线杆的中心点 B，只要安置棱镜在和仪器水平距离相同的点 A 上，即 $D_1 = D_2$；再设置仪器高/棱镜高后进行偏心测量，即可得到被测物中心位置 B 的坐标，如图 4-19 所示。

2）平面偏心测量

平面偏心测量用于测定无法直接测量的点位，如测定一个平面边缘点 P_0 的距离或坐

标，如图 4-20 所示。此时首先应测定平面上的任意 3 个点 P_1、P_2、P_3，确定被测平面，然后照准测点 P_0，全站仪上就会计算并显示视准轴与平面交点的距离和坐标。

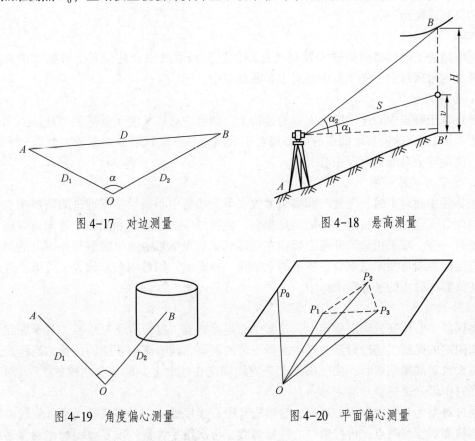

图 4-17 对边测量

图 4-18 悬高测量

图 4-19 角度偏心测量

图 4-20 平面偏心测量

3）圆柱偏心测量

圆柱偏心测量可以用于测定无法直接测量的圆柱体中心点位，如烟囱、油罐体中心点 P_0 坐标。如图 4-21 所示，先直接测定圆柱外表面中心点 P_1 的距离，然后通过测定圆柱面上左切点 P_2 和右切点 P_3 方向，即可计算出圆柱中心的距离、方向角和坐标。

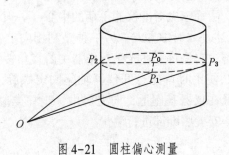

图 4-21 圆柱偏心测量

五、经纬仪（全站仪）的使用

（一）安置

经纬仪（全站仪）的架设是指将仪器从仪器箱中取出，安置到脚架上。首先打开脚架，放脚架于测站点的正上方，踩实，使架头大致水平，并拧紧3个架腿的固定螺旋，防止架腿摔倒；再把仪器放置在架头上，一只手紧握仪器支架，另一只手用中心连接螺旋把架腿和仪器固定到一起。

（二）对中

对中是为了使仪器的纵轴安置到与过测站点的铅垂线重合的位置。根据对中方式不同，可分为垂球对中、光学对中器对中和激光对中。

1. 垂球对中

系垂球于脚架中心连接螺旋下部的挂钩上，调整垂球线长度至垂球尖与地面点间的垂距小于2 mm，垂球尖与地面点的中心偏差不大时通过移动仪器，偏差较大时通过平移三脚架，使垂球尖对准地面点中心。

2. 光学对中器对中

光学对中器对中时，先置三脚架头大致水平，架头中心须尽量靠近过测站点中心的铅垂线，调节光学对中器目镜、物镜调焦螺旋，使视场中的标志圆和测站点清晰，固定3个架腿中的一个，双手抬起另外两个架腿左右移动，从光学对中器中观察与地面点的对中情况，直至标志圆与测站点重合，放下两个架腿，并固定。如对中偏差较大，可微松连接螺旋，使仪器作微小的平移精确对中。

3. 激光对中

将仪器小心地安置到三脚架上，拧紧中心连接螺旋，打开激光对点器，双手握住另外两条未固定的架腿，通过对激光对中点器光斑的观察，调节该两条腿的位置，当激光对中器光斑大致对准侧站点时，使三脚架3条腿均固定在地面上，调节全站仪的3个脚螺旋，使激光对中器光斑精确对准测站点。

通过对激光对中器光斑的观察，轻微松开中心连接螺旋，平移仪器（不可旋转仪器），使仪器精确对准测站点；再拧紧中心连接螺旋，再次精平仪器。重复此项操作到仪器精确整平对中为止。

在测量过程中，多数情况是将测站点设置在地面上，但也有些情况下，如井下测量、隧道测量中，为了容易保存测站点，将测站点标志设置在顶板上。因此根据测站点与仪器的位置关系不同，对中的方向可以分为向下对中和向上对中。向上对中有两种方式：一种是在顶板测点上系一垂球，用垂球尖对准仪器手柄的中心（一般仪器手柄位置标记有中心点位），操作步骤类似于上述垂球对中方式；另一种是利用向上光学对中器对中。向上光学对中器是一个独立的仪器，它是将上述光学对中器中的直角棱镜倒置，使得垂直光束通过棱镜后的光束向上折射。使用时首先打开仪器轴座固定螺旋，使仪器照准部与基座分离，把向上光学对中器安置在仪器基座上，向上对中，步骤类似于上述光学对中；对中、精平完毕，将对中器取下，安置照准部进行测量。

（三）整平

整平是指使仪器的纵轴铅垂，竖直度盘位于铅垂平面，水平度盘和横轴水平的过程。整平可以分为粗平和精平两步，粗平方法如下：首先脚架头大致水平，打开架腿固定螺旋，升降架腿，使圆水准气泡居中。之后进行精平，方法如下：转动照准部使水准管与任意两个脚螺旋的连线平行，如图4-22a所示，两手同时相向旋转，其中左手食指移动方向与气泡移动方向一致，旋至使气泡居中止，再转照准部约90°。如图4-22b所示，旋转另一个脚螺旋至气泡居中，再转照准部 90°，若气泡仍居中整平合格。一般整平过程应反复进行几次，直到水准管在任何方向气泡均居中为止。

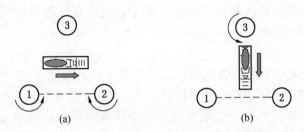

图 4-22　照准部管水准器整平方法

整平、对中应交替进行，最终既使仪器纵轴铅垂又使纵轴与过地面测站点标志中心的铅垂线重合。

（四）设置测量参数

对于光学经纬仪来说，不需要这步操作，可以直接进行下一步操作。

对于电子经纬仪来说，设置内容主要包括：是否选择补偿器，屏幕对比度、最小读数分辨率、角度显示单位制、垂直角测量模式和定时关机断电等项目。

对于全站仪来说，可以设置的项目较多，如仪器（棱镜）常数、气象改正参数、角度测量方式、距离测量方式。若使用坐标测量模式或放样方式，还要设置文件管理、测站点、后视点信息等；若上传或下载数据，还要设置波特率、数据位等参数。

（五）瞄准

测量角度时，远方目标点称为照准点，在照准点上必须设立照准标志，如花杆、测钎、觇标等，使照准点中心沿铅垂线方向升高一定高度才便于瞄准。瞄准的步骤如下：

（1）打开水平、竖直方向制动螺旋，旋转照准部，视线通过望远镜上的准星，对准目标，大致瞄准目标，旋紧水平及垂直制动螺旋。

（2）调节目镜调焦螺旋，使十字丝清晰。

（3）调节物镜调焦螺旋，使目标在仪器望远镜中的成像清晰。

（4）旋转竖直微动螺旋和水平微动螺旋，使目标成像的几何中心与十字丝的几何中心重合，目标被精确瞄准。

当左、右或上、下微动眼睛时，目标成像与十字丝之间往往有相对移动，这种现象称为视差；重新进行物镜调焦，直至视差消除，再精确瞄准目标。

（六）读数与记录

光学经纬仪读数在度盘读数显微镜中进行，由于其最小读数是估读的，所以存在读数误差；电子经纬仪或全站仪在显示屏幕上进行，不存在读数误差。

把所测量的各种数据填写在规定的表格内，通常采用铅笔填写，原始记录不得涂改。记录员要回读测量员所读的测量数据，防止记录错误。

六、测量仪器的维护

测量仪器属于精密、贵重仪器，由于野外作业的特殊性，仪器维护工作就显得尤其重要，主要有仪器的运输、使用、装取三方面要注意。

1. 仪器的运输

搬运仪器时，应避免振动和碰撞。测量外业中用交通工具运送仪器时，途中必须注意防震；人工运送，无论手提或是背在肩上，都需事前检查仪器箱的提环、带子等是否牢固，仪器箱盖是否锁牢。

2. 仪器的使用

测量前脚架应放稳，开箱取仪器时，应双手提支架或基座，不要提拿望远镜或仪器的某个局部；安置仪器前，应注意三脚架高度是否适中，架腿螺旋是否拧紧；仪器放在三脚架头后，一手握住仪器，另一手拧紧连接螺旋将仪器固定在三脚架上，以防仪器跌落损坏；操作仪器时，动作要准确、轻捷，用力要均匀、适中，制动螺旋未松开，不能转动仪器照准部或望远镜。

仪器安置在测站上，即使暂停操作也需专人守护，阳光暴晒下作业时应用遮阳伞保护仪器，平时还应严防仪器受雨淋或潮湿的影响。仪器搬站时，若距离较远或地段难行，应将仪器装箱后搬站，如果距离较近且地势平坦，可以不卸下仪器搬站，但应先检查连接螺旋是否牢固，然后放松制动螺旋，收拢脚架，一手握仪器支架（或基座）放在胸前，另一手抱架腿于腋下，使其与地面成 60°~75°角缓缓前行，严禁横扛仪器于肩上进行搬站。

仪器上所有光学透镜或反光镜严禁用手摸或用手帕、粗布及一般纸张擦拭。如有灰尘或其他脏物，应选用柔软洁净的毛刷掸去，或用镜头纸擦拭。仪器被雨水淋湿后，切勿通电开机，应用干净软布擦干并在通风处放一段时间。

仪器不使用时，应将其装入箱内，置于干燥处，注意防震、防尘和防潮。

3. 仪器的装取

打开仪器箱时，应注意箱子是否平稳，以免摔坏仪器；开箱以后，应先观察并记住仪器在箱内放置的位置。仪器装取应仔细、小心，仪器装箱时，应先放松各制动螺旋，按照原位放回，避免因放错位置而损坏仪器；装箱后先试关一次箱盖，在确认安放稳妥后，再拧紧制螺旋，最后关箱上锁。对电子类仪器，测量结束或搬站时均应先关闭电源。仪器长期不使用时，应将仪器上的电池卸下分开存放，电池应每月充电一次。

第三节　角度测量方法

一、水平角观测

按照对观测的计算处理方式不同，水平角观测方法可以分为测回法和方向观测法。

（一）测回法

当一个测站上观测方向为两个的时候，往往采用测回法。如图 4-23 所示，在测站点 O 安置经纬仪，观测水平角 β，照准点 A、B 设立的照准标志，按下列步骤进行观测：

（1）置仪器于盘左位置，顺时针旋转照准部，瞄准起始目标 A，读水平度盘读数 $A_左$。

（2）松开水平制动螺旋，顺时针转照准部瞄准目标 B，读水平度盘读数 $B_左$，以上称为上半测回，得盘左位置时上半测回角值：

$$\beta_左 = B_左 - A_左 \tag{4-6}$$

（3）倒转望远镜成盘右位置，逆时针旋转照准部瞄准目标 B，读水平度盘读数 $B_右$。

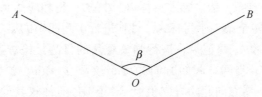

图 4-23　水平角观测

（4）逆时针转动照准部瞄准目标 A，读水平度盘读数 $A_右$。这个过程称为下半测回，下半测回观测得角值：

$$\beta_右 = B_右 - A_右 \tag{4-7}$$

上、下两个半测回称一测回。观测记录和计算见表 4-2。测量有误差的影响，允许有一定的差值，这个允许的差值称为限差。对 DJ$_6$ 级光学经纬仪，如果上、下半测回角值差不大于一定的限差时，则取盘左、盘右角值的均值作为一测回的角值：

$$\beta = \frac{\beta_左 + \beta_右}{2} \tag{4-8}$$

用盘左、盘右观测角值取其中值，可以抵消部分仪器误差对测角的影响，还可以检查观测时有无错误。为了提高测角精度，可以增加测回数，重复上述操作步骤即可。测回之间要改变度盘位置，以减弱水平度盘分划不均匀对测角的影响。若观测 n 个测回，则第 n 个测回起始观测值应设为 $180°(n-1)/n$。如需观测 3 个测回，则第一、第二、第三个测回起始方向的读数应为 $0°$、$60°$ 和 $120°$。

表 4-2　水平角观测记录（测回法）

测站	目标	盘　左	盘　右	半测回角值	一测回角值	各测回角值
		(° ′ ″)	(° ′ ″)	(° ′ ″)	(° ′ ″)	(° ′ ″)
O	A	0 00 12	180 00 06	45 08 06	45 08 09	45 08 10
	B	45 08 18	225 08 18	45 08 12		
O	A	60 00 06	240 00 12	45 08 12	45 08 12	
	B	105 08 18	285 08 24	45 08 12		

（二）方向观测法

当一个测站上观测方向大于两个的时候，往往采用方向观测法，也叫全圆观测法。方向观测法是利用上下两个半测回的观测值，计算出归零后一测回的平均方向值，相邻方向的方向值之差即为该两方向间的水平角值。如图 4-24 所示，设在 O 点上要观测 A、B、C、D 四个目标的水平方向值，用方向观测法测量水平方向的步骤如下：

（1）置经纬仪于盘左位置，顺时针转动照准部，瞄准起始目标 A，将水平度盘读数置于 $0°00'00''$ 或稍大。该读数即 A 方向的初始读数 a_1，记录读数，见表 4-3。

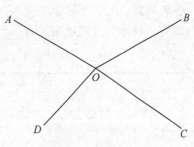

图 4-24　方向观测法观测

（2）顺时针旋转照准部，依次瞄准目标 B、C、D，得相应的水平度盘读数 b_1、c_1、d_1 并记录，继续依原方向转至第一个目标 A，对其进行半测回中的第二次观测，即"归零"，读出 A 方向水平度盘读数 a_2 并记录。进行归零观测的目的是检查度盘在观测过程中是否发生变动，以上称为上半测回。起始方向的两个读数 a_1 和 a_2 之差称为半测回归零差 Δ（Δ＝零方向归零方向值－零方向起始方向值），对于 DJ_6 经纬仪其允许值（限差）为 $\pm 18''$，在允许范围内时取平均值作为上半测回零方向的最终值。

（3）倒转望远镜，置经纬仪于盘右位置，逆时针转动照准部瞄准方向 A，得水平度盘读数 a_1'。

（4）逆时针旋转照准部依次瞄准目标 D、C、B、A，得相应的水平度盘读数 d_1'、c_1'、b_1'、a_2'并记录，以上称为下半测回。计算起始方向（零方向）的两个读数 a_1' 和 a_2' 之差，得下半测回归零差。

方向观测法方向值的计算有两种方式，第一种计算方式见表4-3。

表4-3 方向法水平角观测手簿（一）

目标	读　数		半测回归零 后方向值	一测回平均 方向值	水平角	备注和草图
	盘左	盘右				
	(° ′ ″)	(° ′ ″)	(° ′ ″)	(° ′ ″)	(° ′ ″)	
A	(18″) 0 00 12	(15″) 180 00 06	0 00 00	0 00 00		
					75 23 56	
B	75 24 12	255 24 12	75 23 54 75 23 57	75 23 56		
					48 11 14	
C	123 35 30	303 35 24	123 35 12 123 35 09	123 35 10		
					97 32 00	
D	221 07 24	41 07 30	221 07 06 221 07 15	221 07 10		
					138 52 50	
A	0 00 24	180 00 24				

注：$\Delta_左 = +12''$，$\Delta_右 = +18''$。

1. 半测回方向值的计算

在上（下）半测回中，首先取两次起始方观测值的平均值，其他各观测方向与该平均值的差值为该方向的上（下）半测回方向值。

2. 一测回平均方向值的计算

各观测方向上、下两个半测回方向值的平均值即为一测回平均方向值。方向观测法方向值的另一种计算方式见表4-4。

表4-4 方向法水平角观测手簿（二）

目标	读　数		2C	$\dfrac{左+右}{2}$	归零后 方向值
	盘左	盘右			
	(° ′ ″)	(° ′ ″)	(″)	(° ′ ″)	(° ′ ″)
第一测回				(16″)	
A	0 00 12	180 00 06	6	0 00 09	0 00 00

表 4-4（续）

目标	读　数		2C	左+右 / 2	归零后方向值
	盘左	盘右			
	(° ′ ″)	(° ′ ″)	(″)	(° ′ ″)	(° ′ ″)
B	75 24 12	255 24 12	0	75 24 12	75 23 56
C	123 35 30	303 35 24	6	123 35 27	123 35 11
D	221 07 24	41 07 30	−6	221 07 27	221 07 11
A	0 00 24	180 00 24	0	0 00 24	
	$\Delta_\text{左} = +12''$	$\Delta_\text{右} = +18''$			
第二测回				(15″)	
A	90 00 06	270 00 12	−6	90 00 09	0 00 00
B	165 24 12	345 24 18	−6	165 24 15	75 24 00
C	213 35 24	33 35 18	6	213 35 21	123 35 06
D	311 07 24	131 07 24	0	311 07 24	221 07 09
A	90 00 18	270 00 24	6	90 00 21	
	$\Delta_\text{左} = +12''$	$\Delta_\text{右} = +12''$			

1）计算 2C 值

2C 值是由于视准轴不垂直于水平轴而存在的微小误差，2C 的计算式如下：

$$2C = L - (R \pm 180°) \tag{4-9}$$

式中　L——盘左读数；

　　　R——盘右读数。

2C 本身为一常数，也是观测成果中一个有限差规定的项目，但不是以 2C 的绝对值大小作为精度高低的指标，各方向 2C 值的变化是由观测误差引起的，2C 的互差是检查观测质量的一个指标。2C 互差为同一测回中各观测方向 2C 的变化量。

2）一测回平均方向值

与表 4-3 的一测回平均方向值计算不同，表 4-4 中的该值计算未考虑起始方向的归零值，只计算各方向盘左读数与盘右读数的平均值。需要说明的是，该平均值的计算不是简单盘左读数与盘右读数的平均，而是盘左读数与盘右读数加（或减）180°之后的平均值。

3）归零方向值的计算

首先求起始方向的归零前后两个平均方向值的平均值，为便于对各测回方向值进行比较和求最后平均值，需将各测回的第一个目标的方向值化为 0°00′00″，其他各方向的方向值均减去第一个方向的方向值，计算结果称为归零方向值。

二、水平角观测精度

常用的经纬仪多是 DJ$_{05}$、DJ$_1$、DJ$_2$ 和 DJ$_6$ 型号，其测角精度有限。有些测量要求的精度高，采用的方法是增加测回数，求各测回平均值的办法。下面以 DJ$_6$ 经纬仪为例来说明测量精度。

DJ$_6$ 中的"6"表示室外一测回方向观测中误差为 ±6″，用 m_0 表示。在图 4-24 中，A、

B 方向的上半测回方向值分别为 $A_左$、$B_左$，半测回角度值为 $\beta_左$、$\beta_右$，一测回角度值为 β，两个测回平均角度值为 β_2。那么，利用该仪器一测回观测角度中误差 m_1 为

$$m_1 = \sqrt{m_0^2 + m_0^2} = \sqrt{2}\,m_0 = \pm 8.5''$$

半测回方向中误差 $m_半$ 为

$$m_0^2 = \left(\frac{1}{2}\right)^2 m_半^2 + \left(\frac{1}{2}\right)^2 m_半^2$$

$$m_半 = \sqrt{2}\,m_0 = \pm 8.5''$$

半测回角度中误差 $m_{半角}$ 为

$$m_{半角} = \sqrt{2}\,m_半 = \pm 12''$$

半测回归零差的中误差 $m_归$ 为

$$m_归 = \sqrt{2}\,m_半 = \pm 12''$$

取 2 倍中误差作为限差，则半测回归零差的限差为 24″。

各测回同一方向值的较差中误差 $m_{方较}$ 为

$$m_{方较} = \sqrt{2}\,m_0 = \pm 8.5''$$

取 2 倍中误差作为限差，则同一方向各测回间较差的限差为 17″。

同时根据测量相关规程的规定，各项限差大小的设置也经过了大量的外业观测数据总结，并结合上述误差传播推导得到。方向观测值的各项限差见表 4-5。

表4-5 方向观测值的各项限差　　　　　　　　　　　　　　　　　(″)

经纬仪型号	半测回归零差	测回内 2C 较差	同一方向各测回间较差
DJ_1	6	9	6
DJ_2	8	13	9
DJ_6	18		24

当观测方向多于 6 个时，可进行分组观测。分组观测应包括两个共同方向（其中一个为共同零方向）。其两组观测角之差，不应大于同等级测角中误差的 2 倍。分组观测的最后结果，应按等权分组观测进行测站平差。

三、竖直角观测

(一) 竖直角计算

如图 4-25 所示，对于顺时针注记的竖盘，当仪器处于盘左位置且视准轴水平时，竖直度盘读数为 90°，当目标方向位于水平线以上时，读数处于 [0°，90°]；当目标方向位于水平视线以下时，读数则处于 [90°，180°]。倒转望远镜使仪器处于盘右位置且视准轴水平时，读数为 270°；望远镜上仰或下俯时读数的变化与正镜时相反，当目标方向位于水平线以上时，读数处于 [270°，360°]；当目标方向位于水平视线以下时，读数则处于 [180°，270°]。

对于逆时针注记的竖直度盘，正镜或倒镜时，竖直度盘读数仍分别为 90° 或 270°，但不同的是，当望远镜上仰或下俯时，读数的增减与顺时针注记的相反。望远镜视线在水平

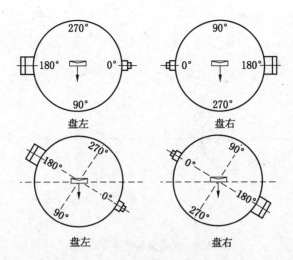

图 4-25 顺时针注记竖盘的竖角计算

线以上时竖直角为仰角，角值为正；视线在水平线以下为俯角，角值为负。

竖直角可以依据以上的读数规律来计算。设竖盘的盘左读数用 L 表示，盘右读数用 R 表示，由上述竖盘不同注记形式可得读数的变化规律。

竖直度盘逆时针注记时竖直角的计算公式：

$$a_左 = L - 90° \tag{4-10}$$

$$a_右 = 270° - R \tag{4-11}$$

竖直度盘顺时针注记时竖直角的计算公式：

$$a_左 = 90° - L \tag{4-12}$$

$$a_右 = R - 270° \tag{4-13}$$

取盘左和盘右竖直角的平均值作为竖直角的最终值：

$$a = \frac{a_左 + a_右}{2} \tag{4-14}$$

目前，使用全站仪测量竖直角时，有些全站仪可以对天顶距和高度角进行转换设置。如图 4-26 所示，当盘左位置视准轴水平时，可以把竖直读数的大小转换为 0°00′00″，此时天顶方向读数为 90°00′00″；当瞄准目标 A 时的读数 $L_左 = 40°10′20″$，即为 A 相对于 O 点的竖直角大小，而 A 点的天顶距 V 为 90°-$L_左$；瞄准目标 B 时的读数 $L_左 = -30°15′24″$，即为 B 相对于 O 点的竖直角大小。而此状态下，盘右位置视准轴水平时，竖直角读数的大小为 180°。

（二）竖盘指标差

当竖盘指标水准管气泡居中且视线水平时，竖直度盘读数为 90° 的整数倍。但往往竖盘水准管与竖盘读数指标的关系不正确，竖盘指标就会偏离正确位置，此时视线水平情况下的竖盘读数与指标正常时的读数有一个角度差 x，称该读数差为竖盘指标差。如图 4-27 所示，以顺时针注记形式为例，虚线为指标的正确位置，箭头线为指标的实际位置，其间的夹角 x 为竖盘指标差。正镜时视线水平，指标水准管气泡居中时，指标处的读数是 L，受到指标差的影响，其值偏小了 x，正确读数应为 $L+x$；倒镜时视线水平，指标水准管气泡居中时，指标处的读数是 R，受到指标差的影响，其值偏大了 x，正确读数应为 $R+x$。

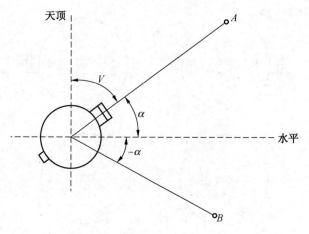

图 4-26　竖直角与天顶距的转换

因此，计算竖直角时应考虑指标差的影响，在竖直角的计算公式中加入指标差改正项。因此竖直角的计算公式变为

盘左时
$$\alpha_左 = 90° - (L + x) \tag{4-15}$$

盘右时
$$\alpha_右 = (R + x) - 270° \tag{4-16}$$

取盘左、盘右的平均值：

$$\alpha = \frac{1}{2}(\alpha_左 + \alpha_右) = \frac{1}{2}\big[90° - (L + x) + (R + x) - 270°\big]$$

$$= \frac{1}{2}\big[(R - L) - 180°\big] \tag{4-17}$$

由式（4-17）可知，取盘左、盘右的平均值计算的竖直角可消除竖盘指标差的影响。

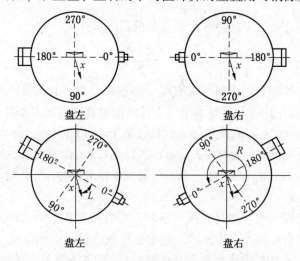

图 4-27　竖盘指标差

对于同一方向，其在盘左位置测得的竖直角和在盘右位置测得的竖直角理论上相等。因此，竖盘指标差可由式（4-15）和式（4-16）的值求得

$$\begin{cases} \alpha_{左} = \alpha_{右} \\ 90° - (L + x) = (R + x) - 270° \\ x = \dfrac{1}{2}\left[360° - (R + L)\right] \end{cases} \tag{4-18}$$

（三）竖直角观测方法

竖直角观测时，瞄准目标用十字丝的中丝横切目标的某个位置，如反光镜中心或觇标的某一位置。竖直角观测的方法主要有中丝法和三丝法。

1. 中丝法

（1）在测点安置经纬仪，整平、对中，量取仪器高（从测站点量到经纬仪横轴中心）。

（2）正镜瞄准目标，调节竖盘水准管微动螺旋使气泡居中，读取竖盘读数 L。

（3）倒镜瞄准目标的同一位置，调节竖盘水准管使气泡居中，读取竖盘读数 R。

以上为竖直角测量的一个测回，当一个测站有多个观测目标时，在正镜位应顺时针依次瞄准各个目标，读取各目标的盘左读数，然后再倒镜逆时针依次瞄准各个目标，读取各目标的盘右读数。竖直角记录和计算见表4-6。

表4-6 竖直角观测记录

测站	目标	竖盘位置	竖盘读数	半测回竖直角值	指标差	一测回竖直角值	备注
			(° ′ ″)	(° ′ ″)	(″)	(° ′ ″)	
O	A	左	95 25 36	−5 25 36	−3	−5 25 39	
		右	264 34 18	−5 25 42			
	B	左	83 20 30	6 39 30	−5	6 39 25	
		右	276 39 20	6 39 20			

2. 三丝法

测量竖直角时，盘左和盘右一律按上、中、下丝的次序照准目标进行读数，这种测法称三丝法。三丝法可减弱竖盘分划误差的影响。

上丝读数和下丝读数的平均值应该等于中丝读数。记录观测数据时，盘左按上、中、下三丝读数次序自上至下记录，盘右则按下、中、上丝次序即自下而上记录。各按三丝所测得的分别计算出相应的竖直角，最后取平均值为该竖直角的角值。

竖盘指标差是竖直角观测时的一个重要精度指标，对同一台仪器在同一时间段内的指标差理论上应为一常数，其变化值反映了测量误差的影响。在测量竖直角时，各方向竖直角测量指标差互差不能超过一定的限差。对不同精度的竖直角测量，测量规范有不同的规定，如 DJ$_6$ 经纬仪的竖盘指标差互差允许值为25″。

第四节　经纬仪的检验与校正

一、经纬仪应满足的几何条件

经纬仪有纵轴、水平轴、望远镜视准轴、水准管轴、圆水准器轴、光学对中器光学垂

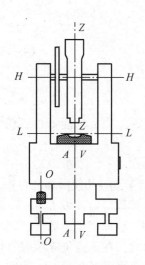

图 4-28　经纬仪轴线

线等几个主要轴线。纵轴为仪器照准部的旋转轴，也称仪器的竖轴，通常用 VV 表示；水平轴为望远镜的旋转轴，也称横轴，通常用 HH 表示；望远镜视准轴为望远镜的物镜中心与十字丝中心的连线，通常用 ZZ 表示；水准管轴为过水准管表面中心 O 点与圆弧相切的切线，通常用 LL 表示；圆水准器轴为过圆水准器表面中心 O 点与球面球心的连线，通常用 OO 表示；光学对中器光学垂线为其物镜中心与标志圈中心连线经三棱镜折射后的光线，通常用 AA 表示，如图 4-28 所示。

经纬仪要正常测角，需使得水平度盘处于水平位置且水平度盘中心能够投影到架设仪器的测点上。因此，各轴线之间须满足一定的几何关系。

（1）水准管轴应垂直于纵轴。

（2）圆水准器轴应平行于纵轴。

（3）望远镜视准轴应垂直于横轴。

（4）十字丝竖丝垂直于横轴。

（5）横轴应垂直于纵轴。

（6）光学对中器光学垂线与纵轴重合。

（7）竖盘指标应处于正确位置。

二、检验与校正

仪器在使用、运输过程中会使上述轴线关系受到影响，从而使经纬仪的角度测量误差较大。因此，在使用经纬仪之前，应对经纬仪进行认真检验，保证仪器轴线之间满足上述要求，以保证仪器正常使用。经纬仪检验与校正的内容主要有以下 9 种。

（一）照准部水准管轴垂直纵轴的检验与校正

1. 检验原理

如果水准管轴与纵轴是垂直的，当水准管气泡居中时，水准管轴是水平的，则纵轴是铅垂的，即仪器照准部在水平面内旋转。如图 4-29 所示，若水准管轴与纵轴不垂直，倾斜了 α 角，那么水准管气泡居中水准管轴水平时，仪器纵轴就倾斜了 α 角，仪器照准部将在与水平面有一定夹角 α 的斜面内旋转，使得水平度盘未处于水平状态，从而产生测量误差。

2. 检验方法

首先将经纬仪整平，旋转照准部，使仪器的水准管与其中两个脚螺旋连线方向平行，调节这两个脚螺旋，使水准管气泡居中，然后旋转照准部 180°，若气泡仍然居中，则说明水准管轴垂直于纵轴，否则二者不垂直。

3. 校正方法

按照检验方法操作完成后，如气泡不居中，用校正针拨动水准管一端的校正螺钉，其升高或降低，使气泡向正中间位置退回半格，如图 4-29c 所示。为使纵轴竖直，再用脚螺旋使气泡居中即可。将上述校正过程反复进行几次，直至照准部旋转至任何方向，气泡的偏离值都在一格以内为止。

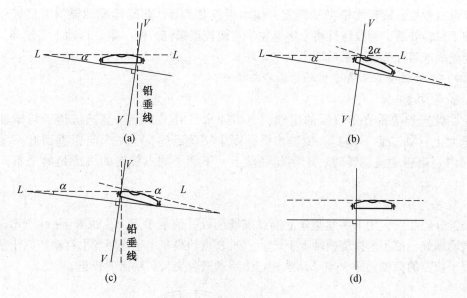

图 4-29 水准管轴的检校

（二）圆水准器轴平行纵轴的检验与校正

1. 检验原理

圆水准器轴应平行于纵轴，如圆水准轴与纵轴不平行，两轴间必有一交角 α。旋转脚螺旋使圆水准器气泡居中后，圆水准轴铅垂，纵轴却倾斜 α 角，照准部旋转 180°，圆水准器转至纵轴的另一侧，此时的圆水准轴相对于铅垂线已倾斜 2α 角，气泡偏离圆水准器中心，不再居中。

2. 检验方法

在水准管轴校正的基础上，整平经纬仪，此时纵轴处于铅垂状态，若圆水准器气泡居中，则说明圆准管轴平行于纵轴，否则二者不平行，则需校正。

3. 校正方法

用校正针拨动圆水准器下面的 3 个校正螺丝，使圆水准器气泡居中即可。

（三）望远镜视准轴垂直横轴的检验与校正

1. 检验原理

望远镜视准轴应垂直于仪器的横轴，此条件满足的情况下，横轴水平时，望远镜围绕横轴旋转，那么视准轴旋转轨迹是一个铅垂的平面。如视准轴与横轴不垂直，横轴水平时，视准轴旋转的轨迹是一个锥面，从而产生视准轴误差，也就是测定仪器 $2C$ 的大小。

2. 检验方法

安置好经纬仪，选一处与望远镜处于同一水平面内的目标，盘左、盘右状态下观测该目标的方向值分别为 $\alpha_{左}$、$\alpha_{右}$，计算该仪器的 $2C$ 值。对于 DJ_2 经纬仪该值不超过 $16''$，DJ_6 经纬仪不超过 $20''$，则认为望远镜视准轴垂直于仪器的横轴，否则需进行校正。

3. 校正方法

首先计算出水平度盘盘右位置时的正确读数 A：

$$A = \frac{1}{2}\left[\alpha_{右} + (\alpha_{左} \pm 180°)\right] \tag{4-19}$$

在盘右位置，旋转水平微动螺旋，使水平读数为 A，此时视准轴要偏离目标一定距离，卸下目镜外罩，用校正针将十字丝左、右两校正螺钉一松一紧，移动十字丝环，使十字丝竖丝瞄准目标位置，最后固定十字丝环。

（四）十字丝竖丝垂直于横轴的检验与校正

1. 检验原理

十字丝竖丝应垂直于仪器的横轴，当横轴水平时，十字丝竖丝应位于与横轴垂直的铅垂面上；如二者不垂直，横轴水平，则十字丝竖丝位于一个与铅垂面有一定夹角的斜面内。当望远镜旋转时，十字丝竖丝上、下两个端点旋转的轨迹是两个不同的铅垂面。

2. 检验方法

安置好经纬仪，用十字丝竖丝上端点瞄准远处一清晰小点 P，如图 4-30 所示。旋转竖直微动螺旋，使望远镜绕横轴上下转动，如 P 点始终在十字丝竖丝上移动，则十字丝竖丝垂直于仪器的横轴；如 P 点移动轨迹与十字丝竖丝交叉，则需要校正。

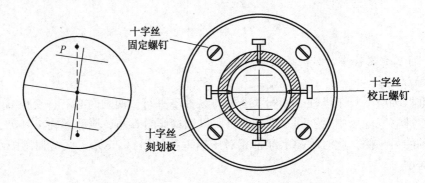

图 4-30　十字丝竖丝垂直于横轴的检验与校正

3. 校正方法

如图 4-30 所示，装有十字丝环的目镜筒是用压环和 4 个压环螺钉与望远镜筒相连接的。松开 4 个十字丝压环螺钉，转动目镜筒，此时十字丝环也旋转相同的角度，调节至目标点 P 始终在十字丝竖丝上移动，校正好后将压环螺钉旋紧。

（五）横轴垂直于纵轴的检验与校正

1. 检验原理

仪器的横轴应垂直于纵轴，当仪器调平时，纵轴是铅垂的，则横轴是水平的，又因为视准轴与横轴垂直，则望远镜旋转时，视准轴旋转轨迹是一个铅垂面。如横轴不垂直于纵轴，当纵轴铅垂时，则横轴不水平，倾斜了一个 i 角，望远镜旋转轴倾斜了 i 角，那么视准轴的旋转轨迹是一个倾斜面，该倾斜面与铅垂面夹角为 i。

2. 检验方法

如图 4-31 所示，在距离高墙 20 m 左右处 O 点安置好经纬仪，整平，在盘左位置瞄准墙壁高处一点 P，仰角在 30°左右，且使 OP 连线在水平面内的投影垂直于该墙壁；松开竖直方向制动螺旋，旋转望远镜，望远镜瞄准与经纬仪处于同一水平面的 P_1 点，倒转望远镜，盘右位置再瞄准 P 点，放平望远镜，又在墙壁上瞄准 P_2 点，如果 P_1 和 P_2 重合，则条件满足，否则，横轴与纵轴不垂直。

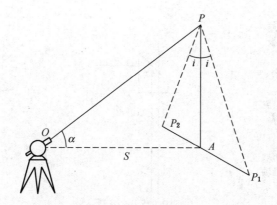

图4-31 横轴垂直于纵轴的检验与校正

此时视准轴旋转轨迹的倾斜面与铅垂面夹角 i 的大小为

$$\tan i = \frac{1}{2}\frac{P_1 P_2}{PA}\rho''$$

由于横轴倾斜角 i 很小，所以：

$$i = \tan i = \frac{1}{2}\frac{P_1 P_2}{PA}\rho'' \tag{4-20}$$

对于 DJ_2 经纬仪，i 角不超过 $15''$，对于 DJ_6 经纬仪，i 角不超过 $20''$，可不校正；否则应进行校正。

3. 校正方法

如果 i 角存在，取 $P_1 P_2$ 的中点 A，在盘左状态下，瞄准 A 点，抬高望远镜至 P 点，视线必偏离 P 点，拨动仪器支架上的偏心轴承，使横轴一端升高或降低，使得视准轴瞄准 P 点，这时横轴垂直于纵轴，最后密封横轴。

光学经纬仪的横轴是密封的，一般能保证横轴与纵轴的垂直关系，测量人员只进行此项检验就行。如果需要校正，最好由专业检修人员进行。

（六）光学对中器光学垂线与纵轴重合的检验与校正

1. 检验原理

光学对中器光学垂线应与纵轴重合，纵轴是照准部的旋转轴，所谓对中就是使纵轴投影到测站点上，但纵轴是看不见摸不着的，是通过光学对中器来瞄准测站点。如二者不重合，则有两种情况：一种情况如图 4-32b 所示，光学准线与纵轴平行但不重合；另一种情况如图 4-32c 所示，光学准线与纵轴交叉。

2. 检验方法

选平地上一点 A 架设仪器，严格整平，使对中器标志中心与测站点 A 重合，然后旋照准部 $180°$，如对中器标志中心与 A 点仍重合，则条件满足，如偏离测站点 A 而至另一点 B 处，则对点器的光学垂线和仪器的纵轴不重台，需对其校正。

3. 校正方法

定出 AB 的中点，调节对中器的校正螺丝，使对中器中心标志对该点，校正完成。光学对中器可以校正的部件随仪器类型而不同，有的仪器需要校正转向直角棱镜，有的仪器

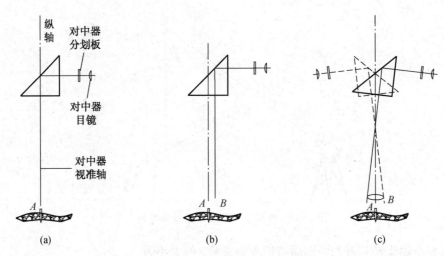

图4-32　光学对中器的检验

需要校正对中器分划板位置，有的二者均需校正。

（七）竖盘指标差的检验与校正

1. 检验原理

竖盘指标应处于正确位置，如指标偏离正确位置，在测量竖直读数时，盘左读数 L 与盘右读数 R 之和不等于360°，即出现竖盘指标差。在同一测站观测不同几个目标时，指标差绝对值较大。

2. 检验方法

置平仪器，在盘左、盘右状态分别瞄准与仪器处于同一水平面内的目标，并分别读取竖盘读数为 L 和 R，由式（4-18）计算指标差 x 的大小，如指标差小于±30″，无须校正，否则需校正。

3. 校正方法

在盘左位置时，令望远镜照准原目标不动，旋转竖盘水准管微动螺旋，将竖盘读数置于盘左的正确读数 L'，$L'=L-x$，此时指标水准管气泡必然偏移，用校正针使竖盘水准管气泡居中即可。

具有竖盘指标自动归零装置的仪器，竖盘指标差的检验方法与上述相同，若指标差超限则必须校正，但校正应送仪器检修部门进行。

（八）电子经纬仪竖盘指标差和竖盘指标零点设置

1. 检验原理

对于电子经纬仪，当视线水平时，竖直度盘读数为90°或90°的整数倍。

2. 检验方法

安置、整平仪器后开机，将望远镜照准任一清晰目标 A，得竖直角盘左读数 L，倒镜旋转望远镜再照准 A，得竖直角盘右读数 R。若竖直角天顶为0°，则 $x=(L+R-360°)/2$；若竖直角水平为0°，则 $x=(L+R-180°)/2$ 或 $(L+R-540°)/2$。若 $|x|\geqslant10″$，则需重新设置竖盘指标零点。

3. 校正方法

整平仪器后，进入设置菜单下的校正模式，选择"竖直角零基准"选项，在盘左水平方向附近上下转动望远镜，待上行显示出竖直角后，转动仪器精确照准与仪器同高的远处任一清晰稳定目标 A，显示正镜盘左照准目标角度值，根据提示回车确认，倒镜旋转望远镜，盘右精确照准同一目标 A，设置完成仪器返回测角模式。重复检验步骤重新测定指标差 x，经反复操作仍不符合要求时，应送厂检修。

（九）全站仪视准轴与发射电光轴平行度的检验

1. 检验原理

全站仪望远镜为同轴望远镜，即视准轴与测距光波的发射、接收光轴重合。如三者不重合，视准轴瞄准目标处反光镜将无法接收反射电磁波，即无法测量出距离。

2. 检验方法

在距仪器 50 m 处安置反射棱镜，用望远镜十字丝精确照准反光棱镜中心；打开电源进入测距模式进行距离测量，左右旋转水平微动手轮，上下旋转垂直微动手轮，进行光电照准，通过测距光路畅通信息闪亮的左右和上下区间，找到测距发射电光轴的中心；检查望远镜十字丝中心与发射电光轴照准中心是否重合，如基本重合即可认为合格。

如望远镜十字丝中心与发射电光轴中心偏差很大，则须送专业修理部门校正。

第五节　水平角观测的误差分析

在角度测量过程中，有多种误差会对其精度产生影响。引起误差的因素有多种，大致可以分为仪器误差、观测误差和外界环境因素影响误差 3 个方面。

一、仪器误差

1. 水平度盘偏心误差

度盘偏心误差是指水平度盘中心与照准部旋转中心不重合造成的误差。如图 4-33 所示，O 为水平度盘中心，O' 为照准部旋转中心，如果水平度盘偏心误差为零，即两点重合，瞄准远处目标的正确读数为 A，如果二者不重合，则水平度盘偏心误差存在，瞄准同样的目标读数为 A'。这样二者读数相差 ΔA，则

$$\frac{\sin\Delta A}{e} = \frac{\sin(180° - \theta - A')}{R} \tag{4-21}$$

式中　e——O 和 O' 偏心距离；

　　　θ——$O'O$ 连线顺时针旋转至 0° 分划的角度，（°）；

　　　R——水平度盘半径。

由上式且 ΔA 为一较小角度，有

$$\Delta A = \sin\Delta A = \frac{e\sin(\theta + A')}{R} \cdot \rho'' \tag{4-22}$$

式（4-22）为水平度盘偏心对水平方向读数的影响。若该误差存在，对于某一仪器，R 为常量，e 为固定值，则 ΔA 的大小与其读数 A' 的大小有关系，即对不同的方向观测值，ΔA 不同：照准方向与偏心方向垂直时，对水平方向读数影响最大；照准方向与偏心方向一致时，ΔA 为零；同时，度盘读数相差 180° 时，ΔA 为大小相等符号相反的两个值，因此，取盘左盘右均值可消除此误差的影响。

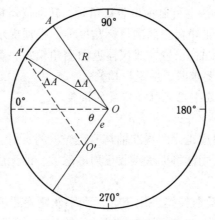

图 4-33　水平度盘偏心误差

2. 视准轴误差

视准轴误差是指仪器望远镜视准轴与横轴不垂直所产生的误差。如图 4-34 所示，经纬仪安置在 O 点，OA 为视准轴方向，Oa 为 OA 在水平面内的投影方向。若该误差不存在，即视准轴垂直于横轴，望远镜绕横轴旋转时，其视准轴运动轨迹为垂直于横轴的铅垂面 OAa；若该误差存在，即视准轴与横轴不垂直，视准轴倾斜了 c，望远镜绕横轴旋转时，其视准轴运动轨迹为以 O 为顶点的锥面，盘左情况下瞄准 A' 位置，盘右则瞄准 A'' 位置，其在水平面内的投影分别为 a'、a''，此时竖直角为 α，那么在水平度盘上的读数分别偏大和偏小了 x_c，即视准轴误差。

在图 4-34 中，由 $\mathrm{Rt}\triangle Oaa'$ 可得

$$\sin x_c = \frac{aa'}{Oa'} = \frac{AA'}{Oa'}$$

$$AA' = OA' \cdot \sin c$$

$$Oa' = OA' \cdot \cos\alpha$$

且由于 x_c 为一较小角度，那么

$$x_c = \sin x_c = \frac{\sin c}{\cos\alpha} = \frac{c}{\cos\alpha} \tag{4-23}$$

当 $\alpha = 0$ 时，即视准轴水平，则

$$x_c = c$$

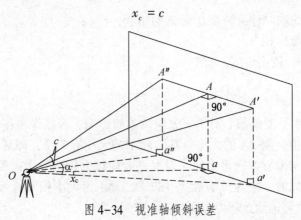

图 4-34　视准轴倾斜误差

由式（4-23）可以看出：视准轴误差 x_c 的大小与竖直角 α 成正比，α 越大 x_c 越大，且盘左与盘右对 x_c 的影响大小相等，符号相反。

因此，在水平角度测量时，通过盘左、盘右观测方向值，取其平均值可以抵消视准轴误差的影响。

3. 横轴倾斜误差

横轴倾斜误差指仪器横轴与纵轴不垂直产生的误差。如图 4-35 所示，仪器安置在 O 点，OA 为视准轴方向，Oa 为 OA 在水平面内的投影方向。若该误差不存在，即横轴垂直于纵轴，纵轴铅垂时，横轴水平，望远镜绕横轴旋转时，其视准轴运动轨迹为垂直于横轴的铅垂面 OAa；如该误差存在，即横轴与纵轴不垂直，纵轴铅垂时，横轴倾斜了一个 i 角，那么望远镜绕横轴旋转时，盘左情况下瞄准 A' 位置，其视准轴运动轨迹为 $OA'a$ 的斜面，盘右则瞄准 A'' 位置，其视准轴运动轨迹为 $OA''a$ 的斜面。A' 和 A'' 在水平面内的投影分别为 a'、a''，此时竖直角为 α，那么在水平度盘上的读数分别偏大和偏小了 x_i，即横轴倾斜误差。

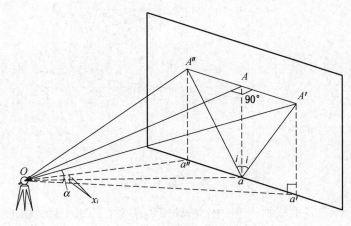

图 4-35　横轴倾斜误差

在图 4-35 中，由 Rt$\triangle Oaa'$ 可得

$$\sin x_i = \frac{aa'}{Oa'}$$

在 Rt$\triangle A'aa'$ 中

$$aa' = A'a' \cdot \tan i$$

在 Rt$\triangle OA'a'$ 中

$$Oa' = \frac{A'a'}{\tan \alpha}$$

且由于 i 和 x_i 都为较小的角度，那么

$$x_i = \sin x_i = \tan i \cdot \tan \alpha = i \cdot \tan \alpha \tag{4-24}$$

当 $\alpha = 0$ 时，即视准轴水平，则

$$x_i = 0$$

由式（4-24）可以看出，横轴倾斜误差 x_i 的大小与竖角 α 成正比，α 越大 x_i 越大，且盘左与盘右对 x_i 的影响大小相等、符号相反。

因此，在水平角度测量时，通过盘左、盘右观测方向值，取其平均值可以抵消横轴倾斜误差的影响。

4. 纵轴倾斜误差

纵轴倾斜误差指纵轴不铅垂产生的误差。一种是水准管器水准轴与纵轴不垂直而产生的，另一种是水准管未能完全调平。如图 4-36 所示，仪器安置在 O 点，若该误差不存在，即水准管轴垂直于纵轴，当仪器精平后，即水准管轴水平，纵轴铅垂，横轴在水平面 P 上；如该误差存在，即水准管轴与纵轴不垂直，当仪器精平后，即水准管轴水平，纵轴倾斜了一个角度 V，那么横轴必在倾斜了 V 角的 P' 面上。由几何关系知，PP' 两平面的交线 OO' 与平面 TOT' 垂直，如横轴位于此处，则无论 V 有多大，它始终保持水平。横轴在平面 P' 上的任何位置均产生大小不同的倾斜，其中以垂直于 OO' 的 OA 位置的倾斜角最大，并等于 V。

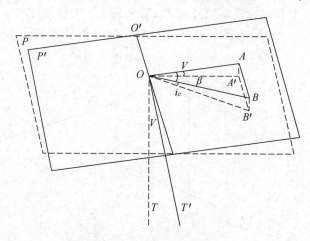

图 4-36 纵轴倾斜误差

如图 4-36 所示，任取横轴位置 OB，横轴倾斜角为 i_V，即此时的横轴倾斜误差为 x_{i_V}，令 $\angle AOB$ 为 β，在 $Rt\triangle BOB'$ 中，则

$$\sin i_V = \frac{BB'}{OB} = \frac{AA'}{OB}$$

在 $Rt\triangle AOA'$ 中

$$AA' = OA \cdot \sin V$$

在 $Rt\triangle AOB$ 中

$$OB = \frac{OA}{\cos\beta}$$

且由于 i_V 为较小角度，那么

$$i_V = \sin i_V = \sin V \cdot \cos\beta = V \cdot \cos\beta \tag{4-25}$$

并结合横轴倾斜误差计算公式，纵轴倾斜对目标读数影响 x_{i_V} 为

$$x_{i_V} = V \cdot \cos\beta \cdot \tan\alpha \tag{4-26}$$

二、观测误差

1. 对中误差

对中误差是指仪器中心与测站标志中心不在同一铅垂线上而产生的误差。如图 4-37

所示，O 为测站标志中心，O' 为仪器中心，A、B 分别为测量目标。如无该误差，所测水平角应为 β，若存在该误差，仪器中心相对于测站中心偏离了 e，A 方向与对中偏移方向的夹角为 θ，实测水角度为 β'。即水平角所测偏差为（$\Delta\beta_1 + \Delta\beta_2$）。

在 $\triangle OAO'$ 和 $\triangle OBO'$ 中，有

$$\Delta\beta_1 = \frac{e \cdot \sin\theta}{s_1} \cdot \rho$$

$$\Delta\beta_2 = \frac{e \cdot \sin[360° - (\theta + \beta')]}{s_2} \cdot \rho = -\frac{e \cdot \sin(\theta + \beta')}{s_2} \cdot \rho$$

则

$$\Delta\beta = \Delta\beta_1 + \Delta\beta_2 = e \cdot \rho \cdot \left[\frac{\sin\theta}{s_1} - \frac{\sin(\theta + \beta')}{s_2}\right] \tag{4-27}$$

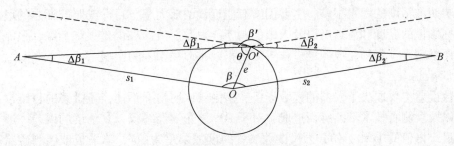

图 4-37　仪器对中误差

由式（4-27）可知：当 β 和 θ 一定时，对中误差 $\Delta\beta$ 与对中偏心距 e 成正比，与目标与测站的距离 s 成反比；当 s 和 e 一定时，对中误差 $\Delta\beta$ 与所测角度 β 大小和偏心方向 θ 有关系，当 $\theta = 90°$、$\beta = 180°$ 时最大。

2. 目标偏心误差

目标偏心误差指所设置觇标中心与目标点中心不在同一铅垂线上所产生的误差。如图 4-38 所示，仪器安置在 O 点，A、B 分别为目标点位置，A'、B' 分别为所设觇标点位置。如该误差不存在，所测水平角为 β，如该误差存在，所观测水平角为 β'，目标偏心误差为（$\Delta\beta_1 + \Delta\beta_2$）。

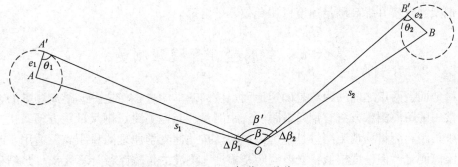

图 4-38　目标偏心误差

在 $\triangle OAA'$ 和 $\triangle OBB'$ 中，分别有

$$\Delta\beta_1 = \frac{e_1 \cdot \sin\theta_1}{s_1} \cdot \rho''$$

$$\Delta\beta_2 = \frac{e_2 \cdot \sin\theta_2}{s_2} \cdot \rho''$$

则

$$\Delta\beta = \Delta\beta_1 + \Delta\beta_2 = \left(\frac{e_1 \cdot \sin\theta_1}{s_1} + \frac{e_2 \cdot \sin\theta_2}{s_2}\right) \cdot \rho'' \qquad (4\text{-}28)$$

由式（4-28）可知，目标偏心误差和偏心距离成正比，与目标和测站的距离成反比，同时与偏心方向也有关系，当偏心方向垂直于视线方向时目标偏心误差最大，当偏心方向与视线方向重合时，无目标偏心误差。

3. 照准误差

影响照准精度的因素很多，主要因素有望远镜的放大率、目标或照准标志的形状及大小、目标影像的亮度和清晰度以及人眼的判断能力等。故照准误差很难消除，只能通过改善影响照准精度，仔细完成照准操作等方法来减小此项误差的影响。

4. 读数误差

读数误差主要取决于仪器的读数设备，多由于照明情况不佳，显微镜的目镜没有调好焦距，以及观测者技术不熟练而造成。对于 DJ$_6$ 型光学经纬仪，其估读的误差一般不超过测微器最小格值的 1/10。如分微尺读数装置的读数误差为 ±6″，单平板玻璃测微器的读数误差为 ±2″。对于电子经纬仪来说，不存在读数误差。

三、外界环境因素影响误差

外界环境因素影响误差主要指观测环境中气温、气压、空气湿度和清晰度、大气折光、风力等因素的不断变化，以及地表土质的软硬、地表覆盖物辐射热的能力等，如温度变化影响仪器的正常状态、大气折光会使视线弯曲、大风会影响仪器的稳定等。这些环境条件都会给测量结果带来种种影响，从而导致观测结果中带有误差；同时，随着这些因素的变化，其影响程度也会随之而变。

因此，为了降低外界环境因素的影响，在测量时要避免在大风、高温、低温等恶劣天气条件下进行，观测视线应避免从近水面、近高温地面等空间通过，在松软地面上测量时，应把架腿踩实并提高测量速度以避免仪器下沉等。

第六节 钢尺量距和视距测量

测量地面上两点之间的距离是确定地面点位的基本测量工作之一。距离测量的方法有多种，常用的距离测量方法有钢尺量距、视距测量、光电测距。钢尺量距方便、快捷，但不适用于长距离测量；视距测量是望远镜视距丝按几何光学原理测量距离，适用于起伏大的区域距离测量，但精度较低；光电测距是根据电测波的传输路径计算距离，是精确、快速的量距方法。光电测距方式在很大程度上已经代替了钢尺量距和视距法量距，但是在某些情况下，光电测距受外界条件的影响无法进行，仍需要钢尺丈量，如在矿井上、下联系测量时，水、雾较大，仍需要采用钢尺测量井深。

地面上两点间的距离是指这两点沿铅垂线方向在大地水准面上投影点间的弧长。在测区面积不大的情况下，可用水平面代替水准面。两点间连线投影在水平面上长度称为水平距离，不在同一水平面上两点的线段长度称为倾斜距离，简称斜距。

一、钢尺量距

钢尺是由优质钢制成的带状尺，又称钢卷尺。钢尺最小分划以毫米为单位，其长度有20 m、30 m、50 m 等几种，在使用时要特别注意尺子的零点位置，以免发生量距错误。钢尺的伸缩性较小，可用于较高精度的丈量。

（一）钢尺尺长方程式

钢尺表面标注的长度称为标明长度。钢尺的实际长度往往不等于其标明长度，实际长度不是一个固定值，而是随丈量时拉力和温度的变化而异。

钢尺受到不同的拉力，其尺长会有微小变化，故在进行精密量距或钢尺检定时，施加规定的拉力。钢尺长度随温度变化而变化，因此，在一定拉力下，可用以温度为自变量的函数来表示在某一温度时钢尺的实际长度。该函数式称作尺长方程式。

$$l_t = l + \Delta l + \alpha l(t - t_0) \tag{4-29}$$

式中　l_t——丈量温度为 t 时的钢尺实际长度，m；

　　　l——钢尺标明长度，m；

　　　Δl——钢尺在检定温度 t_0 时的尺长改正数；

　　　α——钢尺膨胀系数，其值为 $11.6 \times 10^{-6} \sim 12.5 \times 10^{-6}$ m/（m·℃）；

　　　t_0——钢尺检定时的标准温度，℃；

　　　t——钢尺丈量时的温度，℃。

（二）钢尺量距方法

1. 直线定线

直线定线是为了使测量的各段在同一条直线上。如待丈量的距离大于钢尺长度，无法直接丈量其长度，要对其分成若干段进行丈量，因此需要保证所丈量的几段长度在同一条直线上。直线定线的方法主要有目测法、经纬仪法等。根据所使用钢尺的长度设置定线桩，并在定线桩顶端刻划标志线，供分段量距使用。

2. 量距

量距是测定两相邻定线桩顶标志线之间的距离。钢尺丈量工作一般需要 3 人，分别担任前司尺员、后司尺员和记录员，后司尺员持钢尺零点端，前司尺员持钢尺末端。丈量时尽量用整尺段，一般仅末端用零尺段丈量。整尺段数用 n 表示，余长用 q 表示，则地面两点间的距离为

$$D = nl + q \tag{4-30}$$

3. 高差测量

高差测量是测量出定向桩顶之间的高差。若地面坡度较大，要将丈量距离改化成水平距离，即距离的高差改正，通常采用水准测量的方法测定高差。

4. 资料整理

对各测段测得的长度进行整理计算，主要包括尺长改正、温度改正、倾斜改正等内容。为了防止错误和提高丈量结果的精度，需进行往、返丈量，一般用相对误差来表示成果

的精度。计算相对误差时，往返测差数取绝对值，分母取往返测的平均值，并化为分子为1的分数形式。例如，AB 线段，往测长为 123.14 m，返测长为 123.18 m，则相对误差为

$$k = \frac{\left| D_{往} - D_{返} \right|}{D} = \frac{0.04}{123.126} \approx \frac{1}{3100} \tag{4-31}$$

一般要求 k 小于 1/3000。当距离相对误差没有超过规范要求时，取往返丈量结果的平均值作为两点间的水平距离。

（三）钢尺量距的误差来源

由于受到钢尺、人为因素、外界条件等因素的影响，量距误差发生在量距全过程是不可避免的。应分析其来源并寻找减弱措施，以达到提高量距精度的目的。

（1）尺长误差。钢尺标明长度与实际长度不等且钢尺未检定或未按尺长方程进行改算而产生的误差。尺长误差有积累作用，距离越长，误差越大，因此定期检定钢尺非常必要。

（2）丈量误差。丈量误差包括读数误差、钢尺端点对准误差、前后司尺员读数不同时插测钎造成的误差等。

（3）定线误差。直线定线是为了使各测段在同一条直线上，但受到定线方式的影响，定线如有偏差，距离丈量中尺子就会不精确地放在距离方向线上，所量距为折线长度之和，因此要注意定线精度。

（4）温度变化引起的误差。温度每变化 1 ℃，对钢尺长度的影响约为 1/80000。当量距时所测量大气温度不是钢尺本身的温度时，温度改正就存在误差。在精密量距中，需加温度改正，且应采用电子测温计直接测量钢尺本身的温度。

（5）钢尺不水平引起的误差。当用钢尺量距时，钢尺不水平会使所量距离大于实长。用钢尺悬空量距时，钢尺因自重作用而下垂，给量距带来的误差称为垂曲误差，受到地面起伏的影响，如测段中间部分较高，会引起反曲率误差。

（6）拉力误差的影响。拉力的大小会影响钢尺的长度。量距时若不使用拉力计，凭经验拉力会产生拉力误差 Δp，使钢尺长度产生误差 Δl_p。胡克定律可表述其关系：

$$\Delta l_p = \frac{\Delta p \cdot l}{E \cdot A} \tag{4-32}$$

式中　E——钢尺弹性模数，约为 $2 \times 10^7 \text{N/cm}^2$；

　　　A——钢尺截面积，mm^2。

实验表明，拉力变化 70 N，尺长改变 10^{-4}，一般丈量中，保持拉力均匀即可，精密丈量时应施加标准拉力。

二、视距测量

视距测量是使用望远镜内十字丝板上的视距丝及视距标尺，如普通水准尺、地形尺，利用光学几何原理，测定两点间的水平距离和高差。

1. 视距测量的步骤

如图 4-39 所示，利用视距法测定 A、B 两点的水平距离和高差的步骤如下：

（1）在测站 A 安置经纬仪，量取仪器高 i。

（2）在测点 B 上立地形尺或水准尺。

（3）用望远镜照准标尺读上、中、下丝读数，分别为 N、P、M，应读数至毫米，用

上、下丝读数计算视距间隔 l。利用读数 P 计算觇标高度 v。

$$l = N - M \tag{4-33}$$

（4）测量 P 点相对于 O 点的竖直角 α。

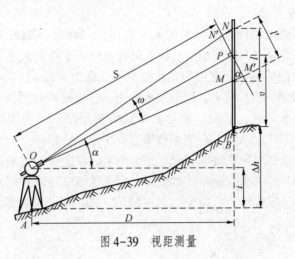

图 4-39　视距测量

2. 水平距离和高差的计算

由于视准轴与视距尺有一定的夹角，此夹角等于所测 P 点相对于 O 点的竖直角 α，把视距尺上、下丝视距间隔距离 l 归化成与视准轴垂直的视距间隔 l'。

在 $\triangle NPN'$ 和 $\triangle MPM'$ 中：

$$\angle NN'P = 90° + \frac{\omega}{2}$$

$$\angle MM'P = 90° + \frac{\omega}{2}$$

由于 ω 只有 $17'$，为较小的角，所以 $\triangle NPN'$ 和 $\triangle MPM'$ 可以看作直角三角形，则

$$l' = l\cos\alpha$$

根据望远镜视距丝设置的几何原理，P 点到 O 点的直线距离 S 为

$$S = kl'$$

式中　k——常数，对于经纬仪、水准仪、全站仪等仪器，一般情况下，$k = 100$。

则

$$S = kl\cos\alpha \tag{4-34}$$

那么，A、B 两点之间的平距 D 为

$$D = kl\cos^2\alpha = 100l\cos^2\alpha \tag{4-35}$$

A、B 两点之间的高差 Δh 为

$$\Delta h = kl\cos\alpha\sin\alpha + i - v = 100l\cos\alpha\sin\alpha \tag{4-36}$$

第七节　电磁波测距

随着科学技术的发展，光、电技术在测量仪器方面得到了广泛应用，电磁波测距仪技术很大程度上已经代替了传统的钢尺、视距等量距方法。它具有精度高、测程远、测量效

率高、操作方便和劳动强度低等优点。

一、概述

（一）测距仪与反光镜

20世纪中期，电磁波测距技术开始研究与应用。1941年，瑞典大地测量局发展了光波测距的理论和方法，并在大地测量的基线上对光速进行了精密测量，此后与瑞典阿加仪器公司合作，1948年制成第一台实用的光波测距仪，名为"Geodimeter（Geodetic Distance Meter）"，即"大地测距仪"。后来，随着技术的进步，电磁波测距技术与电子测角技术相结合，形成了现在的全站仪。目前，测量上单独的测距仪已很少应用，多是集测角、测距、计算与存储于一体的全站仪（在第四章第二节中已经介绍）。

反光镜是距离测量中的主要组成部分。光电测距仪在进行距离测量时，一般需要与反光镜相配合才能工作。其主要构造是反射棱镜，为光学玻璃制成的四面体。反光镜的分类有反射镜片、单棱镜、三棱镜、六棱镜、九棱镜等，适用于不同的距离。如图4-40所示为单棱镜和三棱镜。

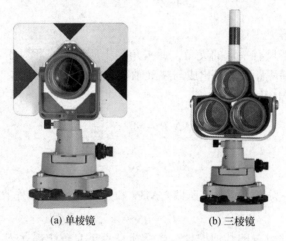

(a) 单棱镜　　　　　　　(b) 三棱镜

图4-40　反光镜

（二）测距仪的分类

测距仪种类众多，按不同的分类方式有不同的分类方法。

1. 按测距仪精度分类

按1 km测距中误差，即 $m_D = \pm(a+bD)$，当 $D=1$ km，划分成两类。

（1）Ⅰ级测距仪：$m_D \leqslant 5$ mm。

（2）Ⅱ级测距仪：5 mm $\leqslant m_D \leqslant 10$ mm。

2. 按其所采用的载波分类

（1）微波测距仪：采用微波段的无线电波作为载波。

（2）激光测距仪：采用激光作为载波。

（3）红外测距仪：采用红外光作为载波。

微波测距仪和激光测距仪多用于远程测距，测程可达数十千米，一般用于大地测量。红外测距仪用于中、短程测距，目前工程测量中应用的全站仪多为红外测距仪。

3. 按距离测量的原理分类

（1）脉冲式测距仪：通过直接测定光脉冲在测线上往返传播时间来求距离。

（2）相位式测距仪：利用电路测定调制光在测线上往返传播所产生的相位差，间接测得时间，从而求出距离，测距精度较高。

4. 按测距仪测距长度分类

（1）短程测距仪：测程小于 3 km，一般匹配测距精度为± （5 mm+5×10^{-6}D），主要用于普通工程测量和城市测量。

（2）中程测距仪：测程为 3~15 km，一般匹配测距精度为±(5 mm+2×10^{-6}D) ~ ±(2 mm+2×10^{-6}D)，通常用于一般等级的控制测量。

（3）远程测距仪：测程大于 15 km，一般匹配测距精度为± （2 mm+2×10^{-6}D），通常用于国家三角网和精密导线等控制测量。

5. 按测距仪发射的载波数分类

（1）单载波：只有一种测距载波，有可见光、激光、红外光和微波中的某种波段。

（2）多载波：可同时发射多个载波，几种载波联合测距。

二、电磁波测距工作原理

电磁波测距的基本原理是通过测定电磁波在待测距离两端点间往返一次的传播时间 Δt，利用电磁波在大气中的传播速度 c，来计算两点间的距离。

1. 脉冲式测距

如图 4-41 所示，若测定 A、B 两点间的直线距离 S，把测距仪安置在 A 点，瞄准安置在 B 处的反光镜，测距仪发射电磁波，经反光镜反射后，测距仪又接收到该电磁波，则测距 S 可按下式计算：

$$S = \frac{1}{2} \cdot \Delta c \cdot t \tag{4-37}$$

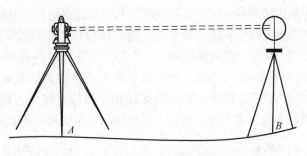

图 4-41　光电测距原理

脉冲式测距就是直接测定仪器所发射的脉冲信号往返于待测距离的传播时间 Δt，从而由式（4-38）计算待测距离 S。其工作原理如图 4-42 所示，由光电脉冲发射器发射出一束光脉冲，经发射光学系统投射到被测棱镜；与此同时，由棱镜取出一小部分光脉冲送入光电接收系统，并由光电接收器转换为电脉冲（称为主脉冲波），作为 Δt 的计时起点；从被测目标反射回来的光脉冲通过光电接收系统后，由光电接收器转换为电脉冲（也称为回脉冲波），作为 Δt 的计时终点。可见，主脉冲波和回脉冲波之间的时间间隔是光脉冲在测线上往返传播的时间 Δt，而 Δt 是通过计数器并由标准时间脉冲振荡器不断产生的具有时间间隔 T 的电脉冲数 n 来决定的。

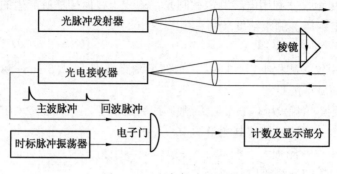

图 4-42　脉冲式测距原理

因为：

$$\Delta t = nT$$

则

$$S = \frac{1}{2} \cdot \Delta t \cdot c = \frac{1}{2} \cdot n \cdot T \cdot c \qquad (4-38)$$

在测距之前，"电子门"是关闭的，标准时间脉冲不能进入计数系统。测距时，在光脉冲发射的同一瞬间，主脉冲把"电子门"打开，标准时间脉冲就一个一个地经过"电子门"进入计数系统，计数系统就开始记录脉冲数目 n。当回波脉冲到达把"电子门"关上后，计数器就停止计数，可见计数器记录下来的脉冲数目就代表了被测距离。

脉冲式测距仪一般用固体激光器作光源，能发射出高强率的光脉冲，因而这类仪器可以不用合作目标（如反光镜），直接用被测目标对光脉冲产生的漫反射进行测距。

2. 相位式测距

相位式测距又叫间接法测距。它不需直接测定电磁波往返传播的时间，而是直接测定由仪器发出的连续正弦电磁波信号在被测距离上往返传播而产生的相位变化（即相位差），根据相位差求得传播时间，从而求得被测距离 S，其工作原理如图 4-43 所示。其工作过程为：由测距仪架设在 A 点的光源发出光波，经调制后成为光强随高频载波信号周期性变化的调制光发射向架设在 B 点的反光镜，并经发光棱镜反射后由接收器接收，相位计将反射回来的光信号与发射的光信号进行相位比较，得到调制光在被测距离上往返传播所产生的相

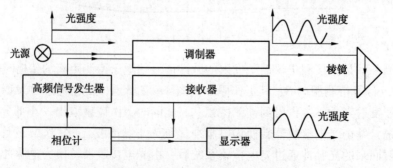

图 4-43　相位式测距仪工作原理

位差。

设测距仪发射的电磁波为

$$U = U_m\sin(\omega t + \varphi_0) \tag{4-39}$$

式中　ω——角频率，$\omega = 2\pi f$；

　　　f——调制光波的频率。

电磁波在待测距离上往返传播所需的时间为 t_{2d}，因此，测距仪接收的电磁波为

$$U = U_m\sin(\omega t + \varphi_0 - \omega t_{2d})$$

于是，在经过被测距离延迟后，发射信号和接收信号的相位差为

$$\varphi = \omega t_{2d} = 2\pi f \cdot t_{2d} \tag{4-40}$$

且由图 4-44 可知相位差为

$$\varphi = 2\pi N + \Delta\varphi$$

式中　　N——相位差的整周数或调制光波的整波长个数；

　　　　$\Delta\varphi$——相位差的不足整周数。

由此：

$$t_{2d} = \frac{1}{2\pi f}(2nN + \Delta\varphi) = \frac{N}{f} + \frac{\Delta\varphi}{2\pi f} \tag{4-41}$$

由于波长 $\lambda = 1/f$，A、B 两点之间的距离 S 为

$$S_{AB} = \frac{1}{2}ct_{2d} = \frac{1}{2}\lambda(N + \Delta N)$$

令 $u = \lambda/2$，则

$$S_{AB} = u(N + \Delta N) \tag{4-42}$$

上式即为相位法测距的基本公式。这种测距方法的实质相当于用一把长度为 u 的尺子来丈量欲测距离，这一根"尺子"称为"测尺"，u 称为测尺长度，其长度由载波的频率决定。

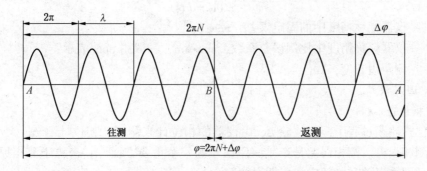

图 4-44　相位式测距原理

一般在相位式测距仪中的相位计只能测定 $\Delta\varphi$，而无法测出相位差的整周数 N，因此使上式产生多值而无法测定整周期数解，从而产生距离测量的多值性问题，距离 S 无法确定。

为了解决 N 的多值性问题，可以采用一组测尺共同测距，以短测尺（又称精测尺）保证精度，用长测尺（又称粗测尺）保证测程。测尺长度与测尺精度见表 4-7。

表 4-7 测尺长度与测尺精度

测尺波长/m	20	200	2000	20000	20000
测尺频率/MHz	15	1.5	0.15	0.015	0.0015
测尺长度/m	10	100	1000	10000	100000
测尺精度/m	0.01	0.1	1	10	100

例如，某双频测距仪，测程小于 1 km，设计了精、粗两个测尺，精尺为 10 m（载波频率 $f_1 = 15$ MHz），粗尺为 1000 m（载波频率 $f_2 = 0.15$ MHz）。用精尺测 10 m 以下小数，用粗尺测 10 m 以上大数。其中，$u_1 = 10$，$\Delta N_1 = 0.3682$，$u_2 = 1000$，$\Delta N_2 = 0.5736$。

则
$$k = \frac{u_2}{u_1} = 100$$
$$N_1 = [k \Delta N_2] = 57$$
$$S = u_1(N_1 + \Delta N_1) = 10 \times (57 + 0.3682) = 573.682 \text{ m}$$

仪器显示距离：573.682 m。

三、电磁波测距精度

一般情况下，测距仪标称误差可分为两部分：一部分是与距离 D 无关的误差，有测相误差、加常数误差等；另一部分是与距离 D 成比例的误差，有光速值误差、大气折射率测定误差和调制频率误差。除了以上两种误差外，测距时还有周期误差，它与距离有关但不成比例，仪器设计和调试时可严格控制其数值，使用中如发现其数值较大而且稳定，可以对测距成果进行改正。

故电磁波测距仪的精度表达为

$$m_D = \pm(a + bD) \tag{4-43}$$

式中　　a——仪器标称精度中的固定误差，mm；

b——仪器标称精度中比例误差系数，mm/km，一般用 ppm 表示；

D——测距边长度，km。

（一）固定误差

1. 测相误差

在相位式测距过程中，相位差 $\Delta \varphi$ 由仪器的相位计来测定，相位计测 $\Delta \varphi$ 大小引起的误差称为测相误差。测相误差是产生测距误差的一个重要方面，它来源于测相原理误差、幅相误差、照准误差和同频串扰周期误差等。

（1）由填充脉冲频率不稳所引起的误差。实际仪器中，填充脉冲通常取自仪器本振信号，对本振信号的稳定度，仪器有一定要求，一般要求达 $\pm(1/10^6 \sim 2/10^6)$，因此，即使选取不同的方案测相，由此产生的测距误差 $\Delta D \leq 2/10^6 D$。这在短距离测量中，影响是很不显著的。

（2）差频漂移而导致的测相误差。如果仪器的主振不稳，在主振混频后得到的差频信号的频率将发生漂移，这将导致由差频测距信号和参考信号经过鉴相而得的被测相位方波发生变化，从而产生测相误差。

（3）数字相位计的计数误差。实际上就是相位计的计数分辨率误差，其 $\Delta N \leqslant \pm 1$ 个计数脉冲。需要说明的是，它不同于由随机因素造成的随机计数误差。虽然它在一次测量中无法确定大小和正负，但在对同一被测相位进行多次鉴相测量取平均的过程中，每一次测量产生的误差大小和正负都是相对固定的，因而通过多次测量取平均以后，并不能使这一误差消去或减小。

2. 加常数改正误差

加常数误差是由测距仪和反光镜光学零点的距离与二者对点器不一致所造成的。其现象是对所有测量值加入了一个固定偏差，它由仪器常数误差和棱镜常数误差两部分构成。

（二）比例误差

1. 调制频率误差

仪器的主振频率应为设计的仪器标称频率值 f_r。但由于设置不够准确，晶体老化等原因使实际的频率值偏离了标称频率值 f_r。实际测尺频率与标称测尺频率之差称为频偏，它说明了频率的准确度。

2. 大气折射误差

测距仪的测尺频率按标准大气条件下的折射率 n 求得，而实际作业时的大气条件不会与标准大气条件相同。这样大气折射率就发生了变化，随之光速发生变化，这将影响测尺长度，最后产生测距误差；因此在测量时，要设置仪器的温度、气压等各项改正。

3. 光速误差

光电测距仪中程序设置的光速通常采用 1975 年第十六届国际大地测量与地球物理协会光速推荐值，即 (299792458 ± 1.2) m/s，相对中误差为 4×10^{-9}，测量精度较高，对测距精度影响较微小，可以忽略不计。

（三）周期误差

由测距仪内部存在的光电信号在与测距信号串扰混合后进入测相系统，造成信号相位延迟不正确而产生的误差，因其大小随测距信号周期性变化而产生。

四、光电测距的技术要求

1. 测距边的选择应符合的规定

测距边的长度宜在各等级控制网平均边长的（1+30%）范围内选择并顾及所用测距仪的最佳测程。测线宜高出地面和离开障碍物，测线应避免通过发热体如散热塔烟囱等的上空及附近，安置测距仪的测站应避开受电磁场干扰的地方，离开高压线宜大于 5 m，应避免测距时的视线背景部分有反光物体。

2. 测距仪观测结果各项较差的限差要求

在利用测距仪测量距离时，各项读数要符合表 4-8 的要求。

表 4-8 各项较差的限差要求   mm

仪器级别	一测回读数较差	单程测回间较差	往返或不同时段的较差
Ⅰ级测距仪	5	7	2 $(a+bD)$
Ⅱ级测距仪	10	15	

五、成果整理

电磁波测距是利用电磁波在大气中直线传播测得两点之间的直线距离，在测量过程中，需要加入仪器加常数改正、乘常数改正、气象改正、倾斜改正、归算到大地水准面上的改正等。

如在 A 点架设测距仪，在 B 点架设反光镜，测得两点之间的距离为 S，两点之间的高差为 h_{AB}，B 点相对于 A 点的竖直角为 α。

1. 加常数改正

加常数误差是测距仪的起算中心与仪器的安置中心不一致或反射镜等效反射面与反射镜安置中心不一致或二者联合影响产生的误差。两点之间的观测距离为 S，实际距离为 S_0，二者之间的差值 K 称为测距仪加常数改正。

$$K = S - S_0 \tag{4-44}$$

K 的大小与测距长度无关，对于短距离和长距离，加常数是固定的。当测距仪和反射镜构成固定的一套设备后，K 包含仪器加常数和反射镜常数，其加常数可测出，并通过加常数设置可以消除仪器的加常数误差。不同厂家的测距仪，加常数可能不一样，因此在测距时，如使用的仪器和反光镜不是一个厂家，应注意加常数的设置大小。另外仪器经过长期使用，由于振动等外界影响，加常数可能发生变化，因此在外业测量之前要注意加常数的检测。

2. 乘常数改正

测距仪在使用过程中，实际的调制光频率与设计的标准频率之间有偏差时，将会影响测距果的精度，其距离变化值与距离长度成正比。

如仪器的标称频率值 f_r，而实际工作频率值为 f'_r，此仪器测得距离为 S，其频率差值为

$$\Delta f = f_r - f'_r$$

仪器乘常数为

$$B = \frac{\Delta f}{f'_r}$$

乘常数改正值为

$$\Delta S_r = BS \tag{4-45}$$

乘常数可通过一定的方法检测求得，其数值有正有负，观测结果要进行乘常数改正。

3. 气象改正

测距仪的测尺频率根据标准气压、温度、湿度设置，而光的传播速度受大气状态（气压、温度、湿度等）影响。实际测距时的大气状态一般不会与标准大气状态相同，因而使测尺频率随气象而变化，致使测距存在误差，所以成果必须加气象改正。

大气折射率 n 为

$$n = \frac{c}{c'} \tag{4-46}$$

式中　n——大气折射率；

c——真空中光速；

c'——电磁波在大气中的传播速度。

测距仪所测距离为

$$S = \frac{1}{2}c' \cdot \Delta t = \frac{1}{2n}c \cdot \Delta t \tag{4-47}$$

由于实际测量工作的气象条件下的气象折射率与仪器参考气象条件下的折射率不一致，二者差异造成的距离改正称为气象改正。

目前，全站仪基本都有大气参数的设置，仪器一旦设置了大气改正值即可自动对测距结果实施大气改正。在作业之前测量工作条件下的气压、温度等气象参数，一般量取测距仪周围和反光镜周围的参数，取其平均值，设置后仪器自动计算其大气改正值。也可以在全站仪上直接设置大气改正值，对于不同的全站仪，使用的电磁波不一样，如红外测距和红色激光测距，其折射率也不同。因此不同的仪器，计算大气改正的公式也不一样，如南方 NTS-310 全站仪的大气折射改正的计算公式为

$$PPM = 273.8 - \frac{0.2900p}{1 + 0.00366T} \tag{4-48}$$

式中　p——气压，10^2Pa；若使用的气压单位是 mmHg 时，按 1 mmHg = 1.333×10^2 Pa 进行换算；

　　　T——温度，℃。

4. 倾斜改正

利用测距仪直接测得的是两点之间的直线距离，而测量计算时往往需要两点之间的水平距离，因此必须加倾斜改正后才能得到水平距离。

以上 3 项改正后的斜距为

$$S' = S + K + \Delta S_r + PPM \tag{4-49}$$

两点之间的高差为 h_{AB}，倾斜改正为

$$\Delta S_h = -\frac{h_{AB}^2}{2S'} - \frac{h_{AB}^4}{8S'^3} \tag{4-50}$$

其水平距离为

$$D_{AB} = S' + \Delta S'$$

若 B 点相对于 A 点的竖直角为 α，则其水平距离为

$$D_{AB} = S' \cdot \cos\alpha \tag{4-51}$$

5. 归算到大地水准面上的改正

平面坐标计算时，要使用大地水准面上的两点间距离。因此，平距 D_{AB} 应化算至椭球面上，设 D'_{AB} 为 D_{AB} 化算至椭球面的值，其改正值为

$$\Delta D = -D_{AB} \cdot \frac{H}{R} \tag{4-52}$$

式中　H——平均高程，m；

　　　R——地球半径，km。

六、测距仪的检验方法

（一）测距仪一般性检查

测距仪一般性检查包括仪器的各个螺旋是否灵活、仪器的配件和附件是否齐全、测距

仪及其配件外表有无磕碰、电源及供电系统是否正常、计数显示系统是否正常、键盘的各按键是否有效等。

（二）测距常数的检验与设置

仪器常数在出厂时已进行了检验，并在机内作了修正，使 $K=0$。仪器常数很少发生变化，但此项检验每年进行 1~2 次。此项检验适合在标准基线上进行，也可以按下述简便方法进行。

1. 检验方法

如图 4-45 所示，在平坦场地上选择一 O 点安置并整平仪器，用竖丝仔细在地面标定同一直线上间隔 50 m 的 A、B 两点，并安置反射棱镜，精确整平、对中，仪器设置了温度与气压数据后，精确测出 OA、OB 的平距，然后在 A 点安置仪器并准确对中，精确测出 AB 的平距。

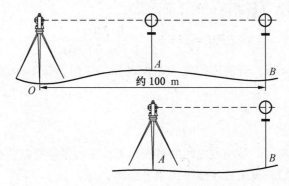

图 4-45　测距常数的检验

仪器测距常数 K 为

$$K = D_{OB} - (D_{OA} + D_{AB})\qquad(4-53)$$

K 应接近于 0，若 $|K| > 5$ mm 应送标准基线场进行严格的检验，然后依据检验值进行校正。

2. 测距常数的设置

经严格检验后的仪器常数 K 不为 0，用户须进行校正。有些全站仪棱镜常数的出厂设置为-30，若使用棱镜常数不是-30 的配套棱镜，则必须设置相应的棱镜常数。一旦设置了棱镜常数，则关机后该常数仍被保存。

思 考 题

1. 什么是水平角、竖直角？

2. 请介绍经纬仪的使用步骤。

3. 经纬仪各轴线应该满足哪些几何条件？

4. 经纬仪的检验与校正一般包括哪些内容？

5. 水平角测量的方法有哪两种？它们的主要区别是什么？

6. 水平角测量的误差来源主要有哪些？

7. 电磁波测距成果整理时应加哪些改正？

8. 在使用过程中应该如何维护测量仪器？

第五章 测量误差的基本知识

第一节 概 述

一、测量误差的含义

测量工作中，当对某个量进行重复观测时会发现各观测值之间往往存在一些差异。如对一段距离进行多次重复测量时，发现每次测量的结果通常是不相等的。又如一个三角形的 3 个内角，观测值之和不等于 180°。同一个量的各观测值之间，观测值和理论值之间存在差异的现象，在测量工作中是普遍存在的。为什么会出现这种差异呢？这是由于观测值中包含测量误差的原因。

任何一个观测值，客观上总存在一个能代表其真正大小的数值，这一数值称为该观测值的真值。设某一测量值的真值为 X，对其观测了 n 次，得到 n 个观测值 L_1，L_2，$\cdots$，L_n，则定义第 i 个观测值的真误差 Δ_i 为观测值真值与观测值的差值，即

$$\Delta_i = X - L_i \tag{5-1}$$

但是在测量中，某些量很难得到真值，甚至得不到真值，此时真误差也就无法知道。这时常采用多次观测值的平均值 x 作为该观测值的最可靠值，称为该值的最或然值。设某量的最或然值为 x，对其观测了 n 次，得到 n 个观测值 L_1，L_2，$\cdots$，L_n，则定义第 i 个观测值的最或然误差 v_i 为最或然值与观测值的差值，即

$$v_i = x - L_i \tag{5-2}$$

二、测量误差产生的原因

测量误差产生的原因很多，概括起来有以下 3 个方面。

1. 仪器因素

由于仪器构造不完善、制造和装配误差、检验校正的残存误差、运输和使用过程中仪器状况的变化等原因，都会导致在观测过程中产生误差。例如，在水准测量过程中，水准仪的视准轴不平行于水准管轴，致使观测的高差产生误差。

2. 人为因素

由于观测者感官分辨能力的限制、技术水平的高低、工作态度的好坏、观测习惯与心理影响等原因，必然导致在仪器安置、照准、读数等过程中产生误差。

3. 外界条件影响

测量过程中所处的外界条件如温度、湿度、气压、风力、明亮度、大气折光等时刻都在变化，也会导致观测成果产生误差。

上述测量仪器、观测者、外界条件是引起测量误差的主要原因，通常称为观测条件。显然观测条件的好坏与观测成果的质量密切相关。通常在相同观测条件下的观测称为等精

度观测，把观测条件不同的各次观测称为不等精度观测。

实际观测过程中，无论如何控制观测条件，其对观测成果质量的影响总是客观存在的。从这个意义上讲，测量成果中观测误差是不可避免的。

三、测量误差的分类

测量误差根据其产生的原因和对观测结果影响性质的不同，可分为系统误差和偶然误差两类。

1. 系统误差

在相同的观测条件下进行一系列观测，若误差在数值和符号上保持不变或按一定的规律变化，这种误差称为系统误差。如有一把与标准尺比较相差 4 mm 的钢尺，利用该钢尺每丈量一尺段就会产生 4 mm 的误差。其量距误差的符号不变，且误差大小与所量距离的长度成正比。

系统误差具有累积性，对观测结果影响较为显著，因此，在测量工作中，应尽量消除系统误差。通过对它们出现的规律进行分析研究，可以找出消除系统误差的方法，或者将其削弱到最低限度。一般来讲，在观测前应采取有效的预防措施，如对仪器工具进行必要的检验与校正，并选择有利的观测条件等；观测时采用合理的方法，按相关规范要求执行，如水准测量中采用前、后视距相等的方法，可以消除 i 角的影响；观测后对观测结果进行必要的计算改正，如钢尺量距中的尺长、温度改正等。

2. 偶然误差

在相同的观测条件下进行一系列观测，若单个误差出现的数值、符号都表现为偶然性，但大量观测产生的误差却具有一定的规律，这类误差称为偶然误差，如仪器的对中、照准、读数误差。偶然误差的产生，往往是由于观测条件中不稳定和难以严格控制的多种随机因素引起的，因此，每次观测前不能预知误差出现的符号和大小，即误差呈现出偶然性。如在厘米分划的水准尺上读数时，毫米估读时，有时过大，有时过小。

系统误差和偶然误差是观测误差的两个方面，在观测过程中总是产生。当观测过程中系统误差被消除或削弱到最低限度，观测值中仅含偶然误差或偶然误差占主导地位时，则该观测值称为带有偶然误差的观测值。

需要强调指出的是，在测量过程中，由于观测者粗心或各种干扰造成的大于限差的误差，称为粗差。测量成果是不允许任何错误的，为了杜绝错误，除加强作业人员的责任心、提高技术水平外，还应采取必要的检核、验算措施，防止和及时发现粗差。

四、偶然误差的特性

为了评定观测成果的质量，以及根据一系列具有偶然误差的观测值求未知量的最可靠值，必须对偶然误差的性质进行进一步讨论。

从单个偶然误差来看，其符号和大小没有任何规律。但是，如果进行大量观测，偶然误差会呈现出一定的统计规律。下面结合具体观测实例，用统计方法来说明偶然误差的统计规律。

在某一测区，在相同的观测条件下独立地观测了 358 个三角形的内角，由于每个三角形的内角和真值是180°。根据式（5-1）计算每个三角形内角和的真误差 Δ，并将它们分为正误差和负误差，按误差绝对值由小到大次序排列。以误差区间 $d\Delta = 3''$ 进行误差个数 k 的统计，并计算其相对个数 k/n（$n = 358$）。k/n 称为误差出现在某个区间的频率。统计结果见频率分布表5-1。

表5-1　误差频率分布表

误差区间（dΔ）/（″）	负误差		正误差		误差绝对值	
	k	k/n	k	k/n	k	k/n
0~3	45	0.126	46	0.128	91	0.254
3~6	40	0.112	41	0.115	81	0.226
6~9	33	0.092	33	0.092	66	0.184
9~12	23	0.064	21	0.059	44	0.123
12~15	17	0.047	16	0.045	33	0.092
15~18	13	0.036	13	0.036	26	0.073
18~21	6	0.017	5	0.014	11	0.031
21~24	4	0.011	2	0.006	6	0.017
24 以上	0	0	0	0	0	0
Σ	181	0.505	177	0.495	358	1.00

为了直观地表示偶然误差的正负和大小分布情况，可以根据表5-1的数据作图（图5-1）。图中横坐标表示误差的大小，纵坐标表示误差出现在各区间的频率（k/n）除以区间的间隔值 $d\Delta$。图中每一误差区间上的长方条面积代表误差出现在该区间内的频率，各长方条面积的总和等于1。该图在统计学上称为"频率直方图"，形象地表示了误差的分布情况。

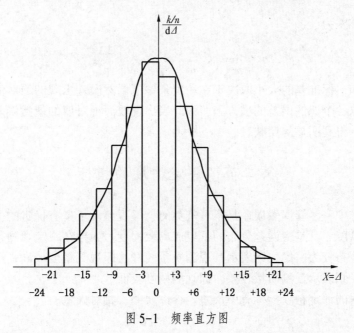

图 5-1　频率直方图

从表 5-1 的统计中，可以归纳出偶然误差具有以下特性：

（1）在一定的观测条件下，进行有限次的观测，偶然误差的绝对值不会超过一定的限值。

（2）绝对值较小的误差比绝对值较大的误差出现的概率大。

（3）绝对值相等的正、负误差出现的概率相等。

（4）当观测次数无限增大时，偶然误差的算术平均值趋近于零，即

$$\lim_{n\to\infty}\frac{\Delta_1 + \Delta_2 + \cdots + \Delta_n}{n} = \lim_{n\to\infty}\frac{[\Delta]}{n} = 0 \qquad (5-3)$$

式中　[　]——括号中数值的代数和。

对于在相同观测条件下独立进行的一组观测值来说，不论其观测条件如何，也不论对同一个量还是对不同的量进行观测，所产生的偶然误差必然具有上述 4 个特性。

若误差的个数无限增大（$n\to\infty$），同时又无限缩小误差区间 $\mathrm{d}\Delta$，各长方条顶边形成的折线将逐渐成为一条光滑曲线，如图 5-1 所示。该曲线在概率论中称为"正态分布曲线"或称误差分布曲线。它完整地表示了偶然误差出现的概率。即当 $n\to\infty$ 时，上述误差区间内误差出现的频率趋于稳定，称为误差出现的概率。

描述正态分布曲线的数学方程式为

$$f(\Delta) = \frac{1}{\sqrt{2\pi}\,\sigma}\mathrm{e}^{-\frac{\Delta^2}{2\sigma^2}} \qquad (5-4)$$

式（5-4）称为正态分布的概率密度函数。σ 为标准差，以偶然误差 Δ 为自变量，以标准差 σ 为密度函数的唯一参数。

标准差的平方 σ^2 为方差。方差为偶然误差平方的理论平均值：

$$\sigma^2 = \lim_{n\to\infty}\frac{\Delta_1^2 + \Delta_2^2 + \cdots + \Delta_n^2}{n} = \lim_{n\to\infty}\frac{[\Delta^2]}{n} \qquad (5-5)$$

因此，标准差为

$$\sigma = \lim_{n\to\infty}\sqrt{\frac{[\Delta^2]}{n}} = \lim_{n\to\infty}\sqrt{\frac{[\Delta\Delta]}{n}} \qquad (5-6)$$

由上式可知，标准差的大小取决于在一定条件下偶然误差出现的绝对值大小。由于在计算标准差时取各个偶然误差的平方和，因此当出现较大绝对值的偶然误差时，在标准差的数值大小中会得到明显的反映。

第二节　评定精度的指标

在测量工作中，尽管偶然误差是不可避免的，但观测质量是有优劣的，也就是精度有高有低。所谓精度，就是指误差分布的密集或离散程度。如果在一定观测条件下进行观测所产生的误差分布较为密集，则表示其观测质量较好，即观测精度较高；反之，如果误差分布较为离散，则表示观测质量较差，即观测精度较低。

测量中常用的评定精度指标有中误差、容许误差、相对误差。

一、中误差

不同的标准差 σ 将对应着不同形状的分布曲线，σ 越大曲线越平缓，则误差分布越分散；σ 越小曲线越陡峭，则误差分布越密集。可见，σ 的大小可以反映观测精度的高低，故常用标准差 σ 作为衡量精度的指标。

但是，在实际测量中，观测个数 n 总是有限的，因此，测量中定义由有限个观测值的偶然误差求得的标准差的近似值称为中误差。

设对某一未知量进行了 n 次等精度观测，其观测值为 L_1，L_2，$\cdots$，L_n，设未知量的真值为 X，相应的真误差为 Δ_1，Δ_2，$\cdots$，Δ_n，则该观测值的中误差 m 为

$$m = \pm \sqrt{\frac{[\Delta\Delta]}{n}} \tag{5-7}$$

显然，一组观测值对应一个确定的误差分布，也就对应唯一确定的 m 值。所以，如果两组观测值的中误差相同，表示这两组观测结果的精度相同。如果两组观测值的中误差不同，则表示这两组观测结果的精度不同。中误差大小直接反映了观测精度的高低，m 越小，表示观测结果的精度越高；m 越大，表示观测结果的精度越低。

【例 5-1】 设对某个三角形用两种不同的精度分别对它进行了 8 次观测，求得两组三角形内角和的真误差为

第一组：$+3''$，$-2''$，$-4''$，$+2''$，$+1''$，$-4''$，$+3''$，$+2''$；

第二组：$0''$，$-1''$，$-3''$，$+2''$，$+1''$，$+1''$，$-2''$，$+4''$。

求两组观测值的中误差，并比较其观测精度。

解 利用式（5-7），这两组观测值的中误差分别计算如下：

$$m_1 = \pm \sqrt{\frac{3^2 + (-2)^2 + (-4)^2 + 2^2 + 1^2 + (-4)^2 + 3^2 + 2^2}{8}} = \pm 2.8''$$

$$m_2 = \pm \sqrt{\frac{0^2 + (-1)^2 + (-3)^2 + 2^2 + 1^2 + 1^2 + (-2)^2 + 4^2}{8}} = \pm 2.1''$$

由计算结果可知，第二组观测值的中误差小于第一组观测值的中误差，因此，第二组观测值比第一组观测值精度高。

二、容许误差

由偶然误差的特性可知，在一定的观测条件下，偶然误差的绝对值不会超过一定的限值。根据误差理论及实践证明，在大量同精度观测的一组误差中，绝对值大于 2 倍中误差的偶然误差，其出现的概率为 5%；绝对值大于 3 倍中误差的偶然误差，其出现的概率仅为 3‰。在实际测量工作中，认为大于 2 倍中误差的偶然误差，其出现的可能性较小，因此，通常规定以 2 倍中误差作为偶然误差的容许值，称为容许误差或限差，即

$$\Delta_容 = 2m \tag{5-8}$$

真误差、中误差、容许误差称为绝对误差。

三、相对误差

衡量观测值精度时，仅利用中误差有时还不能完全表达精度的高低。例如，用钢尺分

别丈量了 1000 m 和 100 m 两段距离，观测值的中误差均为 ±2 cm。从中误差的角度衡量，两者的观测精度相同。但就单位长度而言，两者精度并不相同。显然前者的相对精度比后者要高。因此，对具有长度的观测量，需采用另一种衡量精度的指标，即相对误差 K。它是中误差的绝对值与相应观测值之比。相对精度是一个无量纲的数，在测量中常用分子为 1 的分式来表示，即

$$K = \frac{|m|}{D} = \frac{1}{N} \qquad (5-9)$$

利用式（5-9），计算上述两段距离的相对中误差为

$$K_1 = \frac{0.02}{1000} = \frac{1}{50000}$$

$$K_2 = \frac{0.02}{100} = \frac{1}{5000}$$

显然，丈量 1000 m 距离的精度比丈量 100 m 距离的精度高。

第三节 误差传播定律

有些未知量往往不能直接观测，而是由某些直接观测值通过一定的函数关系间接计算得到。例如，在水准测量中，高差是由后、前视读数求得，即 $h = a - b$。由于直接观测值含有误差，因此它的函数必然存在误差。阐述观测值中误差与观测值函数的中误差之间关系的定律，称为误差传播定律。

一、倍数函数

设有函数

$$z = kx$$

式中 z——观测值的函数；

$\quad k$——常数；

$\quad x$——观测值，并且其中误差为 m_x。

现在求 z 的中误差 m_z。

设 x 和 z 的真误差分别为 Δ_x 和 Δ_z。Δ_x 和 Δ_z 的关系为

$$\Delta_z = k\Delta_x$$

若对 x 共观测了 n 次，则

$$\Delta_{z_i} = k\Delta_{x_i} \quad (i = 1, 2, 3, \cdots, n)$$

将上式两边平方，然后相加并除以 n 得

$$\frac{[\Delta_z^2]}{n} = \frac{k^2[\Delta_x^2]}{n}$$

根据中误差的定义，将上式写成

$$m_z^2 = k^2 m_x^2$$

或

$$m_z = km_x \qquad (5-10)$$

【例 5-2】在 1 : 1000 比例尺地形图上，量得某直线长度 $d = 234.5$ mm，中误差 $m_d =$

±0.1 mm，求该直线的实地长度 D 及中误差 m_D。

解 根据比例尺的含义，计算该直线的实地长度 $D = 1000 \times d = 234.5$ m，根据式（5-10）计算中误差：

$$m_D = 1000 \times m_d = \pm 0.1 \text{ m}$$

最后结果 $D = (234.5 \pm 0.1) \text{ m}$。

二、和或差函数

设有函数

$$z = x \pm y$$

式中　　　　z——x、y 的和差函数；

$\quad\quad x$、y——独立观测值，它们的中误差分别为 m_x 和 m_y。

求 z 的中误差 m_z。

设 x、y、z 的真误差分别为 Δ_x、Δ_y、Δ_z，则

$$\Delta_z = \Delta_x \pm \Delta_y$$

当对 x 和 y 各观测了 n 次，则

$$\Delta_{z_i} = \Delta_{x_i} \pm \Delta_{y_i} \quad (i = 1, 2, 3, \cdots, n)$$

将上式平方后相加，并除以 n 得

$$\frac{[\Delta_z \Delta_z]}{n} = \frac{[\Delta_x \Delta_x]}{n} + \frac{[\Delta_y \Delta_y]}{n} \pm 2 \frac{[\Delta_x \Delta_y]}{n}$$

由于 Δ_x、Δ_y 均为偶然误差，其正或负符号出现的机会相同，而且 Δ_x、Δ_y 为独立误差，它们出现正、负号互不相关，所以它们的乘积 $\Delta_x \Delta_y$ 也具有正负机会相同的性质，根据偶然误差的第三、第四特性，在求 $[\Delta_x \Delta_y]$ 时其正值和负值也可能相互抵消，即当 n 趋向于无穷大时，上式最后一项将趋近于零，即

$$\lim_{n \to \infty} \frac{[\Delta_x \Delta_y]}{n} = 0$$

将满足上式的误差 Δ_x、Δ_y 称为独立误差，相应的观测值称为独立观测值。在推导误差传播定律时，对于独立观测值，即使 n 是有限的，由于残余值不大，一般可以忽略。根据中误差定义，得

$$m_z^2 = m_x^2 + m_y^2 \tag{5-11}$$

当 z 为 n 个独立观测值的代数和时，即

$$z = x_1 + x_2 + \cdots + x_n$$

按上述推导方法，可得出函数 z 的中误差：

$$m_z^2 = m_1^2 + m_2^2 + \cdots + m_n^2 \tag{5-12}$$

当观测值 x_i 为等精度观测时，即各观测值的中误差均为 m，即 $m_1 = m_2 = \cdots = m_n$，则式（5-12）可写成

$$m_z = m\sqrt{n} \tag{5-13}$$

【例5-3】 用尺长为 L 的钢尺量距，共量了 n 个尺段，已知每尺段量距中误差为 m，求全长 S 的中误差 m_s。

解 因为 $S = L + L + \cdots + L$（共有 n 个 L），且 L 的观测中误差为 m，根据式（5-13）得

$$m_s = m\sqrt{n} \tag{5-14}$$

即量距的中误差与丈量尺段数 n 的平方根成正比。

当使用量距的钢尺长度相等时，每尺段的量距中误差都为 m_l，则每千米的量距中误差 m_{km} 也是相等的。当对长度为 S_{km} 的距离丈量时，全长的真误差是 S 个一千米丈量真误差的代数和，所以 S_{km} 的中误差为

$$m_s = \sqrt{S}\, m_{km} \tag{5-15}$$

式中，S 以 km 为单位。上式表明，在距离丈量时，距离 S 的中误差与长度 S 的平方根成正比。

【例 5-4】 从 A 到 B 进行水准测量，共测量了 n 站。已知每站高差的中误差为 $m_{站}$，求两点间高差的中误差。

解 因为 $h_{AB} = h_1 + h_2 + \cdots + h_n$，而每站的观测中误差为 $m_{站}$，由式（5-13）可得

$$m_{h_{AB}} = \sqrt{n}\, m_{站} \tag{5-16}$$

即水准测量高差测量的中误差与测站数 n 的平方根成正比。

从式（5-16）可以看出，在不同的水准路线上，即使两点间的路线长度相同，但是由于受地面起伏的限制，设的测站数不同时，两点间高差的中误差是不同的。但是，水准路线通过平坦地区时，各测站的视线长度大致相同，每千米的测站数接近相等，因而每千米的水准测量高差的中误差可以认为是相等的，设每千米高差中误差为 m_{km}。当两点间的水准路线长为 S_{km} 时，该两点间高差的中误差为

$$m_h = \sqrt{S}\, m_{km} \tag{5-17}$$

即水准测量高差的中误差与距离 S 的平方根成正比。

在水准测量时，对于地形起伏不大的地区，可以用式（5-17）计算高差的中误差；对于地形起伏较大的区域，可以用式（5-16）计算高差的中误差。

三、线性函数

设有线性函数

$$z = k_1 x_1 \pm k_2 x_2 \pm \cdots \pm k_n x_n$$

式中 x_1，x_2，$\cdots$，x_n——独立观测值；

k_1，k_2，$\cdots$，k_n——常数。

综合式（5-10）和式（5-11）可得

$$m_z^2 = k_1^2 m_1^2 + k_2^2 m_2^2 + \cdots + k_n^2 m_n^2 \tag{5-18}$$

【例 5-5】 设有某线性函数

$$z = \frac{1}{8} x_1 + \frac{3}{8} x_2 + \frac{5}{8} x_3 + \frac{7}{8} x_4$$

式中，x_1、x_2、x_3、x_4 的中误差分别为 $m_1 = \pm 3\ \text{mm}$、$m_2 = \pm 2\ \text{mm}$、$m_3 = \pm 1\ \text{mm}$、$m_4 = \pm 5\ \text{mm}$，求 z 的中误差 m_z。

解 由式（5-18）进行计算：

$$m_z = \sqrt{\left(\frac{1}{8}\right)^2 \times 9 + \left(\frac{3}{8}\right)^2 \times 4 + \left(\frac{5}{8}\right)^2 \times 1 + \left(\frac{7}{8}\right)^2 \times 25} = \pm 4.5\ \text{mm}$$

四、一般函数

对于一般函数

$$z = f(x_1, x_2, \cdots, x_n)$$

式中，x_i（$i=1, 2, \cdots, n$）为独立观测值，且其中误差为 m_i（$i=1, 2, \cdots, n$），求 z 的中误差 m_z。

当 x_i 具有真误差 Δ_i 时，函数 z 相应地产生真误差 Δ_z。这些真误差都是较小值，由数学分析可知，变量的真误差与函数的真误差可以近似地用函数的全微分来表达。为此，对上述函数求全微分，并以真误差的符号"Δ"替代微分的符号"d"，得

$$\Delta_z = \frac{\partial f}{\partial x_1}\Delta_{x_1} + \frac{\partial f}{\partial x_2}\Delta_{x_2} + \cdots + \frac{\partial f}{\partial x_n}\Delta_{x_n}$$

通过对一般函数求偏导数，并将观测值代入所算出的数值，这样一般函数变成了线性函数，根据式（5-18）得

$$m_z^2 = \left(\frac{\partial f}{\partial x_1}\right)^2 m_1^2 + \left(\frac{\partial f}{\partial x_2}\right)^2 m_2^2 + \cdots + \left(\frac{\partial f}{\partial x_n}\right)^2 m_n^2 \tag{5-19}$$

【例 5-6】 设有函数 $z = D\sin\alpha$，已知 $D = 150.11\text{m} \pm 0.05\text{ m}$，$\alpha = 119°45'00'' \pm 20''$，求 z 的中误差。

解 对函数求全微分，得真误差关系式为

$$\Delta_z = \frac{\partial z}{\partial D}\Delta D + \frac{\partial z}{\partial \alpha}\Delta\alpha$$

根据式（5-19）得

$$m_z^2 = (\sin\alpha)^2 m_D^2 + (D\cos\alpha)^2 \left(\frac{m_\alpha}{\rho''}\right)^2$$

将已知数据代入上式，得

$$m_z = \pm 4.4\text{ cm}$$

在上述计算中，（m_α/ρ''）是将角值的单位由秒化为弧度，以便统一公式中的计算单位，通常 ρ'' 的取值为 206265。

必须指出，应用误差传播定律时，要求观测值必须是独立观测值，它们的真误差应是独立误差，即

$$\lim_{n\to\infty} \frac{[\Delta_x\Delta_y]}{n} = 0$$

例如，设有函数 $z = x + y$，且满足 $y = 3x$，此时，$m_z^2 \neq m_x^2 + m_y^2$。这是因为 x 与 y 不是独立观测值。计算时，应将 z 化成独立观测值的函数，即

$$z = x + 3x = 4x$$

根据式（5-10）得

$$m_z = 4m_x$$

第四节　算术平均值及观测值的中误差

一、算术平均值

设在相同的观测条件下对某一未知量观测了 n 次，且观测值为 L_1，L_2，…，L_n，现在要利用这 n 个观测值确定该未知量的最或然值。

设未知量的真值为 X，根据式（5-1）可以计算各观测值的真误差，即

$$\Delta_1 = X - L_1$$
$$\Delta_2 = X - L_2$$
$$\vdots$$
$$\Delta_n = X - L_n$$

将上述等式相加，并除以 n，得

$$\frac{[\Delta]}{n} = X - \frac{[L]}{n}$$

设以 x 表示观测值的算术平均值，即

$$x = \frac{L_1 + L_2 + \cdots + L_n}{n} = \frac{[L]}{n} \tag{5-20}$$

根据偶然误差的第 4 个特征，当观测次数无限增多时，$\dfrac{[\Delta]}{n}$ 趋近于零，即

$$\lim_{n \to \infty} \frac{[\Delta]}{n} = 0$$

也就是说，当观测次数 n 趋于无穷大时，观测值的算术平均值即为真值。但是，在实际工作中，观测次数总是有限的，因此，总是把有限次观测值的算术平均值作为未知量的最或然值。

二、算术平均值的中误差

设对某量进行 n 次等精度观测，观测值为 L_i（$i=1$，2，…，n），且各观测值的中误差均为 m。下面推导算术平均值中误差 m_x 的计算公式。

因为

$$x = \frac{[L]}{n} = \frac{1}{n}L_1 + \frac{1}{n}L_2 + \cdots + \frac{1}{n}L_n$$

根据式（5-18）得

$$m_x^2 = \frac{1}{n^2}m^2 + \frac{1}{n^2}m^2 + \cdots + \frac{1}{n^2}m^2 = \frac{m^2}{n}$$

即

$$m_x = \frac{1}{\sqrt{n}}m \tag{5-21}$$

由式（5-21）可知，算术平均值的中误差等于观测值中误差的 $1/\sqrt{n}$ 倍。因此，适当

增加观测次数可以提高算术平均值的精度。那么，是不是随意增加观测次数对算术平均值的精度都有利且经济上又合算呢？设观测值精度一定时，如取 $m=1$，当观测次数 n 取不同值时，按式（5-21）得 m_x 的值，见表5-2。

表5-2　n 取不同值时 m_x 的不同取值

n	1	2	3	4	5	6	10	20	30	40	50	100
m_x	1.00	0.71	0.58	0.50	0.45	0.41	0.32	0.22	0.18	0.16	0.14	0.10

由表5-2的数据可知，随着观测次数 n 的增大，算术平均值的中误差 m_x 不断减少，即 x 的精度不断提高。但是，当观测次数增加到一定数目时，再增加观测次数，精度就提高得很少。由此可见，要提高最或然值的精度，单靠增加观测次数是不经济的。为了提高观测精度，需要考虑采用适当的仪器、改进操作方法、选择有利的外界观测环境和提高观测人员的素质等措施来改善观测条件。

三、同精度观测值的中误差

由式（5-7）可知，计算中误差 m 需要知道观测值的真误差。但在一般情况下，未知量的真值 X 是不知道的，那么真误差 Δ_i 也无法得到。此时，就不能用式（5-7）计算观测值的中误差。相同的观测条件下，对某一量进行多次观测，可以计算其平均值 x 作为最或然值，最或然值 x 与观测值的差值为

$$v_i = x - L_i \tag{5-22}$$

式中，v_i 称为改正数。下面推导由观测值的改正数 v_i 计算中误差的公式。

根据式（5-1）和式（5-22）：

$$\Delta_1 = X - L_1, \ v_1 = x - L_1$$
$$\Delta_2 = X - L_2, \ v_2 = x - L_2$$
$$\vdots \qquad \qquad \vdots$$
$$\Delta_n = X - L_n, \ v_n = x - L_n$$

将上列左右两式相减，得

$$\Delta_1 = v_1 + (X - x)$$
$$\Delta_2 = v_2 + (X - x)$$
$$\vdots$$
$$\Delta_n = v_n + (X - x)$$

上式等号两边求和，并顾及 $[v]=0$，得

$$[\Delta] = n(X - x)$$

整理得

$$X - x = \frac{[\Delta]}{n}$$

将等号两边平方后求和，并顾及 $[v]=0$，得

$$[\Delta\Delta] = [vv] + n^2(X - x)^2$$

由于

$$(X - x)^2 = \frac{[\Delta]^2}{n^2} = \frac{\Delta_1^2 + \Delta_2^2 + \cdots + \Delta_n^2}{n^2} + \frac{2(\Delta_1\Delta_2 + \Delta_1\Delta_3 + \cdots + \Delta_{n-1}\Delta_n)}{n^2}$$

上式中，右端第二项 $\Delta_i\Delta_j$ $(i \neq j)$ 为任意两个偶然误差的乘积，因此仍然具有偶然误差的特性，即

$$\lim_{n \to \infty} \frac{\Delta_1\Delta_2 + \Delta_1\Delta_3 + \cdots + \Delta_{n-1}\Delta_n}{n} = 0$$

当 n 为有限值时，上式的值为一微小量，除以 n 后，可以忽略不计，因此

$$(X - x)^2 = \frac{[\Delta\Delta]}{n^2}$$

从而有

$$[\Delta\Delta] = [vv] + n \cdot \frac{[\Delta\Delta]}{n^2}$$

$$\frac{[\Delta\Delta]}{n} = \frac{[vv]}{n-1}$$

根据式 (5-7)，得

$$m = \pm\sqrt{\frac{[vv]}{n-1}} \tag{5-23}$$

式 (5-23) 即是利用观测值的改正数计算观测值中误差的公式，称为白塞尔公式。将式 (5-23) 代入式 (5-21)，得到用改正数计算最或然值中误差的公式：

$$m_x = \pm\sqrt{\frac{[vv]}{n(n-1)}} \tag{5-24}$$

【例 5-7】 对某段距离等精度观测 6 次，求该段距离的最或然值、观测值中误差及最或然值的中误差。

解 计算的全部数据列于表 5-3 中。计算最或然值时，由于各观测值差异不大，可以选定一个与观测值接近的值作为近似值，以方便计算。计算时，令其共同部分为 L_0，差异部分为 ΔL_i，即

$$L_i = L_0 + \Delta L_i$$

则最或然值的计算公式为

$$x = L_0 + \frac{[\Delta L]}{n}$$

表 5-3　由改正数计算中误差

次序	观测值 L_i/m	ΔL_i/cm	改正值 v/cm	vv/mm	计　　算
1	120.031	+3.1	-1.4	1.96	
2	120.025	+2.5	-0.8	0.64	$x = L_0 + \dfrac{[\Delta L]}{n} = 120.017$ m
3	119.983	-1.7	+3.4	11.56	
4	120.047	+4.7	-3.0	9.00	$m = \pm\sqrt{\dfrac{[vv]}{n-1}} = \pm 3.0$ cm
5	120.040	+4.0	-2.3	5.29	
6	119.976	-2.4	+4.1	16.81	$m_x = \pm\sqrt{\dfrac{[vv]}{n(n-1)}} = \pm 1.2$ cm
Σ	(L_0=120.000)	10.2	0.0	45.26	

第五节　广义算术平均值及精度评定

前面讨论了等精度观测及精度评定，实际测量中，经常遇到不等精度观测的情况，本节介绍不等精度观测及精度评定。

一、不等精度观测及观测值的权

设对一距离分两组进行丈量，在等精度观测的情况下，第一组丈量了 n_1 次，得观测值为 l_1，l_2，l_3，$\cdots$，l_{n1}；第二组丈量了 n_2 次，且 $n_1 \neq n_2$，得观测值为 l'_1，l'_2，l'_3，$\cdots$，l'_{n2}。分别求两组观测值的算术平均值：

$$L_1 = \frac{l_1 + l_2 + l_3 + \cdots + l_{n1}}{n_1}$$

$$L_2 = \frac{l'_1 + l'_2 + \cdots + l'_{n2}}{n_2}$$

设每次丈量的中误差为 m，按误差传播定律计算 L_1 和 L_2 的中误差，即

$$m_1 = \pm \frac{m}{\sqrt{n_1}}$$

$$m_2 = \pm \frac{m}{\sqrt{n_2}}$$

显然，$m_1 \neq m_2$，所以 L_1 与 L_2 是不等精度观测。

在测量工作中，某一观测量的观测中误差越小，说明其精度越高，其观测值也越可靠；反之，观测值的中误差越大，其精度越低，可靠性也越差。为了表示观测值的可靠性，我们引出观测值的权。所谓权是指非等精度观测值在计算未知量的最可靠值时所占的比重。

权的定义式为

$$P_i = \frac{\mu^2}{m_i^2} \quad (i = 1,\ 2,\ 3,\ \cdots,\ n) \tag{5-25}$$

由式（5-25）可知，权与中误差的平方成反比，即精度越高，权越大。式中，μ 取任意常数，当 $m_i = \mu$ 时，$P_i = 1$，所以 μ 表示权等于 1 时观测值的中误差，简称单位权中误差。

二、广义算术平均值及其中误差

设对某一未知量进行 n 次不等精度观测，观测值分别为 L_1，L_2，$\cdots$，L_n，相应的权分别为 P_1，P_2，$\cdots$，P_n，则该未知量的最或然值为

$$x = \frac{P_1 L_1 + P_2 L_2 + \cdots + P_n L_n}{P_1 + P_2 + \cdots + P_n} \tag{5-26}$$

式（5-26）称为广义算术平均值或加权平均值。

设观测值 L_1，L_2，$\cdots$，L_n 的中误差分别为 m_1，m_2，$\cdots$，m_n，根据线性函数的误差传播公式，得广义算术平均值的中误差：

$$m_x = \pm \sqrt{\left(\frac{P_1}{[P]}\right)^2 m_1^2 + \left(\frac{P_2}{[P]}\right)^2 m_2^2 + \cdots + \left(\frac{P_n}{[P]}\right)^2 m_n^2} \qquad (5-27)$$

由式（5-25），$m_i^2 = \dfrac{\mu^2}{P_i}$代入式（5-27），得

$$m_x = \frac{\mu}{\sqrt{[P]}} \qquad (5-28)$$

根据式（5-25），加权平均值的权为各观测值的权之和，即

$$P_x = [P] \qquad (5-29)$$

三、观测值函数的权

设一组独立观测值 L_1，L_2，$\cdots$，L_n，其中误差和权分别为 m_1，m_2，$\cdots$，m_n 和 P_1，P_2，$\cdots$，P_n，观测值的函数为

$$z = f(L_1, L_2, \cdots, L_n)$$

根据误差传播定律，得

$$m_z^2 = \left(\frac{\partial f}{\partial L_1}\right)^2 m_1^2 + \left(\frac{\partial f}{\partial L_2}\right)^2 m_2^2 + \cdots + \left(\frac{\partial f}{\partial L_n}\right)^2 m_n^2$$

根据式（5-25），得

$$\frac{\mu^2}{P_z} = \left(\frac{\partial f}{\partial L_1}\right)^2 \frac{\mu^2}{P_1} + \left(\frac{\partial f}{\partial L_2}\right)^2 \frac{\mu^2}{P_2} + \cdots + \left(\frac{\partial f}{\partial L_n}\right)^2 \frac{\mu^2}{P_n}$$

整理后得

$$\frac{1}{P_z} = \left(\frac{\partial f}{\partial L_1}\right)^2 \frac{1}{P_1} + \left(\frac{\partial f}{\partial L_2}\right)^2 \frac{1}{P_2} + \cdots + \left(\frac{\partial f}{\partial L_n}\right)^2 \frac{1}{P_n} \qquad (5-30)$$

该式表达了独立观测值权倒数与其函数权倒数之间的关系，称为权倒数传播定律。

四、单位权中误差的计算

对于等精度观测，可以利用式（5-7）或式（5-23）计算观测值的中误差，当观测精度不等时，不能直接利用这两个公式计算观测值的中误差，而是先求出单位权中误差 μ，再利用式（5-25）的变换公式 $m_i = \mu/\sqrt{P_i}$（$i = 1$，2，$\cdots$，n）计算观测值的中误差。下面推导单位权中误差的计算公式。

设一组不等精度观测值 L_1，L_2，$\cdots$，L_n，其对应的权分别为 P_1，P_2，$\cdots$，P_n，真误差分别为 Δ_1，Δ_2，$\cdots$，Δ_n，中误差分别为 m_1，m_2，$\cdots$，m_n。由于是不等精度观测，所以无法利用式（5-7）计算中误差。为此，将权为 P_i 的观测值 L_i 乘以 $\sqrt{P_i}$ 得到一组虚拟观测值 $L_i' = L_i\sqrt{P_i}$。为了求 L_i' 的权 P_i'，必须求 L_i' 的中误差 m_i'，根据误差传播定律：

$$m_i'^2 = m_i^2 P_i$$

根据式（5-25）的变换公式 $m_i'^2 = \mu^2/P_i'$ 和 $m_i^2 = \mu^2/P_i$，得

$$\frac{\mu^2}{P_i'} = \frac{\mu^2}{P_i} \cdot P_i = \mu^2$$

即 $P_i' = 1$，由此可知：L_1'，L_2'，$\cdots$，L_n' 为等精度的单位权观测值，它们的中误差就是单位

权中误差。L'_i 的真误差可以根据式 $L'_i = L'_i \sqrt{P_i}$ 得到，即

$$\Delta'_i = \Delta'_i \sqrt{P_i}$$

这样就可以利用式（5-7）由真误差计算中误差，计算出的中误差也就是单位权中误差，即

$$\mu = \pm \sqrt{\frac{(\sqrt{P_1}\Delta_1)^2 + (\sqrt{P_2}\Delta_2)^2 + \cdots + (\sqrt{P_n}\Delta_n)^2}{n}} = \pm \sqrt{\frac{[P\Delta\Delta]}{n}} \qquad (5-31)$$

这就是利用观测值的真误差计算单位权中误差的公式。

在实际测量工作中，真误差往往是求不出来的，所以必须推导由观测值的改正数计算单位权中误差的公式。根据改正数的计算公式：

$$v_i = x - L_i \quad (i = 1, 2, \cdots, n)$$

及真误差的计算公式：

$$\Delta_i = L_i - X \quad (i = 1, 2, \cdots, n)$$

则

$$\Delta_i = -v_i + (x - X) = -v_i + \Delta_x \quad (i = 1, 2, \cdots, n)$$

式中，Δ_x 表示加权平均值的真误差。将上式两边平方并乘以 P_i，得

$$P_i\Delta_i\Delta_i = P_i v_i v_i - 2P_i v_i \Delta_x + P_i \Delta_x^2 \quad (i = 1, 2, \cdots, n)$$

两边求和，得

$$[P\Delta\Delta] = [Pvv] - 2[Pv]\Delta_x + \Delta_x^2[P] \qquad (5-32)$$

因为 $v_i = x - L_i$（$i = 1, 2, \cdots, n$），该式乘以 P_i 后求和，得 $[Pv] = [P]x - [PL]$，由于 $x = \dfrac{[PL]}{[P]}$，故 $[Pv] = [P]\dfrac{[PL]}{[P]} - [PL] = 0$。利用 m_x 代替 Δ_x，则式（5-32）可以表示为

$$[P\Delta\Delta] = [Pvv] + m_x^2[P] = [Pvv] + \frac{\mu^2}{[P]}[P] = [Pvv] + \mu^2 \qquad (5-33)$$

将式（5-32）代入式（5-33），得

$$n\mu^2 = [Pvv] + \mu^2$$

即

$$\mu^2 = \frac{[Pvv]}{n - 1}$$

所以利用观测值的改正数计算单位权中误差的公式为

$$\mu = \pm \sqrt{\frac{[Pvv]}{n - 1}} \qquad (5-34)$$

【例 5-8】 如图 5-2 所示，从已知水准点 A、B、C 出发，分别从 1、2、3 三条线路测量 P 点的高程。已知数据和观测数据见表 5-4，求 P 点高程的最或然值和中误差。

解　（1）计算各观测路线的权。

设每千米观测高差中误差为 m_{km}，对于不同的观测路线，根据误差传播定律，可得每条路线观测高差中误差为

$$m_i^2 = m_{km}^2 \cdot L_i \quad (i = 1, 2, 3)$$

表 5-4　已知数据和观测数据表

路线	起点	起点高程/m	高差 h/m	观测高程 H/m	路线长度 L/km	权	v/mm	Pvv
1	A	57.960	−9.021	48.939	25	0.04	17	11.56
2	B	40.460	+8.504	48.964	10	0.1	−8	6.4
3	C	41.202	+7.746	48.948	50	0.02	+8	1.28

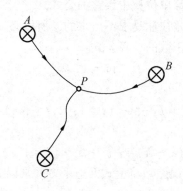

图 5-2　水准路线示意图

若以 C 千米长的高差观测中误差为单位权中误差，则有

$$\mu^2 = m_c^2 = m_{km}^2 \cdot C$$

根据权的定义式（5-25），各观测路线的权分别为

$$P_i = \frac{\mu^2}{m_i^2} = \frac{m_{km}^2 \cdot C}{m_{km}^2 \cdot L_i} = \frac{C}{L_i} \quad (i = 1, 2, 3)$$

本例中 $C=1$，各观测路线计算得到的权值见表 5-4。

（2）计算 P 点高程的最或然值。

根据加权平均值的计算式（5-26），可以计算 P 点高程的最或然值，即

$$H_P = \frac{[P_i \cdot H_i]}{[P_i]} = \frac{48.939 \times 0.04 + 48.964 \times 0.1 + 48.948 \times 0.02}{0.04 + 0.1 + 0.02} = 48.956 \text{ m}$$

（3）计算单位权中误差和最或然高程的中误差。

首先计算各观测高程的改正数 v_i（$i = 1, 2, 3$），然后计算 Pvv，具体计算结果见表5-4，根据式（5-34）计算单位权中误差，即

$$\mu = \pm \sqrt{\frac{[Pvv]}{n-1}} = \pm \sqrt{\frac{19.24}{3-1}} = \pm 3 \text{ mm}$$

根据式（5-28），计算 P 点最或然高程的中误差，即

$$m_P = \pm \frac{\mu}{\sqrt{[P]}} = \pm \frac{3}{\sqrt{8}} = \pm 8 \text{ mm}$$

第六节　由真误差计算中误差

对于一组等精度或不等精度观测值，如果已知其真误差，则可按式（5-7）或式（5-32）计算观测值的中误差或单位权中误差。但是，一般情况下，观测值的真值不知道，真误差也无法知道，这样就不能由真误差计算中误差。然而，在测量过程中，由观测值构成函数的真值已知，即观测值函数的真误差可以求出，这时，就可以利用观测值函数的真误差计算中误差。

下面介绍几种在测量工作中经常用到的由真误差计算中误差的方法。

一、由三角形闭合差计算测角中误差

设以等精度观测三角网中的各角，由每个三角形 3 个内角的观测值 α_i、β_i、γ_i 计算闭合差 $\omega_i = \alpha_i + \beta_i + \gamma_i - 180°$（$i = 1, 2, \cdots, n$）。根据真误差的计算公式，闭合差 ω 就是三角形内角和（$\alpha + \beta + \gamma$）的真误差。根据由真误差计算中误差的公式，得三角形内角和的中误差：

$$m_{(\alpha+\beta+\gamma)} = \pm \sqrt{\frac{[\omega\omega]}{n}}$$

式中，n 为三角形的个数。

设 α_i、β_i、γ_i 的测角中误差为 m，则

$$m^2_{(\alpha+\beta+\gamma)} = m^2_\alpha + m^2_\beta + m^2_\gamma = 3m^2$$

故

$$m = \frac{m_{(\alpha+\beta+\gamma)}}{\sqrt{3}}$$

即

$$m = \pm \sqrt{\frac{[\omega\omega]}{3n}} \tag{5-35}$$

上式即为由三角形闭合差计算测角中误差的公式，即菲列罗公式。在三角测量中，一般利用该公式评定测角精度。

二、由等精度双观测值的差值求观测值中误差

在测量工作中，常常对一些观测量进行两次观测，如在导线测量中，每条边测量两次，水准测量中，两个水准点间的高差进行往返测量等。这种测量称为等精度双观测。

设 X_1，X_2，$\cdots$，X_n 为一等精度双观测量，其观测值为

$$L_1, \ L_2, \ \cdots, \ L_n; \ L'_1, \ L'_2, \ \cdots, \ L'_n$$

则双观测值的差值可以表示为

$$d_i = L_i - L'_i \quad (i = 1, 2, \cdots, n)$$

由于双观测值的差值理论值为 0，故各差值的真误差可以表示为

$$\Delta_{d_i} = d_i - 0 = d_i \quad (i = 1, 2, \cdots, n)$$

由于所有观测值是等精度，故 d_i 也是等精度。根据中误差计算式（5-7），可以计算差值的中误差，即

$$m_d = \pm\sqrt{\frac{[dd]}{n}}$$

式中，n 表示观测对的个数，而不是观测值的个数。

设观测值的中误差为 m，则有

$$m_d = \sqrt{2}\,m$$

即

$$m = \frac{m_d}{\sqrt{2}} = \pm\sqrt{\frac{[dd]}{2n}} \tag{5-36}$$

【例 5-9】 利用等精度双观测方法观测 8 条边的边长，观测结果见表 5-5，求观测值的中误差。

表 5-5 边长等精度双观测结果

编号	L_i/m	L_i'/m	d/mm	dd/mm
1	103.478	103.482	−4	16
2	99.556	99.534	22	484
3	100.373	100.382	−9	81
4	101.763	101.742	21	441
5	103.350	103.343	7	49
6	98.885	98.876	9	81
7	101.004	191.014	−10	100
8	102.293	102.285	8	64

解 根据式（5-34）可以计算观测值的中误差：

$$m = \pm\sqrt{\frac{[dd]}{2n}} = \pm 9.1 \text{ mm}$$

思 考 题

1. 测量误差产生的原因有哪些？

2. 什么是系统误差？什么是偶然误差？

3. 偶然误差的统计特性包括哪些？

4. 什么是中误差？什么是相对误差？限差规定的依据是什么？

5. 1∶500 比例尺的地形图上，量得两点间的水平距离为 23.4 mm，其中误差为 ±0.2 mm，求两点间的实地水平距离和中误差。

6. 用 50 m 的钢尺分 6 段丈量长 300 m 的距离，已知每尺段量距中误差为 ±10 mm，求全长中误差和相对中误差。

7. 经纬仪对一角等精度观测了 6 个测回，其观测值为

$L_1 = 36°50'30''$；$L_2 = 36°50'26''$；$L_3 = 36°50'28''$

$L_4 = 36°50'24''$；$L_5 = 36°50'25''$；$L_6 = 36°50'23''$

求：（1）该角的最或然值。

（2）观测值的中误差。

（3）最或然值的中误差。

8. 有一矩形，丈量两边的长度为 $a = 40.00 \pm 0.03$ m，$b = 20.00 \pm 0.02$ m，求矩形面积及其中误差。

第六章 小区域控制测量

第一节 控制测量概述

由于任何一种测量工作都会产生误差，所以必须采取一定的程序和方法，遵循一定的测量实施原则，以防止误差积累。为了保证必要的测量精度，在测量工作中，首先要在测区内选择一些具有控制意义的点，构成一定的几何图形，用精密的测量仪器和测量方法，在统一的坐标系统中确定其平面位置和高程；再以此为基础测算其他地面点的点位或进行施工放样。这些具有控制意义的点称为控制点；由控制点组成的几何图形称为控制网；对控制网进行布设、观测、计算，确定控制点平面位置和高程的工作称为控制测量。

控制测量在国民经济建设中具有重要意义，它为地球科学研究、地形图测绘、工程施工放样提供了数据基准。

一、控制测量的分类

按照测量内容不同，控制测量可以分为平面控制测量和高程控制测量。平面控制测量确定控制点的平面位置 (X, Y)，高程控制测量确定控制点的高程 (H)。平面控制测量和高程控制测量可以分别布设控制网，也可以联合起来布设三维控制网。

1. 平面控制测量

平面控制网的布设方法主要包括三角网测量、导线（网）测量、交会法测量和 GNSS 技术测量。三角网测量是把控制点按三角形的形式连接起来，测定三角形的所有内角以及少量边，通过计算确定控制点间的相对平面位置。导线（网）测量是把控制点连成一系列折线或构成相连接的多边形，测定各边的边长和相邻边的转折角，计算它们的平面位置。交会法测量是利用交会定点法来加密平面控制网，通过观测水平角确定交会点平面位置称为测角交会，通过测边确定交会点平面位置称为测边交会，通过同时观测边长和水平角确定交会点平面位置称为边角交会。20 世纪 80 年代，美国的全球定位系统（GPS）开始在控制测量中应用，逐渐成为平面控制测量的主要方法之一。它是借助分布于空中的 GPS 卫星确定地面点的位置。近些年，随着我国的北斗导航定位系统（BDS）组网完成，它在控制测量中的应用也日趋完善。

2. 高程控制测量

高程控制测量的主要方法有水准测量和三角高程测量。在全国范围内采用水准测量方法建立的高程控制网，称为国家水准网。国家水准网分为 4 个等级，逐级控制，逐级加密。各等级水准路线一般都要求自身构成闭合环线，或闭合于高一级水准路线上构成环形。一、二等水准网采用精密水准测量方法建立，是研究地球形状和大小的重要资料，同时根据重复测量的结果，可以研究地壳的垂直形变，是地震预报的重要数据。国家三、四等水准网直接为地形测图和工程建设提供高程控制点。三角高程测量是通过测量两点之间的距离和相对竖直角，计算未知点高程的方法。它通常适用于高差较大、不利于水准观测的地区。

控制测量应遵循从整体到局部、从高级到低级的实施原则。首先在大区域内布设控制网，用精密的仪器和测量方法，测定首级控制点平面坐标和高程；然后逐级控制、逐级加密，分区域、分期布设较低等级控制网。控制测量可以保障各控制点在统一坐标系下，且同级控制网的规格和精度均衡。

二、控制测量的作业步骤

1. 技术设计

技术设计的内容主要包括：测区概况、优化布网方案、设计观测方法、安排实施计划和经费预算。

2. 选点

在实地上确定控制点的具体位置，做到点位安全、可靠，便于观测和保存，点间相互通视，控制网的图形结构良好。

3. 造标埋石

在实地设立测量标志，埋设地下标石。标石用石料、钢筋混凝土等材料制成，并嵌入金属标志，其几何中心表示点位。用于高程控制点的水准标石类型有基岩水准标石、基本水准标石、普通水准标石和墙脚水准标石四类。

4. 观测

利用设计的观测方法，选用相应测量仪器，按照技术规范中的相关指标要求，采集各种数据。

5. 数据处理

数据处理的内容包括对观测数据的检查、平差计算，求出控制点的坐标和高程并评定其精度，绘制控制点位网图。

6. 成果验收与上交

根据测量规范检查观测资料和最后成果，确保提交的成果可靠，撰写技术总结报告。依据测绘成果验收标准，评定成果的质量。

三、控制网的等级

1. 国家控制网

在全国范围内布设的平面控制网称为国家平面控制网。国家平面控制网采用逐级控制、分级布设的原则，分一、二、三、四等。其主要由三角测量法布设，在西部困难地区采用导线测量法布设。一等三角网沿经线和纬线布设成纵横交叉的三角锁，锁边长 200～250 km，构成许多环，在锁段的交叉处测定起始边长，如图 6-1 所示。一等三角网可以作为低等级平面控制网的基础，还可以为研究地球形状和大小提供科学依据。二等三角网布设在一等三角锁所围的范围内，构成全面三角网，平均边长 13 km，如图 6-2 所示。一等三等网的两端和二等三角网的中间，都要测定起算边长、天文经纬度和方位角。所以国家一、二等网合称为天文大地网。我国天文大地网于 1951 年开始布设，1961 年基本完成，1975 年修补测工作全部结束，全网约有 5 万个大地点。

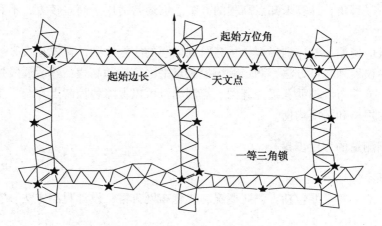

图 6-1 国家一等三角网示意图

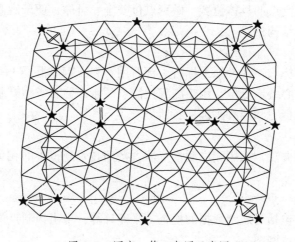

图 6-2 国家二等三角网示意图

2. 城市控制网

在城市地区为满足大比例尺测图和城市建设施工需要，应布设城市平面控制网。城市平面控制网在国家控制网的控制下布设，按城市范围大小布设不同等级的平面控制网，分为二、三、四等三角网，一、二级及图根小三角网或三、四等三角网，一、二、三级和图根导线网。城市三角测量和钢尺导线的主要技术要求见表 6-1 和表 6-2。

表 6-1　城市三角测量的主要技术指标

等级	平均边长/km	测角中误差/(″)	最弱边边长相对中误差	测回数			三角形最大闭合差/(″)
				DJ$_1$	DJ$_2$	DJ$_6$	
二等	9	±1.0	≤1/120000	12	—	—	±3.5
三等	5	±1.8	≤1/80000	6	9	—	±7.0
四等	2	±2.5	≤1/45000	4	6	—	±9.0
一级小三角	1	±5.0	≤1/20000	—	2	6	±15.0
二级小三角	0.5	±10.0	≤1/10000	—	1	2	±30.0

表6-2　城市钢尺导线测量的主要技术指标

等级	导线长度/km	平均边长/m	往返丈量较差相对误差	测角中误差/(″)	导线全长相对闭合差
一级	2.5	250	≤1/20000	±5	≤1/10000
二级	1.8	180	≤1/150000	±8	≤1/70000
三级	1.2	120	≤1/10000	±12	≤1/5000

注：n 为测站数。

在小于 10 km^2 的范围内建立的控制网称为小区域控制网。在这个范围内，水准面可视为水平面，不需要将测量成果归算到高斯平面上，而是采用直角坐标，直接在平面上计算坐标。在建立小区域平面控制网时，应尽量与已建立的国家或城市控制网联测，将国家或城市高级控制点的坐标作为小区域控制网的起算和校核数据。如果测区内或测区周围无高级控制点或不便于联测时，也可以建立独立平面控制网。

3. 图根控制网

图根控制网直接为地形测图而建立。图根控制是在高级控制点间加密，以满足测图需要。图根点的精度，相对于邻近等级控制点的点位中误差，不应大于图上0.1 mm。图根平面控制常采用图根三角测量、图根导线测量、全站仪极坐标法或交会定点等方法。图根导线测量的主要技术要求见表6-3。

表6-3　图根导线测量的主要技术指标

比例尺	附合导线长度/m	平均边长/m	测距		测回数（DJ$_6$）	方位角闭合差/(″)	导线全长相对闭合差
			仪器类型	方法			
1：500	900	80	Ⅱ级	单程观测	1	±40$\sqrt{n}$	≤1/4000
1：1000	1800	150					
1：2000	3000	250					

4. 高程控制测量

高程控制测量就是在测区内布设高程控制点，即水准点，用一定方法测定它们的高程，构成高程控制网。高程控制测量的主要方法有水准测量和三角高程测量。

国家高程控制网是用精密水准测量方法建立，又称国家水准网。国家水准网的布设也是采用从整体到局部，由高级到低级，分级布设逐级控制。国家水准网分为 4 个等级：一等水准网是沿平缓的交通路线布设成周长约 1500 km 的环形路线，是精度最高的高程控制网，是国家高程控制的骨干，也是地学科研工作的主要依据；二等水准网是布设在一等水准环线内，形成周长为 500~750 km 的环线，是国家高程控制网的基础；三、四等级水准网直接为地形测图或工程建设提供高程控制点。三等水准一般布置成附合在高级点间的附合水准路线，长度不超过 200 km。四等水准均为附合在高级点间的附合水准路线，长度不超过 80 km。

在丘陵或山区，高程控制测量可采用三角高程测量。

第二节 导 线 测 量

导线测量是小区域平面控制测量的主要方法之一。导线是由若干条直线连成的折线,利用仪器测量出各条直线的平距和相邻两直线之间的水平角的过程称为导线测量。其中,导线中每条直线称为导线边,各导线边的节点称为导线点,相邻两直线之间的水平角称为转折角。根据测量的各导线边长和转折角,由已知控制点的坐标和方位角计算出各导线点的平面坐标。

一、导线测量的类型

(一) 按布设类型分类

按其布设成的形式,导线可以分为单一导线和导线网。单一导线又可分为附合导线、闭合导线和支导线,导线网可以分为自由导线网和附合导线网。

1. 附合导线

由一个已知点出发,终止于另一个已知点的导线称为附合导线。它又可以按连接角的个数分为两个连接角的附合导线、一个连接角的附合导线和无连接角的附合导线,分别如图6-3、图6-4、图6-5所示。

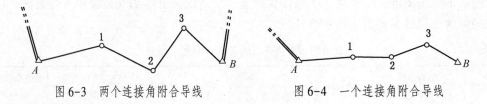

图6-3 两个连接角附合导线　　　　图6-4 一个连接角附合导线

2. 闭合导线

导线由一个已知点出发,仍终止于该已知点,形成一个闭合多边形,称为闭合导线,也可以理解为起始点与终止点重合的附合导线,如图6-6所示。在闭合导线的已知控制点上必须有一条边的坐标方位角是已知的,或者已知两个控制点。

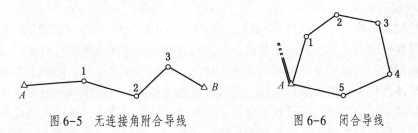

图6-5 无连接角附合导线　　　　图6-6 闭合导线

3. 支导线

支导线是从一个已知控制点出发,既不附合到另一个控制点,也不返回到原来的起始点,如图6-7所示。由于支导线没有检核条件,故一般只限于地形测量的图根导线中采用,且支导线的导线边不宜太多。

4. 导线网

如图6-8所示,具有导线结点或有多个闭合环的导线网型称为导线网。

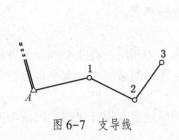

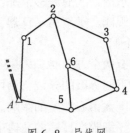

图 6-7　支导线　　　　　　　　图 6-8　导线网

（二）按测量方法分类

根据测量方法不同，导线测量可以分为电测波测距导线和钢尺导线。按《城市测量规范》（CJJ/T 8—2011）的规定，导线网则依次为三、四等和一、二、三级，为满足不同测量工程的精度要求，规定了导线的相关限差。

利用光电测距方法测量导线边的边长、用全站仪或经纬仪测量转折角的方法称为光电测距导线，通常使用全站仪对导线的边长、转折角同步进行测量。光电测距导线的主要技术要求见表 6-4。

表 6-4　城市导线测量的主要技术指标

等级	导线长度/km	平均边长/km	测角中误差/(″)	测距中误差/mm	测回数			方位角闭合差/(″)	导线全长闭合差
					DJ$_1$	DJ$_2$	DJ$_6$		
三等	15	3	±1.5	±18	8	12	—	±3$\sqrt{n}$	≤1/60000
四等	10	1.6	±2.5	±18	4	6	—	±5$\sqrt{n}$	≤1/40000
一级	3.6	0.3	±5	±15	—	2	4	±10$\sqrt{n}$	≤1/14000
二级	2.4	0.2	±8	±15	—	1	3	±16$\sqrt{n}$	≤1/10000
三级	1.5	0.12	±12	±15	—	1	2	±24$\sqrt{n}$	≤1/6000

注：n 为测站数。

二、导线测量的外业工作

（一）导线点的布设

根据测图范围、地形特点和测图比例尺的要求，确定导线网等级和加密层级。导线点布设时，应注意以下两点：

（1）导线点是为后期的测图提供坐标基准，便于在导线点上架设测量仪器，采集碎部点数据；导线点位置选择，考虑控制的范围足够大；导线点位置要便于观测，且通视条件良好。

（2）导线点应选在土质坚硬、易于长期保存的地方，便于埋设控制点标志。

（二）导线测量的步骤

在导线测量前，要对全站仪或经纬仪进行检验校正，保证测角系统在精度要求的范围内，保证视准轴和电磁波发射接收光轴是同轴的，要对所使用的钢尺进行检定。

1. 安置仪器

普通光电测距导线（或钢尺量距导线）的测量，是在测站点安置全站仪（或经纬仪），同时在前、后视点上安置反射棱镜（或觇标），应严格对中、整平。观测过程中应注意照准部的管水准器气泡偏移情况，当气泡偏离中心，超过一格时，表示仪器垂直轴倾斜，这时应停止观测，重新精平仪器，重新观测该测回。

2. 转折角测量

当测站上只有两个方向时，采用测回法观测，当测站上有 3 个或以上方向时，采用方向法观测。对于不同等级的导线，测回数不同，测回间必须改变水平度盘位置，以减少度盘刻划不均匀和度盘偏心误差的影响。

观测时，应仔细瞄准目标的几何中心线，并尽量照准觇标底部，以减少照准误差和觇标对中误差的影响。

3. 导线边测量

导线边长测量有电磁波测距仪和钢尺量距两种。导线计算要使用导线边的平距，通常采用观测导线边斜距和竖直角、测回间改正后计算其平距的方法，有时也可以直接观测平距。导线边测量采用往返观测的方法，取其平均值作为两点间的平距。

角度测量和距离测量读数时要仔细果断，记录时要回读，以防听错、记错。计算一定要在现场进行，并记在手簿上，严禁涂改记录和计算结果，以保证记录和计算的真实性和可靠性。

在一个测站内角度和距离测量完毕，要换站测量。通常的方法是前视反射棱镜、全站仪和后视反射棱镜同时沿导线方向前进，即把上一测站的前视反射棱镜搬至下一待测点上，作为本站前视点，全站仪搬至上一测站的前视点上，上一测站的后视反射棱镜搬至上一测站的测站点上，作为本站的后视点。以此步骤前进直至导线测量完毕。

（三）三角高程和导线测量

以上导线测量步骤只能计算出导线点的平面坐标，而导线点高程主要有三角高程测量和水准测量两种方法。在导线测量时，可采用三角高程测量和导线平面坐标测量同时进行，既可以求出平面坐标，又可以测量各点高程。因此，在外业观测过程中需测量的要素主要有：导线转折角、目标点相对测站点的竖直角、目标点与测站点之间的斜距、各测站的仪器高和觇标高。

（四）三联脚架法导线测量

三联脚架法是一种提高导线测量精度和速度的有效方法，通常适用于精密短边导线测量。

该法一般使用 4 个能安置全站仪和反射棱镜的基座和脚架。基座应具有通用的光学对中器，迁站时只需将仪器或反射棱镜从基座中拔出，而架腿和基座不动。这样依次循环的测量方法称为三联架法。如图 6-9 所示，首先将仪器安置在测站点 B 上，同时将反射棱镜安置在后视点 A 和前视点 C 上，整平、对中、导线观测，同时在本测站测量过程中，在 D 点安置带有基座的脚架，整平、对中，为下一测站提前做准备工作。当该测站测量完毕，B 点和 C 点的脚架和基座保持不动，将前、后视反射棱镜觇标、全站仪同时沿导线测量方向前进，即将 A 点上的反射棱镜觇标直接插入 B 点的三脚架基座中，只是将 B 基座上的全站仪移到 C 点，将 C 点上的反射棱镜觇标直接插入原已在 D 点安置好的三脚架基座中，检查全站仪和反射棱镜的整平和对中，然后再进行观测。在此站观测过程中，将 A 点的三脚架和基座移到 E 点上整平对中，再为下一测站测量做准备。

由此可见，在每一测站内只需在新的前视点上将三脚架和基座进行整平、对中工作，

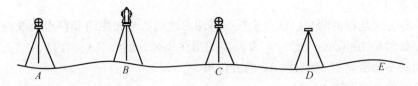

图 6-9　三联脚架法导线测量

从而减小了测量仪器的整平、对中工作量，提高了工作效率，且减小了仪器对中误差和目标偏心误差对测角和测距的影响，从而提高了测量精度，降低了导线的误差传递。

三、导线测量的内业工作

导线测量的最终目的是获取各导线点的平面坐标，为碎部测量服务，因此外业工作结束后就要进行内业计算。

（一）导线测量内业计算的基本公式

1. 坐标正算公式

坐标正算公式是指由已知点坐标根据已知方位角和平距推算待测点的平面坐标。如图 6-10 所示，在平面直角坐标系中，已知 A 点的平面坐标为 $(X_A,\ Y_A)$，A 与未知点 B 之间的平距为 D_{AB}、方位角为 α_{AB}，则 B 点的平面坐标为

$$\begin{cases} X_B = X_A + \Delta X_{AB} \\ Y_B = Y_A + \Delta Y_{AB} \end{cases}$$

式中，ΔX_A、ΔY_A 分别为 B 点相对于 A 点的坐标增量。

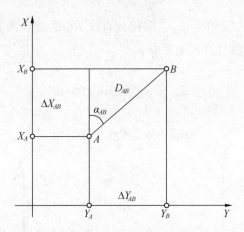

图 6-10　坐标正算和坐标反算

由图 6-10 可知，由三角函数数学知识，坐标增量为

$$\begin{cases} \Delta X_{AB} = D_{AB}\cos\alpha_{AB} \\ \Delta Y_{AB} = D_{AB}\sin\alpha_{AB} \end{cases}$$

于是，B 点的平面坐标为 $(X_B,\ Y_B)$ 为

$$\begin{cases} X_B = X_A + D_{AB}\cos\alpha_{AB} \\ Y_B = Y_A + D_{AB}\sin\alpha_{AB} \end{cases}$$

2. 坐标反算公式

坐标反算公式是指由两个已知点坐标推算两点之间的平面距离和两点所处直线的方位角的公式。如图 6-10 所示，已知 A、B 两点的平面坐标分别为 (X_A, Y_A)、(X_B, Y_B)，求算两点之间的平面距离 D_{AB} 和直线 AB 的方位角 α_{AB}。

两点之间的平面距离 D_{AB} 为

$$D_{AB} = \sqrt{\Delta X_{AB}^2 + \Delta Y_{AB}^2}$$

为了求算直线 AB 的方位角 α_{AB}，先计算 α'_{AB}，即

$$\alpha'_{AB} = \arctan \frac{Y_B - Y_A}{X_B - X_A} = \arctan \frac{\Delta Y_{AB}}{\Delta X_{AB}}$$

由于象限角 α'_{AB} 的取值范围在 $\left(-\dfrac{\pi}{2}, \dfrac{\pi}{2}\right)$，但方位角 α_{AB} 的取值范围为 $(0, 2\pi)$，因此，需将所求的 α'_{AB} 转换为方位角 α_{AB}。

当 $\Delta X_A > 0$、$\Delta Y_A > 0$ 时，$\alpha'_{AB} \in \left(0, \dfrac{\pi}{2}\right)$，则 $\alpha_{AB} = \alpha'_{AB}$；

当 $\Delta X_A < 0$、$\Delta Y_A > 0$ 时，$\alpha'_{AB} \in \left(-\dfrac{\pi}{2}, 0\right)$，则 $\alpha_{AB} = 180° + \alpha'_{AB}$；

当 $\Delta X_A < 0$、$\Delta Y_A < 0$ 时，$\alpha'_{AB} \in \left(0, \dfrac{\pi}{2}\right)$，则 $\alpha_{AB} = 180° + \alpha'_{AB}$；

当 $\Delta X_A > 0$、$\Delta Y_A < 0$ 时，$\alpha'_{AB} \in \left(-\dfrac{\pi}{2}, 0\right)$，则 $\alpha_{AB} = 360° + \alpha'_{AB}$。

3. 方位角传递公式

已知直线 AB 的坐标方位角为 α_{AB}，测得与直线 BC 的转角为 β，求算直线 BC 方位角的过程称为方位角传递。其计算式主要有：

如图 6-11a 所示，

$$\alpha_{BC} = \alpha_{AB} + \beta + 180° \tag{6-1}$$

如图 6-11b 所示，

$$\alpha_{BC} = \alpha_{AB} + \beta - 180° \tag{6-2}$$

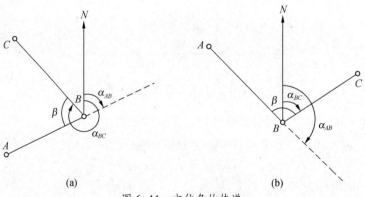

图 6-11 方位角的传递

结合式（6-1）和式（6-2）：

$$\alpha_{BC} = \alpha_{AB} + \beta \pm 180° \qquad\qquad (6-3)$$

在使用式（6-3）计算方位角时，需注意以下几点：

（1）直线 AB 与直线 BC 首尾相连，即直线 AB 的尾为直线 BC 的始点，由方位角 α_{AB} 计算方位角 α_{BC}。

（2）转角 β 为导线前进方向的左角。

（3）由于方位角在区间 $[0, 2\pi)$ 内，当 $\alpha_{AB}+\beta > 180°$ 时，式中使用 "－" 号，当 $\alpha_{AB}+\beta < 180°$，式中使用 "+" 号。

（二）两个连接角附合导线的内业计算

导线测量的内业计算是根据外业边长的测量值、转折角观测值及已知起算数据推算各导线点的坐标值。为了计算正确，首先应绘出导线草图，把检核后的外业测量数据及起算数据注记在草图上，并填写在计算表中。

导线布设形式不同，其计算方法略异，闭合导线与附合导线计算步骤基本相同，其主要区别是角度闭合差和坐标增量闭合差的计算方法不同，通常附合（闭合）导线按以下步骤计算：

（1）根据已知点坐标反算求出已知边的方位角（该方位角也可直接给出），并利用方位角传递公式计算各导线边方位角，再确定角度闭合差，检查是否超限。

（2）对各转折角进行改正，再根据方位角的传递公式依次求出各边的改正后方位角。

（3）由坐标正算公式，依次求出各导线边的坐标增量。

（4）计算坐标闭合差并检核。

（5）求出坐标增量改正数及坐标增量平差值。

（6）依次求出导线中各待定点的坐标。

下面仅以附合导线的内业计算为例加以说明。

【例 6-1】 图 6-12 所示为具有两个连接角的单一附合导线，测量精度按城市三级导线。A、C 为已知点，已知 $X_A = 3905040.607$ m，$Y_A = 426376.329$ m；$X_C = 3904603.665$ m，$Y_C = 426460.041$ m，起始边与终止边的方位角分别为 $\alpha_{BA} = 298°59'12''$ 和 $\alpha_{CD} = 182°10'45''$，所测的各转角 β_i 和各边长 D_i 分别见表 6-5，计算该导线上各点的坐标。

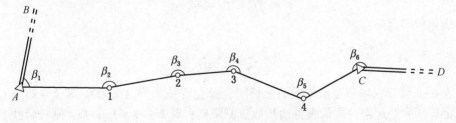

图 6-12　附合导线

解 全部计算工作在表 6-5 中进行，主要分以下 6 步。

1. 角度闭合差计算和检核

附合导线的角度闭合差指坐标方位角闭合差，由方位角的传递公式可用 α_{AB} 和 $\sum\beta_{左}$ 求算出 α'_{CD}，则角度闭合差为

$$f_\beta = \alpha'_{CD} - \alpha_{CD} = +41''$$

因为水平角观测有误差，致使 α'_{CD} 不等于已知 α_{CD}。由表 6-4 可知，城市三级导线的角度闭合差允许值为 $f_{\beta容}=\pm24\sqrt{n}$，n 表示转折角的个数。

如 $f_\beta>f_{\beta容}=\pm24\sqrt{n}$，该导线角度闭合差超限，需检查各转折角或重测角度；如 $f_\beta\leqslant f_{\beta容}=\pm24\sqrt{n}$，则将角度闭合差按"反号平均分配"的原则，计算各角度改正数：

$$\nu_\beta=-\frac{f_\beta}{n}=-7''$$

将角度改正数填入表 6-5 中第三列，然后将 ν_β 加到各观测角上 β_i，求出改正后的角值：

$$\hat{\beta}_i=\beta_i+\nu_\beta$$

2. 各边方位角计算

根据已知边的坐标方位角 α_{BA} 和改正后的角度值 $\hat{\beta}_i$，推算各边长的坐标方位角，计算公式：

$$\alpha_前=\alpha_后+\beta\pm180°$$

计算后的各边方位角填入表 6-5 中第四列。

3. 坐标增量计算

由各导线边长 D_{ij} 和各边坐标方位角 α_{ij}，利用坐标正算公式计算坐标增量：

$$\begin{cases}\Delta x_{ij}=S_{ij}\cdot\cos\alpha_{AB}\\\Delta y_{ij}=S_{ij}\cdot\sin\alpha_{ij}\end{cases}$$

计算后的各边坐标增量分别填入表 6-5 中第六、七列。

4. 坐标闭合差计算和检核

由于边长观测值和调整后的转折角存在误差，会产生坐标增量误差，纵、横坐标闭合差 f_x 和 f_y 分别为

$$f_x=\sum\Delta x_测-\sum\Delta x_理$$

$$f_y=\sum\Delta y_测-\sum\Delta y_理$$

导线全长闭合差：

$$f_s=\sqrt{f_x^2+f_y^2}=44\text{ cm}$$

导线相对闭合差：

$$k=\frac{f_s}{\sum D}=\frac{1}{10230}$$

由表 6-4 可知，城市三级导线的全长闭合差允许值 $k_容\leqslant1/6000$。若 $k>k_容=1/6000$，该导线全长闭合差超限，需检查各边长或重测距离；若 $k\leqslant k_容=1/6000$，则符合技术要求。

5. 坐标增量改正值计算

坐标闭合差 f_x 和 f_y 按"反号距离加权平均"原则分配，其改正公式如下：

$$\begin{cases}\nu_{\Delta x}=-\dfrac{f_x}{\sum D_i}\times D_i\\[3mm]\nu_{\Delta y}=-\dfrac{f_y}{\sum D_i}\times D_i\end{cases}$$

计算后的各边坐标增量改正分别填入表6-5中第六、七列的相应位置。应进行相应检核；即 $\sum \nu_{\Delta x}=-f_x$，$\sum \nu_{\Delta y}=-f_y$。

由坐标增量改正数计算改正后的坐标增量，公式如下：

$$\begin{cases} \Delta \hat{x}_{ij}=\Delta x_{ij}+v_{\Delta x} \\ \Delta \hat{y}_{ij}=\Delta y_{ij}+v_{\Delta y} \end{cases}$$

计算后的各边改正后坐标增量分别填入表6-5中第八、九列。

6. 导线点坐标计算

设两相邻导线点位 i、j，利用 i 点的坐标和调整后的 i 点至 j 点的坐标增量推算 j 点的坐标计算公式为

$$\begin{cases} x_j=x_i+\Delta x_{ij} \\ y_j=y_i+\Delta y_{ij} \end{cases}$$

计算后的各点坐标分别填入表6-5中第十、十一列。附合导线从 A 点开始推算 C 点坐标，计算出的 C 点坐标应该等于已知 C 点坐标，以此作为推算正确性的检核。

表6-5 导 线 计 算 表

点名	观测角及改正数		坐标方位角/(°′″)	水平距离/m	增量/m 改正数/mm		改后增量/m		坐标/m		点名
	(°′″)	(″)			ΔX	ΔY	ΔX	ΔY	x	y	
B			298 59 12								B
A	55 46 02	−6							3905040.607	426376.329	A
			174 45 08	189.40	−4 −188.606	−18 +17.323	−188.610	+17.305			
1	166 24 53	−7							3904851.997	426393.634	1
			161 09 54	99.93	−2 −94.579	−10 +32.262	−94.581	+32.252			
2	182 38 47	−7							3904757.416	426425.886	2
			163 48 34	83.11	−2 −79.814	−8 +23.174	−79.816	+23.166			
3	206 14 53	−7							3904677.600	426449.052	3
			190 03 20	33.00	−1 −32.493	−3 −5.762	−32.494	−5.765			
4	147 55 44	−7							3904645.106	426443.287	4
			157 58 57	44.70	−1 −41.440	−4 +16.758	−41.441	+16.754			
C	204 11 55	−7							3904603.665	426460.041	C
			182 10 45								
D											D
Σ	963 12 14	−41	963 11 33	450.14	−436.932	+83.755	−436.942	+83.712			Σ

辅助计算	$\alpha'_{CD}=182°11'26''$　$\alpha_{CD}=182°10'45''$　$f_\beta=+41''$　$f_{\beta容}=\pm40\sqrt{n}=\pm98''$　$v_\beta=-\dfrac{f_\beta}{n}=-7''$
	$f_x=\sum \Delta X_测-(X_C-X_A)=+0.010\ \text{m}$　$f_y=\sum \Delta Y_测-(Y_C-Y_A)=+0.043\ \text{m}$
	全长闭合差 $f_s=\sqrt{f_x^2+f_y^2}=0.044\ \text{m}$　全长相对闭合差 $k=\dfrac{1}{\sum D/f}\approx\dfrac{1}{10230}<\dfrac{1}{4000}=k_允$

（三）闭合导线的内业计算

闭合导线可以看作一种特殊形式的附合导线，即起始边和检验边为同一边，如图 6-13 所示，可以按照附合导线的计算思路求算其各点坐标。

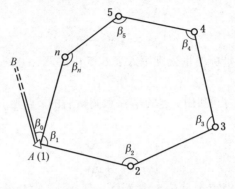

图 6-13 闭合导线

闭合导线和附合导线的差别在于角度闭合差的计算，在闭合导线计算方位角闭合差时，可用下式计算：

$$f_\beta = \sum_{i=1}^{n} \beta_i - (n - 2) \times 180°$$

各角度改正值可用下式计算：

$$\nu_i = \frac{-f_\beta}{n}$$

（四）一个连接角附合导线的内业计算

具有一个连接角的附合导线的内业计算与具有两个连接角的附合导线类似，如图 6-14 所示。不同之处主要在于角度闭合差的计算。由于一个连接角的附合导线只有起算边方位角，但没有检查边方位角，因此只有从导线的一端推算得到。

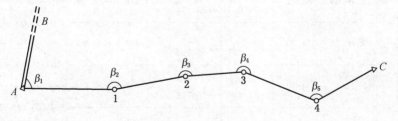

图 6-14 具有一个连接角的附合导线

（五）无定向导线近似平差

无定向导线是在导线两端均无定向边，仅从一个已知点布设到另一个已知点的过程。如图 6-15a 所示，已知 BC 的平面坐标，测得各边边长 D_i 和各转折角 β_i。由于无定向导线需要的已知控制点少，因此，其布设较为灵活，适合于条件艰苦地区或者井下测量中。由于无定向导线没有起算方位角，因此内业计算与一般附合导线具有较大的差别，其计算步骤如下：

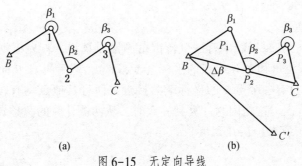

(a)　　　　　　　　　　　　(b)

图 6-15　无定向导线

1. 假定起始方位角

任意假定起始边 B_1 的坐标方位角为 α_0，利用方位角的传递公式，可推算出各边的坐标方位角 α_i。

2. 推算各导线点坐标

由各边坐标方位角 α_i 和各边边长 D_i，利用坐标正算公式，计算各条边的坐标增量 $(\Delta X_i，\Delta Y_i)$，从而计算出各导线点的坐标 $(X_i'，Y_i')$，得到 C 点的坐标 $(X_C'，Y_C')$。

3. 求算导线旋转角度

由 X_A、Y_A 和 X_C、Y_C 计算 AC 边的方位角 α_{AC}，由 X_A、Y_A 和 X_C'、Y_C' 计算 AC′ 边的方位角 α_{AC}'，从而得到导线旋转角度 $\Delta\alpha$：

$$\Delta\alpha = \alpha'_{AC} - \alpha_{AC}$$

4. 修正起始方位角

利用导线旋转角度 $\Delta\alpha$ 修正假定的起始方位角 α_0，则修正后的起始方位角 α_0' 为

$$\alpha'_0 = \alpha'_0 + \Delta\alpha$$

5. 计算各导线点坐标

最后由修正后的起始方位角 α_0' 和各边边长 D_i，利用坐标正算公式就可以计算各导线点的坐标。

与两个连接角的附合导线相比较，无定向导线无法计算角度闭合差和坐标闭合差，其精度低、可靠性差，一般不推荐此法。

四、导线测量精度和测量错误检查方法

（一）导线测量精度

1. 横向误差

由于角度测量时存在误差，将使导线点在导线长度的垂直方向产生一定的位移，这种位移称为横向误差，相应的中误差称为横向中误差。

2. 纵向误差

由于距离测量时存在误差，将使导线点在导线长度方向产生位移，这种位移称为纵向误差，相应的中误差称为纵向中误差。

当导线长度增加时，横向误差比纵向误差增加得快，所以要提高导线测量的精度就应该减少导线转折点的数量，或适当提高测角精度。

（二）导线测量错误的检查方法

1. 角度闭合差超限

如图 6-16 所示，如果导线中有一个转折角测错或算错，首先根据所测的角度自 A 向 B 计算各边的坐标方位角和各导线点的坐标 (X_i, Y_i)，然后再自 B 向 A 同样推算各点坐标 (X'_i, Y'_i)。如果只有一个点 n 的坐标较为接近，而且其他点均有较大的差数，则可判断点 n 处的转折角有误。这是因为计算到 n 点时，从两侧计算的两条导线均使用了错误转角 β'，致使导线旋转了 $\Delta\beta = \beta - \beta'$ 角度。

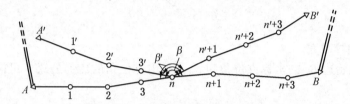

图 6-16 检查导线测量角度错误

对于闭合导线也可以用上述方法检查错误，所不同的是从已知点分别以顺时针方向和逆时针方向计算各导线点坐标，然后比较两组坐标点的差异性。

2. 全长闭合差超限

当角度闭合差在允许范围以内，但全长闭合差超限时，可能是边长或坐标方位角错误所致。如图 6-17 所示，由于边长或方位角错误致使 B 点移至 B' 点，可用全长闭合差的坐标方位角的正切公式来判断。其 BB' 方位角为

$$\alpha_f = \arctan \frac{f_y}{f_x}$$

根据上式求得 α_f 后，则将其与各边的坐标方位角相比较，如有与之相差约为 90° 者，则应检查其坐标方位角有无用错或算错，如图 6-17 所示；如有与之平行或大致平行的导线边，即方位角相等或相近，则应检查其边长有无用错或算错，如图 6-18 所示。

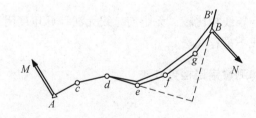

图 6-17 检查导线测量方位角错误

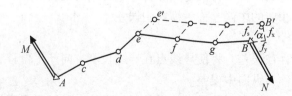

图 6-18 检查导线测量边长错误

上述判断导线错误的方法，仅仅对导线计算过程中只有一个错误存在时的情况有效。

第三节 交会测量和自由设站法

由于测量外业工作条件复杂，或者受施工影响，控制点往往受到破坏需补测控制点，或者有些工程项目需要增加少量控制点。交会测量和自由设站法是加密控制点常用的方法。它可以在多个已知控制点上设站，分别向待定点观测方向或距离，也可以在待定点上设站向数个已知控制点观测方向或距离，然后计算待测控制点的坐标。常用的交会测量方法按设站位置分为前方交会和后方交会；按观测量分为测角交会、测边交会和边角交会。

一、前方交会

如图 6-19 所示，先后在已知控制点 A (X_A, Y_A) 和 B (X_B, Y_B) 上架设经纬仪，分别向待定点 P 和另一控制点观测方向，角度分别为 α、β，然后计算待定点 P 坐标 (X_P, Y_P)。这种控制测量方法称为前方交会。

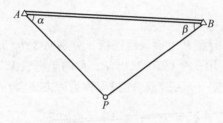

图 6-19 前方交会

图中，由正弦定理得

$$\frac{S_{AP}}{S_{AB}} = \frac{\sin\beta}{\sin(180° - \alpha - \beta)}$$

则

$$\frac{S_{AP}\sin\alpha}{S_{AB}} = \frac{\sin\alpha\sin\beta}{\sin(\alpha + \beta)} = \frac{\sin\alpha\sin\beta}{\cos\alpha\sin\beta + \sin\alpha\cos\beta} = \frac{1}{\cot\alpha + \cot\beta} \qquad (6-4)$$

P 点坐标为

$$\begin{cases} X_P = X_A + S_{AP} \cdot \cos\alpha_{AP} \\ Y_P = Y_A + S_{AP} \cdot \sin\alpha_{AP} \end{cases}$$

将 $\alpha_{AP} = \alpha_{AB} - \alpha$ 代入上式得

$$\begin{cases} X_P = X_A + S_{AP} \cdot \cos(\alpha_{AB} - \alpha) = X_A + S_{AP}(\cos\alpha_{AB}\cos\alpha + \sin\alpha_{AB}\sin\alpha) \\ Y_P = Y_A + S_{AP} \cdot \sin(\alpha_{AB} - \alpha) = Y_A + S_{AP}(\sin\alpha_{AB}\cos\alpha - \cos\alpha_{AB}\sin\alpha) \end{cases}$$

将 $X_B - X_A = S_{AB}\cos\alpha_{AB}$，$Y_B - Y_A = S_{AB}\sin\alpha_{AB}$ 代入上式得

$$\begin{cases} X_P = X_A + \dfrac{S_{AP}\sin\alpha}{S_{AB}}[(X_B - X_A)\cot\alpha + (Y_B - Y_A)] \\ Y_P = Y_A + \dfrac{S_{AP}\sin\alpha}{S_{AB}}[(Y_B - Y_A)\cot\alpha - (X_B - X_A)] \end{cases} \qquad (6-5)$$

将式（6-4）代入式（6-5），并整理得

$$\begin{cases} X_P = \dfrac{X_A \cot\beta + X_B \cot\alpha + (Y_B - Y_A)}{\cot\alpha + \cot\beta} \\ Y_P = \dfrac{Y_A \cot\beta + Y_B \cot\alpha - (X_B - X_A)}{\cot\alpha + \cot\beta} \end{cases} \tag{6-6}$$

式（6-6）即为前方交会观测数据的计算公式，也称余切公式。

在图 6-19 中，若其中一个已知控制点不利于架设测量仪器时，可在待定点 P 上架设测量仪器，这种测量方法称为侧方交会。待定点 P 的平面坐标 (X_P, Y_P) 计算方法与前方交会法类似，仅需先求出 β 角，再进行坐标计算。

单三角形时，观测三角形的 3 个内角 α、β、γ，计算角度闭合差 ω，即

$$\omega = \alpha + \beta + \gamma - 180°$$

再利用$-\dfrac{\omega}{3}$分配到各观测角后，对观测角改正后，代入前方交会计算公式求取待定点坐标 (X_P, Y_P)。

二、后方交会

如图 6-20 所示，在待定点 P 上架设经纬仪，分别向 3 个已知点 A、B、C 方向进行观测，测得水平角 α 和 β，利用 3 个已知点 A、B、C 的坐标 (X_A, Y_A)、(X_B, Y_B)、(X_C, Y_C) 和 α、β，计算点 P 坐标 (X_P, Y_P) 的过程称为后方交会。

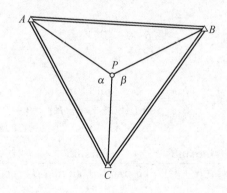

图 6-20 后方交会

后方交会解算的前提是 P、A、B、C 四点不能共圆，否则 P 点不能被唯一确定。如果 P 点到 A、B、C 三点所决定的圆的距离小于该圆半径的 1/5，则 P 点的可靠性较低。

由于后方交会计算公式推算较为复杂，下面直接给出其仿权（重心）公式，即

$$\begin{cases} X_P = \dfrac{P_A X_A + P_B X_B + P_C X_C}{P_A + P_B + P_C} \\ Y_P = \dfrac{P_A Y_A + P_B Y_B + P_C Y_C}{P_A + P_B + P_C} \end{cases}$$

式中 P_A、P_B、P_C 按下式计算

$$\begin{cases} P_A = \dfrac{\tan\alpha \cdot \tan A}{\tan\alpha - \tan A} \\[3mm] P_B = \dfrac{\tan\beta \cdot \tan B}{\tan\beta - \tan B} \\[3mm] P_C = \dfrac{\tan\gamma \cdot \tan C}{\tan\gamma - \tan C} \end{cases}$$

式中 A、B、C 为 $\triangle ABC$ 的三个顶角，可通过 3 个已知边的坐标方位角求出。α、β 和 γ 可利用下式求得。

$$\begin{cases} \alpha = R_C - R_B \\ \beta = R_A - R_C \\ \gamma = R_B - R_A \end{cases}$$

式中 R_A、R_B、R_C ——P 点对 A、B、C 三角点观测的水平方向值。

三、测边交会

如图 6-21 所示，在已知控制点 A（X_A，Y_A）和 B（X_B，Y_B）上架设测量仪器，测得与待定点 P 的平面距离分别为 S_A、S_B，由已知点坐标和 S_A、S_B 计算待定点 P 坐标（X_P，Y_P）的方法称为前方测边交会。

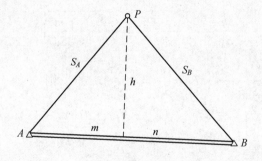

图 6-21 测边交会

在 $\triangle ABP$ 中，h 为 AB 边上的高，h 将边 AB 分为 m 和 n 两部分，由图 6-21 可知

$$\begin{cases} h^2 + m^2 = S_A^2 \\ h^2 + n^2 = S_B^2 \\ m + n = S_{AB} \end{cases}$$

解得

$$\begin{cases} m = \dfrac{S_A^2 + S_{AB}^2 - S_B^2}{2S_{AB}} \\[3mm] n = \dfrac{S_B^2 + S_{AB}^2 - S_A^2}{2S_{AB}} \\[3mm] h = \sqrt{S_A^2 - m^2} = \sqrt{S_B^2 - n^2} \end{cases}$$

同时，又有

$$\begin{cases} \cot A = \dfrac{m}{h} \\[2mm] \cot B = \dfrac{n}{h} \end{cases}$$

将上式代入公式:

$$\begin{cases} X_P = X_A + \dfrac{S_{AP}\sin\alpha}{S_{AB}}[\,(X_B - X_A)\cot\alpha + (Y_B - Y_A)\,] \\[3mm] Y_P = Y_A + \dfrac{S_{AP}\sin\alpha}{S_{AB}}[\,(Y_B - Y_A)\cot\alpha - (X_B - X_A)\,] \end{cases}$$

得

$$\begin{cases} X_P = X_A + \dfrac{m}{S_{AB}}(X_B - X_A) + \dfrac{h}{S_{AB}}(Y_B - Y_A) \\[3mm] Y_P = Y_A + \dfrac{m}{S_{AB}}(Y_B - Y_A) - \dfrac{h}{S_{AB}}(X_B - X_A) \end{cases}$$

其中

$$\frac{m}{S_{AB}} = \frac{S_A^2 + S_{AB}^2 - S_B^2}{2S_{AB}^2}$$

$$\frac{h}{S_{AB}} = \sqrt{\frac{S_A^2 - m^2}{S_{AB}^2}} = \sqrt{\frac{S_A^2}{S_{AB}^2} - \left(\frac{m}{S_{AB}}\right)^2}$$

令 $T_1 = \dfrac{m}{S_{AB}} = \dfrac{S_A^2 + S_{AB}^2 - S_B^2}{2S_{AB}^2}$, $T_2 = \dfrac{h}{S_{AB}} = \sqrt{\dfrac{S_A^2}{S_{AB}^2} - T_1^2}$,则

$$\begin{cases} X_P = X_A + T_1(X_B - X_A) + T_2(Y_B - Y_A) \\ Y_P = Y_A + T_1(Y_B - Y_A) - T_2(X_B - X_A) \end{cases} \tag{6-7}$$

四、自由设站法

随着电子测角、光电测距技术的普及,边角网测量逐渐取代了传统测角网。传统的方法多是采用支导线或交会测量等技术方法。这些技术方法都存在一定的局限性,如支导线测量无法检测点位精度,交会测量工作强度大、精度较低。目前,在工程项目中,特别是在铁路等线状工程项目中,自由设站法是快速加密控制点的一种技术方法。

自由设站法其实是一种边角联测后方交会测量。如图 6-22 所示,A、B 为两个已知点,需在 P 点位置增设控制点,在 P 点上架设全站仪,观测 P 到两点的距离分别为 S_A、S_B,并观测角度 β,从而由 A、B 两点坐标计算 P 点坐标。

1. 简易平差方法

采用条件平差法,观测值、平差值之间存在一个条件,即根据余弦定理推出来的 AB 边长的平差值 $\hat{S}_{AB}$ 应等于已知值 S_{AB}。平差值条件方程式为

$$\sqrt{(S_A + \nu_A)^2 + (S_B + \nu_B)^2 - 2(S_A + \nu_A)(S_B + \nu_B)\cos(\gamma + \nu_\gamma)} - S_{AB} = 0 \tag{6-8}$$

线性化后的改正数条件方程式为

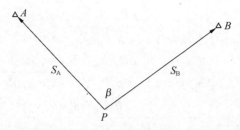

图 6-22　自由设站法

$$\begin{cases} \rho''(S_A - S_B\cos\gamma)\nu_A + \rho''(S_B - S_A\cos\gamma)\nu_B + S_A S_B\sin\gamma\nu''_\gamma + \rho''S'_{AB}(S'_{AB} - S_{AB}) = 0 \\ S'_{AB} = \sqrt{S_A{}^2 + S_B{}^2 - 2S_A S_B\cos\gamma} \end{cases}$$

令 $a_1 = \rho''(S_A - S_B\cos\gamma)$，$a_2 = \rho''(S_B - S_A\cos\gamma)$，$a_3 = S_A S_B\sin\gamma$，$\omega_a = \rho''S'_{AB}(S'_{AB} - S_{AB})$；$L = (S_A,\ S_B,\ \gamma)'$，$A = (a_1,\ a_2,\ a_3)$，$N = (\nu_A,\ \nu_B,\ \nu_\gamma)'$，$W = (\omega_a)$。

则可用矩阵形式表示为

$$AN + W = 0 \tag{6-9}$$

以角度观测值的中误差 m_γ 作为单位权中误差 m_0，根据所用全站仪的距离测量精度公式 $m_d = a + bD$，并结合距离测量值 S_A 和 S_B，可确定距离观测值 S_A 和 S_B 的中误差为 $m_{S_A} = a + bS_A$ 和 $m_{S_B} = a + bS_B$，其单位为毫米。再按照权的定义式可确定观测值的权分别为

$$P_A = \frac{m_\gamma^2}{m_A^2} \qquad P_B = \frac{m_\gamma^2}{m_B^2} \qquad P_\gamma = \frac{m_0^2}{m_\gamma^2} = 1$$

则观测值向量 $\boldsymbol{L}$ 的权阵及其逆阵分别为

$$\boldsymbol{P} = \begin{pmatrix} P_A & & \\ & P_B & \\ & & 1 \end{pmatrix} \tag{6-10}$$

$$\boldsymbol{Q} = \boldsymbol{P}^{-1} = \begin{pmatrix} \dfrac{1}{P_A} & & \\ & \dfrac{1}{P_B} & \\ & & 1 \end{pmatrix} \tag{6-11}$$

根据条件平差原理，可组成法方程 $\boldsymbol{A}\boldsymbol{P}^{-1}\boldsymbol{A}^{\mathrm{T}}\boldsymbol{K} + \boldsymbol{W} = 0$，令 $\boldsymbol{N}_{aa} = \boldsymbol{A}\boldsymbol{P}^{-1}\boldsymbol{A}^{\mathrm{T}}$，则有

$$\boldsymbol{N}_{aa} = \boldsymbol{A}\boldsymbol{P}^{-1}\boldsymbol{A}^{\mathrm{T}} = \left[\frac{\rho^2(S_A - S_B\cos\gamma)^2}{P_A} + \frac{\rho^2(S_B - S_A\cos\gamma)^2}{P_B} + S_A{}^2 S_B{}^2\sin^2\gamma \right]$$

则法方程可简化为 $\boldsymbol{N}_{aa}\boldsymbol{K} + \boldsymbol{W} = 0$。解法方程，可求得联系数 $\boldsymbol{K}$ 为

$$\boldsymbol{K} = \boldsymbol{N}_{aa}{}^{-1}\boldsymbol{W} = \left[-\frac{P_A P_B\omega_a}{\rho^2 P_B(S_A - S_B\cos\gamma)^2 + \rho^2 P_A(S_B - S_A\cos\gamma)^2 + P_A P_B S_A{}^2 S_B{}^2\sin^2\gamma} \right]$$

于是，改正数向量为

$$V = P^{-1}A^{\mathrm{T}}K = \begin{bmatrix} -\dfrac{\rho P_B(S_A - S_B\cos\gamma)\omega_a}{\rho^2 P_B(S_A - S_B\cos\gamma)^2 + \rho^2 P_A(S_B - S_A\cos\gamma)^2 + P_A P_B S_A{}^2 S_B{}^2\sin^2\gamma} \\[2ex] -\dfrac{\rho P_A(S_B - S_A\cos\gamma)\omega_a}{\rho^2 P_B(S_A - S_B\cos\gamma)^2 + \rho^2 P_A(S_B - S_A\cos\gamma)^2 + P_A P_B S_A{}^2 S_B{}^2\sin^2\gamma} \\[2ex] -\dfrac{P_A P_B S_A S_B\sin\gamma\,\omega_a}{\rho^2 P_B(S_A - S_B\cos\gamma)^2 + \rho^2 P_A(S_B - S_A\cos\gamma)^2 + P_A P_B S_A{}^2 S_B{}^2\sin^2\gamma} \end{bmatrix}$$

观测值向量加改正数向量便可求得观测值的平差值向量，见式（6-12），将求得的观测值平差值代入式（6-8）的平差值条件方程式中，可检查观测值平差值计算的正确性。

$$L = \begin{bmatrix} \bar{S}_A \\[1ex] \bar{S}_B \\[1ex] \bar{\gamma} \end{bmatrix} = \begin{bmatrix} S_A - \dfrac{\rho P_B(S_A - S_B\cos\gamma)\omega_a}{\rho^2 P_B(S_A - S_B\cos\gamma)^2 + \rho^2 P_A(S_B - S_A\cos\gamma)^2 + P_A P_B S_A{}^2 S_B{}^2\sin^2\gamma} \\[2ex] S_B - \dfrac{\rho P_A(S_B - S_A\cos\gamma)\omega_a}{\rho^2 P_B(S_A - S_B\cos\gamma)^2 + \rho^2 P_A(S_B - S_A\cos\gamma)^2 + P_A P_B S_A{}^2 S_B{}^2\sin^2\gamma} \\[2ex] \gamma - \dfrac{P_A P_B S_A S_B\sin\gamma\,\omega_a}{\rho^2 P_B(S_A - S_B\cos\gamma)^2 + \rho^2 P_A(S_B - S_A\cos\gamma)^2 + P_A P_B S_A{}^2 S_B{}^2\sin^2\gamma} \end{bmatrix}$$

$$(6\text{-}12)$$

由于观测值的平差值已求出，可通过正弦定理求得 $\sin\bar{\beta}_A$，再根据反三角函数可计算出 $\bar{\beta}_A$，见式（6-13），进而推出 PA 边的方位角见式（6-14），再根据坐标正算公式可计算设站点 P 的坐标。

$$\bar{\beta}_A = \arcsin\left(\frac{\bar{S}_B\sin\bar{\gamma}}{S_{AB}}\right) \tag{6-13}$$

$$\bar{\alpha}_{AP} = \alpha_{AB} + \bar{\beta}_A = \arctan\left(\frac{Y_B - Y_A}{X_B - X_A}\right) + \bar{\beta}_A \tag{6-14}$$

$$\begin{cases} X_P = X_A + \bar{S}_A\cos\bar{\alpha}_{AP} \\ Y_P = Y_A + \bar{S}_A\sin\bar{\alpha}_{AP} \end{cases} \tag{6-15}$$

2. 算术平均法

在图 6-22 中，根据已知点 A、B 坐标 (X_A, Y_A) 和 (X_B, Y_B)，利用坐标反算公式，计算边长 S_{AB} 和方位角 α_{AB}，即

$$S_{AB} = \sqrt{(X_B - X_A)^2 + (Y_B - Y_A)^2} \tag{6-16}$$

$$\alpha_{AB} = \arctan\frac{Y_B - Y_A}{X_B - X_A} \tag{6-17}$$

设 $\angle PAB$ 和 $\angle PBA$ 对应的角度为 α 和 γ，利用正弦定律，计算已知点的夹角 α 和 γ，即

$$\frac{S_{AB}}{\sin\beta} = \frac{S_B}{\sin\alpha} \qquad \frac{S_{AB}}{\sin\beta} = \frac{S_A}{\sin\gamma}$$

$$\begin{cases} \alpha = \arcsin\left(\dfrac{S_B\sin\beta}{S_{AB}}\right) \\ \gamma = \arcsin\left(\dfrac{S_A\sin\beta}{S_{AB}}\right) \end{cases} \qquad (6\text{-}18)$$

按方位角的传递公式，计算 AP、BP 的方位角，即

$$\alpha_{AP} = \alpha_{AB} + \alpha$$

$$\alpha_{BP} = \alpha_{BA} - \gamma = \alpha_{AB} - \gamma \pm 180°$$

由已知点 A、B 坐标 (X_A, Y_A) 和 (X_B, Y_B)，边长 S_A、S_B 和方位角 α_{AP}、α_{BP}，利用坐标正算公式，分别从已知点 A、B 计算待定点 P 的坐标，即

$$\begin{cases} X_{P1} = X_A + S_A\cos\alpha_{AP} \\ Y_{P1} = Y_A + S_A\sin\alpha_{AP} \end{cases} \qquad (6\text{-}19)$$

$$\begin{cases} X_{P2} = X_B + S_B\cos\alpha_{BP} \\ Y_{P2} = Y_B + S_B\sin\alpha_{BP} \end{cases} \qquad (6\text{-}20)$$

最后，利用两次算得的坐标求算数平均值，作为点 P 的坐标，即

$$X_P = \frac{1}{2}(X_{P1} + X_{P2}) \qquad Y_P = \frac{1}{2}(Y_{P1} + Y_{P2}) \qquad (6\text{-}21)$$

第四节　卫星导航定位技术控制测量

1957 年第一颗人造地球卫星的发射成功，开辟了卫星大地测量学这一新领域。其中一个重要功能就是实现在空中、海上和陆地实时导航与定位。

目前，世界上比较成熟的导航定位卫星系统主要有美国的全球定位系统（Global Positioning System，GPS）、俄罗斯的格洛纳斯（GLONASS）、欧洲的伽利略定位系统（Galileo Positioning System）和中国的北斗卫星导航系统（Beidou Navigation Satellite System，BDS）。

一、卫星导航定位系统概述

此处主要介绍 GPS 和 BDS 两种系统。

1. 全球定位系统（GPS）

GPS 是美国的导航定位系统，是目前最为成熟、应用最广泛的卫星定位系统。它自 1973 年 12 月开始建立，至 1994 年完成空间 24 颗卫星的布设。卫星导航系统主要由空间卫星星座、地面监控站和用户接收设备三部分组成。

空间卫星星座由 24 颗卫星组成，其中包括 3 颗备用卫星。卫星分布在 6 个轨道平面内，每个轨道平面内有 4 颗卫星。卫星轨道面相对地球赤道面的倾角为 55°，卫星平均高度为 20200 km，卫星轨道接近于圆形，最大偏心率为 0.01。其主要功能是接收、存储和处理地面监控系统发射来的导航电文及其他有关信息，向用户连续不断地发送导航与定位信息，并提供时间标准、卫星本身的空间实时位置。

地面监控系统初期主要由 1 个主控站、3 个注入站和 5 个监控站组成。为提高精度，GPS 地面监控站逐渐增加，最终将达到 19 个，分布在全球各地，以保证全球范围内对每

颗在轨卫星至少有两个监控站对其连续跟踪监测。其主要功能是跟踪和监控在轨卫星的运行状态，监测大气折射，控制和预报 GPS 卫星的轨道，给卫星注入导航电文，调整卫星的状态，指挥启用备用卫星。

用户接收设备类型较多，用于测量上的主要是 GPS 接收机。其主要构件有接收机主机、天线和电源，通过接收 GPS 卫星发射的卫星信号，获取导航定位信息，经过数据处理，解算出导航定位信息。其主要功能是跟踪接收 GPS 卫星发射的信号并进行处理，以便测量出 GPS 信号从卫星到接收天线的传播时间；解释导航电文，实时计算出测站的三维位置，甚至三维速度和时间。

2. 北斗卫星导航系统（BDS）

北斗卫星导航系统是我国着眼于国家安全和经济社会发展需求，自主建设、独立运行的卫星导航系统，是为全球用户提供全天候、全天时、高精度的定位、导航和授时服务的国家重要空间基础设施。

2000 年底，建成北斗一号系统，向中国提供服务，2012 年底，建成北斗二号系统，向亚太地区提供服务；2020 年 7 月 31 日北斗三号卫星导航系统正式开通，标志着中国北斗"三步走"发展战略圆满完成，中国成为世界上第 3 个独立拥有全球卫星导航系统的国家。随着北斗卫星导航系统建设和服务能力的发展，已广泛应用于交通运输、测绘地理信息、救灾减灾等领域。

与其他卫星导航系统不同，北斗三号系统采用混合星座模式，由 24 颗 MEO 卫星（地球中圆轨道卫星）、3 颗 IGSO 卫星（倾斜地球同步轨道卫星）以及 3 颗 GEO 卫星（地球静止轨道卫星）3 种不同轨道的 30 颗卫星组成。

北斗卫星导航系统提供服务以来，已在交通运输、农林渔业、水文监测、气象测报、通信授时、电力调度、救灾减灾、公共安全等领域得到了广泛应用，服务于国家重要基础设施，产生了显著的经济效益和社会效益。北斗卫星导航系统秉承"中国的北斗、世界的北斗、一流的北斗"发展理念，愿与世界各国共享北斗卫星导航系统建设发展成果，促进全球卫星导航事业蓬勃发展，为服务全球、造福人类贡献中国智慧和力量。北斗卫星导航系统为经济社会发展提供了重要的时空信息保障，是中国实施改革开放 40 余年来取得的重要成就之一，是新中国成立 70 余年来重大科技成就之一，是中国贡献给世界的全球公共服务产品。

二、卫星导航定位的基本原理

如果在绕地球运动的人造卫星上安装无线电信号发射机，在接收机钟的控制下，就可以测量信号到达接收机的时间 Δt，进而求出卫星到接收机的距离，即

$$\bar{\rho} = c\Delta t \tag{6-22}$$

式中 c——信号传播速度。

由于所测数据受到误差因素影响，需对其进行误差改正，改正后距离为

$$\rho = \bar{\rho} + \Delta\rho_1 + \Delta\rho_2 - cv_a + cv_b$$

式中 $\Delta\rho_1$——电离层延迟距离改正；

$\Delta\rho_2$——对流层延迟距离改正；

v_a——卫星钟钟差改正；

v_b——接收机钟钟差改正。

通过地面监控部分可以监测到电离层、对流层和卫星钟的相关信息，同时卫星距地面点的距离也可以表示为

$$S_{AP} = \sqrt{(x_P - x_A)^2 + (y_P - y_A)^2 + (z_P - z_A)^2}$$

式中 (x_A, y_A, z_A) 和 (x_P, y_P, z_P) 分别为卫星 A 和接收机 P 的瞬时坐标。则

$$\rho = S_{AP}$$

即

$$\bar{\rho} + \Delta\rho_1 + \Delta\rho_2 - cv_a + cv_b = \sqrt{(x_P - x_A)^2 + (y_P - y_A)^2 + (z_P - z_A)^2}$$

上式中有 4 个未知量，即 v_b、x_A、y_A、z_A，因此，需观测到 4 颗卫星，才能求算出地面点坐标。

在某点 P 安置一台卫星信号接收机，在某一时刻同时接收到 4 颗卫星 A、B、C 和 D 的信号，即测得 P 点与 3 颗卫星的距离 S_{AP}、S_{BP}、S_{CP} 和 S_{DP}，则可列出 4 个观测方程：

$$\begin{cases} S_{AP} = \sqrt{(x_P - x_A)^2 + (y_P - y_A)^2 + (z_P - z_A)^2} \\ S_{BP} = \sqrt{(x_P - x_B)^2 + (y_P - y_B)^2 + (z_P - z_B)^2} \\ S_{CP} = \sqrt{(x_P - x_C)^2 + (y_P - y_C)^2 + (z_P - z_C)^2} \\ S_{DP} = \sqrt{(x_P - x_D)^2 + (y_P - y_D)^2 + (z_P - z_D)^2} \end{cases} \tag{6-23}$$

式中 (x_B, y_B, z_B)、(x_C, y_C, z_C)、(x_D, y_D, z_D)——卫星 B、C、D 的瞬时坐标。

因此，卫星定位原理就是根据高速运动的卫星的瞬时位置作为已知起算数据，采用空间后方交会的方法，确定待定点的空间位置。

三、卫星导航定位方式

（一）静态定位和动态定位

按照用户接收机天线在定位过程中的状态，卫星定位方式可分为静态定位和动态定位。

1. 静态定位

静态测量时，认为卫星接收机的天线在整个观测过程中的位置是静止的，通过接收到的卫星数据的变化来求得待定点的坐标。

静态定位包括 3 种类型：①绝对静态定位，以确定单点的三维地心坐标为目的；②相对静态定位，将两台或两台以上的接收机安置在几个固定测站上进行同步观测，以求取测站点间基线向量；③快速静态定位，基于整周模糊度快速逼近技术，依靠计算方法的改进和相应的软件实现快速定位。双频接收机通常只需同步观测 5 ~ 10 min，单频接收机仅需 15 min 左右便可定位。

2. 动态定位

所谓动态定位，就是在进行卫星定位时，认为接收机的天线在整个观测过程中的位置是变化的。其特点是能实时测得运动物体的位置，但其定位精度低，主要用于飞机、船舶和汽车的导航。

（二）绝对定位和相对定位

按照参考点的位置不同，卫星定位分为绝对定位和相对定位。

1. 绝对定位

绝对定位又称单点定位，是一种采用一台接收机进行定位的模式，它所确定的是接收机天线的绝对坐标。这种定位模式的特点是作业方式简单，可以单机作业。绝对定位一般用于导航和精度要求不高的应用中。

2. 相对定位

相对定位又称为差分定位。这种定位模式采用两台以上的接收机，同时对一组相同的卫星进行观测，以确定接收机天线间的相互位置关系。

四、GNSS 控制测量

目前，卫星定位技术基本上取代了常规控制测量，被广泛应用于各种级别的控制网建设中。建立各种控制网主要采用相对静态定位方式，其特点是精度高、选点灵活、全天候、观测时间短、观测和数据处理自动化。

（一）GPS 控制网的精度指标

各类 GPS 控制网的精度设计主要取决于控制网的用途。《全球定位系统（GPS）测量规范》（GB/T 18314—2009）将 GNSS 基线向量网划分为 A、B、C、D、E 级，见表 6-6 和表 6-7。

GNSS 网的精度指标通常以网中相邻点间的距离误差来表示：

$$\sigma = \sqrt{a^2 + (b \times D \times 10^{-6})^2} \tag{6-24}$$

式中　σ——相邻两点距离的中误差，mm；

　　　a——固定误差，mm；

　　　b——比例误差系数，10^{-6}；

　　　D——相邻点间的距离，km。

表 6-6　A 级 GPS 网的精度指标

级别	坐标年变化率中误差		相对精度	地心坐标各分量年平均中误差/mm
	水平分量/(mm · a^{-1})	垂直分量/(mm · a^{-1})		
A	2	3	1×10^{-8}	0.5

表 6-7　B、C、D 和 E 级 GPS 网的精度指标

级别	相邻点基线分量中误差		相邻点平均距离/km
	水平分量/mm	垂直分量/mm	
B	5	10	50
C	10	20	20
D	20	40	5
E	20	40	3

（二）控制网的图形设计

采用静态相对定位的方法进行控制网测量，至少需要两台 GNSS 接收机在相同时段内

同时接收相同的 4 颗以上 GNSS 导航定位卫星。

1. 基本概念

观测时段：测站上开始接收卫星信号到观测停止，连续工作的时间段，简称时段。

同步观测：两台或两台以上接收机同时对同一组卫星进行的观测。

同步观测环：3 台或 3 台以上接收机同步观测获得的基线向量所构成的闭合环，简称同步环。

独立观测环：由独立观测所得的基线向量构成的闭合环，简称独立环。

异步观测环：在构成多边形环路的所有基线向量中，只要有非同步观测基线向量，则该多边形环路叫异步观测环，简称异步环。

独立基线：当由 n 台 GNSS 接收机构成同步观测时，则有 $\frac{n}{2}(n-1)$ 条同步观测基线，其中独立基线数为 $n-1$。

2. 构网方式

（1）星形网。这种网形在作业中只需要两台 GNSS 接收机，作业简单，是一种快速定位的作业方式。由于各基线之间不能构成闭合图形，其抗粗差的能力非常差。一般只用在工程测量、边界测量、地籍测量和碎部测量等一些精度要求较低的测量中，如图 6-23 所示。

（2）点连式。同步图形之间仅有一点相连接的异步图形。该方式没有或仅有少量的异步图形闭合条件，没有重复基线出现。因此，所构成的网形抗粗差能力仍不强，特别是粗差定位能力差，网的几何强度也较弱，如图 6-24 所示。

（3）边连式。指相邻同步图形之间通过两个公共点相连，即同步图形由一条公共基线连接。采用边连式布网方法有较多的非同步图形闭合条件以及大量的重复基线边，因此，用边连式布网方式布设的 GNSS 网其几何强度较高，具有良好的自检能力，能够有效发现测量中的粗差，具有较高的可靠性，如图 6-25 所示。

（4）混连式。指点连式与边连式的一种混合连接方式。该布网方式比较灵活，工作量和检核条件适中。

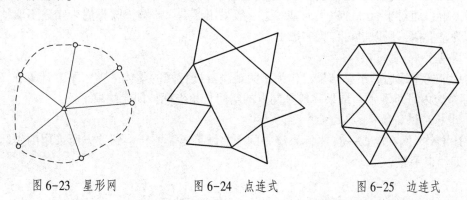

图 6-23　星形网　　　图 6-24　点连式　　　图 6-25　边连式

（三）GNSS 控制测量的外业工作

1. 选点与埋设标志

在观测工作开始之前，首先制定详细的观测方案，包括网型的设计、点位的选择、观测顺序的拟定、观测时间的设计等。

选点时应注意以下事项：点位应紧扣测量目的布设；便于联测和扩展；点位交通方便，便于安置设备，视野开阔；点位远离大功率无线电发射源和高压输电线；点位附近避免有对电磁波发射影响强烈的物体；点位应选在地面基础好的地方；点位选好后，按规定绘制点之记。标志埋设应按相关规范要求进行。

2. GNSS 接收机的检验

GNSS 接收机是完成控制测量任务的关键设备，外业观测前必须对接收机进行检查。对新购的 GNSS 接收机，应全面检验其技术性能与可能达到的精度水平是否与提供的指标一致。接收机的检验是制定 GNSS 作业方案的依据，是顺利完成 GNSS 测量任务的重要保证。

3. GNSS 外业观测工作

按照设计好的观测计划，确定外业 GNSS 控制网的观测顺序。外业观测工作主要包括天线安置、观测作业和观测记录。

GNSS 外业观测时，观测者应按调度确定作业时间，保障同步网中各观测站之间的时间重合，保证同步观测时间符合有关规程观测时长的要求。每个测站均应丈量 GNSS 天线高，要求在一个观测时段内观测前、观测后分别量测天线高。由于天线是圆盘形，需在不同部位丈量 3 次，互差不超过 3 mm，取平均值作为天线高度参与计算测量点坐标。原始观测值和记录数据应按照规程规范执行，做到不涂改、不转抄、不追记。

（四）数据处理

1. GNSS 数据的预处理

指从原始数据中剔除无效观测值和冗余信息，形成各种数据文件，如星历文件、载波相位和伪距观测文件、测站信息文件；对数据进行平滑滤波检验，剔除粗差；统一数据文件格式，将不同类型接收机的数据记录格式统一为标准化的文件格式，探测周跳，修复观测值。

2. 基线向量解算

一般先采用三差模型法对基线向量进行预求解，然后采用双差模型对基线向量进行精确求解。对于 20 km 以下的基线，常采用所谓的固定双差解，即整周未知数取为整数后的基线平差解；而对于 30 km 以上的基线，一般采用浮点双差解，即整周未知数不取整，以实数作为整周值，所以也可称为实数解。

3. 平差计算

利用上述基线边的平差结果，作为相关观测量进行网的整体平差。平差计算在 WGS-84 坐标系统内进行，平差结果一般是网点的空间直角坐标，即无约束平差。

4. 坐标系统转换

上述 GNSS 网在 WGS-84 坐标系统中的平差结果还需要转换到地方所采用的坐标系统中去，即约束平差。

第五节 水 准 测 量

按照精度不同，国家水准测量可分为一、二、三、四等，其中一、二等水准测量是国家高程控制网的测量方法，三、四等水准测量用于加密一、二等水准测量。作为地形测量和工程测量的高程控制测量方法，其精度要求比普通水准测量的精度高。

一、水准路线的类型

水准测量的任务是从已知高程的水准点开始，测量待定的其他水准点或地面点的高程。由已知高程点出发进行水准测量所经过的路线称为水准路线。水准路线中有已知点、待测点（未知点）和转点，已知点和待测点（未知点）为水准点，两水准点之间称为一个测段。测量前应根据要求选定水准点的位置，埋设好水准点标石，拟定水准测量进行的路线，即进行水准路线布设。通常水准路线有以下 4 种布设形式。

1. 附合水准路线

从一个已知高程的水准点开始，沿各待定高程的水准点进行水准测量，最后测到另一个已知高程的水准点的水准路线。这种水准路线称为附合水准路线，如图 6-26 所示。此水准路线可使测量成果得到可靠的检核。

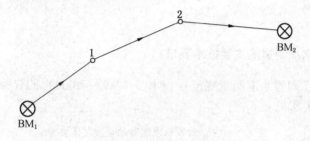

图 6-26　附合水准路线

2. 闭合水准路线

从一个已知高程的水准点开始，沿各待定高程的水准点进行环形水准测量，最后测量到起始点上的水准路线，这种水准路线称为闭合水准路线，其也可以看作起始点与结束点相重合的附合水准路线，如图 6-27 所示。

3. 支水准路线

从一个已知高程的水准点开始，沿各待定高程的水准点进行水准测量，最后既不测到另一个已知高程的水准点，也不形成闭合的水准路线，这种水准路线称为支水准路线，如图 6-28 所示。这种形式的水准路线不能对测量成果进行检核，因此必须进行往返观测，或用两组仪器进行并测。

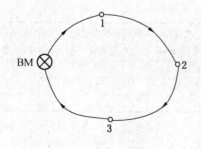

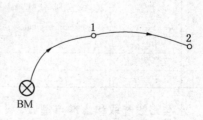

图 6-27　闭合水准路线　　　　　　图 6-28　支水准路线

4. 水准网

由几条单一水准路线连接在一起形成网状，称为水准网。单一水准路线相互连接的点称为结点。若水准网中只有一个起始点，称为独立水准网，如图6-29所示。若水准网中有多个起始点，称为附合水准网，如图6-30所示。

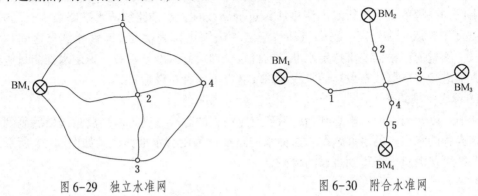

图6-29　独立水准网　　　　　　　　　图6-30　附合水准网

二、三、四等水准测量的主要技术要求

根据《国家三、四等水准测量规范》（GB/T 12898—2009）的有关规定，三、四等水准测量的主要技术要求见表6-8。

表6-8　三、四等水准测量的主要技术要求

等级	仪器类型	视线长度/m	前后视距差/m	前后视距累计差/m	视线高度	数字水准仪重复测量次数/次
三等	DS_3	≤75	≤2.0	≤5.0	三丝能读数	≥3
	DS_1、DS_{05}	≤100				
四等	DS_3	≤100	≤3.0	≤10.0	三丝能读数	≥2
	DS_1、DS_{05}	≤150				

注：相位法数字水准仪重复测量次数可以为上表中数值减少一次。所有数字水准仪在地面震动较大时，应暂时停止测量，直至震动结束，无法回避时应随时增加重复测量次数。

在水准测量观测过程中，观测间歇时，最好能在水准点上结束观测，否则应在最后一站选择两个坚稳可靠、光滑突出、便于放置标尺的固定点作为间歇点。三、四等水准测量的各测站观测限差要求见表6-9。

表6-9　三、四等水准测量的测站技术要求

等级	仪器类型	基、辅分划（红黑面）读数之差/mm	基、辅分划（红黑面）所测高差之差/mm	单程双转点法观测时，左右路线转点差/mm	检测间歇点高差之差/mm
三等	中丝法	2.0	3.0	—	3.0
	光学测微法	1.0	1.5	1.5	3.0
四等	中丝法	3.0	5.0	4.0	5.0

三、水准路线选取和水准点埋设

1. 水准路线的布设原则

水准路线的选择取决于已知水准点的位置和待测水准点的用途等，因此，在水准路线

选择之前，应先收集已知水准数据资料，到实地查勘，分析水准数据的可靠性。三、四等水准网是在一、二等水准网的基础上进一步加密。单独的三等水准路线长度不得超过150 km，环线周长不得超过200 km，同级网中结点间距离不超过70 km，山区等特殊困难地区可适当放宽；单独的四等水准路线长度不得超过80 km，环线周长不得超过100 km，同级网中结点间距离不超过30 km，山区等特殊困难地区可适当放宽。

三、四等水准路线上，每隔4~8 km应埋设普通水准标石一座，在人口密集、经济发达地区可缩短为2~4 km，荒漠地区及水准支线可增长至10 km左右。支线长度在15 km以内可不埋石。

2. 水准网的技术设计和选点埋石

三、四等水准网布设前，应进行踏勘，收集水文、地质、气象和道路等资料，在此基础上进行技术设计，获得水准网或水准路线的最佳布设方案。水准路线应沿利于施测的公路、大路及坡度较小的乡村路布设，水准路线尽量避免跨越500 m以上的河流、湖泊、沼泽等障碍物。

水准点应选择在土质坚实、安全僻静、便于观测和利于长期保存的地点，在易受水淹、潮湿或地下水位较高处，易发生土崩、滑坡、沉陷、隆起等地面局部变形的地点，短期内进行建设发展可能损坏标石或不便观测的地点等地区，不应埋设水准点。

水准点位置确定后，按规范规定埋设水准标石，标石柱体可先行预制，底盘应现场浇制。水准标石类型主要有6类，其中混凝土普通水准标石（图6-31）适用于土层不冻或冻土深度小于0.8 m的地区，岩层普通水准标石适用于岩层出露或埋入地面不深于1.5 m处，混凝土柱普通水准标石和钢管普通水准标石适用于冻土深度大于0.8 m的地区，墙脚水准标石适用于坚固建筑物或直立石崖处，道路水准标石适用于道路肩部。在混凝土普通水准标石预制时，应将水准标志预制在标石上，如图6-32所示。

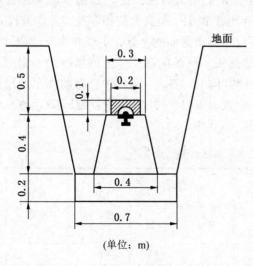

（单位：m）

图6-31　混凝土普通水准标石

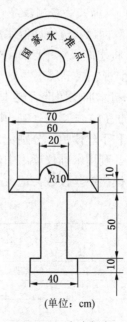

（单位：cm）

图6-32　水准标志

水准点埋设结束后，应绘制点之记，使用时便于寻找点的位置，从点之记上还可以读取点的高程信息。点之记属水准测量成果之一，应妥善保存。

四、水准测量的外业实施

在实际水准测量中，如欲测量的两点间的高差较大或者两点相距较远，超过了允许的视线长度，则安置一次水准仪不能测量这两点间的高差，如图 6-33 所示。此时可在沿 A 点至 B 点的水准路线中间增设若干个临时立尺点（转点）TP_1，TP_2，…，TP_n，这些转点将 AB 水准路线分成 $n+1$ 段，分别测出每段的高差 h_1，h_2，…，h_n，h_{n+1}，则 A、B 两点间的高差 h_{AB} 就等于每段的高差之和，即

$$h_{AB} = h_1 + h_2 + \cdots + h_{n+1} \tag{6-25}$$

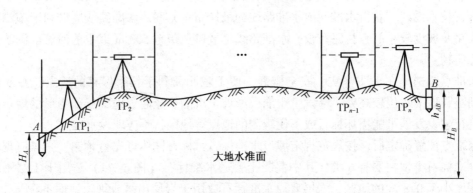

图 6-33　连续水准测量

四等水准测量的外业观测常采用双面尺法，下面介绍双面尺法的观测程序和观测时与观测后的计算检核。

（一）双面尺法观测程序

利用双面尺法进行四等水准测量的观测程序如下。

（1）将水准尺立于已知高程的水准点 A 上作为后视，在 A 点前方适当位置选择转点 TP_1 作为前视，放上尺垫并立水准尺，在距 A 和 TP_1 距离大致相等处安置水准仪并整平。

（2）将水准仪照准后视 A 上的水准尺，读出黑面的上丝、下丝和中丝读数，分别记入表 6-10 的（1）、（2）、（3）中；旋转望远镜，照准前视 TP_1 上的水准尺，读出黑面的中丝、上丝和下丝读数，分别记入表 6-10 的（4）、（5）、（6）中；将前视水准尺由黑面转到红面，并利用水准仪读出中丝读数，记入表 6-10 的（7）中；旋转望远镜，照准后视尺红面，读出中丝读数，记入表 6-10 的（8）中。

表 6-10　四等水准测量记录手簿

测站编号	后尺 下丝 上丝	前尺 下丝 上丝	向及尺号	标尺读数		K (+黑、-红)	高差中数	备注
				黑面	红面			
	后距	前距						
	视距差 d	$\sum d$						
	（1）	（5）	后	（3）	（8）	（10）		
	（2）	（6）	前	（4）	（7）	（9）		

表6-10（续）

测站编号	后尺 下丝 上丝	前尺 下丝 上丝	向及尺号	标尺读数		K (+黑、-红)	高差中数	备注
	后距	前距		黑面	红面			
	视距差 d	$\sum d$						
	(12)	(13)	后-前	(16)	(17)	(11)	(18)	
	(14)	(15)						
1	1965	2114	后 A	1832	6519	0		
	1700	1847	前 TP_1	2007	6793	+1		
	26.5	26.7	后-前	-0175	-0274	-1	-0174	
	-0.2	-0.2						
2	0566	2792	后 TP_1	0356	5144	-1		
	0127	2356	前 TP_2	2574	7261	0		
	43.9	43.6	后-前	-2218	-2117	-1	-2217	
	+0.3	+0.1						

（3）分别计算后视距、前视距、视距差、红黑面的读数差、黑面所测高差和红面所测高差以及二者的差值，当计算结果满足表6-9的技术要求时，得到点 A 和 TP_1 的高差 h_1；将 A 点上的后视尺移到 TP_2 上，作为前视尺，同时 TP_1 上的前视尺变为后视尺。

（4）按步骤（2）方法测出点 TP_1 和 TP_2 的高差 h_2。

（5）以此类推，测出 h_3，…，h_n，h_{n+1}，利用式（6-25）计算 A、B 两点的高差 h_{AB}。

三等水准测量时，每测站照准标尺分划的顺序是：后视标尺黑面（基本分划）—前视标尺黑面（基本分划）—前视标尺红面（辅助分划）—后视标尺红面（辅助分划），简述为"后前前后"，即后视尺黑面的上丝、下丝和中丝，前视尺黑面的中丝、上丝和下丝，前视尺红面的中丝，后视尺红面的中丝。四等水准测量时，每测站照准标尺分划的顺序是：后视标尺黑面（基本分划）—后视标尺红面（辅助分划）—前视标尺黑面（基本分划）—前视标尺红面（辅助分划）。简述为"后后前前"，即后视尺黑面的上丝、下丝和中丝，后视尺红面的中丝，前视尺黑面的上丝、下丝和中丝，前视尺红面的中丝。

（二）计算与检核

每一站观测的同时要进行计算，并且根据表6-9的技术要求判断观测值是否满足要求，如果满足技术要求，进行下一站观测，否则重新观测，直到满足技术要求为止。所有测站观测完后要计算每一测段的高差和视距，并进行检核。

1. 每一测站的计算与检核

（1）高差的计算与检核：

$$(9) = (4) + K - (7)$$
$$(10) = (3) + K - (8)$$

（10）和（9）分别表示后视尺和前视尺的黑红面读数之差，K 为后视尺和前视尺红黑面零点的差数，即尺子常数，取4687或4787。

$$(16) = (3) - (4)$$

$$(17) = (8) - (7)$$

（16）为黑面所测的高差，（17）为红面所测的高差。由于后视尺和前视尺的常数不同，（16）和（17）应相差 100。

$$(11) = (10) - (9)$$
$$(11) = (16) - [(17) \pm 100]$$

故（11）可以作为一次计算的检核。

$$(18) = \frac{(16) + [(17) \pm 100]}{2}$$

计算时，要根据黑面所测的高差决定红面所测的高差是 +100 或 −100。

（2）视距的计算：

$$(12) = [(1) - (2)] \times 0.1$$
$$(13) = [(5) - (6)] \times 0.1$$
$$(14) = (12) - (13)$$
$$(15) = 本站的（14）+ 前一站的（15）$$

（12）为后视距，（13）为前视距，（14）为后视距与前视距的差值，（15）为后前视距的累积差。

2. 观测后的计算与检核

（1）高差的计算与检核：

$$\sum(3) - \sum(4) = \sum(16) = h_黑$$
$$\sum(8) - \sum(7) = \sum(17) = h_红$$

$h_黑$ 和 $h_红$ 分别表示一测段黑面和红面所测的高差。

（2）视距的计算与检核：

$$末站(15) = \sum(12) - \sum(13)$$
$$总视距 = \sum(12) + \sum(13)$$

若测站上的观测值超限，本站在迁站前应立即进行重测。若迁站后发现观测值超限，应从水准点或间歇点处重测。

五、三、四等水准测量的内业计算

水准测量内业计算的目的是根据已知水准点的高程和各测段的观测高差，求待定水准点的高程。内业计算过程包括：计算闭合差，利用闭合差改正各测段的高差，利用改正后的高差求待定点的高程。

（一）闭合差计算及检核

闭合差指观测值与理论值或与重复观测值的不符值。高差闭合差常用 f_h 表示。

1. 附合水准路线闭合差计算

理论上附合水准路线上各点之间高差之和应等于两个已知水准点间的高差。由于测量误差的存在，观测高差与理论值存在的不符值，称为附合水准路线的闭合差，表示为

$$f_\mathrm{h} = \sum h - (H_\text{终点} - H_\text{起点}) \qquad (6-26)$$

式中　$H_\text{终点}$、$H_\text{起点}$——附合水准路线终点和起点的高程。

2. 闭合水准路线闭合差计算

闭合水准路线各点间高差代数和应等于零，如不等于零，则会产生高差闭合差，即

$$f_\mathrm{h} = \sum h \qquad (6-27)$$

3. 支水准路线闭合差计算

为了对支水准路线进行检核，必须往返观测。从已知水准点测到待定水准点称为往测，从待定水准点测到已知水准点称为返测。往测和返测高差的代数和应等于零，如不等于零，则会产生高差闭合差，即

$$f_\mathrm{h} = \sum h_\text{往测} + \sum h_\text{返测} \qquad (6-28)$$

式中　$\sum h_\text{往测}$、$\sum h_\text{返测}$——往测和返测所测高差的代数和。

闭合差不能超过一定的限度，根据作业规范规定，如果超过这个限度，应该查明原因，返工重测。对于四等水准测量，规定如下：

$$f_\mathrm{h} \leqslant \pm 20\sqrt{L} \quad \text{或} \quad f_\mathrm{h} \leqslant \pm 6\sqrt{n}$$

式中　L——相邻两水准点间的距离，km；

　　　n——相邻两水准点间的测站数。

（二）计算高差改正数

当闭合差在规定的允许范围内时，对其进行分配。高差闭合差分配的方法是以闭合差的相反符号按水准路线的距离或水准路线的测站数成正比例分配，即

$$v_i = \frac{-f_\mathrm{h}}{\sum l} \cdot l_i \quad \text{或} \quad v_i = \frac{-f_\mathrm{h}}{\sum n} \cdot n_i \qquad (6-29)$$

式中　$\sum l$——水准路线的总长度；

　　　l_i——第 i 测段的长度；

　　　$\sum n$——整个水准路线的总测站数；

　　　n_i——第 i 测段的测站数；

　　　v_i——第 i 测段的高差改正数。

（三）计算改正后的高差

水准路线中各测段的观测高差加上各测段的高差改正数，就得到各测段改正后的高差，即

$$h'_i = h_i + v_i \qquad (6-30)$$

式中　h'_i——各测段改正后的高差；

　　　h_i——各测段高差的观测值。

（四）计算各点的高程

利用起点的高程加上第一测段改正后的高差，得到第一个未知点的高程；第一个未知点的高程加上第二测段改正后的高差，得到第二个未知点的高程；以此类推，得到其余未知点的高程和最后一个已知点的高程。对于闭合水准路线，计算得到的最后一个已知点的

高程应等于起点的高程；对于附合水准路线，计算得到的最后一个已知点的高程应等于该点的已知高程。

（五）精度评定

水准测量精度评定的主要指标是测量点高程中误差和单位权中误差，其计算公式为

$$m_i = \frac{m_0}{\sqrt{P_i}} \tag{6-31}$$

式中　m_i——测量点高程中误差，mm；

m_0——单位权中误差，mm；

P_i——测量点对应的权，$P_i = \dfrac{C}{[L]_1^i} + \dfrac{C}{[L]_{i+1}^n}$。

$$m_0 = \sqrt{\frac{[Pvv]}{N - t}} \tag{6-32}$$

式中　N——测段数；

t——测量水准点个数；

v——各测段高差改正值。

【例 6-2】 图 6-34 所示为一附合四等水准路线，已知 $H_A = 10.000$ m，$H_B = 9.743$ m，测段间的高差和距离见图上标注，其中高差的单位为 m，距离的单位为 km，求待测水准点 1、2 和 3 点的高程。

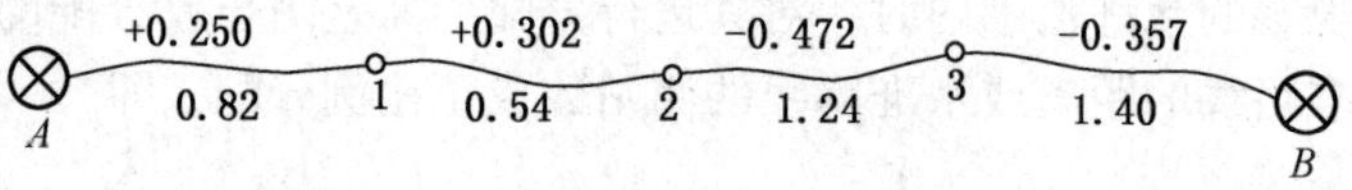

图 6-34　附合水准路线

计算结果见表 6-11。

表 6-11　水准路线计算表

点号	距离/km	权	高差/m	改正数/mm	改正后高差/m	点的高程/m
A						10.000
	0.82	12.2	0.250	+4	0.254	
1						10.254
	0.54	18.5	0.302	+3	0.305	
2						10.559
	1.24	8.1	-0.472	+6	-0.466	
3						10.093
	1.40	7.1	-0.357	+7	-0.350	
B						9.743

解　解算过程如下：

（1）计算闭合差。

$$f_h = H_A + h_1 + h_2 + h_3 + h_4 - H_B = -20 \text{ mm}$$

水准路线的总长度为 4 km，根据表 6-11 四等水准测量的主要技术要求，允许闭合差为

$$f_{h允许} = \pm\,20\sqrt{4} = \pm\,40 \text{ mm}$$

因此，该观测值符合要求。

（2）计算每测段的改正数。

根据计算的闭合差 f_h 和各测段的距离，由式（6-29）计算得到每测段的改正数分别为 4 mm、3 mm、6 mm、7 mm。

（3）计算改正后高差。

根据每测段的观测高差和改正数，分别计算每测段改正后的高差。

（4）计算待测水准点的高程。

根据 A 点高程和各测段改正后的高差，分别计算 1、2、3 点和 B 点的高程。最后计算得到的 B 点高程应等于其已知高程。

（5）精度评定。

根据式（6-32），计算单位权中误差：

$$m_0 = \sqrt{\frac{[Pvv]}{N-t}} = 31.6 \text{ mm}$$

根据式（6-31），计算水准点 1、2、3 的高程中误差：

$$m_1 = \frac{m_0}{\sqrt{P_1}} = 25.5 \text{ mm}$$

$$m_2 = \frac{m_0}{\sqrt{P_2}} = 30.2 \text{ mm}$$

$$m_3 = \frac{m_0}{\sqrt{P_3}} = 30.1 \text{ mm}$$

六、精密水准测量

1. 一、二等水准测量的技术要求

国家一、二等水准测量的精度要求较三、四等水准测量更高一些，在施测过程中一般使用精密水准仪和读数更稳定、更精密的铟瓦水准尺，同时对测量的相关测量限差作了更高的规定。国家一、二等水准测量基本限差要求见表 6-12、表 6-13。

表 6-12　国家一、二等水准测量仪器和视线观测限差　　　　　　　　　　　　m

等级	仪器型号	视线长度		前后视距差		前后视距累计差		视线高度	
		光学	数字	光学	数字	光学	数字	光学	数字
一等	DS$_{05}$、DSZ$_{05}$	≤30	≥4 且 ≤30	≤0.5	≤1.0	≤1.5	≤3.0	≥0.5	≤2.8 且 ≥0.65
二等	DS$_1$ DSZ$_1$	≤50	≥3 且 ≤50	≤1.0	≤1.5	≤3.0	≤6.0	≥3.0	≤2.8 且 ≥0.5

表6-13　国家一、二等水准测量测站观测限差　　　　　　　　　　　mm

等　级	上下丝读数平均值与中丝读数的差		基辅分划读数的差	基辅分划所测高差的差	检测间歇点高差的差
	0.5 cm 刻划标尺	1 cm 刻划标尺			
一等	1.5	3.0	0.3	0.4	0.7
二等	1.5	3.0	0.4	0.6	1.0

2. 精密水准测量施测

精密水准测量时，其观测方法和读数顺序与三、四等水准测量基本相同，因为使用了刻划更精密的铟瓦水准尺，读数就更精确。在施测中同时采取了一些减小误差的操作方法。例如，在一个测段进行水准测量，测站数应设为偶数，这样可减小尺底零点差的影响。

观测时，可以进行往返测量。往测过程中，对于奇数测站按"后—前—前—后"的顺序观测，即后视标尺的基本分划，前视标尺的基本分划，前视标尺的辅助分划，后视标尺的辅助分划；对于往测偶数测站按"前—后—后—前"的观测程序进行，相邻测站上交替进行。返测过程中，奇数测站与偶数测站的观测程序与往测时正好相反，即奇数测站按"前—后—后—前"进行，偶数测站按"后—前—前—后"进行。这样的观测程序可以消除或减弱与时间成比例均匀变化的误差对观测高差的影响，如 i 角的变化和仪器的垂直位移变化等的影响。

精密水准测量手簿记录和计算见表6-14。表中（1）~（8）项为直接观测数据，（9）~（18）项为测站计算数据，K 为基辅差。

后视距离：　　　　　　（9）= 100×［（1）-（2）］

前视距离：　　　　　　（10）= 100×［（5）-（6）］

前后视距之差：　　　　（11）=（9）-（10）

视距累计差：　　　　　（12）= 上站（12）+本站（11）

基辅分划差：　　　后尺（13）=（4）+K-（7）

　　　　　　　　　前尺（14）=（3）+K-（8）

基本分划高差：　　　　（15）=（3）-（4）

辅助分划高差：　　　　（16）=（8）-（7）

基辅高差之差：　　　　（17）=（14）-（13）　或（17）=（15）-（16）

平均高差：　　　　　　（18）=［（15）+（16）］/2

表6-14　二等水准测量外业记录表

测点编号	后尺 上丝 下丝 后距 视距差	前尺 上丝 下丝 前距 累加差	方向及尺号	标尺读数		K+基减辅/mm	高差中数/m	备注
				基本分划/m	辅助分划/m			
	（1）	（4）	后尺 1 号	（3）	（8）	（13）	（18）	已知水准点的高程为_____m。
	（2）	（5）	前尺 2 号	（6）	（7）	（14）		

表 6-14（续）

测点编号	后尺	上丝	前尺	上丝	方向及尺号	标尺读数		K+基减辅/mm	高差中数/m	备注
		下丝		下丝						
	后距		前距			基本分划/m	辅助分划/m			
	视距差		累加差							
	(9)		(10)		后—前	(15)	(16)	(17)	(18)	1 号尺的 K 记为 $K_1 =$ ___； 2 号尺的 K 记为 $K_2 =$ ___。
	(11)		(12)							

按表 6-14 进行各项计算，并对数据进行限差检查，满足要求后才能迁站，否则应重测。

3. 精密水准测量注意事项

（1）进行观测前 30 min，应将仪器置于露天阴影处，使仪器与外界气温趋于一致；观测时应用伞遮蔽阳光；迁站时应罩以仪器罩。

（2）仪器距前视尺和后视尺的距离应尽量相等或小于规定的限值，并保证一定的视线高度。二等水准测量规定，一测站上前后视距差应小于 1.0 m，前后视距累积差应小于 3.0 m。这样，可以消除或减弱与距离有关的各种误差对观测高差的影响，如 i 角误差和垂直折光的影响。

（3）同一测站上观测时，不得两次调焦，以避免微动螺旋和测微器隙动差对观测成果的影响。

（4）每一测段的水准测量路线应进行往测和返测，这样可以消除或减弱性质相同、正负号也相同的误差影响，如水准标尺垂直位移的误差影响。

（5）在两相邻测站上，应按奇、偶数测站的观测程序进行观测。往测奇数测站按"后—前—前—后"、偶数测站按"前—后—后—前"的观测程序。返测时，奇数测站与偶数测站的观测程序与往测时相反，即奇数测站由前视开始，偶数测站由后视开始。

（6）每一测段的往测与返测，其测站数均应为偶数，这样可以削减两水准标尺零点不等差对观测高差的影响。由往测转向返测时，两水准标尺应互换位置，并应重新整置仪器。

（7）在连续各测站上安置水准仪时，应使其中两脚螺旋与水准路线方向平行，而第三脚螺旋轮换置于路线方向的左侧与右侧。

（8）水准测量的观测工作间歇时，最好能结束在固定的水准点上，否则应选择两个坚稳可靠、便于放置水准标尺的固定点，作为间歇点并加以标记。间歇后，应对两个间歇点的高差进行检测，检测结果如符合限差要求（对于二等水准测量，规定检测间歇点高差之差应不大于 1.0 mm），就可以从间歇点起开始测量。若仅能选定一个固定点作为间歇点，则在间歇后应仔细检视，确认没有发生任何位移，方可由间歇点起测。

（9）记录员要牢记观测程序，记录要字迹整齐，不得涂改。除了记录与计算之外，记录员还必须检查观测数据是否满足限差要求，计算和检查确信无误后才可搬站离开，否则应立即通知观测员进行重测。

（10）扶尺员在观测之前必须将标尺立直扶稳，严禁双手脱离标尺，以防摔坏标尺。

第六节　三角高程测量

利用水准测量的方法求地面点的高程精度较高，但是当地面高低起伏较大时，该方法测地面点的高程实施较为困难。如果高程精度要求不高时，常采用三角高程方法测量地面点高程。

一、三角高程测量基本原理

1. 测量原理

如图6-35所示，已知 A 点高程为 H_A，待测 B 点高程为 H_B，需测量 AB 两点的高差 h_{AB}。在 A 点安置全站仪，在 B 点竖立标尺。量取仪器望远镜旋转轴的中心 O 到已知点 A 的距离为 i，称为仪器高；用望远镜十字丝的横丝照准 B 点标尺上的 M 点，M 点距待测 B 点的高度为觇标高 v；测出视线 OM 的竖角 α 和 A、B 两点之间的水平距离 S。由下式可以得出 h_{AB} 为

$$h_{AB} = S \cdot \tan\alpha + i - v$$

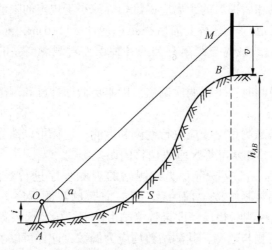

图6-35　三角高程测量原理

则 B 点的高程 H_B 为

$$H_B = H_A + S \cdot \tan\alpha + i - v$$

利用上述公式时，要注意竖角 α 的符号，当 α 为仰角时取正号，相应的 $S \cdot \tan\alpha$ 也取正值；当 α 为俯角时取负号，相应的 $S \cdot \tan\alpha$ 取负值。

当仪器安置在已知高程点，观测该点与未知点之间的高差称为直觇；仪器安置在未知点，观测该点与已知高程点间的高差称为反觇。

在两点距离较短时，利用上式计算 B 高程误差较小，是因为将大地水准面看作水平面；但当两点距离较大时，需考虑地球曲率对高程的影响。

2. 地球曲率与大气折光的影响

在上述三角高程测量公式中，未考虑地球曲率与大气折光对所测高差的影响。为了提高高差测量的精度，计算公式中需要加入地球曲率和大气折光的影响。如图 6-36 所示，已知 A 点高程为 H_A，欲测 A、B 两点间的高差 h_{AB}。

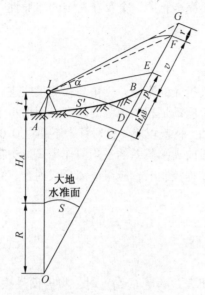

图 6-36 地球曲率与大气折光影响

在 A 点安置仪器，B 点立标尺，图中 IG 表示未受大气折光影响的方向线，由于受大气折光的影响，实际上照准在 F 点上，FG 用 r 表示，视线的竖直角为 α，表示大气折光对高差的影响。I 为望远镜旋转轴的中心，IE 为通过 I 的水平面，ID 为通过 I 的水准面，由于受地球曲率影响，E 和 D 的高程不同，而 I 和 D 的高程相同；p 表示 D 和 E 的距离，表示地球曲率对高差的影响，p 的计算方法见前面章节描述，即 $p = \dfrac{1}{2} \cdot \dfrac{S^2}{R}$。其中，$S$ 表示 A 和 B 两点在大地水准面上的投影长度，R 为地球的半径。由图 6-36 可知：

$$H_B = H_A + i + DE + EG - GF - FB = H_A + i + p + EG - r - v \qquad (6\text{-}33)$$

式中，r 是大气折光影响。由于折光曲线 IF 的形状随着空气密度发生变化，而空气密度除受点的高程影响外，还与气温、气压等气候条件有关。在一般测量工作中，将折光曲线近似看成圆弧，其半径 R' 为地球半径的 6~7 倍，如果取 $R' = 6R$，根据与 p 同样的推理方法可以得出：

$$r = \frac{1}{2} \cdot \frac{S^2}{R'} = \frac{1}{2} \cdot \frac{S^2}{6R} = 0.08 \frac{S^2}{R} \qquad (6\text{-}34)$$

令 $f = p - r$，表示地球曲率与大气折光对高差的影响，根据式 (6-33) 和式 (6-34)，$f = 0.42 \dfrac{S^2}{R}$，于是三角高程测量的基本公式可以表示为

$$h_{AB} = S \cdot \tan\alpha + i - v + f \qquad (6\text{-}35)$$

在相同条件下，直、反觇观测中球气差 f 对高差的影响相同，而直、反觇的高差正负

号相反，因此通过直、反觇观测高差，取其平均值作为测量高差，可以降低球气差影响。

$$\bar{h}_{AB} = \frac{1}{2}(h_{AB} + h_{BA})$$

式中　h_{AB}、h_{BA}——直、反觇观测高差。

因直、反觇观测条件不会完全相同，会存在一定的差异性，高差平均值中仍含有球气差残差的影响。

二、三角高程测量施测

为了消除地球曲率与大气折光的影响，三角高程测量应进行往返观测，即所谓的对向观测。对向观测所测得的高差应满足相关规范的规定：距离小于 500 m 时，高差较差应小于 0.2 m；距离大于 500 m 时，高差较差要求每百米不超过 0.04 m。当对向观测的高差较差满足上述规范规定时，取对向观测高差的平均值作为高差中数。

利用三角高程测量进行高程控制时，应组成闭合或附合三角高程测量路线。路线的闭合差允许值为

$$f_{h容} = \pm 0.1h\sqrt{n}$$

式中　h——测图的基本等高距；

　　　　n——路线的边数。

当三角高程测量路线的闭合差满足 $f_h \leqslant f_{h容}$ 时，将 f_h 反号按距离成比例分配给各高差，得到改正后的高差，最后利用改正后的高差和已知点的高程，计算各未知点的高程。

【例 6-3】图 6-37 所示为一附合三角高程测量路线，路线中每一测段所测的距离、测段的观测值和测段高差计算结果见表 6-15。求每测段改正后的高差。

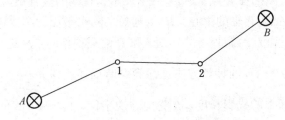

图 6-37　三角高程测量计算

1. 高差计算

利用式（6-35）计算每测段往测和返测的高差，每测段的高差等于往测和返测高差的平均值。

表 6-15　三角高程路线高差计算

测站	A	1	1	2	2	B
觇点	1	A	2	1	B	2
观测方法	直觇	反觇	直觇	反觇	直觇	反觇
a	$-2°28'54''$	$2°32'18''$	$4°07'12''$	$-3°52'24''$	$-1°17'42''$	$1°21'52''$
S	585.08	585.08	466.12	466.12	713.50	713.50
f	0.02	0.02	0.02	0.02	0.03	0.03

表 6-15（续）

测站	A	1	1	2	2	B
i	1.34	1.30	1.30	1.32	1.32	1.28
v	2.00	1.30	1.30	3.40	1.50	2.00
h	−26.00	25.96	33.60	−33.62	−16.28	16.30
高差均值	−25.98		33.61		−16.29	

2. 三角高程测量路线成果整理

计算三角高程测量路线的闭合差：

$$f_h = H_A + h_1 + h_2 + h_3 - H_B = -0.15 \text{ m}$$

每百米的闭合差为 $\dfrac{-0.15}{17.647} = -0.0085$，根据规范，闭合差的允许值为每百米 0.04 m，故测量成果满足规范要求。每百米的高差改正数为

$$\delta_{百} = \frac{0.15}{17.647} = 0.0085$$

则每测段高差的改正数为

$$\delta_i = \delta_{i百} \times \delta_{百}$$

即 $\delta_1 = 0.05$ m，$\delta_2 = 0.04$ m，$\delta_3 = 0.06$ m。

3. 由已知点高程计算未知点的高程

利用每测段改正后的高差，由已知点 A 的高程计算 1、2 和 3 点的高程。具体计算结果见表 6-16。

表 6-16　三角高程路线成果整理　　　　　　　　　　　　　　　m

点号	距离	高差中数	改正数	改正后高差	点的高程
A					430.74
	585.08	−25.98	0.05	−25.93	
1					404.81
	466.12	33.61	0.04	33.65	
2					438.46
	713.50	−16.29	0.06	−16.23	
B					422.23

三、对向观测实施三角高程测量

由于三角高程测量主要的测量要素为垂直角、距离、仪器高和觇标高，在长距离条件下，受到大气折光等因素的影响，其高差测量精度不高。在一定的观测条件下，能够达到精密二等水准测量精度及以上的要求。

（一）中间观测法

中间观测法是一种模拟水准测量的三角高程测量方法。如图 6-38 所示，在两个测点 A、B 之间，距离测点距离大致相等的 C 点架设全站仪，测点 A、B 上安置反光棱镜，采用测回法，分别测出仪器与测点之间的距离 S_1、S_2 和垂直角 α_1、α_2，再根据三角高程测量

原理，计算出两测点与测站之间的高差，从而推算出两测点之间的高差。

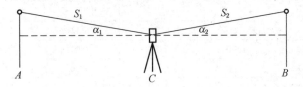

图 6-38　中间观测法三角高程测量

由三角高程测量计算公式，CA 两点之间的高差 h_{CA}、CB 两点之间的高差 h_{CB} 分别为

$$h_{CA} = S_1 \sin\alpha_1 + i_C - v_A + f_{CA}$$

$$h_{CB} = S_2 \sin\alpha_2 + i_C - v_B + f_{CB}$$

式中　　　　　i_C——C 点全站仪的仪器高；

v_A、v_B——A、B 点处的棱镜高；

f_{CA}、f_{CB}——前后视测量时球气差影响。

则 AB 两点之间的高差 h_{AB} 为

$$h_{AB} = h_{AC} + h_{CB} = -h_{CA} + h_{CB}$$

即

$$h_{AB} = S_2 \sin\alpha_2 - S_1 \sin\alpha_1 + v_A - v_B + f_{CB} - f_{CA} \tag{6-36}$$

由式（6-36）可以看出，利用中间观测法进行三角高程测量，无须量取测站点仪器高，避免了其对高差的影响。另外，由于 C 点位于 AB 的中点处，对 A、B 观测的球气差影响大致相同，可以减弱球气差对高差测量的影响。

（二）对向观测法

为了提高三角高程测量精度，采用两台全站仪对向观测的方式，将改装后的棱镜分别固定在两台仪器的手柄上，进行同时段对向观测。如图 6-39 所示，A、B 两点之间的高差为

$$h_{AB} = h_{A1} + h_{12} + h_{23} + \cdots + h_{nB} \tag{6-37}$$

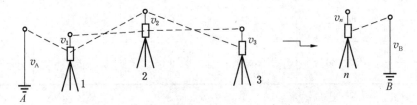

图 6-39　对向观测法三角高程测量

1. 测段两段观测

仪器在测点 1 处对 A 点棱镜进行观测，斜距为 S_{1A}，在测点 n 处对 B 点棱镜进行观测，平距为 S_{nB}，v_A、v_B 分别为 A、B 两处的棱镜中心与起、末水准点之间的垂直距离，α_{1A}、α_{nB} 为观测垂直角。受仪器轴系误差影响，在精密三角高程代替二等水准测量时，观测垂直角一般不超过 $10°$，当 $S_{1A} \leqslant 20$ m，$S_{nB} \leqslant 20$ m 时，可以不考虑球气差和垂线偏差等影响，那么 1 点全站仪视准中心与 A 点之间高差和 n 点全站仪视准中心与 B 点之间高差分别为

$$\begin{cases} h_{A1} = - S_{1A} \cdot \sin\alpha_{1A} + v_A \\ h_{nB} = S_{nB} \cdot \sin\alpha_{nB} - v_B \end{cases} \tag{6-38}$$

通常采用相同高度的棱镜架设在起、末水准点上，则 $v_A = v_B$。

2. 对向观测

对向观测指测段内的各个测点均架设带有棱镜的全站仪。如图 6-39 所示，测点 1，2，…，n 上仪器照准中心与其手柄上棱镜中心之间高差为 v_1，v_2，…，v_n。类似导线测量过程，测段内全站仪交替前进，因此，只需两台安置棱镜的全站仪，且将其照准中心距棱镜中心的距离设计成等距，那么：

$$v_1 = v_2 = \cdots = v_n \tag{6-39}$$

在测站 1、2 上架设全站仪，进行对向观测，则 1、2 两点上仪器照准中心之间的高差为

$$h_{12} = \frac{1}{2}\left[(S_{12}\sin\alpha_{12} - v_2 + M_{12} + f_{12}) - (S_{21}\sin\alpha_{21} - v_1 + M_{21} + f_{21}) \right] \tag{6-40}$$

式中　　S_{12}、S_{21}——测站 1、2 上对向观测的斜距；

　　　　α_{12}、α_{21}——测站 1、2 上对向观测的垂直角；

　　　　M_{12}、M_{21}——测站 1、2 上对向观测的垂线偏差；

　　　　f_{12}、f_{21}——测站 1、2 上对向观测的球气差。

在式（6-39）中，根据三角高程严密计算公式，在非高山地带可以不考虑垂线偏差的影响，球差可以通过对向观测取均值抵消，在气象条件变化均匀时段进行同时段对向观测且对向观测点间的气象条件相差不大时，可认为气差对对向观测高差值的影响大致相反，气差在这里也基本消除，并由式（6-39）知两台全站仪照准中心距棱镜中心的距离相等，因此，式（6-40）可简化为

$$h_{12} = \frac{1}{2}(S_{12}\sin\alpha_{12} - S_{21}\sin\alpha_{21}) \tag{6-41}$$

当测点 1、2 观测结束后，将测点 1 处的全站仪移至测点 3，作为前视点；测点 2 处的全站仪位置不动，作为后视点。则测点 2、3 之间的高差同式（6-41），即

$$h_{23} = \frac{1}{2}(S_{23}\sin\alpha_{23} - S_{32}\sin\alpha_{32}) \tag{6-42}$$

以此类推，可以计算出测段内相邻两点之间的高差，公式为

$$h_{i,\,i+1} = \frac{1}{2}(S_{i,\,i+1}\sin\alpha_{i,\,i+1} - S_{i+1,\,i}\sin\alpha_{i+1,\,i}) \tag{6-43}$$

那么，由式（6-38）、式（6-41）、式（6-42）和式（6-43），A、B 两点之间的高差计算式（6-37）可表示为

$$\begin{aligned} h_{AB} &= h_{A1} + h_{12} + h_{23} + \cdots + h_{nB} \\ &= S_{nB} \cdot \sin\alpha_{nB} - S_{1A} \cdot \sin\alpha_{1A} + \frac{1}{2}(S_{12}\sin\alpha_{12} - S_{21}\sin\alpha_{21}) + \\ &\quad \frac{1}{2}(S_{23}\sin\alpha_{23} - S_{32}\sin\alpha_{32}) + \cdots + \frac{1}{2}(S_{n-1,\,n}\sin\alpha_{n-1,\,n} - S_{n,\,n-1}\sin\alpha_{n,\,n-1}) \end{aligned}$$

由上式可以看出，采用三角高程对向观测时，不需量测仪器高和觇标高，消除了测量高度的误差影响，且可以抵消球气差的影响，极大地提高了三角高程测量的精度。

四、三角高程测量的误差影响及其减弱措施

三角高程测量时，主要测量要素有竖直角、观测边长、仪器高和觇标高，因此在观测时这些要素均会给高差精度带来影响。误差来源包括以下 4 个方面。

1. 竖直角测量误差

竖直角测量误差包括仪器误差、观测误差和外界条件的影响。仪器误差包括竖盘偏心误差、竖盘指标差和竖盘分划误差。观测误差包括照准误差、读数误差和竖盘指标水准管气泡居中误差等。外界条件的影响主要包括大气折光、温度影响等，另外空气对流和空气能见度也会影响照准精度。竖直角测量误差对高差观测的影响与边长或路线的平均边长及总长度有关，边长或总长度越长，其影响越大。

在前边章节已经介绍，竖直角观测时，通过盘左、盘右观测，取其平均值可以降低仪器误差的影响。

2. 边长测量误差

边长测量误差的大小取决于边长测量方法。若边长根据两点坐标反算或利用测距仪测量得到，其精度很高。如果利用视距法或图解法，精度相对较低。

在利用测距仪观测边长时，一定要检测棱镜常数、温度、气压等参数的设置，棱镜常数要与棱镜类型一致，保证测距精度。

3. 仪器高和觇标高测量误差

对于三角高程测量，如果用于测量地形控制点的高程，仪器高和觇标高的测量精度仅仅要求达到厘米级，很容易满足要求；如果用于代替四等水准测量，仪器高和觇标高的测量精度要求达到毫米级，利用钢卷尺测量两次求平均值，一般可以满足精度要求。因此，这两项误差不构成主要影响。

4. 大气折光影响

大气折光影响与观测条件密切相关，大气折光系数并不是一个常数，其主要取决于空气密度。空气密度从早到晚都在变化，一般早和晚变化较大，中午比较稳定，阴天和夜间也比较稳定，计算时通常采用平均值计算大气折光系数。折光系数对三角高程高差的影响对于短距离不是主要的，而对于长距离其影响很大。

通过直、反觇观测高差，取其平均值作为测量高差，可以降低球气差影响。

思 考 题

1. 按照测量内容不同，控制测量可以分为哪些类型？
2. 导线测量的布设类型主要有哪些？
3. 导线测量错误的检查方法有哪些？
4. GNSS 控制测量的构网方式有哪些？
5. 三角高程实施的步骤是什么？
6. 三角高程测量的误差来源主要包括哪些方面？
7. 导线测量内业计算过程中，角度闭合差和全长闭合差的分配原则是什么？

第七章　地形图的基本知识

第一节　地形图概述

人类以地图作为认识客观世界、传递时空信息的方式之一。随着科学技术的进步，地图的制作精度不断提高，表现形式更加多样，应用功能不断扩大，制图理论日趋成熟。地图是应用地图投影的方法，将整个地球或地球上某一区域的地形，通过科学的概括，并运用符号系统表示，按比例尺缩小后表示在一定载体上的图形。以传递它们的数量和质量在时间与空间上的分布规律和发展变化。若测区范围较小时，可以不考虑地球的曲率，把地球椭球体表面小地区当作为平面，将地面上的图形投影到水平面上，并按一定比例缩小绘在图纸上而成的图。

地球表面的形态复杂多样，要把它们都绘制在图纸上，可以对其分类表示。地形根据其形态可分为地物和地貌。地物是地面上的固定性物体，如房屋、道路、桥梁、湖泊、森林、草地等；地貌是地球表面各种高低起伏的形态，如高山、深谷、陡坡、悬崖和雨裂冲沟等。地物和地貌总称为地形。

一、地形图的概念及其分类

在国民经济建设和国防建设中，以及各项工程建设的规划、设计阶段都需要地形图。地形图是在图上既表示出地物的平面位置和大小，又表示出地面各种高低起伏形态，并对其综合取舍，按一定的比例缩小后，用规定的符号和表示方法描绘在图纸上的正形投影图。

地形图测绘是指将地面所有地物和地貌，使用测量仪器，按一定的程序和方法，根据地形图图式所规定的符号，并依一定的比例尺测绘在图纸上的全部工作。围绕地形图测绘还有控制测量、碎部测量、地形图的编制、印刷等。地形图测好后，经过清绘，可以复制、印刷，才能提供为工作用图。

随着数字测绘技术的发展，全站仪数字测图、GPS-RTK数字测图、摄影测量测图以及计算机数字绘图、大容量存储等技术已经得到普及和发展，地形图可以使用数字方式进行表示。这种以计算机为表示载体、以数字方式为表达方式的地形图称为数字地形图。它相对于纸质地形图具有精度高、便于保存、不易变形、容易检索和更新方便等优点。

地形图按照其存储载体不同可以分为纸质地形图和数字地形图。纸质地形图是地形要素绘制在白纸或聚酯薄膜上用于保存或使用，数字地形图是以数字方式存储于计算机上。数字地形图还可以按照其存储格式不同分为数字线划图和数字栅格图，具体内容将在第十章中介绍。

地形图按比例尺大小可分为大、中、小3种图。通常把1：500、1：1000、1：2000、

1:5000、1:10000 比例尺的地形图称为大比例尺地形图；1:25000、1:50000、1:100000 比例尺的地形图称为中比例尺地形图；1:250000、1:500000、1:1000000 比例尺的地形图称为小比例尺地形图。

大比例尺地形图是为了直接满足各种工程规划、设计或施工而测绘的，地形图的比例尺不同，测图方法也不同。大比例尺测图的特点是测区范围较小，精度要求较高，测图内容较详尽。目前 1:500、1:1000 和 1:2000 地形图测图方法主要是全站仪、GPS-RTK 或二者联合作业野外实地测绘和无人机摄影测量等，随着测绘技术的发展，无人机摄影测量技术在大比例尺数字测图中已逐渐得到普遍应用。1:5000、1:10000 测图方法主要是摄影测量成图。随着无人机摄影测量技术的发展，目前有些 1:500、1:1000 和 1:2000 的地形图也可采用摄影测量的方法成图。本教材主要介绍大比例尺数字测图技术和方法。中比例尺地形图一般由国家测绘部门负责测绘，多采用航空摄影测量或遥感技术方法成图；小比例尺地形图一般由中比例尺地形图缩小、表示内容综合取舍后编绘而成。我国把上述中、小两种比例尺地形图规定为基本比例尺地形图，亦称"国家基本图"。

地图按照其用途可以分为各种专题地图，如地质地形图、权籍图、宗地图等。它主要服务于某个行业或部门，如地质地形图是煤矿等矿山行业的最主要图件之一，权籍图和宗地图分别是自然资源确权登记和住房保障部门的主要图件。它们在成图过程中要根据行业或部门需要在地形图上增加或删减某类内容要素，如权籍图、宗地图主要用于权籍管理和宗地管理，要重点表示各宗地（丘）的位置、面积和范围，因此在不动产测绘中除了一般地形图的表示内容外，还要增加界址点、界址线和宗地（丘）面积、宗地（丘）类型等信息内容；但有些权籍图、宗地图对高程信息要求不高，在权籍图、宗地图测量过程中可以略去高程测量部分。

二、地形图的表示内容

空间的物体或现象，无论是自然要素还是社会经济要素，都可以用地图的形式来表示，因此，地形图表示内容种类繁多、形式各异，但归纳起来其内容可大致分为图形要素、数学要素和辅助要素等。

1. 图形要素

图形要素是地图表示内容的主体，把地物和地貌中需要表示为地图内容的数量、位置、范围等各类信息用地图符号表示出来。图 7-1 所示是 1:500 比例尺平坦地区地形图的一部分，图中主要表示了道路等线状地物、建筑物等面状地物、路灯等点状地物。图 7-2 所示是 1:1000 比例尺山区地形图的一部分，它表示地面的起伏。这种起伏主要是自然形成的，如高山、深谷、陡坎、悬崖峭壁及雨裂冲沟等。这两幅地形图反映了不同的地面状况，平坦地区像一般城镇市区，在图上必须显示出较多的地物而地貌反映较少，为了表示地面高低起伏情况，可在图上适当位置注明若干点的高程；在丘陵地带及山区，地面起伏较大，除在图上表示地物外，还应较详细地反映地面高低起伏的状况。

2. 数学要素

数学要素是保证地图具有可量性、可比性的基础。地图的数学要素主要包括地图投影、坐标系、比例尺、控制点等内容。地图是一个平面，而作为它表示对象的地球表面却是一个不可展的曲面，必须通过数学方法，建立地球表面与地图平面之间的关系，将地

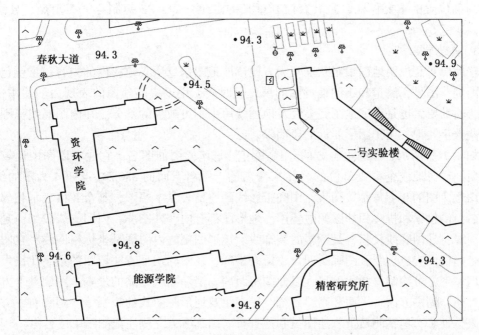

图 7-1 平坦地区地形图

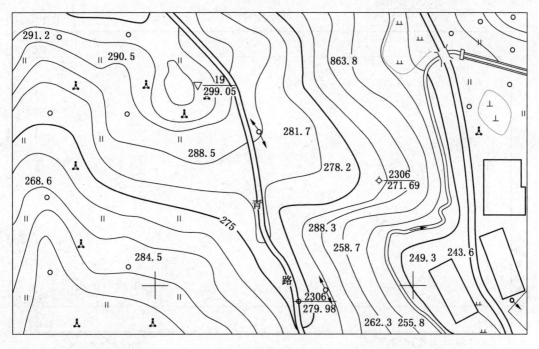

图 7-2 山区地形图

球表面的点、线、面一一对应地投影到地图平面上。将球面上的点位对应投影到平面时，通常采用大地坐标系、高斯平面坐标系、国家高程系等。比例尺是表示地图图形相对于地面实体的整体缩小程度。控制点是测图过程中的重要信息，是获得地图上地物位置和高程位置的重要保证，是具有控制意义的点位，如 GPS 控制点、三角点、导线点、水准点等。

3. 辅助要素

辅助要素是说明地图编制状况及为方便读取地图信息所必须提供的内容，主要包括图名、图例、图号，测量和绘制地形图的单位、时间，用以提高地图的表现力和使用价值。因此，辅助要素也是保证地图完整性及地图使用中不可缺少的部分。在内图廓线范围内也有一些数字注记，用于图形要素的说明等。

如图 7-3 所示，图廓正上方的"图书馆"是该幅图的图名，它通常以图中比较主要的地名、居民地或企事业单位的名称来命名的。图名下面的 3895.0-431.4 为图的编号，称为图号。图的左上角是接图表，中间带影线的空格表示本幅图，其余 8 格表示相邻图幅的图名，供检索和拼接相邻图幅时使用。地形图都有内、外图廓：内图廓线较细，是图幅的范围线；外图廓线较粗，是图幅的装饰线。矩形图幅的内图廓是坐标格网线，在图幅内绘有坐标格网交点短线，图廓的四角注记有坐标，在图廓正下方注记图的数字比例尺；数字比例尺下方可绘制直线比例尺，以便图解距离，消除图纸伸缩的影响。图廓左下方注记测图日期、测图方法、平面和高程系统、等高距及地形图图式的版别等。图廓右下方注记作业人员姓名，包括测量员、绘图员和检查员。图廓下方左侧注记测图单位名称。

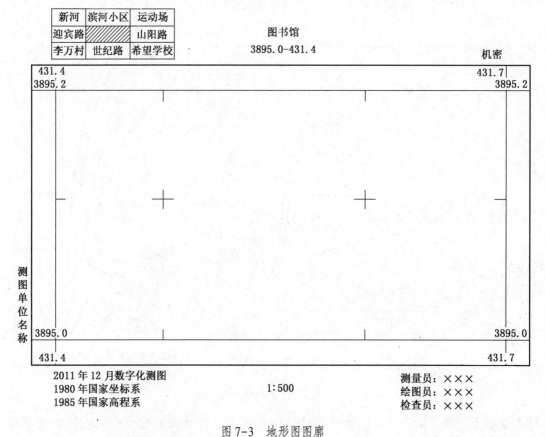

图 7-3　地形图图廓

在内图廓范围内，为了便于读取地图内容，往往使用特定的数字、文字、符号进行注记，如单位名称、建筑物层数、植被类型、控制点级别、地面高程等。

三、比例尺及比例尺精度

地形图上两点之间的距离与地面上相对应两点的实际水平距离之比，称为该地形图的比例尺。

（一）比例尺种类

根据比例尺表示方法的不同，一般可分为数字比例尺和图示比例尺两种。

1. 数字比例尺

数字比例尺是以 1 为分子、某整数为分母的分数表示。设图上一线段的长度为 d，相应实地水平长度为 D，则该图的数字比例尺为

$$\frac{d}{D} = \frac{1}{M} \tag{7-1}$$

式中，M 称为比例尺分母，表示缩小的倍数；M 越小，比例尺越大，图上表示的内容就越详尽。数字比例尺一般写成 1∶500、1∶1000、1∶2000 等形式，是比例尺表示的最常用方式。

2. 图示比例尺

图 7-4 表示 1∶1000 的直线比例尺。图上 2 cm 标记为 2×1000＝20 m，即直线比例尺上 2 cm 相当于地面上 20 m。直线比例尺多绘制在地形图下方，随图纸同样收缩，因而用它来量同一幅图上的距离时，可以消除因图纸收缩而带来的测量误差。

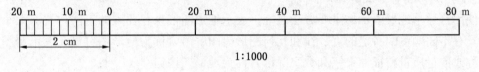

1∶1000

图 7-4　直线比例尺

（二）比例尺精度及比例尺的选用

正常人眼睛的分辨率为 0.1 mm，即在图上两点间的距离小于 0.1 mm 时就无法再分辨。因此，把图上 0.1 mm 所对应的地面实际水平距离称为地形图的比例尺精度。比例尺不同，其比例尺精度也不同，见表 7-1。

表 7-1　比例尺精度

比例尺	1∶500	1∶1000	1∶2000	1∶5000	1∶10000
比例尺精度/m	0.05	0.1	0.2	0.5	1.0

根据比例尺精度，可以为以下两项工作提供参考依据：

（1）按工作需要，多大的地物需在图上表示出来或测量地物要求精确到什么程度，由此可参考决定测图的比例尺。如施工要求在地形图上表示出 0.1 m 的地物，就需要选定 1∶1000 的地形图。

（2）当测图比例尺选定之后，可以推算出测量地物时应达到的测量精度。如要测量 1∶2000 的地形图，测量精度应达到 0.2 m。

在工程建设的规划、设计和施工过程中，要用多种大比例尺地形图。比例尺越大，所

表示的内容越详尽、精度越高，但测量工作量也越大、费用越高，所以要根据地形图的用途选用比例尺。地形图比例尺的选用见表7-2。

表7-2 地形图比例尺的选用

比例尺	用　途
1：500	地籍房屋管理、详细规划、工程施工设计、竣工图
1：1000	
1：2000	城市详细规划及工程项目初步设计、井上下对照
1：5000	城市总体规划、厂址选择、区域布置、方案比较、线路选择
1：10000	

第二节　地形的表示方法

地物的形状各异且种类繁多，地貌起伏状态也千差万别。地形图就是要把这些各不相同的地物和地貌表示出来，用于满足国民经济建设中的各种工程需要。

一、地形图符号

（一）地形图符号及其作用

使用符号是地形表示的主要方法之一。表示地形图信息各要素的空间位置、大小和范围，具有不同颜色的特定的点、线和几何图形等图解语言称为地形图符号。表示制图对象的名称或数量质量特征的文字和数字等语言称为地形图注记。

地形图符号是直观形象地表示地形的重要形式，它决定地图是否易于阅读和读者能够理解的程度。它具体的作用主要有以下几个：

（1）符号化过程能使地形图信息直观化、形象化，便于用户理解、接受和应用。如用特定符号表示林地、旱田、人工草地等，保持图面清晰易读。

（2）地形图符号便于对地形进行不同程度的抽象、概括和简化，以满足各方面的需要。如路灯的形状千差万别，但路灯符号只有一个，具有高度概括的作用。

（3）地形图符号构成的符号模型不受比例尺的限制，仍能反映区域的基本面貌。如在1：10万地形图上，铁路的实际宽度较小，在此比例尺的图上如按比例尺缩小后，无法在图上表示，但铁路又是地形图的重要内容，只有通过铁路符号才能表示出来。

（4）地形图符号化是地图生产和出版的必要环节和步骤。

（二）地形图符号分类

按照表示内容不同，地形图符号可以分为3类：地物符号、地貌符号和注记符号。

1. 地物符号

用来表示地物种类、位置、形状和范围的地形图符号，如路灯符号、房屋符号、铁路符号等。

2. 地貌符号

用来表示地面高低起伏形态的特定符号。如等高线法表示地表的起伏，加固陡坎、未加固陡坎、斜坡、陡崖等分别由不同的符号来表示。

3. 注记符号

有些地物除了用相应的符号表示外，对于它的权属、性质、名称等在图上还需要用文字和数字加以注记，使地形图清晰易懂。如地理名称注记：居民地、山脉、河流、湖泊、水库、铁路、公路和行政区的名称等文字注记；说明文字注记：房屋符号内部可以分别注记"砖""混"等字样表示该房屋的结构；数字注记：用于补充说明被描绘地物的数量特征，常用数字进行注记，如房屋的层数、地面点的高程等。

（三）地形图图式

由地形图符号与地形图注记组成表示地图内容各要素必须遵循的格式，称为地形图图式。地图图式是绘制和使用地图所依据的技术文件之一，主要包括符号的图形、尺寸、颜色及其所代表的实地地物、地貌在图上表示的规定，附有地图所用注记的字体、字号、字色和图廓整饰形式与说明等。国家基本比例尺地形图的图式是由国家测绘主管部门立法颁布实行的，各部门必须严格遵照执行，不得随意改动。现行地形图图式主要为《国家基本比例尺地图图式 第 1 部分：1：500 1：1000 1：2000 地形图图式》（GB/T 20257.1—2017）、《国家基本比例尺地图图式 第 2 部分：1：5000 1：10000 地形图图式》（GB/T 20257.2—2017）、《国家基本比例尺地图图式 第 3 部分：1：25000 1：50000 1：100000 地形图图式》（GB/T 20257.3—2017）、《国家基本比例尺地图图式 第 4 部分：1：250000 1：500000 1：1000000 地形图图式》（GB/T 20257.4—2017）。现将《国家基本比例尺地图图式 第 1 部分：1：500 1：1000 1：2000 地形图图式》（GB/T 20257.1—2017）中的部分常用符号列出，见表 7-3、表 7-4。

表 7-3 地形图图式

编号	符号名称	符号式样			符号细部图	多色图色值
		1：500	1：1000	1：2000		
4.3.101	台阶					K100
4.3.102	室外楼梯 　a. 上楼方向		混凝土8			K100
4.3.103	院门 　a. 围墙门 　b. 有门房的					K100
4.3.104	门墩 　a. 依比例尺的 　b. 不依比例尺的					K100

表 7-3（续）

编号	符号名称	符 号 式 样			符号细部图	多色图色值
		1：500	1：1000	1：2000		
4.3.105	支柱、墩、钢架 a. 依比例尺的 b. 不依比例尺的	a1 ⬭ ▢ ◯ ⊠ a2 0.5∷1.0 ⬭ ◠ ⋉ b1 ◠ ⊓ b2 ◼ 1.0 1.0 1.0				K100
4.3.106	路灯	⚲			1.4 0.3 2.8 0.8 1.0	K100
4.3.107	照射灯 a. 杆式 b. 桥式 c. 塔式	1.6 a 4.0 ◁ 1.6 b ⊠—◦—⊠ c ◩ 2.0				K100
4.3.108	岗亭、岗楼 a. 依比例尺的 b. 不依比例尺的	a ⬭ b 🏛			90° 2.5 1.4 1.2	K100
4.3.109	宣传橱窗、广告牌 a. 双柱或多柱的 b. 单柱的	a 1.0∷▭ 2.0 b 3.0 ⊟			3.0 1.0 ▭ 2.0 ◯ 1.0	K100
4.3.110	喷水池	⊕ ⊕			R0.6 1.2 0.6 0.5 1.0 0.5 1.0 ◯ 1.0	K100 面色 C10

表 7-4 地形图图式说明

简 要 说 明

4.3.101 砖、石、水泥砌成的阶梯式构筑物
房屋、河岸边、码头及大型桥梁等地的台阶均用此符号表示，图上不足三级台阶的不表示

4.3.102 依附楼房外墙的非封闭楼梯
楼梯宽度在图上小于 1.0 mm 的不表示。螺旋式室外楼梯按其投影线表示，支柱不表示

4.3.103 单位和居民院落没有门墩的大门
按实地位置表示

4.3.104 各种供铁门、木门竖立的墩柱
图上边长大于 1.0 mm 的依比例尺表示，小于 1.0 mm 的按 1.0 mm 表示

186

表 7-4（续）

简 要 说 明
4.3.105 支撑各种建筑物、构筑物的水泥柱、钢架、石墩等支撑体 各种建筑物、构筑物的支柱、墩、钢架不分建筑材料均按其外形表示。 图上能依比例尺表示的按其轮廓线表示；当被支撑物的轮廓用虚线表示时，支柱、墩、钢架用实线表示， 如符号 a1；如被支撑物的轮廓用实线表示时，支柱、墩、钢架用虚线表示，如符号 a2。 图上不能依比例尺表示的按其外形选择相似的符号表示；如被支撑物轮廓用实线表示时，各种形状的支柱、 墩、钢架均用黑方块符号 b2 表示
4.3.106 安装在道路或广场等处提供照明的柱式灯具
4.3.107 采用聚光光束的方式提供照明的灯具 当塔式照射灯支柱底部宽在图上小于 2 mm 时，均用 2 mm 表示
4.3.108 用于值岗警卫的亭楼 固定的交通岗亭、警卫亭、警卫楼均用此符号表示。岗楼投影面积在图上大于符号尺寸时，用实线表示轮 廓，其内配置符号
4.3.109 独立、固定的宣传橱窗与广告牌 图上按真实方向表示。砖墙银幕亦用此符号表示
4.3.110 公园及公共场所设置的专门供喷水的地方 用实线表示水池轮廓，其符号表示在主要喷头处

二、地物的表示方法

地形图上的地物是用不同的地物符号表示的，要正确识别地物，就必须知道地物符号代表的含义。按照地物符号在表示过程中地物大小与对应符号的比例关系可以把地物符号分为比例符号、半比例符号和非比例符号 3 种。为了使地形图清晰易懂，在有些地物符号的内部加入一些文字或数字注记。

1. 比例符号

有些地物的轮廓较大，如建筑物、人工草地、森林和果园等。它们的形状和大小可以按测图比例尺缩小，并用规定的符号绘在图上，这种符号称为比例符号，如图 7-5 所示。这些符号与地面上的实际地物形状相似，可以在图上量测地物的面积。

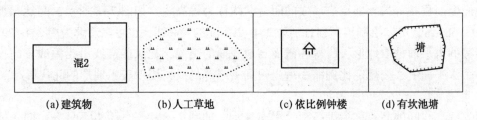

（a）建筑物　　　（b）人工草地　　　（c）依比例钟楼　　　（d）有坎池塘

图 7-5　比例符号

2. 半比例符号

对于一些线状地物，如政区界限、铁路、通信线、管道、栅栏等，其长度可按比例尺缩绘而宽度无法按比例尺缩绘的符号称为半比例符号，如图 7-6 所示。半比例符号可以在图上量测地物的长度，但不能量测其宽度。有些围墙、门墩等地物在较大比例尺地形图上用比例符号表示，在较小比例尺地形图上用半比例符号表示。

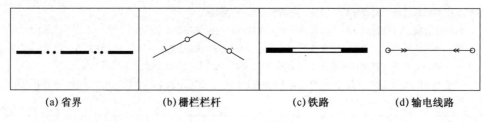

| (a) 省界 | (b) 栅栏栏杆 | (c) 铁路 | (d) 输电线路 |

图7-6 半比例符号

3. 非比例符号

有些地物，如控制点、路灯、线杆、独立树等，轮廓较小，如按测图比例尺缩小后在地图上将无法显示，但因其重要性又必须表示，则不考虑其大小，采用规定的符号表示，这种符号称为非比例符号，如图7-7所示。非比例符号不但其形状和大小不能按比例绘到图上，而且符号的中心位置与该地物实地的中心位置关系也随各种不同的地物而异，在测图和用图时应当注意。

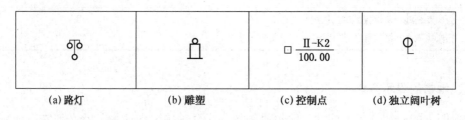

| (a) 路灯 | (b) 雕塑 | (c) 控制点 | (d) 独立阔叶树 |

图7-7 非比例符号

三、地貌的表示方法

地形图上表示地貌的方法有多种，目前最常用的是等高线法。等高线表示地貌不仅能够真实反映地貌形态和地面高低起伏，还能量测地面点的高程。

（一）基本概念

1. 等高线

地面上高程相等的相邻点连接成的闭合曲线称为等高线。如图7-8所示，高地顶部高程为293.683 m，可以绘制出高程分别为264~292 m的等高线，也可以理解为用264~293 m整数高程的水平面截取地形，所得各截面与地表面的交线，把这些交线沿铅垂线方向投影到同一个水平面上，按规定比例缩小后，得到一组等高线，用以表示地形的起伏形态。

2. 等高距

相邻等高线间的高差称为等高距，用 h 表示。如图7-8中的等高距为1 m。同一幅地形图上，等高距是相同的。等高距越小图上等高线越密，地貌表示越详细；等高距越大图上等高线越稀，地貌表示越简略。如果等高距太小，等高线会非常密，不但影响地形图图面的清晰度，而且使用也不方便，使测绘工作量大大增加。因此，必须根据地形图高低起伏程度、测图比例尺大小和地形图的使用目的来选择等高距。根据《1：500 1：1000 1：

2000 外业数字测图规程》（GB/T 14912—2017）等规定：一个测区内同一比例尺的地形图宜采用相同基本等高距，平坦地区和城市建筑区，根据用图需要，也可以不绘制等高线，只注记高程点。等高距的选取见表7-5。

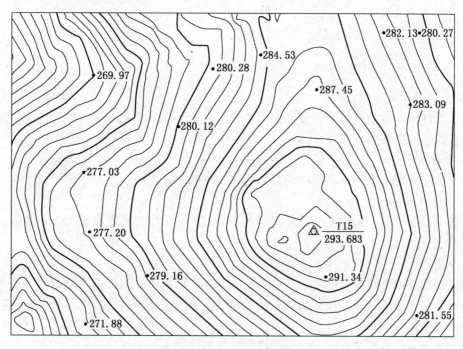

图7-8　等高线

表7-5　等高线基本等高距

m

比例尺	地 形 类 别			
	平地	丘陵地	山地	高山地
1：500	0.5	1.0(0.5)	1.0	1.0
1：1000	0.5(1.0)	1.0	1.0	2
1：2000	1.0(0.5)	1.0	2.0(2.5)	2.0(2.5)

注：括号内的等高距按用途需要选用。

3. 等高线平距

相邻等高线间的水平距离称为等高线平距，常用 d 表示。因为同一幅地形图的等高距是相同的，所以等高线平距的大小直接与地面坡度有关。等高线平距越小，地面坡度越大；平距越大，地面坡度越小；平距相等，地面坡度相同。因此，可以根据地形图上等高线的疏密来判断地面坡度的陡缓。

4. 示坡线

用等高线表示地形时，将会发现洼地的等高线和高地的等高线在外形上非常相似，如图7-9a 表示的为高地的等高线，图7-9b 表示的为洼地的等高线。它们之间的区别在于：高地是边缘的等高线高程小，洼地是边缘的等高线高程大。为了便于区别这两种地形，在最内部等高线的斜坡下降方向绘一短线来表示坡向，这种短线叫示坡线。

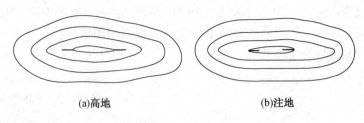

(a)高地   (b)注地

图 7-9   示坡线

（二）等高线的分类

为了更好地显示地貌特征，便于识图和用图，地形图上主要采用 4 种等高线，即首曲线、计曲线、间曲线和助曲线。

1. 首曲线

按基本等高距绘制的等高线称为首曲线，又称基本等高线。

2. 计曲线

为便于高程计算，每隔 4 条首曲线加粗描绘并用数字注记的等高线称为计曲线，又称加粗等高线。

3. 间曲线

为了突出坡度特缓地方的地貌，以 1/2 基本等高距加密且用长虚线绘制的等高线称为间曲线，又称半距等高线。间曲线可不闭合而绘至坡度变化均匀处为止，但一般应对称。

4. 助曲线

以 1/4 基本等高距加密且用短虚线绘制的等高线称为助曲线。

在绘制地形图时，首曲线和计曲线必须绘制，间曲线和助曲线根据情况选用。另外，为了清楚地读取等高线高程，一般要对等高线进行注记，可以注记首曲线和计曲线，也可以只注记计曲线，视地形图图面而定。根据地形情况，每 100 cm² 范围内应注记 1~3 个等高线高程注记。等高线注记字体的字头朝向地形高的方向。

（三）等高线的特征

根据等高线的定义和原理，其基本特征主要有以下 5 点：

（1）同一条等高线上所有点的高程相等。

（2）等高线是连续的闭合曲线。不在一个图幅内闭合，也会跨越一个或多个图幅闭合。为使图面清晰易读，等高线遇到房屋、公路等地物符号及其注记时应断开。

（3）除悬崖和峭壁处的地貌以外，等高线不能相交或重叠。

（4）等高线与山脊线和山谷线正交。山脊线也叫分水线，山谷线也叫合水线。

（5）等高线的平距与地面坡度大小呈反比。地面坡度越小，等高线的平距越大；反之，地面坡度越大，等高线的平距越小。

等高线的特征是地形图应用的理论基础。

四、虚拟现实方法表示地形

随着计算机图形学、人机交互技术、传感技术等科技的发展，虚拟现实技术在地形表示上也得到了广泛应用。虚拟现实技术首先是由于军事领域的需求而发展起来的，它的实时三维空间表现能力、人机交互式的操作环境给人们带来了身临其境的感受。通过各种技术手段获取现实世界中已经存在的自然景观信息，经过加工处理使之形成能反映此自然景观特征的数字模型，通过计算机软件和显示设备的支持，就能显示如同真实景观一样的虚拟现实。

当前的地形多是用静态的二维地图表示。为了更加形象地感受实际地形情况，需要对地理现象的演化过程进行可视化和动态分析、动态模拟，在复杂的静态地图上，不管在纸上还是在屏幕上，都不能满足动态要求；虚拟现实可以提供一个动态的、三维可视化的、交互的环境来处理、分析、显示多种地理数据。

随着计算机及图形处理设备性能的不断提高，地形三维可视化技术正向着实时动态显示、交互式控制、具有高度真实感的场景画面显示等方向发展。与一般地景虚拟现实表现形式不同的是，基于遥感影像的纹理映射技术和表现形式，可以达到内容上更加真实、信息上更加丰富、时态上更加现实的效果。

第三节　地形图的分幅与编号

为了便于测绘、管理和使用地形图，需将同一地区的地形图进行统一的分幅和编号。地形图分幅有两种方法：一种是按经纬线分幅的梯形分幅法，用于国家基本地形图的分幅；另一种是按坐标格网划分的矩形分幅法，用于工程建设的大比例尺地形图的分幅。

国家质量监督检验检疫总局和国家标准化管理委员会于 2012 年颁布的《国家基本比例尺地形图分幅和编号》(GB/T 13989—2012)，自 2012 年 10 月 1 日起实施。

一、地形图的分幅

为了统一划分全球地形图的分幅与编号，国际地理学会对 1∶100 万地形图作了规定，称为国际分幅与编号，如图 7-10 所示。国家基本比例尺地形图采用梯形分幅，均以 1∶100 万地形图为基础，按规定的经差和纬差划分图幅。

（一）1∶100 万比例尺地形图的分幅

按照国际地理学会的统一规定，每幅 1∶100 万比例尺地形图的范围是经差 6°、纬差 4°。由 0°纬线（赤道）起分别向南向北，每纬差 4°为一行，至北纬 88°分为 22 行，行号分别用大写英文字母 A、B、C…V 表示；由 180°经线起，自西向东每经差 6°为一列，列号分别依次用阿拉伯数字 1、2、3…60 表示。由于经线自赤道到两极是收敛的，当纬度较高时，每经差 6°的图幅面积变小，因此规定在纬度 60°~76°范围内，每幅图经差为 12°、纬差为 4°，在纬度 76°~88°范围内，每幅图经差为 24°、纬差为 4°，以纬度 88°范围内的极圈为一幅，用 Z 表示。我国位于北纬 4°~60°，故没有经差 12°、24°的合幅图情况。

（二）1∶50 万~1∶5000 地形图分幅

1∶50 万~1∶5000 地形图的分幅编号全部由 1∶100 万地形图逐次加密划分。每幅 1∶100 万地形图划分为 2 行 2 列，共 4 幅 1∶50 万地形图，每幅 1∶50 万地形图的范围是经差 3°、纬差 2°；每幅 1∶100 万地形图划分为 4 行 4 列，共 16 幅 1∶25 万地形图，每幅 1∶25 万地形图的范围是经差 1°30′、纬差 1°；每幅 1∶100 万地形图划分为 12 行 12 列，共 144 幅 1∶10 万地形图，每幅 1∶10 万地形图的范围是经差 30′、纬差 20′；每幅 1∶

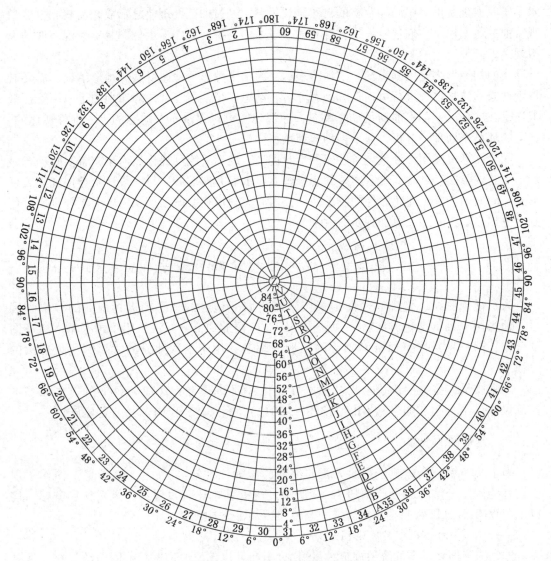

图 7-10　1：100 万地图国际分幅

100 万地形图划分为 24 行 24 列，共 576 幅 1：5 万地形图，每幅 1：5 万地形图的范围是经差 15′、纬差 10′；每幅 1：100 万地形图划分为 48 行 48 列，共 2304 幅 1：2.5 万地形图，每幅 1：2.5 万地形图的范围是经差 7′30″、纬差 5′；每幅 1：100 万地形图划分为 96 行 96 列，共 9216 幅 1：1 万地形图，每幅 1：1 万地形图的范围是经差 3′45″、纬差 2′30″；每幅 1：100 万地形图划分为 192 行 192 列，共 36864 幅 1：5000 地形图，每幅 1：5000 地形图的范围是经差 1′52.5″、纬差 1′15″。1：50 万~1：5000 比例尺地形图的经纬差、行列数和图幅数成简单的倍数关系，见表 7-6。

（三）1：2000~1：500 地形图分幅

1. 经、纬度分幅

1：2000~1：500 地形图宜以 1：100 万地形图为基础，按规定的经差、纬差划分图幅。每幅 1：100 万地形图划分为 576 行 576 列，共 331776 幅 1：2000 地形图，每幅 1：

2000 地形图的范围是经差 37.5″、纬差 25″，即每幅 1∶5000 地形图划分为 3 行 3 列，共 9 幅 1∶2000 地形图；每幅 1∶100 万地形图划分为 1152 行 1152 列，共 1327104 幅 1∶1000 地形图，每幅 1∶1000 地形图的范围是经差 18.75″、纬差 12.5″，即每幅 1∶2000 地形图划分为 2 行 2 列，共 4 副 1∶1000 地形图；每幅 1∶100 万地形图划分为 2304 行 2304 列，共 5308416 幅 1∶500 地形图，每幅 1∶500 地形图的范围是经差 9.375″、纬差 6.25″，即每幅 1∶1000 地形图划分为 2 行 2 列，共 4 幅 1∶500 地形图。1∶2000～1∶500 地形图经、纬度分幅的图幅范围、行列数量和图幅数量关系见表 7-6。

表 7-6　国家基本比例尺地形图分幅编号关系表

比例尺		1∶100万	1∶50万	1∶25万	1∶10万	1∶5万	1∶2.5万	1∶1万	1∶5000	1∶2000	1∶1000	1∶500
图幅范围	经差	6°	3°	1°30′	30′	15′	7′30″	3′45″	1′52.5″	37.5″	18.75″	9.375″
	纬差	4°	2°	1°	20′	10′	5′	2′30″	1′15″	25″	12.5″	6.25″
行列数量关系	行数	1	2	4	12	24	48	96	192	576	1152	2304
	列数	1	2	4	12	24	48	96	192	576	1152	2304
图幅数量关系		1	4	16	144	576	2304	9216	36864	331776	1327104	5308416
			1	4	36	144	576	2304	9216	82944	331776	1327104
				1	9	36	144	576	2304	20736	82944	331776
					1	4	16	64	256	2304	9216	36864
						1	4	16	64	576	2304	9216
							1	4	16	144	576	2304
								1	4	36	144	576
									1	9	36	144
										1	4	16
											1	4
												1

2. 正方形分幅和矩形分幅

1∶2000～1∶500 地形图亦可根据需要采用正方形分幅或矩形分幅，通常为 50 cm× 50 cm 或 40 cm×50 cm。

二、地形图的图幅编号

（一）1∶100 万地形图的图幅编号

1∶100 万地形图的编号采用国际 1∶100 万地图编号标准。如图 7-10 所示，从赤道起算，每纬差 4° 为一行，至南、北纬 88° 各分为 22 行，依次用大写字母（字符码）A，B，C，…，V 表示其相应行号；从 180° 经线起算，自西向东每经差 6° 为一列，全球分为 60 列，依次用阿拉伯数字 1，2，3，…，60 表示其相应列号。所围成的每一个梯形小格为一幅 1∶100 万地形图，为了区分图幅所在北半球还是南半球，规定在图幅编号前加上 N 或 S，分别表示北半球和南半球。我国地处东半球赤道以北，图幅范围在经度 72°～138°、纬度 0°～56° 内，包括行号为 A，B，C，…，N 的 14 行、列号为 43，44，…，53 的 11 列。我国范围内 1∶100 万地形图编号省略国际 1∶100 地图编号中用来标志北半球的字母代码

N。例如，北京所在 1∶100 万图幅编号为 J50。

（二）1∶50 万~1∶5000 地形图的图幅编号

1. 比例尺代码

1∶50 万~1∶500 各比例尺地形图分别采用不同的字符作为比例尺代码，见表 7-7。

表7-7 比例尺代码表

比例尺	1∶50万	1∶25万	1∶10万	1∶5万	1∶2.5万	1∶1万	1∶5000	1∶2000	1∶1000	1∶500
代码	B	C	D	E	F	G	H	I	J	K

2. 图幅编号方法

1∶50 万~1∶5000 地形图的编号均以 1∶100 万地形图编号为基础，采用行列编号方法，由其所在 1∶100 万比例尺地形图的图号、比例尺代码和图幅的行列号共 10 位码组成，如图 7-11 所示。第一位是所在 1∶100 万比例尺地形图行号，第二、三位是所在 1∶100 万比例尺地形图列号，第四位比例尺代码（表 7-7），第五、六、七位是图幅行号，第八、九、十位是图幅列号。

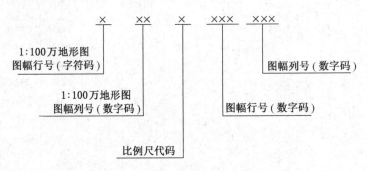

图7-11 1∶50 万~1∶5000 地形图图号的构成

3. 行、列编号

1∶50 万~1∶5000 地形图的行、列编号是将 1∶100 万地形图按所含各比例尺地形图的经差和纬差划分成若干行和列，横行从上到下、纵列从左到右按顺序分别用阿拉伯数字表示，不足三位者前面补零，取行号在前、列号在后的排列形式标记。1∶50 万~1∶5000 地形图的行、列编号如图 7-12 所示。

（三）1∶2000~1∶500 地形图的图幅编号

1∶2000~1∶500 地形图的比例尺代码见表 7-7，其图幅编号方法宜与 1∶50 万~1∶5000 地形图的图幅编号方法相同。

1∶2000 地形图经、纬度分幅的图幅编号亦可根据需要以 1∶5000 地形图编号分别加短线，再加 1，2，3，4，5，6，7，8，9 表示。如图 7-13 所示，其最中间一幅地形图编号为 H49H192097-5。

1∶1000、1∶500 地形图经、纬度分幅的图幅编号均以 1∶100 万地形图编号为基础，采用行、列编号方法。1∶1000、1∶500 地形图经、纬度分幅的图号由所在 1∶100 万地形图的图号、比例尺代码和各图幅的行列号共 12 位码组成，如图 7-14 所示。

1∶2000 地形图经、纬度分幅以 1∶100 万地形图编号为基础进行行、列编号时，其

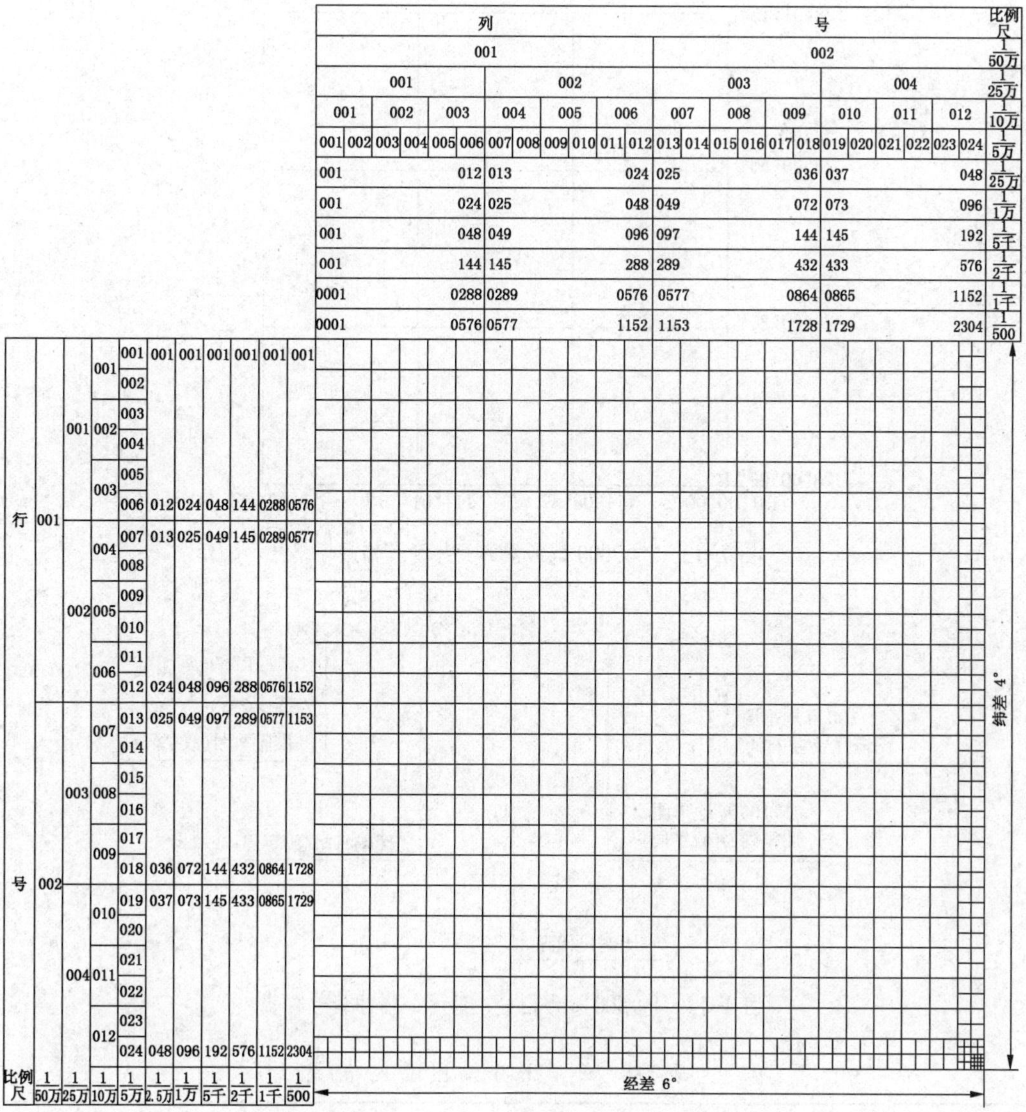

图 7-12 1∶50 万~1∶5000 地形图的行、列号

行、列编号方法与 1∶50 万~1∶5000 地形图的图幅编号方法相同。1∶1000 和 1∶500 地形图经、纬度分幅的行、列编号是将 1∶100 万地形图按所含比例尺地形图的经差和纬差分成若干行和列，横行从上到下、纵列从左到右顺序分别用 4 位阿拉伯数字表示，不足者前边补零，取行号在前、列号在后的排列形式标记。

（四）正方形分幅和矩形分幅的图幅编号

大比例尺地形图通常采用以坐标格网为图框的矩形分幅，图幅的图廓线平行于直角坐标系的纵、横轴。图幅大小见表 7-8，对 1∶5000、1∶2000、1∶1000 和 1∶500 比例尺的图幅，采用纵、横 50 cm×50 cm 图幅，即实地面积分别为 4 km²、1 km²、0.25 km² 和 0.0625 km²；以上为正方形分幅，还可采用纵距 40 cm、横距 50 cm 的分幅，总称为矩形分幅。

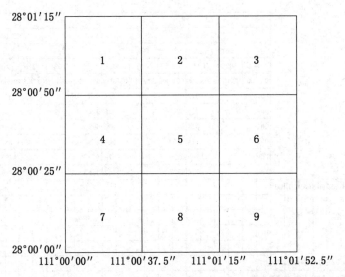

图 7-13 1∶2000 地形图的经纬度分幅顺序编号

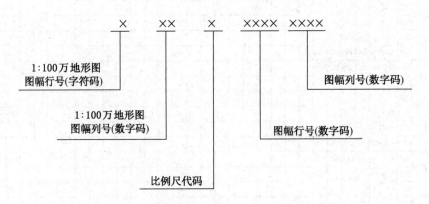

图 7-14 1∶500 地形图经、纬度分幅的编号构成

表 7-8 正方形分幅图幅规格

比例尺	图幅大小/（cm×cm）	图廓实地面积/km²	每 km² 图幅数
1∶5000	40×40	4.0	1/4
1∶2000	50×50	1.0	1
1∶1000	50×50	0.25	4
1∶500	50×50	0.0625	16

地形图按矩形分幅时常用的编号方法有 3 种。

1. 坐标编号法

以每幅图的图幅西南角坐标值 X、Y 的公里数作为该图幅的编号。如 1∶2000 地形图的西南角坐标为 $X=3895000.000$ m，$Y=432000.000$ m；1∶500 地形图的西南角坐标为 $X=3895250.000$ m，$Y=432750.000$ m。它们的图幅编号分别为 3895.0—432.0，3895.25—432.75。规定 1∶5000 的图号取至 1 km，1∶2000 及 1∶1000 取至 0.1 km，1∶500 取至

0.01 km。

2. 流水编号法

矩形分幅有时也以流水号和行列顺序进行编号，相对梯形分幅而言较为灵活，应根据实际需要出发，灵活选用编号方法，从而达到使用、管理方便的目的。

3. 行列编号法

行列编号法一般采用以字母（如A，B，C，D…）为代号的横行从上到下排列、以阿拉伯数字为代号的纵列从左到右排列来编号。

三、国家基本比例尺地形图分幅与编号的计算

1. 已知图幅内某点的经、纬度或图幅西南图廓点的经、纬度，计算地形图编号

1：100万地形图图幅编号，按下式计算：

$$a = \left[\frac{\phi}{4°}\right] + 1 \tag{7-2}$$

$$b = \left[\frac{\lambda}{6°}\right] + 31 \tag{7-3}$$

式中 [ ]——商取整；

　　　　a——1：100万地形图图幅所在纬度带字符码所对应的数字码；

　　　　b——1：100万地形图图幅所在经度带的数字码；

　　　　λ——图幅内某点的经度或图幅西南图廓点的经度；

　　　　ϕ——图幅内某点的纬度或图幅西南图廓点的纬度。

【例7-1】 我国大地原点位于陕西省泾阳县永乐镇北横流村境内，其大地坐标为北纬34°32′27″、东经108°55′25″，求所在1：100万图幅的图幅编号。

解
$$a = \left[\frac{\phi}{4°}\right] + 1 = \left[\frac{34°32′27″}{4°}\right] + 1 = 9$$

$$b = \left[\frac{\lambda}{6°}\right] + 31 = \left[\frac{108°55′25″}{6°}\right] + 31 = 49$$

行号 a 为9，即I，列号 b 为49，因此其所在1：100万图幅的图幅编号为I49。

其他比例尺地形图计算：在算出1：100万地形图图号后，其行、列号按下式计算：

$$c = \frac{4°}{\Delta\phi} - \left[\frac{\left(\frac{\phi}{4°}\right)}{\Delta\phi}\right]$$

$$d = \left[\frac{\left(\frac{\lambda}{6°}\right)}{\Delta\lambda}\right] + 1$$

式中 （ ）——商取余；

　　　　c——所求比例尺地形图在1：100万地形图图号后的行号；

　　　　d——所求比例尺地形图在1：100万地形图图号后的列号；

　　　　$\Delta\lambda$——所求比例尺地形图分幅的经差；

　　　　$\Delta\phi$——所求比例尺地形图分幅的纬差；

其他参数意义同上式。

【例 7-2】 求我国大地原点所在 1:50 万图幅的图幅编号。

解

$$c = \frac{4°}{\Delta\phi} - \left[\frac{\left(\frac{\phi}{4°}\right)}{\Delta\phi}\right] = \frac{4°}{2°} - \left[\frac{\left(\frac{34°32'27''}{4°}\right)}{2°}\right] = 1$$

$$d = \left[\frac{\left(\frac{\lambda}{6°}\right)}{\Delta\lambda}\right] + 1 = \left[\frac{\left(\frac{108°55'25''}{6°}\right)}{3°}\right] + 1 = 1$$

所求比例尺地形图在 1:100 万地形图图号后的行号为 001,所求比例尺地形图在 1:100 万地形图图号后的列号为 001,因此其所在 1:50 万图幅的图幅编号为 I49B001001。

【例 7-3】 求我国大地原点所在 1:25 万图幅的图幅编号。

解

$$c = \frac{4°}{\Delta\phi} - \left[\frac{\left(\frac{\phi}{4°}\right)}{\Delta\phi}\right] = \frac{4°}{1°} - \left[\frac{\left(\frac{34°32'27''}{4°}\right)}{1°}\right] = 2$$

$$d = \left[\frac{\left(\frac{\lambda}{6°}\right)}{\Delta\lambda}\right] + 1 = \left[\frac{\left(\frac{108°55'25''}{6°}\right)}{1°30'}\right] + 1 = 1$$

所求比例尺地形图在 1:100 万地形图图号后的行号为 002,所求比例尺地形图在 1:100 万地形图图号后的列号为 001,因此其所在 1:25 万图幅的图幅编号为 I49C002001。

【例 7-4】 求我国大地原点所在 1:10 万图幅的图幅编号。

解

$$c = \frac{4°}{\Delta\phi} - \left[\frac{\left(\frac{\phi}{4°}\right)}{\Delta\phi}\right] = \frac{4°}{20'} - \left[\frac{\left(\frac{34°32'27''}{4°}\right)}{20'}\right] = 5$$

$$d = \left[\frac{\left(\frac{\lambda}{6°}\right)}{\Delta\lambda}\right] + 1 = \left[\frac{\left(\frac{108°55'25''}{6°}\right)}{30'}\right] + 1 = 2$$

所求比例尺地形图在 1:100 万地形图图号后的行号为 005,所求比例尺地形图在 1:100 万地形图图号后的列号为 002,因此其所在 1:25 万图幅的图幅编号为 I49D005002。

【例 7-5】 求我国大地原点所在 1:5000 图幅的图幅编号。

解

$$c = \frac{4°}{\Delta\phi} - \left[\frac{\left(\frac{\phi}{4°}\right)}{\Delta\phi}\right] = \frac{4°}{1'15''} - \left[\frac{\left(\frac{34°32'27''}{4°}\right)}{1'15''}\right] = 71$$

$$d = \left[\frac{\left(\dfrac{\lambda}{6^\circ} \right)}{\Delta\lambda} \right] + 1 = \left[\frac{\left(\dfrac{108^\circ55'25''}{6^\circ} \right)}{1'52.5''} \right] + 1 = 30$$

所求比例尺地形图在 1：100 万地形图图号后的行号为 071，所求比例尺地形图在 1：100 万地形图图号后的列号为 030，因此其所在 1：5000 图幅的图幅编号为 I49H071030。

2. 已知图号计算该图幅西南图廓点的经、纬度

按下式计算该图幅西南图廓点的经、纬度：

$$\lambda = (b - 31) \times 6^\circ + (d - 1) \times \Delta\lambda$$

$$\phi = (a - 1) \times 4^\circ + \left(\frac{4^\circ}{\Delta\phi} - c \right) \times \Delta\phi$$

【例 7-6】已知图幅编号为 I49H071030，求所在图幅的西南角图廓点的经、纬度。

解
$$\lambda = (b - 31) \times 6^\circ + (d - 1) \times \Delta\lambda$$
$$= (49 - 31) \times 6^\circ + (30 - 1) \times 1'52.5''$$
$$= 108^\circ54'22.5''$$

$$\phi = (a - 1) \times 4^\circ + \left(\frac{4^\circ}{\Delta\phi} - c \right) \times \Delta\phi$$

$$= (9 - 1) \times 4^\circ + \left(\frac{4^\circ}{1'15''} - 71 \right) \times 1'15''$$

$$= 34^\circ31'15''$$

思 考 题

1. 什么是地形图比例尺？地形图比例尺有哪些种类？

2. 什么是比例尺精度？1：1000 和 1：5000 比例尺精度分别是多少？

3. 什么是地貌？地形图上地貌的表示方法有哪些？

4. 什么是等高线？等高线包括哪些种类？

5. 什么是等高距？地形图上等高距的特点是什么？

6. 等高线有哪些特征？

7. 国家基本比例尺地形图的分幅和编号方法是什么？

8. 矩形分幅地形图的编号方法有哪些？

第八章 数字地形图绘图基础

第一节 计算机绘图概述

伴随着电子技术革命，人们发明了计算机和绘图仪。随着计算机硬件技术和软件技术的发展和完善，二者相互配合逐步替代了过去的手工绘图，这就是我们通常说的"计算机绘图"。目前，计算机绘图已被广泛应用于动漫、计算机辅助设计（CAD）和计算机辅助制造（CAM）、工程设计与建设、军事国防等众多领域，在国民经济建设、国防建设、科学研究以及国家可持续发展等方面发挥着越来越重要的作用。

一、计算机绘图系统

计算机绘图系统由硬件系统和软件系统组成。其中硬件系统包括计算机、图形输入设备（键盘、鼠标、数字化仪等）、图形输出设备（显示器、打印机、绘图仪等）；软件系统包括操作系统软件、绘图软件和应用数据库。整个系统以计算机为核心，连接输入、输出设备，在硬件、软件的支持下，具有输入、计算、存储、编辑和输出功能。

二、坐标系及坐标变换

数字地形图绘图是以地图学理论为指导，按一定的数学法则，利用计算机及其输入和输出设备为制图工具，应用数据库技术和图形的数字化处理方法，实现地图信息的获取、变换、传输、识别、存储、处理和显示，最后以自动或人机结合的方式输出地图。

由于测量坐标系、计算机屏幕坐标系和绘图仪坐标系互不相同，要使地形图能够在计算机屏幕上显示或利用绘图仪输出，就必须进行坐标转换。

（一）坐标系

1. 测量坐标系

大比例尺地形图中的测量坐标系一般采用高斯-克吕格平面直角坐标系或独立坐标系，以南北方向为纵（X）轴，东西方向为横（Y）轴，其坐标单位为 m，如图 8-1a 所示。坐标值可以在很大范围内变化，一般根据不同地区的参考点来确定。

2. 计算机屏幕坐标系

如图 8-1b 所示，计算机屏幕坐标系坐标原点位于屏幕左上角，坐标单位为屏幕最小分辨率单位，即点阵或像素。坐标值一般限制在 0 至最大显示范围内，具体和屏幕分辨率有关。对于分辨率为 1024×768 的图形显示器，其 X 轴（水平方向）的范围是 0~1023，Y 轴（垂直方向）的范围是 0~767。

3. 绘图仪坐标系

绘图仪坐标系也是一种平面直角坐标系。它和数学中的笛卡尔坐标系相同，以水平线为横（X）轴，正方向由左向右，纵（Y）轴垂直横轴，正方向由下向上，如图 8-1c 所示。其坐标原点对于不同的绘图仪可能不同，有的位于绘图仪幅面左下角，有的位于绘图仪幅面中央，但在有效绘图区内一般可通过软件任意设置绘图仪坐标原点。绘图仪坐标系的坐标单位为绘图脉冲当量，一般一个脉冲当量为 0.025 mm。

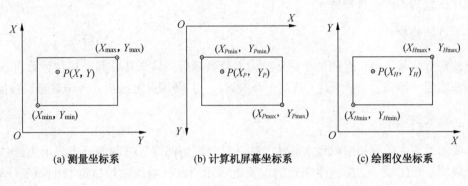

(a) 测量坐标系　　　　　(b) 计算机屏幕坐标系　　　　(c) 绘图仪坐标系

图 8-1　坐标系

（二）坐标变换

测量坐标系到屏幕坐标系的坐标变换公式如下：

$$\begin{cases} x_P = x_{P\min} + K_x(Y - Y_{\min}) \\ y_P = y_{P\max} - y_{P\min} - K_y(X - X_{\min}) \end{cases} \tag{8-1}$$

式中　　　　　　　　　(X, Y)、$(X_{\min}, Y_{\min})$——测量坐标系窗口中点 P 和其所在图幅范围西南角与东北角的坐标；

(x_P, y_P)、$(x_{P\min}, y_{P\min})$、$(x_{P\max}, y_{P\max})$——屏幕坐标系中点 P 和屏幕上图幅显示范围的左上角与右下角的坐标；

K_x、K_y——测量坐标转换屏幕坐标的变换系数。

$$\begin{cases} K_x = \dfrac{x_{P\max} - x_{P\min}}{Y_{\max} - Y_{\min}} \\ K_y = \dfrac{y_{P\max} - y_{P\min}}{X_{\max} - X_{\min}} \end{cases} \tag{8-2}$$

为使图形形状在屏幕上显示时保持不变，应使 x 和 y 方向坐标变换系数相等，即取两个系数 K_x 和 K_y 中的较小者作为最终变换系数。

测量坐标系到绘图仪坐标系的坐标变换公式如下：

$$\begin{cases} x_H = x_{H\min} + M(Y - Y_{\min}) \\ y_H = y_{H\min} + M(X - X_{\min}) \end{cases} \tag{8-3}$$

式中　(x_H, y_H)、$(x_{H\min}, y_{H\min})$——绘图坐标系中点 P 和绘图仪上图幅显示范围的左下角与右上角的坐标；

M——测量坐标转换绘图仪坐标的变换系数，也就是待绘地形图的比例尺。

第二节 图形裁剪与显示

地形图主要是由点线基本元素组成的，为了能在计算机屏幕上显示，需要根据屏幕坐标对显示区域的图形进行裁剪。

一、点的裁剪

点的裁剪相对简单，点测量坐标转换为屏幕坐标后，只要其屏幕坐标在计算机屏幕窗口坐标范围内，即 $x_{P\max} \geq x_p \geq x_{P\min}$ 且 $y_{P\max} \geq y_p \geq y_{P\min}$，则该点可显示，否则被窗口裁掉。

二、直线的裁剪

直线的裁剪一般采用编码裁剪算法，按一定规则用四位二进制编码来表示由窗口的边界线分成的 9 个区域。这样线段端点的位置就可用所在区域的四位二进制编码唯一确定，如图 8-2 所示。通过对线段两端点的编码进行逻辑运算，就可以确定线段相对于窗口的关系，如图 8-3 所示。

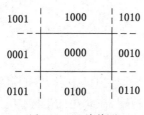

图 8-2 区域编码

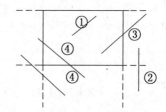

图 8-3 线段与裁剪区域的位置关系

（1）线段两端点的四位编码均为 0000，线段位于矩形裁剪窗口内，则保留显示。

（2）线段两端点的四位编码均不为 0000，但逻辑相乘结果不为 0，则线段位于矩形裁剪窗口之外，不进行显示。

（3）当线段一端点的四位编码均为 0000，另一端点的四位编码不为 0000，则为 0000一端在裁剪区域内，不为 0000 一端在裁剪区域外。通过计算可获得线段与裁剪区域边界的交点，以交点替代不为 0000 端点即可。

（4）当线段两端点的四位编码均不为 0000，但逻辑相乘结果为 0，则线段两端点位于矩形裁剪窗口之外，需要判断线段与矩形裁剪区域边界是否存在交点。若无交点，则位于裁剪区域之外，不进行显示；否则，计算线段与矩形裁剪区域边界有两交点，并以交点替代原端点。

线段两端点四位编码的逻辑和有几个 1，则线段与矩形裁剪区域边界就有几个交点，设线段两端点坐标分别为 (x_1, y_1) 和 (x_2, y_2)。线段与裁剪区域边界是否存在交点用下式判断：

$$\begin{cases} x_{\min} \leq x \leq x_{\max} \\ y_{\min} \leq y \leq y_{\max} \end{cases} \tag{8-4}$$

线段与裁剪区域上边界的交点为

$$\begin{cases} x = x_{max} \\ y = y_1 + \dfrac{x_{max} - x_1}{x_2 - x_1} \cdot (y_2 - y_1) \end{cases} \qquad (8-5)$$

线段与裁剪区域下边界的交点为

$$\begin{cases} x = x_{min} \\ y = y_1 + \dfrac{x_{min} - x_1}{x_2 - x_1} \cdot (y_2 - y_1) \end{cases} \qquad (8-6)$$

线段与裁剪区域右边界的交点为

$$\begin{cases} x = x_1 + \dfrac{y_{max} - y_1}{y_2 - y_1} \cdot (x_2 - x_1) \\ y = y_{max} \end{cases} \qquad (8-7)$$

线段与裁剪区域左边界的交点为

$$\begin{cases} x = x_1 + \dfrac{y_{min} - y_1}{y_2 - y_1} \cdot (x_2 - x_1) \\ y = y_{min} \end{cases} \qquad (8-8)$$

三、圆弧与曲线的裁剪

圆弧和曲线都可以用一组短的直线段来逼近，因此，圆弧和曲线的裁剪可采取对每一短直线段的裁剪来实现。

四、多边形的裁剪

多边形的裁剪比直线复杂，裁剪后，多边形的轮廓线仍要闭合，裁剪后的边数可能会增加，可能会减少，也可能被分割成几个多边形，因此必须适当地插入窗口边界才能保持多边形封闭。

对于多边形裁剪，最常用的是萨瑟兰德-霍奇曼算法。把整个多边形先相对于窗口的第一条边界裁剪，然后再把形成的新多边形相对于窗口的第二条边界裁剪，如此进行到窗口的最后一条边界，完成把多边形全部裁剪。该算法步骤如下：

（1）取多边形顶点 $P_i(i=1, 2, \cdots, n)$，将其相对于窗口第一条边界进行判断，若点 P_i 位于边界靠窗口一侧，则把 P_i 记录到要输出的多边形顶点中，否则不作记录。

（2）检查点 P_i 与点 P_{i-1}（当 $i=1$ 时，检查点 P_1 与点 P_n）是否位于窗口边界同一侧。若位于同一侧，则点 P_i 记录与否由 P_{i-1} 是否记录决定；若位于窗口边界两侧，则计算出 P_iP_{i-1} 与窗口边界的交点，并将交点记录到要输出的多边形顶点中。

（3）如此判断所有的顶点 P_1，P_2，$\cdots$，P_n 后，得到新的多边形，然后用新多边形重复上述步骤（1）和（2），依次对窗口的第二、第三和第四边界进行判断，判断完成后得到的多边形即为裁剪的最后结果。

例如，对多边形 $P_1P_2P_3P_4P_5P_6$ 的裁剪过程如下（图8-4）：

（1）首先对窗口的右边界进行判断，从多边形的顶点 P_1 开始依次判断。P_1 在右边界不可见的一侧，故不记录 P_1 点，且 P_1 和 P_6 在右边界同侧，与右边界无交点。

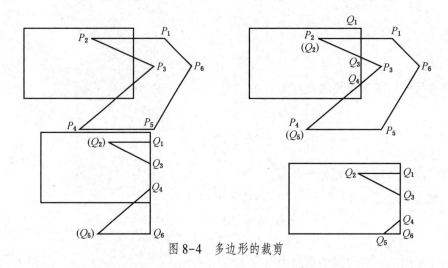

图 8-4　多边形的裁剪

P_2 点在右边界可见的一侧，且 P_2 和 P_1 在右边界异侧，因此求出 P_2P_1 与右边界的交点记作 Q_1，同时把 P_2 点记录为（Q_2）。

P_3 点在右边界不可见的一侧，但 P_3 和 P_2 在右边界异侧，因此求出 P_3P_2 与右边界的交点记作 Q_3。

P_4 点在右边界可见的一侧，且 P_4 和 P_3 在右边界异侧，因此求出 P_4P_3 与右边界的交点记作 Q_4，同时把 P_4 点记录为（Q_5）。

P_5 点在右边界不可见的一侧，但 P_5 和 P_4 在右边界异侧，因此求出 P_5P_4 与右边界的交点记作 Q_6。

P_6 点在右边界不可见的一侧，但 P_6 和 P_5 在右边界同侧，因此不求交点也不记录 P_6 点。

这样就得到了新多边形 $Q_1(Q_2)Q_3Q_4(Q_5)Q_6$。

（2）把新得到的多边形 $Q_1(Q_2)Q_3Q_4(Q_5)Q_6$ 对裁剪区域的下边界进行判断，同理可得新多边形 $Q_1Q_2Q_3Q_4Q_5Q_6$。

（3）对新得到的多边形与裁剪区域的左边界、上边界进行判断，多边形无变化，多边形 $Q_1Q_2Q_3Q_4Q_5Q_6$ 就是最终裁剪结果。

第三节　地形图地物符号的自动绘制

地图符号是地图的语言，是地图向用户表达内容的主要手段，用于表示事物的空间位置、大小和数量特征，反映各类要素的分布特点、相互关系及区域总体特征。地图符号包括地物符号、地貌符号和注记符号：注记一般为文字说明，只需编辑；地貌符号主要是等高线，它的自动绘制详见本章第四节；地物符号按图形特征可分为 3 类，即点状符号、线状符号和面状符号。下面详细讨论其在计算机绘图中的实现方法。

一、点状符号的自动绘制

点状符号不能用来表示地物的大小，只能用来表示地物的位置和方向。在地图上，点状符号都有确切的定位点和方向性，点状符号以唯一的定位点实现定位，并且在一定的比例尺范围内其大小是一定的，如消防栓、路灯、避雷针和水塔等。这些点状符号一般由折线、曲线、圆弧、多边形、圆、椭圆等图元组成，另外还要区分填充或不填充。设计一个点状符号时，先定义一个坐标系，坐标系的原点就是此点状符号的定位点。点状符号中图元的大小、位置和相互关系是由图元控制点与符号定位点间的坐标关系决定的。

在绘图时，根据符号的代码，读取符号的信息数据，并按照地图要求的位置和方向对独立点状符号信息数据中的坐标进行平移、缩放和旋转，实现计算机的自动绘制。设计时以 1∶1000 的比例尺为基本比例尺，这样图纸上 1 mm 符号的实际尺寸为 1 m。为了便于换算，当在 1∶500 比例尺的地形图中插入该符号时，插入比例应为 0.5，在 1∶2000 的地形图中插入该符号时，插入比例应为 2，以此类推。

下面以旗杆符号进行说明：以旗杆符号的定位点（下方图形中心）作为坐标原点建立坐标系，进行符号特征点的坐标采集。其特征点的坐标值见表 8-1。

表 8-1 旗杆符号图形信息

特征点号	X 坐标/m	Y 坐标/m	备 注	旗杆符号
1	0	0	半径 $r=0.5$ m	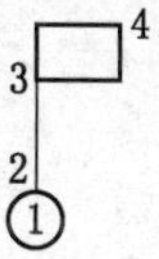
2	0	0.5	直线起点	
3	0	2.5	直线终点和矩形下对角点	
4	1.6	3.5	矩形上对角点	

二、线状符号的自动绘制

线状符号的特点是根据定位线绘制。其绘制方法一般分为基本线状符号绘制、平行线绘制和线状符号叠加绘制 3 类。

1. 基本线状符号绘制

基本线状符号是由一个定长图块沿着定位线循环配置的，利用绘图参数表示如下：定位点个数 N 和定位点坐标 $(X_i, Y_i)(i=1, 2, 3, \cdots, N)$，实步长 D_1，虚步长 D_2 和点步长 D_3。当 $D_2=0$ 时，为点划线；当 $D_3=0$ 时，为虚线；当 $D_1=D_3=0$ 时，为点线。通过给定不同的步长值，设置不同的线型。

基本线状符号的绘制方法是：对于虚线，即 $D_3=0$，如图 8-5a 所示，根据给定的步长 D_1 和 D_2，沿着定位线的路径和方向，分别计算其对应的两个端点坐标，然后连接实步长部分；对于点划线，即 $D_2=0$，如图 8-5b 所示，根据给定的步长 D_1 和 D_3，计算 D_1 对应的两端点坐标后再连接，计算 D_3 对应的中点坐标作为点部的定位点，然后画点；对于点线，即 $D_1=D_3=0$，如图 8-5c 所示，根据给定的步长 D_2 计算点的坐标，然后画点。

2. 平行线绘制

很多线状地物都是以平行线为基础，加绘一定的内容而成，如铁路、围墙等。平行线是以定位线为基础，以平行线宽 d 为变量进行绘制。如图 8-6 所示，P_i 为定位线节点，其

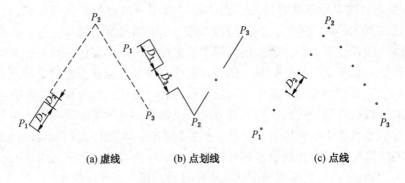

(a) 虚线   (b) 点划线   (c) 点线

图 8-5　基本线状符号

坐标为（x_i，y_i）（$i=1$，2，3，…，N），平行线宽度为 d。如果在定位直线前进的右方绘制平行线，定位直线节点所对应平行线的节点坐标（x_i'，y_i'）的计算如下：

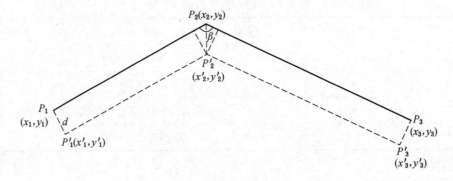

图 8-6　平行线绘制

$$
\begin{cases}
x_i' = x_i + l_i \cdot \cos\left(\alpha_i - \dfrac{\beta_i}{2}\right) \\[2mm]
y_i' = y_i + l_i \cdot \sin\left(\alpha_i - \dfrac{\beta_i}{2}\right) \\[2mm]
l_i = \dfrac{d}{\sin\left(\dfrac{\beta_i}{2}\right)}
\end{cases}
\tag{8-9}
$$

式中，α_i 为第 i 条线段的倾角，β_i 为第 i 个节点的右夹角。α_i 由下式计算：

$$
\alpha_i = \arctan\left(\frac{y_{i+1} - y_i}{x_{i+1} - x_i}\right)
$$

在起点或终点即 $i=1$ 或 N 时，$\beta_1 = \beta_n = \pi$，当 $i=N$ 时，$\alpha_n = \alpha_{n-1}$。

3. 线状符号叠加绘制

叠加绘制是将线状符号拆分为多个基本的单元符号，并按顺序分别绘制各单元符号。如陡坎符号，可以先从起点到终点绘制完陡坎的基线符号，再从起点到终点绘制陡坎的峰线符号，整个绘制分两个步骤完成，如图 8-7 所示。其计算原理如下。

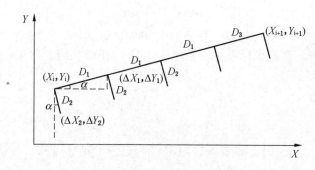

图 8-7　线状符号叠加绘制

$$\begin{cases} S = \sqrt{(x_{i+1} - x_i)^2 + (y_{i+1} - y_i)^2} \\ n = \left[\dfrac{S}{D_1} \right] \\ D_3 = S - D_1 n \\ \cos\alpha = \dfrac{x_{i+1} - x_i}{S} \\ \sin\alpha = \dfrac{y_{i+1} - y_i}{S} \\ \Delta x_1 = D_1 \cdot \cos\alpha, \quad \Delta y_1 = D_1 \cdot \sin\alpha \\ \Delta x_2 = D_2 \sin\alpha, \quad \Delta y_2 = -D_2 \cos\alpha \end{cases} \quad (8\text{-}10)$$

式中，[ ] 表示取整，S 为两离散点之间的距离，D_1 为相邻两齿间的距离，D_2 为齿长，n 为两离散点间的齿数，D_3 为两离散点间不足一个齿距的剩余值，$(\Delta x_1, \Delta y_1)$ 为齿心的坐标增量，$(\Delta x_2, \Delta y_2)$ 为齿端对齿心的坐标增量。

计算出齿心和齿端坐标以后，根据不同的线状符号特点，采用不同的连接方式就可产生陡坎、城墙等线状符号。

三、面状符号的自动绘制

面状符号是指地图上用来表示呈面状分布的物体或地理现象的符号，在地形图上能依比例表示，如耕地、果园、水域等符号。面状符号有以下特点：一般有封闭轮廓线；在轮廓范围内配置不同的点符、线符。

面状符号通常是在一定轮廓区域内用填绘晕线或一系列某种密度的点状符号来表示的。在轮廓区域内填绘点状符号，最终也可归结到首先用晕线的方法计算出点状符号的中心位置，然后再绘制注记符号。

1. 多边形轮廓线内绘制晕线

多边形轮廓线内绘制晕线的参数为：轮廓点个数 N，轮廓点坐标 $(x_i, y_i)(i=1, 2, \cdots, N)$，晕线间隔 D 以及晕线和 X 轴夹角 α，如图 8-8 所示。轮廓线内绘制晕线可按如下步骤进行：

（1）对轮廓点坐标进行变换，使晕线与 y 轴方向一致。变换公式如下，这样便于数据处理。

$$\begin{pmatrix} x'_i \\ y'_i \end{pmatrix} = \begin{pmatrix} \sin\alpha & -\cos\alpha \\ \cos\alpha & \sin\alpha \end{pmatrix} \begin{pmatrix} x_i \\ y_i \end{pmatrix} \tag{8-11}$$

（2）求晕线条数。在新坐标系中，根据 x' 的最大和最小值，通过式（8-12）可求得晕线条数 M：

$$M = \left(\frac{x'_{\max} - x'_{\min}}{D} \right) \tag{8-12}$$

当 $\left(\dfrac{x'_{\max} - x'_{\min}}{D} \right) \cdot D = x'_{\max} - x'_{\min}$ 时，晕线条数为 $M-1$。把整个轮廓区域内的晕线沿 x' 轴方向按次序进行编号，第一条晕线编号为 1，最后一条晕线编号为晕线条数 M。

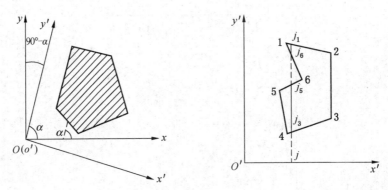

图 8-8　多边形轮廓线内绘制晕线

（3）求晕线与轮廓边的交点。在新坐标系中，编号为 j 的晕线：

$$x'_j = x'_{\min} + Dj \tag{8-13}$$

式中，$j = 1, 2, \cdots, M$。第 j 条晕线是否通过轮廓线的第 i 条边，可以简单地用该条边两端点的 x' 坐标来判别，即当 $(x'_i - x'_j) \cdot (x'_{i+1} - x'_j) \leqslant 0$ 时成立，说明第 j 条晕线与第 i 条轮廓边有交点。晕线与轮廓边的交点可按下式计算：

$$\begin{cases} x'_{J(i, j)} = x'_{\min} + Dj \\ y'_{J(i, j)} = \dfrac{y'_i \cdot x'_{i+1} - y'_{i+1} \cdot x'_i}{x'_{i+1} - x'_i} + (y'_{i+1} - y'_i) \cdot \dfrac{x'_{J(i, j)}}{x'_{i+1} - x'_i} \end{cases} \tag{8-14}$$

式中　　　　　$x'_{J(i,j)}$，$y'_{J(i,j)}$——第 j 条晕线与第 i 条轮廓边的交点坐标；

$(x'_i，y'_i)$、$(x'_{i+1}，y'_{i+1})$——第 i 条轮廓边的交端点坐标。

（4）交点排序和配对输出。在逐边计算出晕线和轮廓边的交点后，需对同一条晕线上的交点按 y' 值从小到大排序，排序后两两配对。如图 8-8 所示，第 j 条晕线与轮廓边交点按 y' 值从小到大排序后的顺序为 j_3、j_5、j_6、j_1，将 j_3 和 j_5 配对，j_6 和 j_1 配对即可输出 j 条晕线。

上述（3）和（4）两个步骤的程序编写用两层循环来实现，外循环为晕线从 1 到 M，内循环为轮廓边从 1 到 N，即对每条晕线先求出和所有轮廓边的交点坐标，再对交点坐标 y' 排序，循环完后即可得到排好序的交点坐标数组，两两配对后即得到轴线。需要注意的是：由于最后一条轮廓边的一端点和第一条边的一端点相同，受循环的限制需要判断是否为最后一条轮廓边。在得到排好序的晕线与轮廓边的交点坐标后，需要返回正常的坐标系

xOy，计算公式如下：

$$\begin{pmatrix} x_{J(i,j)} \\ y_{J(i,j)} \end{pmatrix} = \begin{pmatrix} \sin\alpha & \cos\alpha \\ -\cos\alpha & \sin\alpha \end{pmatrix} \begin{pmatrix} x'_{J(i,j)} \\ y'_{J(i,j)} \end{pmatrix} \tag{8-15}$$

2. 面状符号的绘制

以上得到的轴线 y 值从大到小排列，即先得到的是 y 值大的轴线。按规范标准，相邻两条轴线上点符号是错开的，为保证错开需要确定相邻轴线上第一个插入点的坐标，具体实现步骤如下：

（1）确定第一条轴线上第一个符号位置。由于多数面状符号本身有一定大小，为保证符号在轮廓之内，需要在第一条轴线起点的 x 值加上一个偏移值 $zoffset$。

（2）确定下一条轴线上第一个符号位置。如果轴线 y 坐标发生变化，此轴线上第一个符号的 x 坐标在上一轴线的第一个符号的 x 坐标基础上加 d 或者减 d，若此轴线起点与上一轴线的第一个符号的距离大于（$d+zoffset$）则为减 d，否则为加 d；如果轴线 y 未发生变化，同步骤（1），需要在此轴线起点的 x 值加上一个偏移值 $zoffset$，这样就可确定每条轴线上第一符号的位置。

（3）在每条轴线上按间距 d 插入点符号。

面状符号填绘效果如图 8-9 所示。

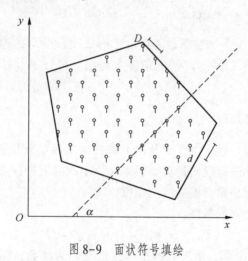

图 8-9　面状符号填绘

第四节　规则图形的正形化及图幅接边

在地形图上，很多地形要素具有规则的几何特征，如矩形的房屋、圆形的烟囱和水塔、圆曲线或缓和曲线的道路等。由于测量误差的存在，地形图上地形要素的几何形状出现变形失真，图形不美观，并影响地形图精度，其应用也受到影响。规则图形的正形化就是利用几何特征，列出条件方程，采用最小二乘法对采样点坐标进行平差处理，达到几何校正的目的。

一、固定角的纠正处理

设 i、j、k 三点构成一个已知角 β，则其构成的图形满足以下几何关系：

209

$$\hat{a}_{ik} - \hat{a}_{ij} = \beta \tag{8-16}$$

式中，$\hat{a}_{ik}$ 和 $\hat{a}_{ij}$ 分别表示 ik 边和 ij 边方位角的平差值，即

$$\begin{cases} \hat{a}_{ik} = \arctan \dfrac{\hat{y}_k - \hat{y}_i}{\hat{x}_k - \hat{x}_i} \\[3mm] \hat{a}_{ij} = \arctan \dfrac{\hat{y}_j - \hat{y}_i}{\hat{x}_j - \hat{x}_i} \end{cases} \tag{8-17}$$

将上式代入式（8-16）并线性化，整理后得到条件方程：

$$a_{x_i} v_{x_i} + a_{x_j} v_{x_j} + a_{x_k} v_{x_k} + b_{y_i} v_{y_i} + b_{y_j} v_{y_j} + b_{y_k} v_{y_k} - w = 0 \tag{8-18}$$

式中

$$a_{x_i} = \frac{\sin a_{ik}}{S_{ik}} - \frac{\sin a_{ij}}{S_{ij}} \qquad a_{x_j} = \frac{\sin a_{ij}}{S_{ij}} \qquad a_{x_k} = \frac{\sin a_{ik}}{S_{ik}}$$

$$b_{y_i} = -\frac{\cos a_{ik}}{S_{ik}} + \frac{\cos a_{ij}}{S_{ij}} \qquad b_{y_j} = -\frac{\cos a_{ij}}{S_{ij}} \qquad b_{y_k} = \frac{\cos a_{ik}}{S_{ik}}$$

$$S_{ij} = \sqrt{(x_j - x_i)^2 + (y_j - y_i)^2} \qquad S_{ik} = \sqrt{(x_k - x_i)^2 + (y_k - y_i)^2}$$

$$w = \arctan \frac{y_k - y_i}{x_k - x_i} - \arctan \frac{y_j - y_i}{x_j - x_i} - \beta$$

3 点构成角的地物较少，一般都是 3 点以上形成闭合图形的地物，这样根据观测个数和必要观测个数，利用式（8-18）列出条件方程组，进行平差计算，最后达到消除几何变形的目的。

二、圆曲线的正形化处理

圆形地物地貌测绘时一般采集 3 个及以上特征点来确定其位置和大小。3 点决定一个圆的大小和位置，但不能进行误差处理。若采集 4 个或以上特征点，产生多余观测，图形就会变形，这样便可进行平差，提高绘图精度。

对于圆上的点应满足下列条件：

$$(\hat{x}_i - \hat{x}_0)^2 + (\hat{y}_i - \hat{y}_0)^2 = R^2 \tag{8-19}$$

式中，(x_0, y_0) 是圆心坐标，R 为圆的半径，以它们为参数，将实测坐标代入上式并求导线性化处理，列出条件方程：

$$\Delta x_{0i} v_{x_i} + \Delta y_{0i} v_{y_i} - \Delta x_{0i} v_{x_0} - \Delta y_{0i} v_{y_0} - R^0 v_R - w = 0 \tag{8-20}$$

式中，$\Delta x_{0i} = x_0 - x_i$，$\Delta y_{0i} = y_0 - y_i$，$w = [(R^0)^2 - (x_i - x_0^0)^2 - (y_i - y_0^0)^2]/2$，$(x_0^0, y_0^0)$ 为原点坐标初始值，R^0 为圆半径的初始值。

三、图幅接边处理

模拟法测图时代，地形图的测绘是以图幅为单位进行的，特征点在测和绘的过程中都存在误差。相邻两幅图内同一地形要素在两幅图拼接时，因误差的存在就会出现"错台"现象，这就是接边误差。进入全数字测图时代后，数据采集有时以河岸、围墙等长条形地物为分界线，不再完全以图幅边界为单位进行测图，但仍然存在图幅接边、地物连接和等

高线（地貌）连接的情况。

（一）接边的判别

地图要素的接边处理，要满足以下 3 个条件。

1. 端点邻近图廓条件

某相邻图幅公共图廓点的坐标分别为 $P(x_P, y_P)$ 和 $Q(x_Q, y_Q)$，地形要素的一个端点为 $A(x_A, y_B)$，则直线 MN 的方程为

$$a_0 x + b_0 y + c_0 = 0 \tag{8-21}$$

式中，a_0、b_0 和 c_0 为 x_P、y_P、x_Q 和 y_Q 的函数。

端点 A 到直线 PQ 的距离为

$$d_0 = \frac{|a_0 x_A + b_0 y_A + c_0|}{\sqrt{a_0^2 + b_0^2}} \tag{8-22}$$

当 $d_0 \leqslant e_0$（一般 $e_0 = 0.5$ mm）时，需要进行接边处理，否则不需要进行接边处理。

2. 属性相同条件

两幅图中，两地形要素的属性相同时，可能是同一地形要素，可能需要进行接边处理；若地形要素的属性不相同，则不需要进行接边处理。

3. 端点邻近条件

设 $A_1(x_{A1}, y_{A1})$ 和 $A_2(x_{A2}, y_{A2})$ 是位于两相邻图幅且属性相同的两地形要素的端点，另外满足端点邻近图廓条件，其对应的直线方程为

$$\begin{cases} a_1 x + b_1 y + c_1 = 0 \\ a_2 x + b_2 y + c_2 = 0 \end{cases} \tag{8-23}$$

通过解算方程，可求出 A_1 所在线段与图廓的交点坐标 $A_1'(x_{A_1}', y_{A_1}')$，同理也可求出 A_2 所在直线与图廓的交点坐标 $A_2'(x_{A_2}', y_{A_2}')$，则 $A_1' A_2'$ 两点间的距离为

$$d_1 = \sqrt{(x_{A_1}' - x_{A_2}')^2 + (y_{A_1}' - y_{A_2}')^2} \tag{8-24}$$

当 $d_1 \leqslant e_1$（一般 $e_1 = 1$ mm）时，需要进行接边处理，否则不需要进行接边处理。

（二）采样点坐标改正

A_1'、A_2' 两点中点 A 的坐标为

$$\begin{cases} x_A = \dfrac{1}{2}(x_{A_1}' + x_{A_2}') \\ y_A = \dfrac{1}{2}(y_{A_1}' + y_{A_2}') \end{cases} \tag{8-25}$$

在接边时，我们用 A 的坐标替代 A_1' 和 A_2' 的坐标，以消除接边误差。

事实上，误差不仅仅是在接边点上，整个地形图都是存在误差的，只不过在接边的地形要素上表现得更明显。

第五节　DTM 的 构 建

DTM（Digital Terrain Model）即数字地面模型，是以数字的形式按一定的结构组织在一起，表示实际地形特征的空间分布和属性信息，也就是空间位置特征与地形形状和起伏等

地形属性特征的数字描述。DTM 的空间位置特征以特征点的三维坐标数据表述。地形表面形态的属性信息一般包括高程、坡度、坡向等。

DTM 的核心数据是地形表面特征点的三维坐标数据和一套对地表提供连续描述的算法。最基本的 DTM 至少包含了相关区域内平面坐标（x，y）与高程 z 之间的映射关系，即

$$z = f(x, y) \tag{8-26}$$

式中，x，$y \in$ DTM 所在区域。

数据采集是 DTM 的关键问题，采样点的位置和密度都会影响 DTM 的精度。数据点太稀会降低 DTM 的精度；数据点过密又会增大数据量、处理的工作量和不必要的存储量。另外，插值算法和数据结构同样会影响 DTM 的精度。

一、DTM 数据结构

DTM 数据结构对 DTM 的应用有重要影响。不同的数据结构采用的算法不同，占用的存储空间大小不同，计算效率也不相同。

DTM 以离散点数据为基础进行构造，因此其最简单的结构就是离散点结构。但这种结构只包含离散点坐标和某些断裂线地物的连接信息，不利于 DTM 的进一步应用，所以在实际中很少采用。

DTM 常用的数据结构是以离散点为基础，并将其连接成为多边形的格网结构。其主要表现模型可分为不规则格网 TIN（Triangle Irregulation Network）和规则格网 Grid。

1. 规则格网的数据结构（Grid）

将离散的原始数据点依据插值算法归算出规则形状格网的结点坐标，并将每个结点的坐标有规律地存放在 DTM 中。最常用的结构是矩形格网（图 8-10）。

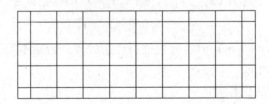

图 8-10 规则矩形格网

由于矩形格网中结点分布具有规律，各结点的坐标可以用它在格网中的位置代替，因此矩形格网可以用一个二维数组（矩阵）进行存储，并且仅存储各结点的高程。

$$\begin{bmatrix} Z(0, 0) & Z(0, 1) & \cdots & Z(0, n-1) \\ Z(1, 0) & Z(1, 1) & \cdots & Z(1, n-1) \\ \vdots & \vdots & & \vdots \\ Z(m-1, 0) & Z(m-1, 1) & \cdots & Z(m-1, n-1) \end{bmatrix} \tag{8-27}$$

规则格网结构便于数据的检索，可以用统一的算法完成检索和插值计算。

2. 不规则格网的数据结构（TIN）

不规则格网是以离散点作为格网的结点连成的三角形、四边形或其他多边形网格，实际应用中主要采用的是不规则三角形格网（TIN），如图 8-11 所示。TIN 的优点是利于用

原始数据作为格网结点，不改变原始数据及其精度，保存了原有的关键地形特征，利用 TIN 追踪等高线的算法相对简单，能够较好地适应不规则形状区域。其缺点是实现算法相对复杂。

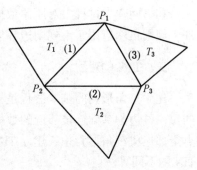

图 8-11　不规则三角形格网

TIN 模型的数据结构分别由点和三角形两个记录表构成：其中点表存储所有节点数据，每条记录包括节点的编号及三维坐标，见表 8-2；三角形表用于存储点、三角形的拓扑关系，每条记录包括三角形的编号、组成三角形 3 个顶点的编号及邻接三角形的编号，见表 8-3。三角形的 3 个点和 3 条边均按顺时针或逆时针排列，并且以点号最小的顶点作为第一顶点。

表 8-2　点 的 拓 扑 关 系

P-ID	X 坐标	Y 坐标	Z 坐标

表 8-3　三角形的拓扑关系

T-ID	P_1-ID	P_2-ID	P_3-ID	T_1-ID	T_2-ID	T_3-ID

规则格网（Grid）或不规则格网（TIN）因其各有特点，都得到了广泛使用。

二、Grid 的建立

常用的插值算法有线性插值、多项式插值、最小二乘插值、距离加权平均插值和多层曲面插值，下面以距离加权平均插值法为例进行插值计算。

距离加权平均插值方法认为与未采样点距离最近的若干个点对未采样点值的权最大，其权与距离成反比。其计算公式表示为

$$z = \frac{\sum_{i=1}^{n} \frac{1}{(D_i)^P} z_i}{\sum_{i=1}^{n} \frac{1}{(D_i)^P}} \qquad (8-28)$$

式中　　　　　　　　D_i——格网点到插索范围内某数据点的距离，$D_i = \sqrt{(x_i - x_0)^2 + (y_i - y_0)^2}$；

　　　　　　　　z——格网点的高程；

　　　　　　　　P——距离的幂；

　　(x_0, y_0)、(x_i, y_i)——格网点和插索范围内某数据点的坐标。

P 显著影响内插的结果，幂越高，内插结果越具有平滑的效果。在利用已知样点对未知点的值进行预测的过程中，通常要在预测点确定一个搜索的邻近区域，以便限定使用的样点数量，一般为 4~10 个点，否则扩大或缩小圆半径，直至找到的点数是 4~10 个点为止。如果各已知样点对数据权重没有方向性影响，搜索区域可定为圆形；若存在方向性影响，搜索区域可定为椭圆形。

在格网建立过程中对原始数据进行插值计算时，所用的算法对数据精度有所影响。另外，规则格网应用于不规则边界区域时，边界处需要特殊处理。

三、TIN 的建立

建立三角形网的基本过程是将邻近的 3 个数据点连接成初始三角形，再以这个三角形的每一条边为基础连接邻近的数据点，组成新的三角形，如此继续下去，直至所有的数据点全部连成三角形为止。建立 TIN 时，由于取相邻离散点的判断准则不同，就产生了生成 TIN 的不同算法。

1. 最近距离算法

先在离散点中找到两个距离最近的点 A 和 B，以两点连线为基础，寻找与此段连线最近的离散点构成三角形；然后以这个三角形的每一条边向外扩展，构成新的三角形。首先应排除和三角形位于同一侧的数据点，如图 8-12 所示；然后在另一侧寻找与此边最近的离散点构成新的三角形，直到结束。利用余弦定理判断选择最近的离散点，找出与扩展边两端点之间形成夹角为最大的一个数据点作为组成新三角形的点。

$$\cos C = \frac{a^2 + b^2 - c^2}{2ab} \tag{8-29}$$

2. 最小边长算法

在构成三角形时，离散点的选择应当使构成三角形的三边边长之和达到最小值。首先从离散点集合中选择两个距离最近的点 A 和 B 构成基础边，如图 8-13 所示；其次在其余的离散点中进行比较，选择到 A 和 B 的距离之和最小的一点作为三角形的另一个顶点 C，构成第一个三角形；用同样的方法对此三角形的每条边进行扩展，直到结束。

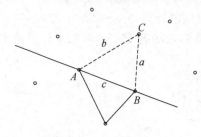

图 8-12　最近距离算法

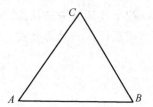

图 8-13　最小边长算法

在三角形构网时，若只考虑几何条件，在某些区域可能出现与实际地形不相符的情况。如在山脊线处可能出现三角形穿入地下（图 8-14a），在山谷线处可能出现三角形悬空（图 8-14b），在陡坎、河岸等变化不连续处可能出现三角形覆盖地性线。为此，对于山脊线和山谷线，应在原始数据中引入地性线的信息，并给地性线上的数据点进行编码，优先连接地性线上的边，并以此边为基础向两侧扩展出三角形格网；对于陡坎、河岸等变化不连续处，把断裂线提取出来并扩展成一个极窄的条形闭合区域，再根据实际地形绘制相应的地形符号。

另外，为防止在无数据区构造出三角形格网，在构网时需加入对区域边界的识别，不允许 TIN 向区域边界外扩展。

(a) 三角形入地

(b) 三角形悬空

图 8-14　三角形穿越地性线

第六节　等高线的自动绘制

有了规则和不规则格网，就可通过在格网边上内插求得等高线通过的点，然后对等高点进行追踪、连线，形成某一高程值的若干等高线，最后对等高线进行光滑处理并输出。

一、等高点的确定

等高点的确定，就是在已构成的规则或不规则格网的棱边上确定等高点通过的位置。首先判断等高线是否通过某一边，然后通过内插法求出等高点的平面位置。内插必须基于实际地形起伏的一致性，即根据邻近地形点的相关性来解决，一般采用线性内插。如图 8-15 所示，设等高线的高程为 z，只有当 z 值介于边的两个端点高程值之间时，等高线才通过该条边。则等高线通过某一条边的判别式为

$$\Delta z = (z - z_A)(z - z_B) \tag{8-30}$$

式中　z_A、z_B——该边两端点的高程。

当 $\Delta z \leqslant 0$ 时，该边上有等高线通过，否则该边上没有等高线通过；当 $\Delta z = 0$ 时，说明等高线通过该边的端点。当确定了某条边上有等高线通过后，即可求该边上等高线点的平面位置。

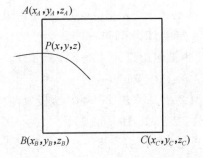

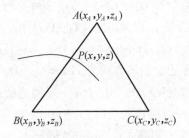

图 8-15　格网边上等高点位置的确定

利用线性插值计算等高线与规则格网（Grid）和不规则格网（TIN）边的交点 P 的坐

标公式为

$$\begin{cases} x = x_A - \dfrac{x_A - x_B}{z_A - z_B}(z_A - z) \\[4mm] y = y_A - \dfrac{y_A - y_B}{z_A - z_B}(z_A - z) \end{cases} \qquad (8\text{-}31)$$

式中 (x_A, y_A, z_A)、(x_B, y_B, z_B)——该边两端点 A、B 的三维坐标。

二、Grid 的等高线追踪

假设格网矩阵的尺寸为 $W \times H$，对于给定高程格网点 (i, j)，它与相邻点 $(i-1, j)$、$(i+1, j)$、$(i, j-1)$、$(i, j+1)$ 之间的格网单元边分别称为该点左邻边、右邻边、上邻边、下邻边。一个网格单元是由 4 条单元边组成的矩形，若其左上顶点为 (i, j)，则其另外 3 点分别为 $(i+1, j)$、$(i+1, j+1)$、$(i, j+1)$。等高线通过相邻网格的走向有 4 种可能，即自下而上、自左至右、自上而下、自右至左，如图 8-16 所示。

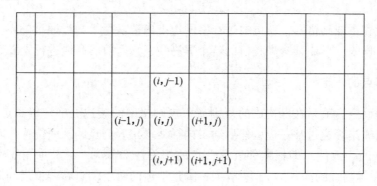

图 8-16　Grid 的等高线追踪

1. 开曲线起始单元边的确定

开曲线起始边的查找可以通过检查格网四周的边界单元边是否可能作为起始边来实现。这里依次探测最高、最低水平格网边和最左、最右垂直格网边。提取高程为 Z 的等高线时，其起始边选择方法如下：$x\mathrm{Dir}$ 表示沿 x 方向，$y\mathrm{Dir}$ 表示沿 y 方向，Width 表示格网宽度，Height 表示格网高度。

如果边 $(i, 0)$—$(i+1, 0)$ 未被遍历过且 $(Z-Z_1) \times (Z-Z_2) < 0$，则起始边为水平边，遍历的 x、y 方向皆为正向，即 $x\mathrm{Dir}=1$，$y\mathrm{Dir}=1$；$i \in [0,\ \mathrm{Width}-2]$。

如果边 $(i,\ \mathrm{Height}-1)$—$(i+1,\ \mathrm{Height}-1)$ 未被遍历过且 $(Z-Z_1) \times (Z-Z_2) < 0$，则起始边为水平边，遍历方向为 $x\mathrm{Dir}=1$，$y\mathrm{Dir}=-1$；$i \in [0,\ \mathrm{Width}-2]$。

如果边 $(0, j)$—$(0, j+1)$ 未被遍历过且 $(Z-Z_1) \times (Z-Z_2) < 0$，则起始边为垂直边，遍历的 x、y 方向皆为正向，即 $x\mathrm{Dir}=1$，$y\mathrm{Dir}=1$；$j \in [0,\ \mathrm{Height}-2]$。

如果边 $(\mathrm{Width}-1, j)$—$(\mathrm{Width}-1, j+1)$ 未被遍历过且 $(Z-Z_1) \times (Z-Z_2) < 0$，则起始边为垂直边，遍历方向为 $x\mathrm{Dir}=-1$，$y\mathrm{Dir}=-1$；$j \in [0,\ \mathrm{Height}-2]$。

2. 闭曲线起始单元边的确定

对于闭合等高线，可以通过遍历所有内部的单元边，选择合格单元边中任意一个作为起始边，下面算法选择了从左至右、从上到下遇到的第一个合格水平单元边。

for(i=0;i<Width−1;i++)

for(j=1;j<Height−1;j++)

{如果边 (i, j)—$(i+1, j)$ 未被遍历过且 $(Z-Z_1) \times (Z-Z_2) < 0$，则起始边为水平边，遍历方向为 $x\mathrm{Dir}=1$，$y\mathrm{Dir}=1$；}

三、TIN 的等高线追踪

等高线追踪是将具有相同高程且属于同一条等高线上的点有序地连接起来。其中开曲线与边界的交点定为等高线起点，闭曲线任一交点都可作为起点。边界三角形一定有一条边没有相邻三角形，说明相邻三角形为 0，即 T_1、T_2 或 T_3 为 0。沿等高线的方向找到同一三角形的另一边交点，完成一段追踪，相邻三角形公共边上的等值点，既是第一个三角形的出口点又是相邻三角形的入口点，根据这一原理来建立追踪算法。对于给定高程的等高线，从构网的第一条边开始顺序去搜索，判断构网边上是否有等值点。当找到一条边后，则将该边作为起始边，通过三角形追踪下一条边，依次向下追踪。如果追踪又返回到第一个点，即为闭曲线，如图 8-17 中 1、2、3、4、5、6、1；如果找不到入口点（即不能返回到入口点），如 7、8、9、10、11，则将已追踪的点逆排序，再由原来的起始边向另一方向追踪，直至终点，如 12、13、14、15、16，二者合成，即 10、9、8、7、12、13、14、15、16 成为一条完整的开曲线。

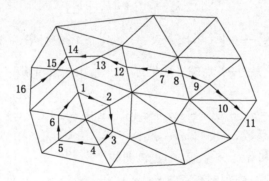

图 8-17　TIN 的等高线追踪

在等高线追踪时，每经过一个三角形都要加注标记，以避免重复检索；由于在一个区域中可能有多条同一高程的等高线存在，所以还要在未被标记的三角形中重复寻找等高线起点，继续追踪，直到整个 TIN 完全被检索。

四、等高线的光滑处理

实际地形一般是连续变化的，为反映实际地形，必须对通过插值得到的等高线进行平滑处理。平滑处理的基本原理是曲线拟合，不同的拟合算法将得到不同的平滑结果。为了得到最接近实际的结果，选用的拟合函数应具有以下特点：拟合的曲线必须通过原始数据点，并且曲线在这些数据点上具有连续的一阶或二阶导数；拟合的曲线无论挠度多大都不应自身相交；最大曲率点都在已知点上，相邻两点之间的曲线段无多余的摆动；计算方法简单，逼近效果好。

目前，在计算机绘图中可供用户选用的曲线光滑方法主要有：半抛物线加权平均法、分段三次多项式法、二次多项式加权平均法、张力样条法，下面主要介绍分段三次多项式法和张力样条法。

1. 分段三次多项式法

分段三次多项式是在曲线上每两个高程数据点之间建立一条三次曲线，整条曲线具有连续的一阶导数，从而保证曲线的光滑性。每个节点上的一阶导数是以该点为中心，加上前后各相邻的两点（共5个点）共同确定的，因此又称五点光滑法。如图8-18所示，图中3号点处的导数计算公式为

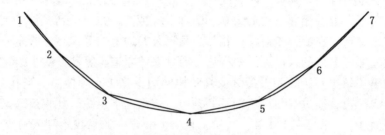

图8-18 分段三次多项式法

$$t_3 = \frac{|k_4 - k_3|k_2 + |k_2 - k_1|k_3}{|k_4 - k_3| + |k_2 - k_1|} \tag{8-32}$$

式中 $k_i(i=1, 2, 3, 4)$——4个弧段 A_{12}、A_{23}、A_{34}、A_{45} 的斜率，$k_i = \dfrac{y_{i+1} - y_i}{x_{i+1} - x_i}$；

(x_i, y_i)——各点的平面坐标 $(i=1, 2, 3, 4)$。

则三次曲线方程为

$$y = a_0 + a_1(x - x_i) + a_2(x - x_i)^2 + a_3(x - x_i)^3 \tag{8-33}$$

通过以下条件确定系数 a_0、a_1、a_2、a_3：

（1）点 (x_i, y_i) 和 (x_{i+1}, y_{i+1}) 通过该曲线。

（2）根据式（8-32）确定的在点 (x_i, y_i) 和 (x_{i+1}, y_{i+1}) 处的导数 t_i 和 t_{i+1}。进而推出：

$$\begin{cases} a_0 = y_i \\ a_1 = t_i \\ a_2 = \dfrac{3\dfrac{y_{i+1} - y_i}{x_{i+1} - x_i} - 2t_i - t_{i+1}}{x_{i+1} - x_i} \\ a_3 = \dfrac{t_{i+1} - t_i - 2\dfrac{y_{i+1} - y_i}{x_{i+1} - x_i}}{x_{i+1} - x_i} \end{cases} \tag{8-34}$$

由式（8-33）和式（8-34）确定的整条曲线，满足了一阶导数的连续性，所以就能表示一条连续的光滑曲线。

上述方式只适用于闭合曲线，对于开曲线，两端各有两个点斜率不能由式（8-32）求出，这就需要在端点以外补足两点，补点方法一般采用抛物线法。

如图 8-18 所示，端点 $5(x_5, y_5)$ 和其相邻的两个数据点 (x_4, y_4)、(x_3, y_3) 以及将要补足的两个点 (x_6, y_6)、(x_7, y_7) 都在抛物线 $y = g_0 + g_1(x-x_5) + g_2(x-x_5)^2$ 上，这样可满足曲线的原有趋势；又设 $x_7 - x_5 = x_6 - x_4 = x_5 - x_3$，从而就能相应地确定 y_6 和 y_7，于是有

$$\frac{y_7 - y_6}{x_7 - x_6} - \frac{y_6 - y_5}{x_6 - x_5} = \frac{y_6 - y_5}{x_6 - x_5} - \frac{y_5 - y_4}{x_5 - x_4} = \frac{y_5 - y_4}{x_5 - x_4} - \frac{y_4 - y_3}{x_4 - x_3}$$

$$k_6 - k_5 = k_5 - k_4 = k_4 - k_3$$

$$k_5 = 2k_4 - k_3$$

$$k_6 = 2k_5 - k_4$$

至此，在每个数据点上的曲线斜率都可确定下来，而且这种确定只涉及包括该点本身在内的相邻的 5 个数据点。

2. 张力样条法

张力样条函数是描述样条曲线的一种函数。它的主要特征是在一般的三次样条函数中引入一个张力系数 σ。当 $\sigma \to 0$ 时，张力样条函数就等同于三次样条函数；当 $\sigma \to \infty$ 时，张力样条函数就退化为分段线性函数，即相邻节点之间以直线连接；可以通过选择适当的张力系数 σ，改变曲线的松紧程度，使曲线的走向更加合理和美观。

设已知特征点序列 (x_i, y_i) $(i = 1, 2, \cdots, n)$，且满足条件 $x_1 < x_2 < \cdots < x_n$，另外还给出一个张力系数 σ 且 $\sigma \neq 0$。现在要求一个具有二阶导数连续的单值函数 $y = f(x)$，使它满足：

$$y_i = f(x_i) \quad (i = 1, 2, \cdots, n)$$

同时还要求 $f''(x) - \sigma^2 f(x)$ 必须是连续的，并且在每个区间 $[x_i, x_{i+1}]$ 上成线性变化 $(i = 1, 2, \cdots, n-1)$，即

$$f''(x) - \sigma^2 f(x) = [f''(x_i) - \sigma^2 y_i] \frac{x_{i+1} - x}{h_i} + [f''(x_{i+1}) - \sigma^2 y_{i+1}] \frac{x - x_i}{h_i} \quad (8-35)$$

式中，$h_i = x_{i+1} - x_i$，$x_i \leq x \leq x_{i+1}$。

为便于计算机编程解算，一般用累加弦长 s 作为参数，张力样条函数可表示为

$$\begin{cases} y = y(s) \\ x = x(s) \end{cases} \quad (8-36)$$

特征点序列点则可表示为

$$\begin{cases} y_i = y(s_i) \\ x_i = x(s_i) \end{cases}$$

$$s_{i+1} = s_i + \sqrt{(x_{i+1} - x_i)^2 + (y_{i+1} - y_i)^2} \quad (i = 1, 2, \cdots, n-1)$$

$$s_1 = 0 \quad (s_1 < s_2 < \cdots < s_n)$$

式中　s_i——累加弦长 $(i = 1, 2, \cdots, n)$。

$x''(s) - \sigma^2 x(s)$ 和 $y''(s) - \sigma^2 y(s)$ 在每个区间 (s_i, s_{i+1}) $(i = 1, 2, \cdots, n-1)$ 上成线性变化，式（8-35）可表示为

$$\begin{cases} x''(s) - \sigma^2 x(s) = [x''(s_i) - \sigma^2 x_i]\dfrac{s_{i+1} - s}{h_i} + [x''(s_{i+1}) - \sigma^2 x_{i+1}]\dfrac{s - s_i}{h_i} \\[2mm] y''(s) - \sigma^2 y(s) = [y''(s_i) - \sigma^2 y_i]\dfrac{s_{i+1} - s}{h_i} + [y''(s_{i+1}) - \sigma^2 y_{i+1}]\dfrac{s - s_i}{h_i} \end{cases} \tag{8-37}$$

式中，$h_i = s_{i+1} - s_i$。

方程组的解为

$$\begin{cases} x(s) = \dfrac{1}{\sigma^2 \sinh(\sigma h_i)}\{x''(s_i)\sinh[\sigma(s_{i+1} - s)] + x''(s_{i+1})\sinh[\sigma(s - s_i)]\} + \\[2mm] \qquad\quad \left[x_i - \dfrac{x''(s_i)}{\sigma^2}\right]\dfrac{s_{i+1} - s}{h_i} + \left[x_{i+1} - \dfrac{x''(s_{i+1})}{\sigma^2}\right]\dfrac{s - s_i}{h_i} \\[3mm] y(s) = \dfrac{1}{\sigma^2 \sinh(\sigma h_i)}\{y''(s_i)\sinh[\sigma(s_{i+1} - s)] + y''(s_{i+1})\sinh[\sigma(s - s_i)]\} + \\[2mm] \qquad\quad \left[y_i - \dfrac{y''(s_i)}{\sigma^2}\right]\dfrac{s_{i+1} - s}{h_i} + \left[y_{i+1} - \dfrac{y''(s_{i+1})}{\sigma^2}\right]\dfrac{s - s_i}{h_i} \end{cases} \tag{8-38}$$

式中，$s_i \leqslant s \leqslant s_{i+1}(i - 1, 2, \cdots, n - 1)$。只要能够确定各离散点处的二阶导数 $x''(s_i)$ 和 $y''(s_i)$，这个张力样条函数式就可以完全确定。首先对式（8-38）微分，再利用节点关系和端点条件，以 $x(s)$ 为例计算 $x(s_i^+) = x(s_i^-)$ 可推出内节点关系式：

$$a_i\frac{x''(s_{i-1})}{\sigma^2} + b_i\frac{x''(s_i)}{\sigma^2} + c_i\frac{x''(s_{i+1})}{\sigma^2} = d_i \tag{8-39}$$

式中

$$\begin{cases} a_i = \dfrac{1}{h_{i-1}} - \dfrac{\sigma}{\sinh(\sigma h_{i-1})} \\[2mm] b_i = \sigma\coth(\sigma h_{i-1}) - \dfrac{1}{h_{i-1}} + \sigma\coth(\sigma H_i) - \dfrac{1}{h_i} \\[2mm] c_i = \dfrac{1}{h_i} - \dfrac{\sigma}{\sinh(\sigma h_i)} \\[2mm] d_i = \dfrac{x_{i+1} - x_i}{h_i} - \dfrac{x_i - x_{i-1}}{h_{i-1}} \end{cases} \tag{8-40}$$

对于单值函数曲线，可以利用首端三点和末端三点分别建立抛物线方程或圆弧方程，并以它们在首、末端点上的切线斜率分别作为张力样条曲线在首、末端点上的一阶导数，即

$$\begin{cases} x(s_1) = x'_1 = x(s_{n+1}) \\ x'(s_1) = x'(s'_{n+1}) \qquad \text{（闭曲线）} \\ x''(s_1) = x''(s_{n+1}) \end{cases} \tag{8-41}$$

$$\begin{cases} x'(s_1) = y'_1 \\ x'(s_n) = y'_n \end{cases} \text{（开曲线）} \tag{8-42}$$

可以得到两种情况下的线性方程组：

闭曲线

$$
\begin{pmatrix}
b_1 & c_1 & 0 & \cdots & 0 & 0 & a_1 \\
a_2 & b_2 & c_2 & 0 & \cdots & 0 & 0 \\
& & & \ddots & & & \\
0 & \cdots & 0 & 0 & a_{n-1} & b_{n-1} & c_{n-1} \\
c_n & 0 & \cdots & 0 & 0 & a_n & b_n
\end{pmatrix}
\begin{pmatrix}
\dfrac{x''(s_1)}{\sigma^2} \\[2mm]
\dfrac{x''(s_2)}{\sigma^2} \\[2mm]
\vdots \\[2mm]
\dfrac{x''(s_{n-1})}{\sigma^2} \\[2mm]
\dfrac{x''(s_n)}{\sigma^2}
\end{pmatrix}
=
\begin{pmatrix}
d_1 \\ d_2 \\ \vdots \\ d_{n-1} \\ d_n
\end{pmatrix}
\tag{8-43}
$$

开曲线

$$
\begin{pmatrix}
b_1 & c_1 & 0 & \cdots & 0 & 0 & 0 \\
a_2 & b_2 & c_2 & 0 & \cdots & 0 & 0 \\
& & & \ddots & & & \\
0 & \cdots & 0 & 0 & a_{n-1} & b_{n-1} & c_{n-1} \\
0 & \cdots & 0 & 0 & 0 & a_n & b_n
\end{pmatrix}
\begin{pmatrix}
\dfrac{x''(s_1)}{\sigma^2} \\[2mm]
\dfrac{x''(s_2)}{\sigma^2} \\[2mm]
\vdots \\[2mm]
\dfrac{x''(s_{n-1})}{\sigma^2} \\[2mm]
\dfrac{x''(s_n)}{\sigma^2}
\end{pmatrix}
=
\begin{pmatrix}
d_1 \\ d_2 \\ \vdots \\ d_{n-1} \\ d_n
\end{pmatrix}
\tag{8-44}
$$

上述两系数矩阵是非奇异的，因此方程组有唯一的一组解 $x''(s_i)/\sigma^2$（$i = 1$，2，$\cdots$，n）。把上式代入式（8-38）便可得到张力样条函数。张力系数 σ 值的计算公式为

$$
\sigma = \frac{\sigma'(n - 1)}{s_n - s_1} \quad （开曲线）
$$

$$
\sigma = \frac{\sigma'(n)}{s_{n+1} - s_1} \quad （闭曲线）
$$

在实际应用中一般选 $\sigma' = 1.5$。

思 考 题

1. 地物符号按图形特征可分为哪几类？
2. DTM 数据结构有哪几种？
3. 简述等高线的自动绘制过程。

第九章 大比例尺数字地形图的数据采集

第一节 数字测图概述

地图是一种古老的表达地表现象的方式，是记录和表达关于自然界、社会和人文特征及空间位置最有效的工具。从本质上讲，地图是对客观存在的特征和变化发展的一种科学概括和抽象。随着科技的日新月异，地图从传统的纸质地图发展到网络电子地图，又到现在流行的 GNSS 电子地图。与之相适应，地形测图技术也在发生根本性的变革。

在测区控制测量的基础上，测定地物地貌的平面位置和高程，并将其绘制成地形图的测量工作，称为碎部测量。碎部测量包括两个过程：一是测定碎部点的平面坐标和高程坐标，二是利用地形图符号绘制地形图。碎部测量的方法随着电子技术、计算机技术、通信技术的迅猛发展及其向各专业的渗透，也由传统的图解法测图发展到全新的数字测图阶段。

一、数字测图的概念

传统的地形测量是利用测量仪器对地球表面局部地区内的各种地物、地貌的特征点进行测定，并以一定的比例尺、运用图形符号绘制在图纸上，称为模拟法测图或白纸测图。它主要采用图解法和极坐标法，其成果为模拟式的纸质地图。

数字测图（Digital Surveying and Mapping，DSM）是一种全解析的计算机辅助测图方法。它的基本思想是将地球表面的地形和地理要素（或称模拟量）转换为数字形式存储的数据（或称数字量），然后由电子计算机对采集来的数据进行处理，得到内容和形式丰富的电子地图，需要时可以由图形输出设备如显示器、绘图仪等输出。将模拟量转换为数字量这一过程称为数据采集。目前数据采集的主要方法有全野外地面数据采集、航片数据采集以及原图数字化法数据采集。如图 9-1 所示，数字测图过程可以概括为数据采集、数据处理和数据输出 3 个步骤。

图 9-1 数字测图概念框架

在测区没有合乎要求的大比例尺地图原图或该地区测绘经费不是很充足的情况下，可直接采用全野外地面数据采集。全野外地面数据采集就是利用全站仪或 GNSS 等测量仪器在野外进行地形信息的数据采集。采用该方法得到的数字地图精度高，是我国目前测绘单位用得最多的数字测图方法，也是城市大比例尺地形图最主要的测图方法。但它所耗费的人力、物力与财力也是比较大的。

对于大面积测区，通常可采用航空摄影测量方法来获取地形的数据信息，然后通过解析立体测图仪或数字摄影测量系统得到数字地形图。若测区已有比较完好的地形原图，则可利用数字化仪或扫描仪进行数字化，然后再利用电子计算机对其进行更新和处理，得到所需要的数字地形图。

　　数字测图的基本成图过程是：首先利用上述 3 种方式之一进行数据采集，然后将采集到的地形信息数据在室内利用电子计算机，结合数字成图软件进行编辑和整饰，最后生成数字地形图。数字地形图可以保存在硬盘、光盘等存储介质上，需要纸质图纸时，可以由计算机控制绘图仪自动绘制。

　　数字测图的基本思想与过程如图 9-2 所示。

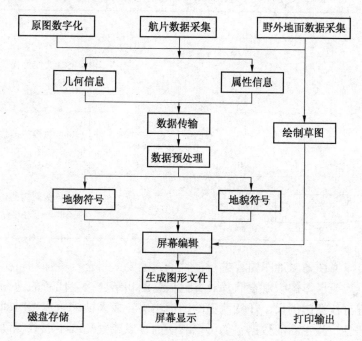

图 9-2　数字测图的基本思想与过程

　　数字测图是测绘信息化的基础工作和前期工作。与传统的模拟法测图相比，数字测图具有明显的优越性和广阔的发展前景。它将以高自动化、全数字化、高精度等显著优势逐步取代模拟法测图。

二、数字测图与模拟法测图的区别

　　传统的模拟法测图实质上是将观测得到的数字值用图解的方法模拟转化为图形。这一转化过程几乎都是在野外实现的，即使是图纸的室内整饰，一般也在测区驻地完成，其野外劳动强度和工作量很大。此外，在测图过程中，由于刺点、绘图及图纸伸缩变形等因素的影响，数据的精度会有较大的降低。最后，传统测图的成果为纸质地图，其承载的信息不方便变更、修改和更新，这样难以适应日新月异的信息时代经济发展的要求。

　　数字测图就是要实现地形信息数字化和作业过程自动化或半自动化。它尽可能缩短野外作业时间，减轻野外劳动强度，而将大部分作业内容分配到室内去完成；将大量野外手工作业转化为电子计算机控制下的室内自动操作。这样不但减轻了劳动强度，而且提高了数据和绘图的精度。

数字测图的测量成果为数字地图（Digital Map），主要是以计算机磁盘、光盘等为载体存储的数字地形信息。这些信息可供计算机进行处理、远距离传输和多方共享，也可通过数学描述和图像描述的表达方式，生成电子地图和数字地面模型，实现对地形表面的三维描述。最终的成果可以在显示器上显示，也可以借助绘图仪输出到纸质图纸上。

数字地图和纸质地图对地物的表示方式见表9-1。

表9-1　数字地图和纸质地图对地物的表示方式

地物	纸质地图	数字地图	备　注
非比例符号（路灯）		$(3521,\ x,\ y)$	3521为路灯代码，x、y为定位点空间坐标
半依比例符号（栅栏）		$(1444,\ x_1,\ y_1,\ x_2,\ y_2,\ \cdots)$	1444为栅栏的代码，x、y为各特征点的坐标
比例符号（花圃）		$(2135,\ x_1,\ y_1,\ x_2,\ y_2,\ \cdots)$	2135为花圃的代码，x、y为各特征点的坐标

数字地图可以方便地对地图内容进行多种形式的要素组合、叠加和拼接，形成新的专题地图；也可以与卫星影像、航空照片等其他信息源相结合而生成新的地图。数字地图易于修改，可以进行任意比例尺、任意范围的图形输出，极大地缩短成图时间；可以利用数字地图记录的信息，派生新的数据，如可以利用高程点或等高线生成数字高程模型，将地表的起伏变化直观地、立体地表现出来。这是普通纸质地图不可能达到的表现效果。数字地图可以表达的信息量远远大于普通的纸质地图。

目前数字测图正处于蓬勃发展的时期，还需要不断深入研究它的理论与方法，使之在广泛的实践应用中得到创新和完善。数字测图标志着大比例尺测图的技术理论和科学实践的革命性进步，标志着地形测绘技术发展的新阶段、新里程和新时期。

三、数字测图系统

数字测图是通过数字测图系统来实现的。数字测图系统是以计算机为核心，在外接输入输出硬件设备和软件系统的支持下，对地形空间数据进行采集、传输、绘图、输出和管理的测绘系统。

数字测图系统包括一系列硬件和软件。硬件设备主要包括：用于野外采集数据的硬件设备（全站式、半站式电子速测仪和RTK等）；用于室内输入的硬件设备（数字化仪、扫描仪等）；用于室内编辑处理的硬件设备（台式计算机、笔记本电脑）；用于室内输出的硬件设备（打印机、绘图仪等）。数字测图系统硬件设备如图9-3所示。

软件系统包括计算机软件系统和数字测图软件系统以及为数字测图服务的应用软件。目前国内测绘行业使用较多的数字测图软件有：广州南方测绘仪器有限公司开发的数字化

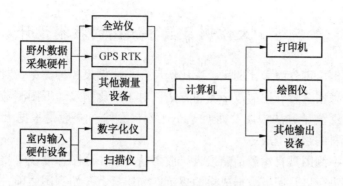

图 9-3　数字测图系统硬件设备

地形地籍成图系统 CASS，北京清华山维技术开发有限公司开发的全息测绘系统 EPSW2003，武汉瑞得信息工程有限责任公司开发的数字测图系统 RDMS，北京威远图仪器公司开发的数字制图软件 SV300 R2002，广州开思测绘软件公司开发的 SCS GIS2000。为数字测图服务的应用软件主要包括：控制测量计算软件、扫描矢量化软件、数据采集和传输软件、数据处理软件、图形图像处理软件、图形编辑软件、等高线自动绘制软件、绘图软件及信息应用软件等。

数字测图系统的综合框架如图 9-4 所示。

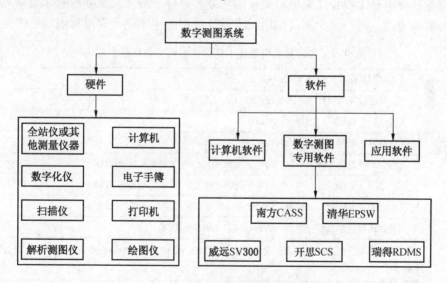

图 9-4　数字测图系统的综合框架图

由于硬件配置、工作方式、数据输入方法、输出内容等方面的不同，可产生多种数字测图系统。按数据输入方法不同可分为野外数字测图系统、原图数字化成图系统、航测数字成图系统，按硬件配置的不同可分为全站仪配合电子手簿测图系统、电子平板测图系统等，按成果输出内容的不同可分为大比例尺数字测图系统、地下管线测图系统、地形地籍测图系统、城市规划成图管理系统、房地产测量管理系统等。

第二节　大比例尺数字测图的技术设计

地形图按比例尺可分为大比例尺、中比例尺、小比例尺 3 种类型。对于大比例尺地形图的测绘，通常采用全野外地面数字测图方法；对于中比例尺地形图测绘，目前多采用航空摄影测量和遥感测量方法成图；而对于小比例尺测绘，一般是根据大、中比例尺地形图，结合各种资料编绘而生成。

大比例尺数字测图具有承载信息量大、成图精度高、成图速度快等特点，为了保证数字测图工作顺利进行以及保证数据成果的规范性和质量，开始测图之前，首先要进行技术设计并以书面形式编写技术设计书。技术设计就是依据国家有关规定、数字测图的用途以及用户需求对数字测图工作进行具体的组织管理和业务技术上的方案设计。通过编写技术设计书，拟订相应的作业计划，以保证测量工作在技术上可靠可行、在管理上有章有序、在资金上节省节约，从而确保整个测量工作有计划、有步骤、有秩序地顺利开展。

一、技术设计的依据及原则

数字测图技术设计主要依据国家现行的有关测量规范和测量任务书。测量规范是国家测绘管理部门或行业部门对测量产品的质量、规格以及测量作业中的技术事项所作的统一规定。测量任务书是工程委托单位对测量的任务、目标、测区及主要的技术要求和特殊要求所做的书面表达。目前大比例尺测图技术设计依据的主要测量规范和图式见表 9-2。

表 9-2　大比例尺测图技术设计依据的主要规范和图式

作业规范	《工程测量标准》（GB 50026—2020）
	《全球定位系统（GPS）测量规范》（GB/T 18314—2009）
	《城市测量规范》（CJJ/T 8—2011）
	《地籍测绘规范》（CH 5002—1994）
	《房产测量规范　第 1 单元：房产测量规定》（GB/T 17986.1—2000）
	《1：500 1：1000 1：2000　地形图数字化规范》（GB/T 17160—2008）
	《1：500 1：1000 1：2000　外业数字测图规程》（GB/T 14912—2017）
	《基础地理信息要素分类与代码》（GB/T 13923—2022）
图式	《国家基本比例尺地图图式　第 1 部分：1：500 1：1000 1：2000 地形图图式》（GB/T 20257.1—2017）
	《国家基本比例尺地图图式　第 2 部分：1：5000 1：10000 地形图图式》（GB/T 20257.2—2017）
	《房产测量规范　第 2 单元：房产图图式》（GB/T 17986.2—2000）

地形测绘规范及地形图图式的相关具体内容参见第一章第五节。

技术设计是一项技术性和政策性很强的工作，进行技术设计时应遵循一定的原则和要求，其主要内容包括以下几项：

（1）技术设计方案应遵循先整体后局部的原则，且要顾及发展。

（2）结合本测区的实际地形情况和作业单位的装备情况选择最佳作业方案。

（3）充分利用测区已有的测绘资料和成果，广泛收集和认真分析利用。

（4）尽量采用新仪器、新技术和新方法。

（5）当测区面积较大、测区情况较复杂时，可将测区划分为几个小区分别进行具体设计；当测区面积较小、任务简单时，技术设计可以从简。

（6）内容要清晰明确，文字简练，使用的名词、术语、符号、公式和单位等要与测量规范和标准一致。

（7）技术设计书应呈报上级主管部门或测图委托单位审批，未经批准不得实施。

二、技术设计的内容

技术设计书是根据测量任务书提出的测图目的、任务、数据精度、提交成果和经济指标等，结合有关的测量规范和本单位的仪器设备、技术人员配备，通过测区现场踏勘收集资料而编制的具体测图方案。技术设计书的主要内容包括：任务概述，测区踏勘，已有资料收集和分析，技术方案设计，仪器配备及供应计划，工作量统计、经费预算和进度安排，上交资料清单和建议措施等。

1. 任务概述

说明任务的来源，任务目标，测区地理位置，测区范围，测图比例尺，任务计划日期等。

2. 测区踏勘

测区踏勘主要调查内容包括以下几项：

（1）交通：铁路、公路、乡村便道的分布和通行情况。

（2）水文：江河、湖泊、池塘、水渠、桥梁、码头及水路交通等的分布。

（3）植被：森林、草原、农作物的分布及面积等。

（4）已有控制点：平面点（导线点、三角点或 GPS 点）和高程点的数量、分布，标石保存状况。

（5）行政区划管辖：城市及乡村行政区划分界。

（6）居民点分布：测区内城镇、乡村居民点的分布，食宿、供电情况等。

（7）地形特征：测区内地形的整体海拔、相对高差变化、起伏形态等。

（8）民俗风情：民族分布、习俗、地方方言、习惯及社会治安情况等。

3. 已有资料收集和分析

收集测区已有的测量资料和成果，包括各类资料和成果的施测单位、施测时间、测量等级、测量精度、测量比例尺、坐标系统、规范依据、投影带划分、标石保存情况及可利用程度等。除了测区内的资料，还需要收集测区附近相关测区的人文环境资料和测量成果资料。

4. 技术方案设计

依据测量任务书所下达的目标和测量有关规范，施测单位在已有资料分析的基础上，根据仪器设备和技术人员的配备以及测区的交通等情况，确定测区控制测量的具体实施计划和野外数据采集的具体实施方案。控制测量设计包括平面控制测量设计和高程控制测量设计。野外数据采集设计包括测图方法和模式设计。

5. 仪器配备及供应计划

仪器设备是保证完成测量任务的关键。仪器设备的性能、精度、数量与测区的范围和采用的作业模式有关。对于测区控制网，首级一般采用 GNSS 网，加密可采用导线测量。野外数据采集采用的硬件设备一般为全站仪，有条件可采用 RTK，效率更高。对于选用的仪器，必须进行检验校正，合格后方可参加作业，有关检验项目应遵循相关规范进行。

6. 工作量统计、经费预算和进度安排

根据设计方案，统计各个工作段的工作量，最后汇总得出整个测图过程的工作量。各个工作阶段的任务和进度安排可根据投入的设备和参与的技术人员来推算。经费预算则是根据有关生产成本和人力资本来分别编制和计算。一般这几项任务都是通过编制图表简明清晰地表达出来。

7. 上交资料清单和建议措施

根据测量任务书中的要求，上交相关资料和图纸成果，并对整个测图工作中业务管理、物资供应、膳宿安排、交通方式、安全保障等方面可能出现的问题和采取的措施做必要的说明。

三、技术设计书实例

焦作市焦南区全数字地形图测量技术设计书（摘要）*

（一）测区概况及任务要求

1. 测区概况

焦作市地处河南省西北部，太行山南麓，辖修武、武陟、博爱、沁阳、温县、孟州 6个县（市）和解放、山阳、中站、马村 4 个区。东与新乡市毗邻，西与济源市相接，南与郑州市、洛阳市隔黄河相望，北与山西省晋城市接壤，位于东经 112°02′—113°38′，北纬 34°48′—35°30′。焦作市区是该市经济、政治、文化的中心，交通便利，人口稠密。新焦铁路、焦晋高速公路横贯东西，焦郑公路纵穿南北，焦辉公路、焦洛公路、新焦公路均从市区通过。焦作市总人口约 315 万人，市区人口约 48 万人。

焦作市区地处太行山与豫北平原的交接地带，地势北高南低，海拔高度为 90～970 m，地势变化较大，北部为浅山区，南部属洪积平原。市区年平均气温 14.7 ℃，平均降水量 610 mm，无霜期 230 天。

优越的自然环境和区位优势使焦作市的经济发展迅速，目前已成为能源、化工、冶金、建材等门类比较齐全的工业化城市。特别是改革开放以来，焦作市的城市建设突飞猛进，工业、交通、电力、商贸、旅游等各项事业得到了蓬勃发展。

2. 测区范围及任务要求

为了满足房产管理的需要，受房产管理局委托，测绘信息工程中心与房产监理所测量队合作，拟在市城区南部进行全数字大比例尺房产分幅平面图测量。

本次测量范围：焦枝铁路以南，丰收路以北，南通路以东（包括市元件一厂及其家属院），龙源湖小学以西的大部分居民区。测区可分为以下 4 部分：新港大道以南，丰收路以北，月山啤酒厂销售部以东至龙源湖小学地区，约 2.2 km²；焦枝铁路以南，群英河以东 300 m 地区，约 0.5 km²；焦枝铁路以南约 700 m，西至造纸厂，东至市建筑经济学校地

---

* 此项测量工作于 2004 年开展。

区，约 1.1 km²；南通路西侧的无线电元件一厂、金箭实业公司地区，约 0.15 km²。测区总面积约 4.0 km²。在以上测区范围内施测比例尺为 1∶500 的全数字房产分幅平面图。

测区内公路交通便利，建筑物稠密，行人、车辆较多，干扰大，测区内的龙源湖小区、丰泽园小区及其附近地区新开工或正施工的高层建筑物较多，给本次测绘工作带来一定的困难。

（二）已有测量资料及其分析利用

测区内现有 2000 年施测的一级导线点，分别是新王褚点、站台点、F10、401 等四点标石保存完好，精度符合现行规范要求，可作为控制起算点。其坐标采用 1995 年焦作市城建坐标 3°带坐标。

（三）作业依据（编制设计书时的现行依据）

（1）《国家基本比例尺地图图式 第 1 部分：1∶500 1∶1000 1∶2000 地形图图式》（GB/T 20257.1—2007）。

（2）《房产测量规范 第 2 单元：房产图图式》（GB/T 17986.2—2000）。

（3）《城市测量规范》（CJJ/T 8—2011）。

（4）《测绘产品检查验收规定》（CH 1002—1995）。

（5）南方测绘仪器公司《CASS7.0 地形地籍成图软件参考手册》。

（6）《焦作市焦南区全数字化房产分幅平面图测量技术设计书》。

（四）控制测量

1. 坐标系统的选择

焦作市区中心位于高斯正形投影 3°带、38°带中央子午线 144°以西约 70 km 处，即 $y_m = -70$ km，市区的平均高程为 $H_m = 140$ m，则市区中心的投影综合长度变形比为

$$\frac{\delta}{s} = \frac{y_m^2}{2R^2} - \frac{\delta}{s} = \frac{y_m^2}{2R^2} - \frac{H_m}{R} = \frac{1}{26000} > \frac{1}{40000} \tag{9-1}$$

显然，上述投影综合长度变形比超过了《房产测量规范》的允许值（1∶40000），不能满足房地产测量精度要求，为此应选择能够抵偿综合长度变形的坐标系统。而在 1995 年焦作工学院测量工程系利用 GPS 定位技术完成了焦作市平面控制网的改造与扩建工作，为了减少投影变形，选用"抵偿高程面"的方法，在联测国家 4 个二等点的基础上建立了焦作市城建坐标系。其抵偿面高程选择-245 m，此时投影长度变形比为

$$\frac{\delta}{s} = \frac{(-70)^2}{2 \times 6371^2} - \frac{0.385}{6371} = \frac{1}{143 万} < \frac{1}{4 万} \tag{9-2}$$

因此，选用坐标系统完全满足《房产测量规范》的精度要求。

2. 基本控制测量

测区基本控制测量拟利用焦作工学院 1999 年、2000 年施测的 4 个一级导线点（I 新王褚、I 站台、I F10、I 401）和电视塔为起算点，沿南通路、丰收路、塔南路、新港大道、沁阳路布设形成一个节点的二级导线网，平均导线边长约为 350 m。导线尽量布设成伸直导线，导线点部分埋设水泥标石，对埋石困难的地方可设置钢钉或在水泥地面上刻记。

二级光电导线网观测使用的仪器拟用日本生产的 TOPCON GTS311S 型全站仪，仪器测距标称精度为 2++ppm，测角精度为 2″级；要求前后视架设固定靶；观测 1 个测回。其主要技术指标见表 9-3。

表9-3 二级导线主要技术指标

等级	平均边长/km	附合导线长度/km	每边测距中误差/mm	测角中误差/(")	导线全长相对闭合差	水平角观测的测回数	方位角闭合差/(")
二级	0.2	2.4	±12	±8.0	1/1万	1	$\pm19\sqrt{n}$

注：n 为导线转折角个数。

二级导线数据计算利用微机进行处理，可采用威远图导线平差软件（TOPADJ）或武汉大学测绘学院编制的《导线网相关平差程序》，计算精度达到表9-3中的要求。

3. 图根控制测量

图根控制点在二级或更高级点上发展，也可闭合或附合到一级图根点上。图根点设置木桩、钢钉或在硬化地面上刻记，密度应满足1：500房产图数字化测图要求，观测仪器使用日本TOPconGTS311S、GTS255型电子全站仪，施测方法及精度要求按照《城市测量规范》（CJJ/T 8—2011）执行。

（五）全数字房产分幅平面图测量

房产分幅平面图是全面反映房屋产权、位置、结构等状况的基本图件，是绘制分丘图和分户图的基础资料。为了提高野外数据采集的质量，适合房产信息系统管理的需要，野外数字采集拟采用全数字测量模式。基本过程：利用日本拓普康GTS311S和GTS225型电子全站仪，在测站设定为坐标测量模式，采用无码作业，逐个采集房产图所需内容特征点的平面坐标，实地详细绘制草图，标注地物、地貌特征点位置及其测点代码，记录房产平面图所需属性，对全站仪无法直接测到的内容及时进行绘制，在草图中标注尺寸。各作业组每天应把存储在全站仪中的坐标数据文件传输到计算机中，以便及时编绘，草图、数据文件均应以测量小组为单位进行管理。房产分幅平面图测绘内容与综合取舍原则均按《房产测量规范》执行。图块接边处要求各作业组相互配合，切实保证外业采集数据的准确性和完整性。

此次测绘任务内业拟利用测绘软件和计算机完成。根据各作业组在野外采集的房产图特征点坐标资料，由全站仪传输到计算机中，利用南方测绘公司开发研制的CASS数字化地形地籍测绘软件进行展点，按照草图编绘成房产平面图，生成图形数据文件，再经检查修改，确保准确无误后，利用绘图仪输出房产分幅平面图。

（六）全数字房产分幅平面图绘制

本次房产分幅平面图编绘制图主要有以下要求：

（1）坐标系统采用焦作市城建坐标系统，采用高斯投影。

（2）成图比例尺为1：500，分幅规格采用50 cm×50 cm正方形分幅。

（3）图幅编号按图廓西南角坐标公里数和各图图号综合编号。

（4）分幅图表示的主要内容包括平面控制点、丘界、房屋、房屋附属设施和围护物及与房产有关的地形要素及注记等。

（5）房产分幅中丘编号、房屋幢号编号的方法均按《房产测量规范》执行。

（6）分幅图图廓整饰按《房产测量规范》执行。

（7）分幅图成果图拟采用0.007 mm厚度的聚酯薄膜在绘图仪上绘制，图纸规格为50 cm×50 cm。

（七）提交成果清单

（1）测量技术设计书。

（2）测量技术总结。

（3）测量二级导线网示意图。

（4）测量二级导线点及点之记。

（5）测量二级导线、图根导线观测手簿。

（6）测量二级导线、图根导线计算资料。

（7）接图表。

（8）聚酯薄膜平面图1套。

（9）数字房产分幅平面图（光盘1套）。

（10）仪器检定资料。

第三节　全站仪野外数据采集原理与方法

一、野外数据采集原理

传统地形图的测绘，主要是图解法测定点位，现场依据展绘的点位按图式符号描绘成图。数字测图则是把采集来的数据传输给计算机，由计算机软件编辑处理而绘制成地形图。利用计算机编辑处理图形过程中，计算机只能识别数字码，因此数字测图必须将图形信息数字化。

图形信息可以分为两大类：一是定位信息，即测点的三维坐标；二是绘图信息，即测点的属性信息和连接关系信息，包括地物属性、点与点之间的连接关系、连接线型、绘图方向等。碎部点的定位信息是用测量仪器在野外测量或室内转换获得，测量时赋予点号，绘图时根据点号提取坐标；绘图信息则是用地形编码和文字等代码来表示，这些代码称为图形信息码。

（一）图形信息的采集和输入

图形信息常用的采集和输入方式有以下6种。

1. 地面测量仪器数据采集和输入

利用全站仪或其他测量仪器在野外对地形信息直接进行采集。采集的数据可以存储在全站仪的存储器上，也可以存储在外接的电子手簿或便携机上。然后这些数据可通过专用接口电缆直接传输到计算机中。

2. 数字化仪输入

利用数字化仪对已有的地形图进行数字化，也是图形信息获取的一个重要途径。数字化仪把各类实体的图形数据以矢量数据形式输入到计算机。数字化仪与适当的程序配合也可在数字化仪选择的位置上输入文本和特殊符号。

3. 扫描仪输入

已经清绘过的地形图可以利用扫描仪进行图形信息的输入。扫描仪输入的图形文件以栅格数据形式存储，然后由专门程序把扫描的栅格数据转换为矢量数据。采用激光扫描仪扫描等高线地形图是最有效的方法，因为等高线地形图绘制精细，并且有许多闭合圈而没有交叉线，故用激光扫描仪扫描时，只要将激光束引导到等高线的起点，激光束会自动沿线移动，并记录坐标，碰到环线的起始点或单线的终点就自动停止，再进行下一条等高线的数字化。其最大的优点是速度快，几乎是一瞬间就完成扫描。

4. 航测仪器联机输入

利用大比例尺航摄相片来获取地形信息。在航测仪器上利用航摄相片建立地形立体模型，通过接口把航测仪器上量测到的数据直接输入计算机；也可以利用数字摄影测量系统直接得到测区的数字影像，再经过计算机图像处理而得到数字地形图或数字地面模型（DTM）。

5. 人机对话键盘输入

对于测量成果资料、文字注记资料等，可以通过人机对话方式由键盘输入计算机中。

6. 由存储介质输入

对于已存入磁盘、磁带、光盘中的图形信息，可通过相应的读取设备进行读取，作为图形信息的一个来源。

（二）图形信息的符号注记

地形图图面上的符号和注记在手工制图中是一项繁重的工作，用计算机成图不需要逐个绘制每一个符号，而只需要先把各种符号按地形图图式的规定预先做好，并按地形编码系统建立符号库，存放在计算机中。使用时，只需按位置调用相应的符号，使其出现在图上指定的位置即可。这样进行符号注记，快速又简便。

地形图符号分为地物符号和地貌符号，地物符号又分为比例符号、非比例符号及半比例符号3种。详细内容参见第七章第二节。

二、数据编码

仅用全站仪或其他测量仪器测定碎部点的位置信息是不能满足计算机自动成图要求的，还必须将碎部点的属性信息和连接关系等记录下来，按照一定的规则构成符号串来表示地物属性和连接关系等。这种有一定规则的符号串称为数据编码。数据编码应遵循的原则如下：

（1）科学性。以适合现代计算机和数据库技术和管理为目标，按基础地理信息的要素特征或属性进行科学分类，形成系统的分类体系。

（2）体系一致性。同一要素在1：500至1：1000000比例尺基础地理信息数据库中有一致的分类和唯一的代码。

（3）稳定性。分类体系选择各要素最稳定的特征和属性为分类依据，能在较长时间里不发生重大变更。

（4）完整性和可扩展性。分类体系覆盖已有的多尺度基础地理信息的要素类型，既反映要素的类型特征又反映要素的相互关系，具有完整性，代码结构留有适当的扩充余地。

（5）适用性。分类体系充分考虑与原有体系的衔接，要素名称尽量用习惯名称。

目前，国内应用较广泛的地形信息数据编码由地形要素编码（或称地形特征码、地形属性码、地形代码）和连接关系码（或连接点号、连接序号、连接线型）组成。

1. 地形要素分类与编码

地形要素的分类根据国家标准《基础地理信息要素分类与代码》（GB/T 13923—2022）（图9-5），地形要素分为九大类：定位基础、水系、居民地及设施、交通、管线、境界与政区、地貌、植被与土质、地名，在上述九大类的基础上又划分出48类中类（表9-4）。小类和子类则按照1：500～1：2000、1：5000～1：100000、1：250000～1：1000000四个比例尺段进行类别划分。

ICS 07.040
CCS A 75

中华人民共和国国家标准

GB/T 13923—2022
代替 GB/T 13923—2006

基础地理信息要素分类与代码

Classification and codes for fundamental geographic information feature

图9-5　基础地理信息要素分类与代码

表9-4　基础地理信息要素分类（大类、中类）

大类码	要素大类	要素中类	大类码	要素大类	要素中类
1	定位基础	测量控制点 数学基础	3	居民地及设施	居民地 工矿及其设施 农业及其设施 公共服务及其设施 名胜古迹 宗教设施 科学观测站 其他建筑物及其设施
2	水系	河流 沟渠 湖泊 水库 海洋要素 其他水系要素 水利及附属设施	4	交通	铁路 城际公路 城市道路 乡村道路 道路构造物及附属设施 水运设施 航道 空运设施 其他交通设施

表 9-4（续）

大类码	要素大类	要素中类	大类码	要素大类	要素中类
5	管线	长输输电线 长输通信线 长输油、气、水输送主管道 城市管线	7	地貌	等高线 高程注记点 水域等值线 水下注记点 自然地貌 人工地貌
6	境界与政区	国外地区 国家行政区 省级行政区 地级行政区 县级行政区 乡级行政区 其他区域	8	植被与土质	农林用地 城市绿地 土质
			9	地名	居民地地名 自然地名

地形要素编码的方法基本上采用整数编码法，主要有 3 位整数编码法、4 位整数编码法、5 位整数编码法、6 位整数编码法和 8 位整数编码法。

3 位整数编码是最早的一种方法。第一位为地形要素大类类别号，第二、三位为顺序号，即该符号所在大类中的序号。如编码 105：1 为地形要素大类控制点类的类别号，05 为该大类中顺序号即导线点。因为顺序号中只有两位，所以每一大类的编码个数不能超过 99 个，这样限制了某些地形要素的准确表达。4 位整数编码和 5 位整数编码制定的原则和 3 位类似，只是多预留了一些编码位置以便扩展。

图 9-6 基础地理信息要素编码

GB/T 13923—2022 要素的编码统一采用 6 位数字编码。地形要素分类代码采用 6 位十进制数字码，分别为按顺序排列的大类码、中类码、小类码和子类码。具体代码结构如图 9-6 所示。①左起第一位为大类码；②左起第二位为中类码，在大类基础上细分形成的要素类；③左起第三、四位为小类码，在中类基础上细分形成的要素类；④左起第五、六位为子类码，为小类的进一步细分。

各级比例尺基础地理信息要素分类与代码如图 9-7 所示。

2. 连接关系码

连接信息可包括连接点信息和连接线型。当测点是独立地物时，用地形编码就可以表明它的属性；但如果测的是一个线状地物或面状地物时，其轮廓边界的特征点之间必须明确连接关系以及用什么线型来相连，这样才能形成一个正确完整的地物。例如，房屋是由多个点构成，相邻的点连接可能是直线、曲线或弧线。线型就是指连接两点之间的直线、曲线或圆弧等。在不同的软件中对线型的编码不尽相同，一般规定：1 为直线，2 为曲线，3 为圆弧，空为独立点。用数字编码来表示线型类别称为线型码。

描述某一特征点与另一特征点之间的相互连接关系称为连接码。为了使一个地物上的

要素名称	分类代码	1:500~ 1:2000	1:5000、1:10000	1:25000~ 1:100000	1:250000~ 1:1000000
定位基础	100000	√	√	√	√
测量控制点	110000	√	√	√	√
平面控制点	110100	√	√	√	√
大地原点	110101	√	√	√	√
三角点	110102	√	√	√	√
图根点	110103	√	—	—	—
导线点	110104	√	—	—	—
高程控制点	110200	√	√	√	√
水准原点	110201	√	√	√	√
水准点	110202	√	√	√	√
卫星定位控制点	110300	√	√	√	√
卫星定位连续运行站点	110301	√	√	√	√
卫星定位等级点	110302	√	√	√	—
其他测量控制点	110400	√	√	√	√
重力点	110401	√	√	√	√
独立天文点	110402	√	√	√	√
数学基础	120000	√	√	√	√
内图廓线	120100	√	√	√	√
坐标网线	120200	√	√	√	√
经线	120300	—	√	√	√
纬线	120400	—	√	√	√
北回归线	120401	—	√	√	√
南回归线	120402	—	√	√	√

注：图中的"√"指该要素宜在某个国家基本比例尺范围内采集和表达，"—"指不需要采集和表达。

图 9-7 基础地理信息要素分类与代码（部分）

特征点按点记录的顺序自动连接起来，形成一个完整图块，需要给出连线的顺序码。例如，用 0 表示开始，1 表示中间，2 表示结束。如图 9-8 中，11、12、13、14 为测定的特征点点位，其中 11 与 12 直线连接，12 与 13 圆弧线连接，13 与 14 直线连接。有了点位、点的连接顺序和连接线型，就可以正确绘制出所需要的地物了。

在测图过程中，连接信息一般很难在编码中给定，而是在内业处理时通过参照外业草图来交互绘出。

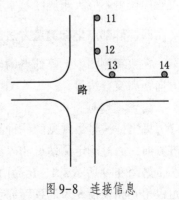

图 9-8 连接信息

235

三、图根控制测量

当测区高级控制点的密度不能满足大比例尺测图需要时，应适当加密一定的图根控制点，直接供测图使用。图根控制点的个数应根据测区地形复杂程度、破碎程度或植被隐蔽情况等决定。利用全站仪进行碎部点数据采集，一般以能在 500 m 以内测到碎部点为原则。一般情况下，平坦而开阔地区每平方公里图根点的密度见表 9-5。对于常规测图，1：2000 比例尺测图应不少于 15 个，1：1000 比例尺测图不少于 50 个，1：500 比例尺测图不少于 150 个；对于数字测图，1：2000 比例尺测图应不少于 4 个，1：1000 比例尺测图不少于 16 个，1：500 比例尺测图不少于 64 个。

表 9-5　图根控制点的数量　　　　　　　　　　　　　个/km²

比例尺	常规测图	数字测图
1：2000	15	4
1：1000	50	16
1：500	150	64

图根平面控制测量，可采用导线、三角网、交会法和 RTK 等方法。图根高程控制测量可采用水准测量和三角高程测量方法。

数字测图时应尽量采用各级控制点作为测站点，但在某些测区由于地物、地貌极其复杂零乱，因此除了利用各级控制点外，必要时还可以增设测站点，尤其是在地形琐碎的复杂地段，如小沟、小山脊转弯处；房屋密集的居民地；雨裂冲沟繁多的地方。增设测站点是在控制点或图根点上，采用极坐标法、支导线法、交会法等测定新的测站点的坐标和高程，以便在这些特殊地形情况下确保碎部点采集顺利进行。一般情况下切忌用增设测站点作大面积的测图。

增设测站点时，为保证测量精度，可采用三联脚架法。三联脚架法使用 3 个既能安置全站仪也能安置反光镜的三脚架，在测量过程中，不用每次移动三脚架来转换测站，而是依次交替交换全站仪和反光镜而完成角度和距离的测量。这样可以减少测站安置和瞄准目标方向时的对中误差和操作时间，从而提高观测精度和效率，进而提高坐标计算精度。

数字测图时，测站点的点位精度，相对于附近图根点的中误差不应大于图上 0.2 mm，高程中误差不应大于测图基本等高距的 1/6。

四、碎部点坐标测量方法

在数字测图中，碎部点的坐标测量方法主要有极坐标法、方向交会法、距离交会法和方向距离交会法等。

1. 极坐标法

极坐标法是最常见的一种测量方法，测量时，以一已知点为测站点，另一已知点为标准方向，通过测定测站点和碎部点的连线方向与距离即可确定该点的位置。

如图 9-9 所示，A、B 为两个已知点，在 B 点设站，以 A 为标准方向来定向，通过测定极角 θ 和极径 S 来计算碎部点 P 的位置。计算 P 点的坐标公式为

$$\begin{cases} \alpha_{BP} = \alpha_{AB} + \theta \pm 180° \\ x_P = x_B + S\cos\alpha_{BP} \\ y_P = y_B + S\sin\alpha_{BP} \end{cases} \quad (9-3)$$

2. 方向交会法

方向交会法测量时,以两已知点分别为测站点,测定与碎部点的方向,两方向的交点即为碎部点的位置。

如图9-10所示,已知点 A、B 和碎部点 P 构成逆时针方向排列,则碎部点 P 的坐标计算公式为

$$\begin{cases} \alpha_{AP} = \alpha_{AB} - \alpha \\ S_{AP} = S_{AB} \times \dfrac{\sin\beta}{\sin(\alpha + \beta)} \\ x_P = x_A + S_{AP}\cos\alpha_{AP} \\ y_P = y_A + S_{AP}\sin\alpha_{AP} \end{cases} \quad (9-4)$$

式中 S_{AP}——A 至 P 的距离;

α_{AP}——AP 边的方位角。

当 A、B、P 三点构成顺时针方向排列时,方位角和距离的计算公式按实际图形来推算,坐标计算公式相同。

3. 距离交会法

距离交会法是以两已知点 A、B 分别为测站点,测定两点到碎部点的距离,两距离的交点即为碎部点的位置。

如图9-11所示,已知点 A、B 和碎部点 P 构成逆时针方向排列,则碎部点 P 的坐标计算公式为

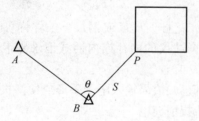

图9-9 极坐标法

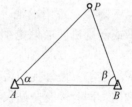

图9-10 方向交会法

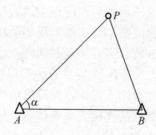

图9-11 距离交会法

$$\begin{cases} \cos\alpha = \dfrac{AB^2 + AP^2 - BP^2}{2 \cdot AB \cdot AP} \\ \alpha_{AP} = \alpha_{AB} - \alpha \\ x_P = x_A + AP \cdot \cos\alpha_{AP} \\ y_P = x_A + AP \cdot \sin\alpha_{AP} \end{cases} \qquad (9\text{-}5)$$

4. 方向距离交会法

方向距离交会测量，以一已知点为测站点，以另一已知点为基本方向定向，测定碎部点与一已知点的距离，与另一已知点的方向，通过方向和距离的交会来确定该碎部点的位置。

在实际测量工作中，需要根据测区的实际地形特征和已有控制点的布设位置来灵活运用测量方法。除了上面讲到的几种常用方法，还可以采用直角坐标法，一个测站观测方向和一已知方向的交会等。

五、碎部点数据采集

由于软件设计者思路不同，使用的设备不同，数字测图有不同的作业模式。按图形信息码记录方式和图形绘制方法不同，全站仪野外数据采集工作模式可分为草图法数字测记、编码法测绘和电子平板测绘法3种。其中电子平板测绘模式是内外一体化作业模式，是未来采集模式的发展方向。

(一) 草图法数字测记模式

该模式又称无码作业模式，主要采用无图形显示的设备（电子手簿、全站仪内存等）记录测点的几何信息，配合绘制工作草图记录图形属性信息，在室内将测量数据由电子手簿或全站仪内存传输到计算机，结合软件经人机交互编辑成图。

1. 仪器工具的准备

全站仪、三脚架、备用电池、反射棱镜、花杆、皮尺或钢尺、条件许可可配备对讲机、电子手簿或便携机、通信电缆（若使用全站仪的内存或内插式记录磁卡，不用此电缆）等。

在数据采集之前，最好提前将测区的全部已知成果输入电子手簿或便携机，以方便碎部点采集时调用；同时注意全站仪、对讲机应提前充电。

2. 工作流程及组织

数字测记模式为野外测记，室内成图。用全站仪在野外测量地形特征点的点位信息，配合绘制工作草图，在草图上记录图形的属性信息，然后在室内将测量数据由全站仪内存传输到计算机，再经人机交互编辑成图。其工作流程如图9-12所示。

测记式外业设备轻便，操作方便，野外作业时间短。数字测记模式施测时，作业人员一般包括观测员1人、领尺员1人、跑尺员1~2人，可以根据他们测量作业的熟练程度而定。观测员负责全站仪的观测和面板输入操作；领尺员负责绘制草图和室内成图，在草图上记录清楚地形要素的名称、碎部点的连接关系等信息；跑尺员则负责在碎部点上立镜或立杆；碎部点的选择、跑尺的路线方法需要跑尺员和领尺员共同商量决定。作业安排一般外业1天、内业1天，人员充足可以安排两个跑尺员轮换作业，提高作业进度。如果任务紧迫，而人员比较少，则可以白天外业观测，晚上进行内业绘制。

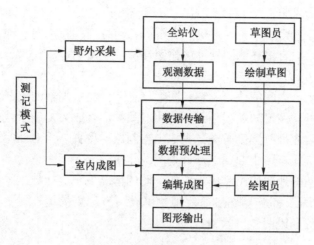

图 9-12 测记模式工作流程

3. 数据采集

作业小组成员进入测区后，领尺员首先对测区的地形、地物分布大概观察一遍，判断方位，制作包含主要地物、地貌的工作草图，若有该测区原有的旧图，则直接在旧图上标注会更准确。观测时可及时在草图上标明所测碎部点的位置和点号。观测员确定测站点位置并安置仪器。测站点要尽量保证大的可视区域，同时还要保证有已知点与其通视。观测员在确定好的测站点上快速对中、整平仪器，检查中心连接螺旋是否旋紧，量取仪器高。安置好仪器后，按仪器操作面板上的开关键启动全站仪。

操作面板基本分为三大区域：显示屏区、数字字母键区和功能键区。数字字母键区一般除了数字字母按键外，还包括基本的操作按键如开关键、后退键、模式转换键等。功能键随不同的测量模式而改变。

无论什么品牌的全站仪，在进入碎部点数据采集模式后都要根据屏幕提示进行 3 个步骤的操作。

（1）测站点设置。观测员在坐标测量模式或数据采集模式下，利用内存坐标数据设定或由键盘直接输入测站点的坐标。

（2）后视点设置（或后视定向）。领尺员指挥跑尺员到某一已知点上立镜定向。观测员利用内存坐标数据设定或由键盘直接输入后视点坐标或后视定向方位角，旋转仪器精确瞄准后视点，按确定完成定向工作。为确保测站定向无误，可选择另一已知点做检核，测量检核点的坐标和已知值进行比较，若坐标差值在规定的范围内，即可开始采集数据。

（3）碎部点测量。观测员旋转仪器瞄准地物地貌特征点上的反射棱镜或花杆（采用无棱镜模式时），测定并记录测点的坐标信息于设置的文件中。

数字测图要求先测定所有碎部点的坐标及记录碎部点的绘图信息（即数据采集），并记录在全站仪的内存中，而后传输到计算机，并利用计算机辅助成图。在野外数据采集中，若用全站仪测定所有独立地物的定位点，线状地物、面状地物转折点（统称碎部点）的坐标，不仅工作量大而且有些是无法直接测定的。因此，必须灵活运用测和算，测算结合测定碎部点坐标。

碎部点坐标"测算法"的基本思想是：在野外数据采集时，利用全站仪适当用极坐标法测定一些"基本碎部点",再用勘丈法(只测距离)测定一部分碎部点的位置(坐标),最后充分利用直线、直角、平行、对称、全等等几何特征,在室内(或现场)计算出所有碎部点的坐标,也可以直接在测图软件的作图环境下绘出图形。

4. 工作草图

工作草图是碎部点之间的位置关系和图形信息人机交互编辑的依据。

如果测区有相近比例尺的地图,则可利用旧图并适当放大复制后裁成合适的大小作为工作草图。作业员可先进行测区调查,先标出控制点的位置,再对照实地将变化的地物在草图上标记。这种工作草图也起到工作计划图的作用。

在测区没有合适的地图原图可作为工作草图的情况下,应在数据采集时手工绘制工作草图。如图9-13所示,工作草图应绘制地物的类型、地貌的地性线、碎部点点号、丈量距离记录、地理名称和说明注记等。

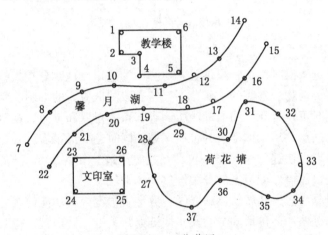

图9-13 工作草图

草图可按地物相互关系一块块绘制,也可按测站绘制,地物密集处可绘制局部放大图。草图上点号标注应清楚正确,并和电子手簿记录点号一一对应。

5. 数据传输

野外数据采集完成后,存储在全站仪内存中或其他存储介质中的数据,需要传输到电子计算机中进行内业处理,有时也需要把其他介质或计算机中的数据传输到全站仪内存中。完成全站仪和电子计算机之间的数据传输称为数据通信。

不同测量仪器在数据通信时的具体操作不尽相同,其基本步骤如下:

(1)利用数据传输电缆将全站仪与电脑进行连接。

(2)运行数据传输软件(可以是通用软件也可以是专用软件),设置通信参数,如端口号、波特率等。

(3)进行数据传输,并保存到自定义的文件中。

(4)进行数据格式转换。将传输到计算机中的数据转换成内业处理软件能够识别的格式。

(二)编码法测绘模式

测记法数据采集时,对草图绘制技术要求比较高,草图上标注的细小错误(如属性不明确、点号有误、连接关系模糊等)都可导致绘图成果错误,而且计算机绘制图形时要不停结合草图信息，花费时间长效率低。为解决这些问题，有些测绘单位和技术人员就采用编码法进行野外数据采集，这样可以较大幅度地提高数字测图的作业效率。

编码法测绘模式是在野外数据采集时，给地形特征点赋予约定的、表示地形地理属性和测点连接关系的编码，然后把测点的位置信息和编码信息一起传输到计算机，并通过数字成图软件识别编码后自动生成数字地形图。这种方式也称为有码作业模式。

在进行碎部点测量时，应尽可能按地物的分类和连线的次序进行，这样便于编码输入和地物图形的自动绘制。有码作业时，对于地形复杂的区域，仍需要绘制简易的工作草图来进行内业编辑时的检查。有码作业模式需要作业人员记忆和输入对应的地形编码，对作业人员的要求较高，作业难度较大。若观测人员经验丰富且熟悉相应数字成图软件的编码方法，则采用有码作业方式就具有很高的效率。

（三）电子平板测绘模式

电子平板测绘模式采用内外业一体化作业模式，由全站仪等测量仪器采集碎部点的坐标信息，配合图形显示设备如笔记本电脑或 PDA 来记录和显示测点的几何位置，再结合数字测图软件进行编辑成图。

这种模式可及时发现并纠正测量错误，无须画草图，从数据采集到现场成图真正实现了内外业一体化。测图的质量和效率都将超过传统的白纸测图。电子平板测量时，基本操作过程概括如下：

（1）将测区的已知控制点及测站点的坐标通过数据通信传输到全站仪的内存中或手工输入到全站仪的内存中。

（2）在测站点上安置仪器，并把笔记本电脑或 PDA 与全站仪用专用电缆线连接，电脑开机进入测图软件系统，设置全站仪的通信参数，选定所使用全站仪的类型。

（3）分别在全站仪和电脑上完成测站点和定向点的设置工作。

（4）全站仪对准碎部点，进行碎部点的测量和数据采集。每测完一个碎部点，电脑显示屏幕上会及时展绘显示出来。

（5）根据被测碎部点的属性、连接等信息，利用测图软件进行图形绘制编辑，现场完成绘图工作。

这种作业模式精度高，直观性强，在野外测量的同时现场绘制地形图，实现了"所测即所得"，出现和实际地形不符的错误可及时发现并立即重测修改，具有更高的可靠性。实际作业时，不同软件可以支配不同的作业模式，一种软件也可同时支持多种测图模式，因此数字测图作业时可根据用户的设备、作业习惯及作业要求的不同，把单一方式进行组合。基本组合模式和其他单一测图模式大致有如下 6 种：①全站仪+电子手簿测图模式；②普通经纬仪+电子手簿测图模式；③平板仪测图+数字化仪数字化测图模式；④原图数字化成图模式；⑤电子平板测图模式；⑥航测像片量测成图模式。

六、全站仪数据采集注意事项

利用全站仪进行数字测图时，为了提高效率，避免错误和减小误差，应注意以下事项：

（1）在作业前做好各项准备工作，全站仪电池和对讲机电池充足电量；仪器和工具检验校正正确；操作规程熟悉等。

（2）用电缆在连接全站仪和电脑以及拔出时，应注意关闭全站仪电源，并注意正确的连接和拔出操作方法，以免损害电缆接口而无法导出数据。

（3）在操作过程中，每站应在定向后再做检查。如测算后视点坐标与该点已知坐标不相符，则说明测站后视数据或点位有错误，应检查、修改或选择另一已知点重新定向。

（4）每观测一个碎部点，观测员都要核对观测点的点号、属性、镜高并存入全站仪的内存文件中。

（5）观测员和领尺员必须时时联络交流。对每个测站上的每个碎部点，都要保证内存记录中输入的点号和草图上标注的一致，若两者不一致，应及时查找原因并修改。

（6）地物采点时，地物的特征点一般比较明确和容易立镜。而地貌采点时，地貌的特征变化比较复杂，需要测量的点相应比较多，为了提高效率，可以采用一站多镜的方法进行。首先地貌特征点要尽量测到，然后在地性线上要有足够密度的点。例如，在山沟底测一排点，也应该在山坡边再测一排点，这样生成的等高线才能比较真实；测量陡坎时，最好在坎上、坎下同时测点，这样生成的等高线才比较准确；在其他地形变化不大的地方，可以适当放宽采点密度，这样才能充分表示出测区的真实地物和地貌特征。

（7）在一个测站上当所有的碎部点测完后，要找一个已知点重测进行检核，以检查施测过程中是否存在误操作，仪器碰动或故障等造成的测量错误。检查确定无误后，在该测站关机、装箱，然后再搬迁至下一站继续测量。

（8）跑尺员在跑点时要有计划和次序，不要东跑一个点、西跑一个点，这样既浪费时间也浪费人力。跑尺员要配合观测员尽可能测完一个地物再测另一个地物。地形特征点也应测一点连一点，测完后将地性线简单连接出来，这样就不会发生遗漏和错误。

（9）在野外数据采集时，能测到的点要尽量测到，实在测不到可利用皮尺或钢尺量距，将丈量结果记录在草图上，室内利用数学方法计算或交会定位碎部点。

（10）外业数据采集后，应及时将全站仪数据导出到计算机中并做备份。

第四节　RTK 技术在数据采集中的应用

GNSS 定位技术是近代迅速发展起来的卫星定位技术，以 GNSS 作为碎部点数据采集的手段进行的数字测图作业称为 GNSS 数字测图模式。它比全站仪野外数据采集作业模式效率更高，在地形测量中得到了广泛应用。关于 GNSS 系统的组成、分类和测量原理与方法已经在第六章做了系统介绍，本节主要介绍在数字测图中应用较为广泛的实时动态定位 RTK（Real Time Kinematic）技术和网络 RTK 技术。

一、RTK 技术

1. RTK 系统组成

RTK 是以载波相位测量为依据的实时差分 GNSS 测量技术，是集计算机技术、数字通信技术、无线电技术和 GNSS 测量定位技术为一体的组合系统，是 GNSS 测量技术发展中的一个新突破。RTK 测定范围大、速度快、精度高，可以全天候作业，不需要点间通视，每个点的误差均为不累积的随机偶然误差，而且仅需一个人就可以完成野外的数据采集工作，极大地提高了数字测图的效率。因此，RTK 已成为数字测图和 GIS 野外数据采集的主要手段之一。它的出现为工程放样、地形测图、公路管线测量、各种控制测量带来了新曙光。

RTK 系统由基准站、若干个流动站和无线电通信系统 3 部分组成。基准站包括 GNSS 接收机、GNSS 天线、无线电发射系统（电台和发射天线）、供 GNSS 接收机和无线电台使用的电源以及基准站控制器等。流动站由 GNSS 接收机、GNSS 天线、无线电接收系统（接收机和接收天线）、供 GNSS 接收机和无线电使用的电源以及流动站控制器等。RTK 系统组成如图 9-14 所示。

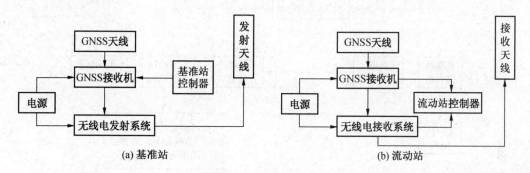

图 9-14　RTK 系统组成

2. RTK 定位原理

RTK 测量的基本思路是：在基准站上安置一台 GNSS 接收机，对 GNSS 卫星进行连续观测，并将观测数据通过无线电传输设备实时地发送给用户观测站（流动站）；在流动站上，GNSS 接收机在接收卫星信号的同时，也通过无线电接收设备接收基准站传输过来的观测数据，然后将基准站的载波信号和自身接收到的载波信号根据相对定位原理进行差分处理，实时地计算用户观测站的三维坐标及精度。通过实时计算的定位结果，可监测基准站与流动站观测成果的质量和解算结果的收敛情况，从而判断解算结果是否成功，以减少冗余观测，缩短观测时间。RTK 定位原理如图 9-15 所示。

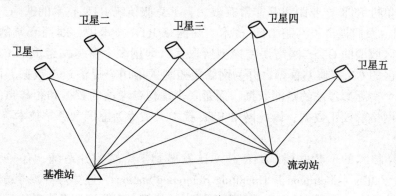

图 9-15　RTK 定位原理

在 RTK 作业模式下，基准站通过无线电通信系统将其观测值和测站坐标信息一起传送给流动站。流动站不仅采集接收 GNSS 卫星数据，还要通过无线电通信设备接收来自基准站的数据。流动站完成数据初始化后，把信息传送到控制器内进行差分处理，用户输入相应的坐标转换和投影参数，可以实时得到精度达到厘米级的定位结果。流动站可处于静止状态，也可处于运动状态；可在固定点上先进行初始化后再进入动态作业，也可在动态条件下直接开机，并在动态环境下完成整周模糊度的搜索求解。在整周未知数解固定后，即可进行每个历元的实时处理。只要能保持 4 颗以上卫星相位观测值的跟踪和必要的几何图形，则流动站可随时给出厘米级定位结果。RTK 作业模式下的数据流程图如图 9-16 所示。

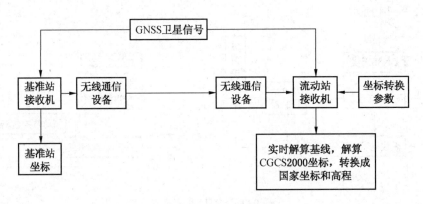

图 9-16　RTK 数据流程图

RTK 技术的关键在于数据处理技术和数据传输技术。RTK 定位时要求基准站接收机实时地把观测数据（伪距观测值、相位观测值）及已知数据传输给流动站接收机，并利用基准站和流动站之间观测误差的空间相关性，通过差分方式除去移动站观测数据中的大部分误差，从而实现高精度（分米甚至厘米级）定位。

RTK 技术在应用中遇到的最大问题是参考站校正数据的有效作用距离。GNSS 误差的空间相关性随参考站和移动站距离的增加而逐渐失去线性，因此在较长距离下（单频 > 10 km、双频 > 30 km），经过差分处理后的用户数据仍然含有很大的观测误差，从而导致定位精度的降低和无法解算载波相位的整周模糊度。所以，为了保证得到满意的定位精度，传统的单机 RTK 作业距离都非常有限。为了克服传统 RTK 技术的缺陷，在 20 世纪 90 年代中期，人们提出了网络 RTK 技术。在网络 RTK 技术中，线性衰减的单点 GNSS 误差模型被区域型的 GNSS 网络误差模型所取代，即用多个参考站组成的 GNSS 网络来估计一个地区的 GNSS 误差模型，并为网络覆盖地区的用户提供校正数据。而用户收到的也不是某个实际参考站的观测数据，而是一个虚拟参考站的数据和距离自己位置较近的某个参考网格的校正数据，因此网络 RTK 技术又被称为虚拟参考站技术（Virtual Reference）。

随着科学技术的不断发展，RTK 技术已发展到了广域差分系统，有些城市建立起 CORS 系统。CORS（Continuously Operating Reference Stations，连续运行参考站）系统是由全球导航卫星系统、地面或空间数据通信系统、计算机、互联网以及在某一区域建立的连续运行的若干个固定的 GNSS 参考站组成的网络系统。CORS 系统的建立大大提高了 RTK 的测量范围，当然在数据传输方面也有了长足进展，由原先的电台传输发展到现在的 4G 或 5G 移动通信技术网络传输，大大提高了数据的传输效率和范围。

二、GNSS-RTK 野外数据采集

RTK 由基准站（图 9-17）和流动站（图 9-18）两部分组成，操作时先启动基准站进行设置，后进行流动站的操作。

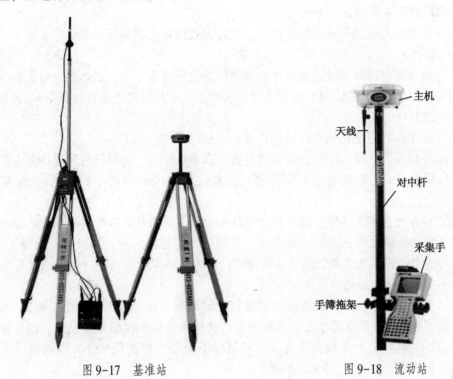

图 9-17 基准站　　　　　　　　　图 9-18 流动站

（一）基准站架设和连接

1. 基准站的位置选择

基准站架设的好坏将影响移动站工作的速度和质量，因此需具备以下条件：

（1）在 10° 截止高度角以上的空间应没有障碍物。如果在树木等对电磁传播影响较大的物体下设站，当接收机工作时，接收的卫星信号将产生畸变，影响 RTK 的差分质量。

（2）离其周边距离 200 m 的范围内不应有强电磁辐射源，如电视发射塔、雷达电视发射天线等，以免对 RTK 电信号造成干扰。

（3）最好选在地势相对高的地方，以利于基准站电台差分信号传播的作用距离更远。

（4）地面稳固，易于点的保存。

2. 基准站的基本操作

（1）安置基准站接收机。安置时，一般将三脚架的腿间距稍微放大些，保证平稳：角度过大将导致全站仪过低，给观测带来不便，同时也影响观测员的行动；角度过小时全站仪放置不稳，存在仪器损害的潜在危险。

（2）接收机电源和发射电台的连接。架设好仪器后，将 GNSS 接收机、电源和发射电台用电缆正确连接，注意电源的正负极正确（红正黑负）。

（3）打开电源，点击配置。开机进行端口电台、网络等的正确设置后，主机开始自动

初始化和搜索卫星，当卫星数和卫星质量达到要求后，主机上的 DL 指示灯开始 5 s 快闪 2 次，同时电台上的 TX 指示灯开始每秒钟闪 1 次。这表明基准站差分信号开始发射，整个基准站开始正常工作。

（二）流动站架设和连接

流动站的操作主要包括以下几项：

（1）将流动站主机接在碳纤对中杆上，并将天线接在主机顶部，同时将手簿夹在对中杆的适合位置。

（2）轻按电源键打开主机，主机开始自动初始化和搜索卫星，当达到一定条件后，主机上的 DL 指示灯开始 1 秒钟闪 1 次（必须在基准站正常发射差分信号的前提下），表明已经收到基准站差分信号。

（3）打开手簿，启动相关软件（如南方的工程之星 EGStar）。

（4）启动软件后，软件一般会自动通过蓝牙和主机连通，如果没有连通则首先需要进行蓝牙端口设置。如工程之星 3.0 中设置：配置→端口设置→选中相应的 COM 端口→确定。

（5）软件在和主机连通后，软件首先会让流动站主机自动去匹配基准站发射时使用的通道。如果自动搜频成功，则软件主界面左上角会有信号在闪动；如果自动搜频不成功，则需要进行电台设置。如工程之星 3.0 中设置：配置→电台设置→在"切换通道号"后选择与基准站电台相同的通道→点击"切换"。

（6）在确保蓝牙连通和收到差分信号后，开始新建工程（工程→新建工程），然后依次按要求填写或选取如下工程信息：工程名称、椭球系名称、投影参数设置、四参数设置（未启用可以不填写）、七参数设置（未启用可以不填写）和高程拟合参数设置（未启用可以不填写），最后确定，工程新建完毕。

（7）求参校正。校正有两种方法：一是利用控制点坐标库求四参数；二是利用校正向导提示进行。

（8）连续的碎部点采集。将对中杆立在需要测的碎部点上，当达到固定解状态时，利用快捷键"A"或［确定］按钮保存数据。

三、RTK 与全站仪联合测绘地形图

平板仪测图和全站仪数字化测图工作烦琐，需要投入大量的人力、财力和时间，而且精度和效率低。RTK 测量很好地克服了以上两种测量方式的缺点，具有定位速度快、定位精度高、节省人力、全天候观测、减轻观测员的劳动强度等诸多优点。由于卫星的截止高度角必须为 13°～15°，在遇到高大建筑物或在树下时，就很难接收到卫星和无线电信号，也就无法进行 RTK 测量。所以 RTK 与全站仪联合进行数字化测绘地形图就是一种优劣互补、行之有效的新方法。

RTK 与全站仪联合进行数字化测绘地形图就是在进行地形测量时，空旷地区如田野、公路、河流、沟、渠、塘等的地形、地物用 RTK 测量；树木较多或房屋密集的村庄、城市内的建筑物、构筑物等用 RTK 实时给出图根点的三维坐标，然后用全站仪进行碎部点的采集。这样不但可以减少作业人员和作业工序，大大加快测量速度，提高工作效率，而且可以提高采集数据的质量。

随着电子全站仪、RTK技术及电子计算机的发展和普及，它们在数字地形图、地籍图的应用也日趋广泛。地形图的成图方法正在逐步地由传统的白纸法成图向数字测图方向发展。特别是我国的东部沿海发达地区，数字测图几乎占据了大部分的地形图测绘市场。

四、网络RTK技术

随着GNSS技术的飞速进步和应用普及，它在城市测量中的作用已越来越重要。当前，利用多基站网络RTK技术建立的连续运行参考站（Continuously Operating Reference Sations，CORS），已成为城市GNSS应用的发展热点之一。

（一）CORS系统组成

连续运行参考站（CORS）系统是卫星定位技术、计算机网络技术、数字通信技术等高新科技多方位、深度结晶的产物。其可以定义为一个或若干个固定的、连续运行的GNSS参考站，利用现代计算机、数据通信和互联网技术组成的网络，实时地向不同类型、不同需求、不同层次的用户自动地提供经过检验的不同类型的GNSS观测值（载波相位、伪距）、各种改正数、状态信息以及其他有关GNSS服务项目的系统。

CORS系统由基准站网、数据处理中心、数据传输系统、定位导航数据播发系统、用户应用系统5个部分组成（图9-19）。各基准站与监控分析中心间通过数据传输系统连接成一体，形成专用网络。

（1）基准站网。基准站网由范围内均匀分布的基准站组成。基准站由GNSS设备、计算机、气象设备、通信设备、电源设备及观测场地等构成，具备长期连续跟踪和记录卫星信号的能力，是CORS的数据源。其主要功能是负责捕获、跟踪、记录GNSS卫星观测数据并传输至数据处理中心，同时提供系统完好性监测等服务。

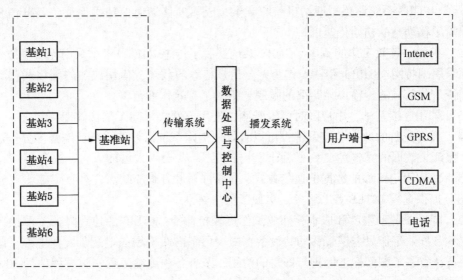

图9-19　CORS系统

（2）数据处理中心。数据处理中心是系统的控制中心，是CORS的神经中枢。它通过通信线（光缆、ISDN、电话线等）与各基准站通信，进行数据处理，形成多基准站差分定位用户数据，组成一定格式的数据文件，通过无线网络（GSM、CDMA、GPRS等）分发给用户。数据处理中心是 CORS 的核心单元，也是高精度实时动态定位得以实现的关键所在。中心 24 h 连续不断地根据各基准站所采集的实时观测数据在区域内进行整体建模解算，自动生成一个对应于流动站点位的虚拟参考站（包括基准站坐标和 GNSS 观测值信息）并通过现有的数据通信网络和无线数据播发网，向各类需要测量和导航的用户以国际通用格式提供码相位/载波相位差分修正信息，以便实时解算出流动站的精确点位。

（3）数据传输系统。该系统由公用或专用的通信网络构成，包括数据传输硬件设备及软件控制模块。主要功能是把各基准站 GNSS 观测数据通过光纤专线传输至监控分析中心，把系统差分信息传输至用户等。

（4）定位导航数据播发系统。该系统将数据处理中心的数据成果通过移动网络、UHF 电台、Internet 等形式向用户播发定位导航数据。

（5）用户应用系统。该系统由接收机、无线通信的解调器及相关设备组成，主要功能是按照用户需求进行不同精度的定位。它包括用户信息接收系统、网络型 RTK 定位系统、事后和快速精密定位系统以及自主式导航系统和监控定位系统等。按照应用精度不同，用户服务子系统可以分为毫米级、厘米级、分米级及米级用户系统等；按照用户的应用不同，可以分为测绘与工程用户（厘米、分米级）、车辆导航与定位用户（米级）、高精度用户（事后处理）、气象用户等几类。

（二）CORS 系统数据采集的优势

CORS 系统彻底改变了传统 RTK 测量作业的方式，与传统的 GNSS 作业相比具有作用范围广、精度高、可野外单机作业等众多优点。其主要优势体现在以下几方面：

（1）改善了初始化速度，降低了系统误差。传统的 RTK 技术，仪器的架设含有潜在的粗差，同时随着距离的增加，差分信号的质量也会下降，造成移动站初始化时间增加，精度下降。CORS 系统避免了架站粗差的产生，成熟的移动通信技术保证了差分信号的质量，保障了移动站的初始化速度。

（2）扩大了有效工作的范围。CORS 系统摆脱了传统 RTK 技术中采用无线电技术的束缚，而采用因特网、GPRS/CDMA 作为差分信号传输的载体，借用成熟的网络和移动通信技术，使差分信号的传输再无距离的限制，扩大了有效作业范围。

（3）采用连续基站，用户随时可以观测，使用方便，提高了工作效率。

（4）拥有完善的数据监控系统，可以有效地消除系统误差和周跳，增强差分作业的可靠性，保证了数据的完整性。

（5）使用固定可靠的数据链通信方式，减少了噪声干扰。

（6）提供远程 INTERNET 服务，实现了数据共享。

（7）降低了劳动强度和成本，外业工作更轻松便捷。CORS 的建立降低了测绘劳动强度和成本，外业工作只需携带移动站设备，减少了基准站使用的电瓶、发射电缆、脚架等诸多设备；省去了测量标志保护与修复的费用，节省各项测绘工程实施过程中约 30% 的控制测量费用等。

（8）扩大了 GNSS 在动态领域的应用范围，更有利于车辆、飞机和船舶的精密导航。

（三）分类

根据参考站的作业模式不同，CORS 可以分为单基站、多基站和网络 CORS，见表 9-6。

表 9-6 CORS 的分类模式

分类	作业模式	适用对象	作业范围	应用领域
单基站 CORS	单一的参考站	小区域（中小市区或县）、固定区域的大型工程	20~70 km（范围与当地环境有关）	地形测量，加密控制，施工放样，港口测量，矿区测量
多基站 CORS	多个参考站	中小区域（中小市区或县）固定区域的大型工程	40~100 km	地形测量，加密控制，施工放样，港口测量，矿区测量
网络 CORS	采用多参考站区域综合误差改正技术	大区域（大中市区或地级市）	基站间距 50~100 km 网外：30 km	对不同行业和领域提供不间断服务，包括测量、导航和监测等

1. 单基站 CORS

只有一个连续运行站，类似于一加一的 RTK，只不过基准站由一个连续运行的基准站代替。基站同时又是一个服务器，通过软件实时查看卫星状态，存储静态数据，实时向 Internet 发送差分信息以及监控移动站作业情况。移动站通过 GPRS、CDMA 网络通信与基站服务通信。

2. 多基站 CORS

分布在一定区域内的多台连续运行的基站，每一个基站都是一个单基站系统，由控制软件自动计算流动站与基站间的间距，将距离近的基站差分数据发送给流动站。用户站从一个参考站的有效精度范围进入另一个参考站的精度范围，严格意义上讲是多个单基站的集合；如果要使基线精度优于 3 cm，需要在一个区域内密集地布设参考站，站间距离应小于 40 km。

精度会随着基线长度而衰减且分布不均匀，如果要求按一定的精度覆盖整个区域，需要架设较多的参考站。

3. 网络 CORS

多参考站虽然在一个较大范围内满足了精度要求，但需要的投资也是巨大的，而且并没有完全解决传统的 RTK 测量中的一些问题。

网络 CORS 可以在一个较大范围内均匀稀松地布设参考站，利用一套软件，将参考站网络的实时观测数据对覆盖区域进行系统误差建模，然后对区域内流动用户站观测数据的系统误差进行估计，尽可能消除系统误差的影响，获得厘米级实时定位结果。网络 CORS 的精度覆盖范围为网内 50~100 km、网外 30 km，且精度分布均匀。

（四）功能和应用

CORS 系统不仅是一个动态的、连续的定位框架基准，同时也是快速、高精度获取空间数据和地理特征的重要城市基础设施。

1. CORS 是城市信息化的重要组成部分

CORS 可以获取各类空间的位置、时间信息及其相关的动态变化，通过建设若干永久性连续运行的 GNSS 基准站，提供国际通用格式的基准站站点坐标和 GNSS 测量数据，以满足各类不同行业用户对精度定位、快速和实时定位、导航的要求，及时地满足城市规划、国土测绘、地籍管理、城乡建设、环境监测、防灾减灾、交通监控、矿山测量等多种现代化、信息化管理的社会要求。

CORS 是城市信息化的重要组成部分，并由此建立起城市空间基础设施的三维、动态、地心坐标参考框架，从而从实时的空间位置信息面上实现城市真正的数字化。CORS 建成能使更多的部门和更多的人使用 GNSS 高精度服务，必将在城市经济建设中发挥重要作用，由此带给城市巨大的社会效益和经济效益。它将进一步为城市提供良好的建设和投资环境。

CORS 可在城市区域内向大量用户同时提供高精度、高可靠性、实时的定位信息，并实现城市测绘数据的完整统一。这将对现代城市基础地理信息系统的采集与应用体系产生深远影响。它不仅可以建立和维持城市测绘的基准框架，更可以全自动、全天候、实时提供高精度空间和时间信息，成为区域规划、管理和决策的基础。

2. CORS 可以对工程建设进行实时、有效、长期的变形监测，对灾害进行快速预报

CORS 将为城市诸多领域如气象、车船导航定位、物体跟踪、消防、测绘、GIS 应用等提供精度达厘米级的动态实时 GNSS 定位服务，将极大地加快城市基础地理信息的建设。

CORS 能提供差分定位信息，开拓交通导航的新应用，并能提供高精度、高时空分辨率、全天候、近实时、连续的可降水汽量变化序列，并由此逐步形成地区灾害性天气监测预报系统。

此外，CORS 系统可用于通信系统和电力系统中高精度的时间同步，并能就地面沉降、地质灾害、地震等提供监测预报服务，研究探讨灾害时空演化过程。

思 考 题

1. 简述数字测图的概念及基本思想。

2. 什么是数据采集？目前数据采集的主要方法有哪些？

3. 简述数字测图系统的组成。

4. 图形信息分为哪两大类？分别如何获取和表示？

5. 数字测图工作模式可以分为哪几类？分别简述其基本测图思路。

6. 全站仪在野外数据采集时都应进行的 3 个基本操作步骤是什么？

7. 工作草图有什么作用？工作草图应如何规范绘制？

8. 简述 RTK 野外数据采集的基本方法。

第十章　数字地形图的绘制方法

第一节　数字图像基本知识

图像是图和像的有机结合，既反映物体的客观存在，又体现人的心理因素；图像也是对客观存在物体的一种相似性的生动模仿或描述，是客观对象的一种可视表示，包含了被描述对象的有关信息。

一、数字图像的表示方法

数字图像是利用计算机技术，用二维数组 $f(x, y)$ 存放，表示图形的属性信息。这里 x 和 y 表示二维空间中一个坐标点的位置，而 f 则代表图像在点 (x, y) 的某种属性信息的数值。由于计算机具有离散特性，所以用计算机来处理图像时，需将连续的灰度图像离散化为一幅数字图像。为了能用计算机对图像进行加工，需要把连续的图像在坐标空间 (x, y) 和图像灰度空间 $f(x, y)$ 都离散化，这种离散化了的图像就是数字图像。

将坐标空间离散化，就是把图像分成若干行和若干列的栅格单元，图像中每个基本单元叫作图像元素，简称像素。一幅图像在空间上的分辨率与其包含的像素个数成正比，像素个数越多，图像的分辨率越高，也就越有可能看出图像的细节。

将图像灰度空间离散化，就是把灰度量化为若干个级数。进行量化的方法分为均匀量化和非均匀量化。其中均匀量化是将图像灰度范围分成 n 个等间隔，n 为灰度的分割级数或量化级数，即为灰度分辨率。由于计算机总线处理数据位数的特征要求，同时为了存储方便，灰度级数通常用二进制的位数 K（比特数）来表示，即 $n = 2^K$。K 常取的值有 8、10 和 16，对应于 256、1024 和 65536 个灰度级数。如果一个图像灰度值只有两种（通常用 1 表示前景，用 0 表示背景），则这个图像称为二值图。

二、矢量数据与栅格数据

地形图的图形数据形式有矢量数据形式和栅格数据形式，简称矢量数据和栅格数据。地形图图形由点、线、面 3 种图形元素组成，均可用矢量数据和栅格数据表示。

矢量数据是在直角坐标系中，用 x 和 y 坐标表示地图图形位置和形状的数据。矢量数据一般通过记录坐标的方式来尽可能将地理实体的空间位置表现得准确无误，是计算机中以矢量结构存储的内部数据。在矢量数据结构中，点图形数据可直接用其坐标值来描述，线图形数据可用均匀或不均匀间隔的顺序坐标系列来描述，面状图形数据可用边界线来描述。矢量数据每个对象都是一个自成一体的实体，具有颜色、形状、轮廓、大小和位置等属性。矢量数据具有存储量小，放大、缩小或旋转等不会失真，不受分辨率影响等优点。以矢量数据表示图形的地形图称为数字线划地形图（DLG），为测绘工作的 4D 产品之一。

栅格数据是按网格单元的行与列排列、具有不同灰度或颜色的阵列数据。栅格结构是用大小相等、分布均匀、紧密相连的像元阵列来表示空间地物或现象分布的数据组织。点图形由一个栅格像元来表示，线图形由一定方向上连接成串的相邻栅格像元表示，面图形由具有相同属性的相邻栅格像元的块集合来表示。栅格数据具有结构简单、便于多层要素的叠置分析、易数据交换且利于与遥感数据匹配等特点。以栅格数据表示图形的地形图称为数字栅格地形图（DRG），也是测绘工作的4D产品之一。

第二节　扫描矢量化成图

传统的纸质地形图是运用坐标位置、符号和注记，以图解的形式表达地面的形状大小与高低起伏，是对空间信息的直观描述。纸质地形图必须转换成数字信息，才能被计算机所接收、处理，为此必须采用地形图数字化的方法，将纸质地形图转换为数字地形图（数字地形信息）。这项工作主要由数字化仪来完成。本节主要介绍图像扫描数字化仪以及利用图像扫描数字化仪进行地图数字化的方法。

一、扫描仪

扫描仪的性能指标主要包括5个方面。

1. 分辨率

分辨率是扫描仪的重要精度指标，用每英寸像元点数表示。扫描仪的分辨率分为光学分辨率和实际扫描分辨率。

光学分辨率是扫描仪光电转换器件的物理精度，以CCD阵列为光电转换器件的扫描仪分辨率取决于CCD阵列的集成度。实际扫描分辨率是扫描仪在扫描图像时，每英寸产生的实际像元数。对于绝大多数扫描仪，该参数是可以调整的。当扫描分辨率等于光学分辨率时，按照光学分辨率产生数据；当以低于光学分辨率的实际扫描分辨率扫描图像时，需间隔进行数据采样；当要获得高于光学分辨率的图像时，需要在各个扫描像元之间插入适当的值。

2. 扫描速度

扫描速度是扫描仪的另外一个重要指标，决定着扫描仪的工作效率。对一般扫描仪而言，以300 dPi的分辨率扫描一幅A4幅面大小的黑白二值图像应少于10 s，同等情况下扫描黑白灰度图像需10 s，扫描彩色图像则需要更多时间。

3. 扫描区域与扫描仪幅面

扫描区域指扫描幅面内任意大小的矩形区域，通常可以由软件设定。扫描仪幅面指扫描仪的最大扫描区域。目前工程上使用的扫描仪，主要包括A0(841 mm×1189 mm)和A1(594 mm×841 mm)幅面。

4. 灰度级

灰度级表示图像的亮度层次范围。级数越多表示扫描仪的图像亮度范围越大、层次越丰富，目前多数扫描仪的灰度为256级。

5. 色彩数

色彩数是彩色扫描仪的一个重要指标，表示扫描仪所能产生颜色的范围，通常表示每个像素点颜色的数据位数用比特位（bit）表示。色彩数越多扫描图像越鲜艳真实。

二、扫描图像的预处理

地图经过扫描后得到栅格图像，栅格图像进行矢量化之前，必须进行预处理。预处理工作主要包括噪声去除、二值化、膨胀、细化和图像纠正。

（一）噪声去除

由于图纸不干净、线不光滑以及受扫描分辨率的限制，扫描出来的栅格图像带有黑色斑点、孔洞、凹陷和毛刺等噪声，甚至有错误的光栅结构。因此，扫描后的原始光栅图像必须进行噪声去除和边缘平滑等预处理后才能进行矢量化。

（二）二值化

二值化处理的目的是从灰度图像中分割出各地图要素，并将其转化为二值（灰度值为0或1）图像，其中灰度值为0的像素表示为背景，灰度值为1的像素表示为地图要素。目前最常用的二值化方法是阈值法，该方法对于反差较大的图像，一般均可取得令人满意的二值化结果。

（三）膨胀

扫描图像上往往会存在许多断裂线，给曲线的自动跟踪带来不便。目前对断裂曲线的处理一般是在图像预处理时通过先"膨胀"后"腐蚀"的图像宏运算；通过图像宏运算使带有断裂的曲线变成连续曲线，再按连续曲线的跟踪办法进行跟踪处理。"膨胀"和"腐蚀"是研究栅格图像数学形态学的基本变换之一。这种方法只能解决一个像素宽的"微小断裂"情况，对于底图质量或扫描效果稍微差一点、断裂现象明显的图像便无能为力，即便如此，在自动跟踪矢量化之前进行膨胀和腐蚀，可以减少断裂线自动连接的工作量。

（四）细化

在地图扫描处理过程中，由于地图上主要信息是由不同粗细和不同形状的线条构成，因此必须首先对线进行细化处理，以准确、有效地提取这些线信息，并进一步完成跟踪矢量化。对线进行细化的要求是：①细化后的曲线应保持连通性；②细化结果是原曲线的中心线；③细线端点应被保留。

常用的细化方法包括最大数值计算法、Zhang-Suen算法、边缘跟踪剥皮法、经典算法等。最大数值计算法就是计算原始栅格图像格线交点的 V 值，每点的 V 值是该点左上、右上、左下、右下4个栅格灰度的和，然后选取最大 V 值的点。Zhang-Suen算法和经典算法考虑的是中心像素8个邻域的分布格局，归纳出须保留该中心像素的基本格局。经典算法的最大优点是当栅格数据的容量超出了计算机内存容量时，可以顺序向计算机内存送入由3行构成的条带，对条带中心像元进行保留/删除标识后，向前滚动一行，继续标识下一行中心像元，依次类推处理。

（五）图像纠正

地图扫描后成为以像元坐标行和列表示的栅格数据。扫描矢量化就是建立栅格数据行列与矢量数据坐标之间的对应关系。要建立对应关系，必须事先确定它们之间的变换参数，确定变换参数的过程即是栅格图像的纠正过程。根据纸质地图和扫描图像的变形程度，变换参数可以通过赫尔默特变换、仿射变换、双线性变换、二次变换求解。

1. 赫尔默特变换

设 XOY 为地图坐标系，xoy 为扫描屏幕坐标系，且两个坐标系坐标轴之间的夹角为 α，地图左下角图廓点的坐标为 (X_0, Y_0)，相应的扫描屏幕坐标为 (x_0, y_0)。地图上任一点 P 的坐标为 (X, Y)，相应的扫描屏幕坐标为 (x, y)。P 点的地图坐标和扫描屏幕坐标之间存在如下关系：

$$\begin{cases} X - X_0 = \lambda(x - x_0)\cos\alpha + \lambda(y - y_0)\sin\alpha \\ Y - Y_0 = \lambda(x - x_0)\sin\alpha + \lambda(y - y_0)\cos\alpha \end{cases} \tag{10-1}$$

式中，λ 为尺度因子。令 $a = \lambda\cos\alpha$，$b = \lambda\sin\alpha$，$c_1 = -(ax_0 + by_0) + X_0$，$c_2 = bx_0 - ay_0 + Y_0$，则

$$\begin{cases} X = ax + by + c_1 \\ Y = -bx + ay + c_2 \end{cases} \tag{10-2}$$

上式即为计算地图坐标系和扫描屏幕坐标系之间变换参数的数学模型，a、b、c_1、c_2 为变换参数。

为了求变换参数，至少需要 2 个定向点，在实际作业时，为了提高地图纠正的可靠性和精度，一般选择 2 个以上的点进行图像纠正。定向点必须是地图上已知坐标的点，通常选取地图上的轮廓点、控制点和方格网线的交叉点作为定向点。且为了提高变换参数的解算精度，要求定向点的分布要均匀，并能覆盖整个图幅范围。赫尔默特变换方法顾及了坐标轴的平移、旋转和尺度缩放，可以在进行坐标系变换的同时克服地图图纸和栅格图像的均匀变形。

2. 仿射变换

与赫尔默特变换相比，仿射变换顾及了地图或图像在 X 和 Y 两个方向上伸缩变形不一致的因素。其数学模型为

$$\begin{cases} X = a_1 x + b_1 y + c_1 \\ Y = a_2 x + b_2 y + c_2 \end{cases} \tag{10-3}$$

式中，(X, Y) 为地图坐标，(x, y) 为扫描屏幕坐标，a_1、b_1、c_1、a_2、b_2、c_2 为变换参数。

为了求仿射变换模型的变换参数，至少需要 3 个定向点，为了提高地图纠正的可靠性和精度，一般选择 3 个以上的点进行地图纠正。在实际作业时，通常选择地图的 4 个轮廓点作为仿射变换的定向点。

3. 双线性变换

与赫尔默特变换和仿射变换相比，双线性变换还考虑了地图图纸的不均匀变形。其数学模型为

$$\begin{cases} X = a_1 + a_2 x + a_3 y + a_4 xy \\ Y = b_1 + b_2 x + b_3 y + b_4 xy \end{cases} \tag{10-4}$$

式中，(X, Y) 为地图坐标，(x, y) 为扫描屏幕坐标，a_1、a_2、a_3、a_4、b_1、b_2、b_3、b_4 为变换参数。

为了求双线性变换模型的变换参数，至少需要 4 个定向点，为了提高地图纠正的可靠性和精度，一般选择 4 个以上的点进行地图纠正。在实际作业时，通常选择地图的 4 个轮廓点和格网线交叉点作为双线性变换的定向点。

4. 二次变换

当地图图纸的变形不均匀时，还可以采用二次曲线方程，即二次变换，其数学模型为

$$\begin{cases} X = a_1 + a_2x + a_3y + a_4x^2 + a_5xy + a_6y^2 \\ Y = b_1 + b_2x + b_3y + b_4x^2 + b_5xy + b_6y^2 \end{cases} \quad (10-5)$$

式中，(X, Y) 为地图坐标，(x, y) 为扫描屏幕坐标，a_1、a_2、a_3、a_4、a_5、a_6、b_1、b_2、b_3、b_4、b_5、b_6 为变换参数。

为了求二次变换模型的变换参数，至少需要 6 个定向点，为了提高地图纠正的可靠性和精度，一般选择 6 个以上的点进行地图纠正。在实际作业时，通常选择地图的 4 个轮廓点和 2 个或以上格网线交叉点作为二次变换的定向点。

三、扫描矢量化成图步骤

常用的扫描矢量化软件包括 CASS、CASSCAN 和 MAPGIS 等，CASSCAN 是南方测绘仪器公司在 AutoCAD 平台上开发的扫描矢量化专用软件。其主要特点是直接在 AutoCAD 平台上运行，生成标准的 dwg 矢量图，同时提供了与各种 GIS 数据库进行数据交换的接口。利用软件的自动识别和自动跟踪功能，可以方便快速地进行地形图矢量化，下面介绍利用 CASSCAN 进行地图扫描矢量化的操作过程。

利用 CASSCAN 进行地图扫描矢量化的操作步骤包括：①插入图框；②插入栅格图像；③图像纠正；④图像矢量化。

（一）插入图框

插入图框的操作步骤是：鼠标点击"图形处理 A"，选择"标准图幅"菜单项（选择与扫描图像一样的图幅）。这时，将会弹出输入图幅信息的对话框，在对话框中输入相应的原图信息，然后单击"确定"按钮，再在命令行中输入原图比例尺。接着输入原图左下角坐标。这样就完成了图框插入，一幅标准图框就出现在屏幕窗口中。

（二）插入栅格图像

在主菜单上选择"图像"，然后选择"插入…"选项；在"Insert Image"对话框中选择要进行矢量化的扫描图，单击"确定"按钮。

（三）图像纠正

选择"图像"菜单→"图像纠正"子菜单→"多点纠正"选项；用鼠标拾取图像边框，鼠标指针变为"+"形状，这时命令行上提示"IMatch-Source Point #1:"，选取扫描图像上的已知坐标点，这时命令行又提示"IMatch-Undo/< Destination Point #1 >:"，输入该点的坐标，坐标输入后，点击鼠标右键确认；接着命令行又有如下提示"IMatch-Undo/< Source Point #2 >:"，选择扫描图像上已知坐标的第二点，这时命令行提示"IMatch-Undo/< Destination Point #2 >:"，同样输入该点的坐标，单击鼠标右键确认。如此反复进行，选择多个点，即完成了图像的多点纠正。

（四）图像矢量化

下面重点介绍等高线、房屋和面状地物的矢量化方法。

1. 等高线矢量化方法

用鼠标点击屏幕菜单"地貌土质"菜单项，弹出"地貌和土质"图像菜单，在该菜单中选取"等高线首曲线"菜单项；在命令行中输入欲矢量化等高线的高程，用鼠标点取

栅格图上等高线的中心，移动鼠标并对准等高线的下一点，此时屏幕上出现预跟踪的线段，栅格图上的等高线生成矢量线。

2. 房屋矢量化方法

进行房屋矢量化时，选屏幕菜单中的"绘图处理/房屋提取"菜单项，命令行提示"请输入房内一点"，在栅格图像中点取房屋内部空白的地方，房屋的边缘实现矢量化。在进行房屋矢量化时，可以设定是否进行直角纠正。

3. 面状地物矢量化方法

进行面状地物矢量时，首先取屏幕菜单中要填充的地物符号，再依次点取栅格图像上面状地物的地类界转折点，当地类界转折点被一一点取后，命令行提示："锚点（P）\ 反向（R）\ 闭合（Q）\ 手工（M）\ 撤销（U）\ 回退到（G）\ 设置（T）\ 结束（X）：＜P＞"，输入"Q"并回车，闭合该地类界，此时，栅格图像上的地类界生成了矢量线，面状地物的地类界及填充符号自动生成。

第三节　数字地形图绘制

通过不同方法获取地形数据后，首先传输到计算机，然后对这些数据进行加工处理，提取对绘图有用的信息，再按规定的数据结构存储，建立适合绘图、编辑和处理的地图数据库，生成地图制图数据产品或空间数据库产品。这种利用计算机对原始数据进行计算、整理和地形图编绘的过程称为地形图计算机编绘。计算机地形图编绘需要专门的数字测图软件来完成。

数字测图软件主要指根据地形图图式对符号、线型的规定，在计算机中完成地形图的绘制、编辑、修改、检查、输出等工作的专业软件。目前，数字测图软件众多，开发思路各有不同，功能也有差异，详见第九章第一节。下文以 CASS 软件为例介绍数字地形图的绘制过程和方法。

CASS 成图软件支持多种作业模式，有"草图法""简码法"和"电子平板法"。为提高作业效率和项目经济社会效益，避免天气原因造成的工期拖延，一般采取尽量缩短作业时间、减轻野外的工作量、把成图的工作安排在室内进行的"草图法"。"草图法"作业方式除了需要观测者和跑尺者外，还要安排一名绘草图的人员。绘图员要标注出所测地物的属性信息、测点的点号及连接信息等，并保证草图上标注的点号和全站仪观测点号相一致。

地形图的编辑主要包括地形图符号编辑和图廓及图廓外注记。地形图符号又分为地物符号、注记符号和地貌符号，其中地物符号和注记符号在 CASS 软件中分成九大类别。下面从数据传输、地形图编绘、图幅整饰 3 个方面阐述 CASS 内业成图。

一、数据传输

CASS 绘图软件的数据传输方式包括内存卡、电子手簿或带内存的全站仪之间的数据传输，能进行数据的双向传输。内存卡可以插入计算机接口，电子手簿或带内存的全站仪则需要通信电缆、蓝牙或红外传输与计算机连接。

1. 利用带内存的全站仪进行数据传输

利用电缆将全站仪与计算机连接，打开 CASS 软件系统，选择"读取全站仪数据"菜单项，再选择全站仪型号，在全站仪和绘图软件上设置相同的通信参数，如波特率、数据位、停止位和检验位等，先在计算机上确认，后在全站仪上确认，即可以完成将全站仪数据传输到计算机。

2. 利用电子手簿进行数据传输

利用电子手簿电缆连接计算机，然后进入 CASS 软件系统，打开"数据"菜单，选择"读取全站仪数据"，在仪器下拉列表中选择"E500 南方手簿"，在"CASS 坐标文件"空栏里输入要保存的文件名，点击"转换"，即可完成数据传输。

二、地形图编绘

地形图编绘是利用绘图软件将展好的碎部点结合属性信息，绘制地物、地貌，经人机交互编辑，生成数字地形图的过程。下面以 CASS 为例，详细介绍地形图编绘的过程和步骤。

1. 展点

展点包括展绘野外测点点号和展绘测点高程。

（1）展绘野外测点点号。移动鼠标至屏幕的顶部菜单"绘图处理"，选择"绘图处理"下的"展野外测点点号"项，绘图比例尺 1∶<500>，输入绘图比例尺；在"输入坐标数据文件名"对话框中选择要打开的数据文件，即可在当前屏幕上展出野外测点的点号。

（2）展绘测点高程。选择"绘图处理"菜单下的"展高程点"，在弹出数据文件的对话框中，选择数据文件，填写注记高程点的距离（米），完成测点高程展绘。

2. 地物编绘

（1）道路编绘。在屏幕菜单"交通设施/公路"，选择"平行等外公路"，根据草图和命令区提示进行道路编绘。在屏幕菜单的"文字注记"对话框中输入道路名称，设置图面文字大小、排列方式、字头方向和注记类型。

（2）居民地编绘。下面以"多点房屋"为例进行绘制。在屏幕菜单的"居民地/一般房屋"选项，选择"多点砼房屋"，根据草图和命令区提示进行房屋编辑，如要注记建筑名称，按前述的道路注记方式进行名称注记。

（3）植被园林编绘。下面以"人工草地"为例进行绘制。在屏幕菜单"植被园林"，选择"草地"对话框，选择"人工草地"，输入绘制边界，然后在命令区内输入点号，选择不拟合和保留边界。

（4）独立地物编绘。下面以"路灯"为例绘制"独立地物"。在屏幕菜单"独立地物"，选择"公共设施"，选择"路灯"并点击"确定"。

3. 等高线编绘

（1）建立 DTM。下拉菜单"等高线"，选择"建立 DTM"，选择"由数据文件生成"或"由图面高程点生成"。若在建立 DTM 中需考虑陡坎或地性线，则先点击下拉菜单"绘图处理"，选择"展高程点"。展点后连接地性线，然后在"建立 DTM"对话框中选择"由图面高程点生成"，并在对话框中选中建模时考虑地性线。若选择"由数据文件生成"，上传数据文件，最后生成 DTM。

（2）绘制等高线。下拉菜单"等高线"，选择"绘制等高线"，在对话框中输入等高距，选择拟合方式，然后按"确定"生成等高线。

（3）删除三角网。点击下拉菜单"等高线"，选择"删除三角网"。

（4）等高线注记。在执行"等高线注记"命令前，先从低处向高处画一条复合线。点击下拉菜单"等高线"，选择"等高线注记"，选择"沿直线注记"。

（5）等高线修剪。点击下拉菜单"等高线"，选择"等高线修剪"中批量修剪等高线，出现"等高线修剪"对话框。在对话框中，把穿越地物和注记符号的等高线消隐或修剪。

三、图幅整饰

点击下拉菜单"绘图处理"，选择"标准图幅"，出现"图幅整饰"对话框。在对话框中输入图名；输入测量员、绘图员和检查员；输入接图表中各相邻图幅的名称；根据左下角坐标生成地形图图幅。

第四节 大比例尺数字地形图的检查验收

一、检查验收的基本要求

大比例尺数字测图成果的检查与验收是地形图测绘工作质量控制的重要技术环节。检查验收工作应按照《数字成果质量检查与验收》（GB/T 24356—2023）规定要求进行。该标准确定了测绘成果质量检查验收与质量评定的方法和要求，规定了测绘成果所具有的质量要素和错漏的分类及其抽样和检验方法。

二、检查验收的内容和依据

（一）大比例尺测图应提交的资料

（1）大比例尺数字测图技术设计说明书。

（2）平面控制测量和高程控制测量的原始记录数据。

（3）控制测量坐标成果数据，主要包括坐标成果表、点位分布图、点之记等。

（4）大比例尺地形图分幅纸质图。

（5）大比例尺地形图电子图，主要包括分幅电子图和整幅电子图。

（6）大比例尺数字测图技术总计报告书。

（二）检查验收的技术依据

1. 相关法规、国家标准和行业标准

大比例尺数字测图产品首先要符合法律法规、国家和行业标准等的要求。如《中华人民共和国测绘法》《中华人民共和国测绘成果管理条例》《国家基本比例尺地图图式 第1部分：1∶500 1∶1000 1∶2000 地形图图式》《国家基本比例尺地形图分幅和编号》《城市测量规范》等。

2. 生产委托方的有关要求

大比例尺数字测图产品应满足委托方的有关技术要求。检查验收依据主要有技术招标文件、合同书、经批准的设计书、测绘任务书、技术协议书、项目检查验收委托文件等。

（三）大比例尺数字成果检查与验收内容

大比例尺测图成果主要包括位置精度、属性精度、逻辑一致性、附件质量等内容，检查要素见表10-1。根据技术设计、成果类型或用途等具体情况，可以适当调整检查验收内容。

表 10-1 质 量 元 素 表

质量元素	代码	描　　述
空间参考系	01	空间参考系使用的正确性
位置精度	02	要素位置的准确程度
属性精度	03	要素属性值的准确程度、正确性
完整性	04	要素的多余和遗漏
逻辑一致性	05	对数据结构、属性及关系逻辑规则的遵循程度
时间精度	06	要素时间属性和时间关系的准确程度
影像/栅格质量	07	影像、栅格数据与要求的符合程度
表征质量	08	对几何形态、地理形态、图示及设计的符合程度
附件质量	09	各类附件的完整性、准确程度

三、精度检查与验收方法

数字测绘成果检查与验收采用两级检查一级验收的程序进行，即依次通过测绘单位作业部门的过程检查、测绘单位质量管理部门的最终检查和生产委托方的验收检验。各级检查工作须独立进行，并按顺序进行，不得省略代替或颠倒顺序。

1. 过程检查

过程检查为全数检查，通过自查、互查的单位成果，才能进行过程检查。过程检查应逐单位成果详查，检查出的问题、错误，复查结果应在检查记录中记录。对于检查出的错误修改后应复查，直至检查无误为止，方可提交最终检查。

2. 最终检查

最终检查为全数检查，通过过程检查的单位成果，才能进行最终检查。最终检查应逐单位成果详查，野外实地检查项可抽样检查，样本量不应低于表 10-2 的规定。检查出的问题、错误，复查结果应在检查记录中记录。最终检查应审核过程检查记录，最终检查不合格的单位成果退回处理，处理后再进行最终检查，直至检查合格为止。最终检查合格的单位成果，对于检查出的错误修改后经复查无误，方可提交验收；最终检查完成后，应编写检查报告，随成果一并提交验收。

表 10-2 批量与样本量对照表

批量	样本量	批量	样本量
<20	3	181~200	15
21~40	5	201~232	17
41~60	7	233~282	20
61~80	9	283~362	24
81~100	10	363~487	30
101~120	11	488~686	40
121~140	12	687~1000	56
141~160	13	≥1001	分批抽取样本
161~180	14		

备注：当样本量大于或等于批量时，则全数检查。

采用分层按比例随机抽样的方法从批成果中抽取样本，即将批成果按不同班组、不同设备、不同环境、不同困难类别、不同地形类别等因素分成不同的层。根据样本量，在各层内分别按各层在批成果中所占比例确定各层中应抽取的单位成果数量，并使用简单随机抽样法抽取样本。

3. 验收检查

验收可采用抽样检查，单位成果最终检查全部合格后，才能进行验收。样本内的单位成果应逐一详查，样本外的单位成果根据需要进行概查。检查出的问题、错误，复查结果应在检查记录中记录。验收应审核最终检查记录，验收不合格的批成果退回处理，并重新提交验收；重新验收时，应重新抽样验收合格的批成果，应对检查出的错误进行修改，并通过复查核实，验收工作完成后，应编写检验报告。

四、精度检查与验收内容

（一）内业检查

内业检查主要是对成果资料是否齐全、采用数学基础是否恰当、地形要素绘制是否规范等内容进行检查。

（1）坐标基准的检查。主要指地形图所采用的平面坐标和高程坐标系统，我国采用的统一坐标系先后有 1954 年北京坐标系、1980 年国家坐标系和 2000 国家大地坐标系，按照国务院关于推广使用 2000 国家大地坐标系的有关要求，2018 年 6 月底前完成全系统各类国土资源空间数据向 2000 国家大地坐标系转换，2018 年 7 月 1 日起全面使用 2000 国家大地坐标系。

（2）控制测量技术检查。主要对首级控制网和图根控制网的布设方案、测量方法、控制网点密度、空间位置合理性进行检查，并检查测量过程的各项数据是否能够满足相关限差要求，控制点精度是否能够满足大比例尺数字测图的需要，控制点坐标成果和点之记资料是否规范和完整等。

（3）图幅完整性、规范性、逻辑性检查。主要包括地形图的分幅与编号是否规范，地物和地貌符合使用是否恰当，相关属性、文字注记是否合理等。图幅完整性检查主要包括图层数量、图层名、颜色、属性等是否正确完整，有无地物图层错误，如路灯等地物绘错在居民地图层中等。规范性检查主要指图廓信息、属性注记等是否符合相应规程要求。逻辑一致性检查包括地理要素的协调性、图幅接边和拓扑关系是否正确。地物种类、数据属性、注记和辅助数据的检查指有无错漏，符号表示是否正确等。

（4）原始资料的检查。主要是检查高程控制测量、平面控制测量的原始记录表、簿是否完整，数据有无涂改现象，记录是否规范等。

（5）成果资料完成性检查。按照相关规范和技术合同书的要求，对照检查所应提交的成果资料是否齐全，相应文件内容是否完整，相关图、册、簿资料是否规范等。

（二）外业检查

外业检查主要是对地形图的精度是否符合要求、属性标注是否正确、是否有漏测或漏绘情况等内容进行检查。检测方法主要有同精度检测和高精度检测：同精度检测为检测的技术要求与生产的技术要求相同，高精度检测是检测的技术要求高于生产的技术要求。检测点（边）数量根据地物复杂程度、比例尺等具体情况确定，每幅图一般各选取 20~50 个。在同精度检测时，在允许中误差 $2\sqrt{2}$ 倍以内的误差值均应参与数学精度统计，超过允

许中误差 $2\sqrt{2}$ 倍的误差视为粗差。

1. 地物点平面位置精度的检查

采用与生产单位技术精度相同的测量仪器进行检测时，检测地物点相对相邻控制点的点位精度，采集地物点坐标 x_i、y_i，在地形图上量取同名地物点坐标 x_i'、y_i'，按下式计算地物点与相邻控制点之间的点位中误差：

$$M_S = \pm\sqrt{\frac{\sum_{i=1}^{n}\Delta S_i^2}{2n}} \tag{10-6}$$

式中　　　M_S——成果地物点平面位置中误差；

ΔS_i——检测地物点坐标与图上同名地物点量取坐标的差值，$\Delta S_i = \sqrt{\Delta x_i^2 + \Delta y_i^2}$；

Δx_i、Δy_i——检测地物点北方向坐标、东方向坐标与图上同名地物点量取北方向坐标、东方向坐标的差值；

n——检测点个数。

2. 地物点相对位置精度的检查

利用钢尺丈量相邻地物点的距离，与地形图上同名地物点之间距离进行对比，计算之间的差值 ΔL_i，按下式计算地物点相对位置中误差：

$$M_L = \pm\sqrt{\frac{\sum_{i=1}^{n}\Delta L_i^2}{2n}} \tag{10-7}$$

式中　M_L——成果地物点相对位置中误差；

ΔL_i——检测相邻地物点距离与图上同名地物点量取距离的差值；

n——检测点个数。

3. 注记点高程精度的检查

采用与生产单位技术精度相同的测量仪器进行检测时，测量高程注记点高程，与地形图上同位置高程计算之间差值 ΔH_i，按下式计算高程中误差：

$$M_H = \pm\sqrt{\frac{\sum_{i=1}^{n}\Delta H_i^2}{2n}} \tag{10-8}$$

式中　M_H——成果地物点相对位置中误差；

ΔH_i——检测高程注记点高程与图上同名高程点高程的差值；

n——检测点个数。

4. 属性信息标注的检查

通过外业检查，核对建筑物、单位名称等属性信息注记是否与实际情况一致，检查同一建筑物不同楼层部分的注记是否完整。

5. 地形图内容的综合检查

通过野外巡视的方法，检查地理要素表示的正确性、合理性和规范性，主要检查地物符号的表示是否与实际情况一致，是否存在多余和遗漏等。

五、质量评定

应根据国家相关标准、规程和项目设计书等文件中的技术要求、质量要求，对数字地形图产品经过检测和验收后，可按照《数字成果质量检查与验收》（GB/T 24356—2023）的有关要求对单位成果进行质量评定。

质量评定通过单位成果质量分值评定质量等级，将质量等级划分为优级品、良级品、合格品和不合格品 4 级。在大比例尺地形图成果高程精度检测、平面位置精度检测和相位位置精度检测中，任一项粗差比例超过 5%时，认定为不合格品。

🔬 思 考 题

1. 什么是栅格数据？什么是矢量数据？
2. 在图形矢量化时，图像纠正的目的是什么？
3. 简述 CASS 软件内业绘图的基本过程。
4. 数字地形图检查和验收时，评定精度的主要技术指标有哪些？

第十一章　无人机测绘技术

第一节　概　　述

无人驾驶飞机简称"无人机"，英文缩写为"UAV"（Unmanned Aerial Vehicle），是利用无线电遥控设备和自备的程序控制装置操纵的不载人飞机。无人机是无人驾驶飞行器的统称，也称远程驾驶航空器（Remotely Piloted Aircraft）。与载人飞机相比，它具有体积小、造价低、使用方便、对作战环境要求低、战场生存能力较强等优点。

无人机最早出现在 20 世纪 20 年代，当时是作为训练中的靶机使用的。20 世纪 90 年代后，随着智能控制、无线电通信技术、计算机视觉、地理信息等技术的快速发展，无人机开始飞速发展和广泛运用，目前在航拍、农业、植保、微型自拍、快递运输、灾难救援、观察野生动物、监控传染病、测绘、新闻报道、电力巡检、救灾、影视拍摄等领域得到广泛应用，大大地拓展了无人机本身的用途。

无人机航测是传统航空摄影测量手段的有力补充，具有机动灵活、高效快速、精细准确、作业成本低、适用范围广、生产周期短等特点，在小区域和飞行困难地区高分辨率影像快速获取方面具有明显优势。随着无人机与数码相机技术的发展，基于无人机平台的数字航摄技术已显示出其独特的优势，无人机与航空摄影测量相结合使得"无人机数字低空遥感"成为航空遥感领域的一个崭新发展方向。无人机航拍可广泛应用于国家重大工程建设、灾害应急与处理、国土监察、资源开发、新农村和小城镇建设等方面，尤其在基础测绘、土地资源调查监测、土地利用动态监测、数字城市建设和应急救灾测绘数据获取等方面具有广阔前景。

一、无人机的分类

国内外无人机相关技术飞速发展，无人机系统种类繁多、用途广，致使其在尺寸、质量、航程、航时、飞行高度、飞行速度等多方面都有较大差异。由于无人机的多样性，出于不同的考量会有不同的分类方法，具体分类如下：

（1）按飞行平台构型，无人机可分为固定翼无人机、多旋翼无人机、无人飞艇、伞翼无人机、扑翼无人机等，在无人机测图领域，应用最多的是固定翼无人机和多旋翼无人机。

（2）按用途分类，无人机可分为军用无人机和民用无人机。军用无人机可分为侦察无人机、诱饵无人机、电子对抗无人机、通信中继无人机、无人战斗机以及靶机等；民用无人机可分为巡查/监视无人机、农用无人机、气象无人机、勘探无人机以及测绘无人机等。

（3）按尺度分类（民航法规），无人机可分为微型无人机、轻型无人机、小型无人机以及大型无人机。微型无人机指空机质量小于或等于 7 kg；轻型无人机指质量大于 7 kg，但小于或等于 116 kg 的无人机且全马力平飞中，校正空速小于 100 km/h，升限小于 3000 m；小型无人机指空机质量小于或等于 5700 kg 的无人机，微型和轻型无人机除外；大型无人机指空机质量大于 5700 kg 的无人机。

（4）按活动半径分类，无人机可分为超近程无人机、近程无人机、短程无人机、中程无人机和远程无人机。超近程无人机活动半径在 15 km 以内，近程无人机活动半径在 15~50 km，短程无人机活动半径在 50~200 km，中程无人机活动半径在 200~800 km，远程无人机活动半径大于 800 km。

（5）按任务高度分类，无人机可以分为超低空无人机、低空无人机、中空无人机、高空无人机和超高空无人机。超低空无人机任务高度一般在 0~100 m，低空无人机任务高度一般在 100~1000 m，中空无人机任务高度一般在 1000~7000 m，高空无人机任务高度一般在 7000~18000 m，超高空无人机任务高度一般大于 18000 m。

二、无人机测绘的特点

作为卫星遥感和传统人工测量的有效补充，无人机测绘具有传统测绘不可比拟的优势，主要有以下 4 个特点。

1. 快速航测反应能力

无人机航测通常低空飞行，空域申请便利，受气候条件影响较小；对起降场地的要求限制较小，可通过一段较为平整的路面实现起降，在获取航拍影像时不用考虑飞行员的飞行安全，对获取数据时的地理空域以及气象条件要求较低，能够解决人工探测无法达到的地区监测问题；升空准备时间 15 min 即可、操作简单、运输便利；车载系统可迅速到达作业区附近设站，根据任务要求每天可获取数十至两百平方公里的航测结果。

2. 突出的时效性和性价比

传统卫星遥感一般会面临两个问题：一是影像数据分辨率低；二是时效性相对不高。无人机航测则可以很好地解决这一难题，工作组可随时出发，随时拍摄，相比卫星和有人机测绘，可做到短时间内快速完成，及时提供用户所需成果，且价格具有相当的优势。相比人工测绘，无人机具有每天至少几十平方公里的作业效率，必将成为今后小范围测绘的发展趋势。

3. 监控区域受限制小

我们国家面积辽阔，地形和气候复杂，很多区域常年受积雪、云层等因素影响，导致卫星遥感数据的采集受到一定限制。传统的大飞机航飞国家有规定和限制，如航高大于 5000 m，就不可避免地存在云层的影响，妨碍成图质量。而无人机可低空飞行，其成像质量、精度都远远高于大飞机航拍。

4. 快速获取地表数据和建模

系统携带的数码相机、数字彩色航摄相机等设备可快速获取地表信息，以及超高分辨率数字影像和高精度定位数据，生成 DEM、三维正射影像图、三维景观模型、三维地表模型等二维、三维可视化数据，便于进行各类环境下应用系统的开发和应用。

第二节　无人机测绘系统组成

与星载光学测绘系统相比，无人机测绘系统在成像分辨率、成图精度、信噪比、辐射特性测量、成图比例、作业成本、操作灵活性等方面具有较大的优势。无人机测绘系统一般由飞行平台、任务荷载、飞行控制系统、数据处理系统4个部分组成。

一、飞行平台

飞行平台即无人机本身，是搭载测量任务传感器的载体。测量中常用的无人机飞行平台有固定翼无人机、多旋翼无人机、无人飞艇、伞翼无人机、扑翼无人机等；在无人机测图领域，应用最多的是固定翼无人机和旋翼无人机。

1. 固定翼无人机

固定翼无人机指动力装置产生前进的推力或拉力，由机体上固定的机翼产生升力，在大气层内飞行的重于空气的航空器，其具有携带方便、展开即飞、加工维修方便、抗风能力较强等优点。

固定翼无人机的起飞方式主要有弹射起飞和滑跑起飞两种方式。滑跑起飞要求有一定距离较为平整的滑跑场地；弹射起飞时，在有风的条件下，选择逆风安置，最好安置在有高差的地方，以确保有比较充裕的空间和时间提高无人机的飞行速度，增加无人机的升力，及时修正飞行方向，从而保证飞行安全。固定翼无人机的着陆方式有伞降和滑跑降落、撞网回收等。滑降时由于飞机起落架没有刹车装置，导致降落滑跑距离长，在狭窄空间着陆的时候，由于尾轮转向效率较低、受到不利风向风力和低品质跑道的影响，滑跑过程中飞机容易跑偏，容易发生刚蹭事故，损伤机体甚至损伤机体内航摄设备。伞降时容易受到风速影响，场地要平坦、开阔，降落方向一定距离内无突出障碍物、空中管线、高大树木以及无线电设施，以避免与无人机相撞。若风速较大，应逆风降落；如果没有合适的降落场地，可以充分利用无人机本身的起落架高度，选择在田地降落，如面积较大的水稻田。撞网回收适合小型固定翼无人机在软窄场地或者舰船上实现定点回收。因此，固定翼无人机对起飞降落的场地要求比较高，图11-1所示为固定翼无人机。

图11-1　固定翼无人机

2. 多旋翼无人机

多旋翼无人机也称多轴飞行器，是一种具有3个及以上旋翼轴的特殊无人驾驶直升机。其每个轴上的电动机转动，带动旋翼产生升推力。旋翼的总距固定而不像一般直升机那样可变，可以简单地通过改变不同旋翼之间的相对转速来控制单个动力轴推进力的大小，进而控制飞行器的运行轨迹。这种飞行器多为中心对称或轴对称结构，多个螺旋桨沿机架的周向分布于边缘，结构简单，便于小型化、批量化生产，常见的有四旋翼、六旋翼、八旋翼。它们体积小，重量轻、携带方便，出现飞行事故时破坏力小，不容易损坏，对人也更安全。有些小型四旋翼飞行器的旋翼还带有外框，避免磕碰。如图 11-2 所示为 DJI M600 六旋翼无人机。

图 11-2　DJI M600 六旋翼无人机

3. 无人飞艇

无人飞艇是一种轻于空气的航空器，其与热气球最大的区别在于具有推进和控制飞行状态的装置。无人飞艇由巨大的流线型艇体、位于艇体下面的吊舱、起稳定控制作用的尾面和推进装置组成。

无人飞艇的气囊内充以密度比空气小的浮升气体（有氢气或氦气），借以产生浮力使飞艇升空。吊舱可以装载货物，尾面用来控制和保持航向、俯仰的稳定。无人飞艇可以用于交通、运输、娱乐、赈灾、影视拍摄、科学实验等。发生自然灾害时，若通信中断就可以迅速发射一个浮空器，通过悬浮空气球搭载通信转发器，就能够在非常短的时间内完成对整个灾区的移动通信恢复，图 11-3 所示为无人飞艇。

图 11-3　无人飞艇

4. 伞翼无人机

伞翼无人机指以柔性伞翼提供升力重于空气的无人驾驶航空器，如图 11-4 所示。伞翼位于机身上方，是由足够强度不透气织物制成的柔性翼面。伞翼由铝或其他材料制成的

266

骨架撑起，气流鼓起伞翼面，在龙骨两侧形成两个对称的圆锥形翼面，骨架下方装置座舱或支架，可携带其他设备或加装发动机。伞翼大部分为三角形，也有长方形的。伞翼机构造简单，操纵方便，可以折叠、拆装，由于采用柔性翼面，因此飞行高度不能高于 2000 m，以防高空水汽冻结使伞翼变形。

图 11-4　伞翼无人机

5. 扑翼无人机

扑翼无人机是通过像鸟类和昆虫一样上下扑动自身翅膀而升空飞行的航空器，又称振翼机。作为一种仿生学的机械，扑翼无人机与它模仿的对象一样，以机翼同时产生升力和推进力。但也由于其升力和推进力由同一部件产生，涉及的工程力学和空气动力学问题非常复杂，其规律尚未被人类完全掌握。有实用价值的扑翼机至今尚未脱离研制阶段，微型航空器是扑翼机最有可能实用化的领域，图 11-5 所示为扑翼微型无人机。

图 11-5　扑翼微型无人机

二、任务荷载

任务荷载主要指搭载在无人机平台的各种传感器设备，常见的任务设备有相机、电视摄像机、红外热像仪、光电侦查稳定平台、合成孔径雷达（Synthetic Aperture Radar，

SAR）。随着经济和社会的发展，航测任务需求大幅增加，所涉及的行业领域也越来越多，开始由地形测绘向林业、农业、电力、矿业、环境保护、城市规划等领域拓展，为测绘装备提供了良好的发展机遇；对装备的细节获取能力、信息内容、可操作性、时效性等方面的要求也越来越高，也对装备的性能提出了更为苛刻的要求。实际作业中，根据测量任务不同，配置相应的任务荷载，目前无人机测绘的主要任务荷载是相机和LiDAR。

1. 相机

航空测绘相机的研究和应用最早于20世纪20—30年代和20世纪50年代开始，胶片型航空测绘相机得到了广泛应用。随后的数十年中，随着计算机和数据采集技术的发展，尤其是CCD（电荷耦合器件）技术的成熟，航空光学测绘相机技术发生了质的飞跃。20世纪70年代，研制了第一台以CCD作为成像介质的电光成像系统——EOS；随后，以CCD作为成像介质的测绘相机得到了快速发展，并且在星载遥感测绘相机领域得到了广泛应用；20世纪80年代中期，以线阵CCD为主的数字式航空测绘相机得到了快速发展；1995年问世的数字航空摄影相机，采用线阵推扫成像模式，立体测绘采用三线阵机制，探测器由6条10 μm线阵CCD构成，每2条CCD拼接形成一线列，具有多光谱和立体测绘功能，可满足1∶2.5万的大比例地形测绘需求。线阵数字式航空测绘相机的出现和成功应用使航测装备技术发生了质的飞跃，对系统的数据获取、后处理和存储等环节产生了革命性的影响，同时对传统的胶片型测绘相机产生了巨大冲击。21世纪以来，随着探测器、计算机、稳定平台、GPS/IMU、图像处理等技术的发展，线阵数字航空测绘相机的系统性能稳步提升，适用范围不断扩大。与此同时，面阵CCD探测器的出现使航测相机在数据获取效率方面有了进一步提升，为航测装备市场增添了新的活力。

经过数十年的发展，数字航测相机技术日趋成熟，已基本取代胶片相机，以面阵数字相机为主且大多具备多光谱成像功能，可满足不同的测绘任务需求。为了减少飞行次数，增加飞行覆盖宽度，面阵数字相机焦面一般为矩形，同时为了兼顾测绘对光学系统的性能要求，相机大多采用多镜头拼接方案。由于探测器件等相关技术的进步，航空测绘相机的像元比早期系统的像元尺寸都有所减小，不但增大了面阵规模，而且在同样工作高度下可利用小焦距光学系统获得更高分辨率。图11-6所示为赛尔五镜头倾斜数字相机。

图11-6　赛尔五镜头倾斜数字相机

2. LiDAR

LiDAR（Light Detection And Ranging）即激光探测与测量，也就是激光雷达。其所测得的数据为反映地表形态的三维离散点云，数据中含有空间三维信息和激光强度信息。应用点云滤波技术可将三维点云中的建筑物、人造物、覆盖植被等目标点移除，再经过内插即可获得数字高程模型，其获取效率要优于传统摄影测量方法。

机载 LIDAR 是一种主动式对地观测系统，是 20 世纪 90 年代初首先由西方国家发展起来并投入商业化应用的一门新兴技术。它集激光测距技术、计算机技术、惯性测量技术、GPS 差分定位技术于一体，在三维空间信息的实时获取方面产生了重大突破，为获取高时空分辨率地球空间信息提供了一种全新的技术手段，具有自动化程度高、受天气影响小、数据生产周期短、精度高等特点。机载 LiDAR 传感器发射的激光脉冲能部分地穿透树林遮挡，直接获取高精度三维地表地形数据。机载 LiDAR 数据经过相关软件数据处理后，可以生成高精度的数字地面模型 DTM 和等高线图，具有传统摄影测量和地面常规测量技术无法取代的优越性，因此引起了测绘界的浓厚兴趣。机载激光雷达技术的商业化应用，使航测制图生成如 DEM、等高线和地物要素的自动提取更加便捷。

目前，机载 LiDAR 技术在我国正处于蓬勃发展期，其中利用航空激光扫描探测数据进行困难地区 DEM、DOM、DLG 数据产品生产是当前的研究热点之一。

针对不同的应用领域及成果要求，结合灵活的搭载方式，LiDAR 技术可提供高精度、大比例尺的空间数据成果，在基础测绘、道路工程、电力电网、水利、石油管线、海岸线及海岛礁、数字城市等领域具有广阔的发展前景和应用需求。图 11-7 所示为机载 LiDAR。

图 11-7　机载 LiDAR

三、飞行控制系统

飞行控制是指从各种机载任务荷载上获取高度、风速、经纬度等飞行参数，对无人机的俯仰角、翻滚角、速度、高度做出动态调整，从而控制无人机按照一定的姿态和轨迹进行飞行。随着控制技术的发展，无人机在使用范围上取得了较大的突破，高新技术的飞速发展及其在无人机上的不断应用，使无人机向多功能、快速反应及高可靠性方向发展。飞行控制主要由中央计算机、飞行控制类传感器、伺服作动器、导航定位系统及通信系统组成。其目的是实现无人机飞行的控制和任务荷载管理，包括机载飞行控制系统和地面控制系统两部分。

（一）机载飞行控制系统

机载飞行控制系统由姿态陀螺、磁航向传感器、飞控导航计算机、导航定位装置、电源管理系统、伺服舵机等组成，可实现对飞机姿态、高度、速度、航向、航线的精确控制，具有自主飞行和自动飞行两种模式，图11-8所示为无人机飞行控制与管理系统结构图。

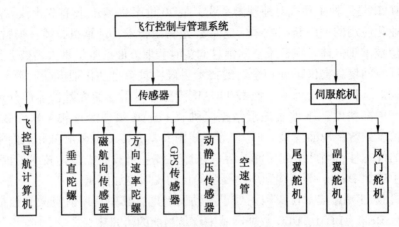

图11-8　无人机飞行控制与管理系统结构图

飞控导航计算机由模-数、数-模、标准串行口、离散化功率通道及数字输入输出通道等组成。姿态传感器可选用高精度、体积小、可靠性好、性价比高的垂直陀螺。动、静压模块选用智能PPT压力传感式模块，其具有性能稳定可靠、体积小、重量轻、功耗低等优点；且具有模拟接口和数字通信接口，便于模-数采集和与计算机的数字通信。伺服舵机具有体积小、重量轻、输出扭矩大的特点。系统必须是实现智能化控制的任务管理系统，设计时应当降低系统的复杂度，缩减系统的体积和重量，并确保系统的可靠性。

无人机飞行控制与管理系统具备完整的惯性系统和定位系统，具有高精度的导航功能和增强的飞行控制功能，采用多种控制模式，保证飞行指令在不同的情况下实现人机交互式通信，实时控制无人机的飞行。在长航线飞行时，由于飞行距离远、航行时间长，无人机对导航定位精度提出了很高的要求。可装备的机载导航系统有惯性导航系统、卫星导航系统、多普勒导航系统、地形匹配导航系统等，常用的定位定姿系统（POS）是惯性测量装置（IMU）与差分全球定位系统（DGPS）组合的高精度位置与姿态测量系统。机载POS一般由以下4部分组成：

（1）IMU：获取飞机在飞行过程中的姿态参数。

（2）GPS接收机：获取飞机在飞行过程中的实时位置。

（3）计算机系统：进行实时组合导航的计算，其结果作为飞行管理系统的输入信息。

（4）数据后处理软件：解算组合导航的最优解和影像在曝光瞬间的外方位元素。

飞行控制系统主要用于保持无人机的飞行姿态角，控制发动机转速和飞行航迹，其性能与可靠性对无人机系统性能有直接影响。所有飞行管理系统任务功能的实现都是由机载硬件和软件以及其他地面支持软件共同完成的。

（二）地面控制系统

无人机地面控制系统是整个无人机系统非常重要的组成部分，是地面操作人员直接与无人机交互的渠道。地面控制系统可以实时传送无人机和机载设备的状态参数，实现对无人机测量系统的实时控制，供地面人员掌握无人机和机载设备信息，并存储所有指令信息，以便随时调用复查。

1. 地面控制系统的功能

（1）飞行监控功能。无人机通过无线数据传输链路，下传飞机当前各状态信息；地面站将所有的飞行数据保存，并将主要信息用虚拟仪表或其他控件显示，供地面操纵人员参考；同时根据飞机的状态，实时发送控制命令，操纵无人机飞行。

（2）地图导航功能。根据无人机下传的经纬度信息，将无人机的飞行轨迹标注在电子地图上；同时可以规划航点航线，观察无人机任务执行情况。

（3）任务回放功能。根据保存在数据库中的飞行数据，在任务结束后，使用回放功能可以详细观察飞行过程的每一个细节，检查任务执行效果。

（4）天线控制功能。地面控制站实时监控天线的轴角，根据天线返回的信息，对天线校零，使之能始终对准飞机，跟踪无人机飞行。

2. 地面控制系统的组成

无人机与地面控制站通过无线数据传输电台通信，按照通信协议将收到的数据解析并显示，同时将数据实时存储到数据库中，并在任务结束后读取数据库进行任务回放。无人机地面控制系统模块构成如图11-9所示。

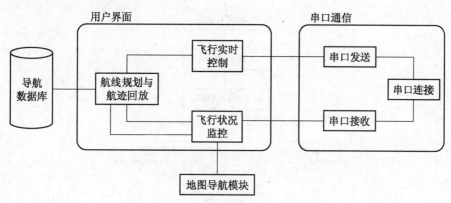

图11-9　无人机地面控制系统模块构成

（1）导航数据库。导航数据库是无人机地面站系统中极其重要的一部分。航点及航线信息、任务记录信息、系统配置信息、历次飞行数据等都保存在数据库中。用户可在界面上操作，频繁读写数据库。

（2）用户界面。用户界面模块是地面控制人员与无人机交互的窗口。用户界面是基于MFC框架的对话框，基于该对话框，添加了地图操控的ActiveX控件、虚拟航空仪表控件、菜单和MFC基本控件等。

（3）地图导航。地图导航模块是根据飞机下传的经纬度和高程信息，将飞机的当前位置标注在地图上，同时标注飞机的飞行轨迹。地图导航功能还支持飞机居中在地图上摄取航点，地图的放大、缩小、漫游等功能。

（4）串口通信。串口通信模块采用第三方串口通信。地面站可实现多线程、多串口的全双向通信，实时发送或接收数据。

四、数据处理系统

通过数据处理系统,将获取的无人机姿态信息(POS 数据)及任务荷载原始数据,经过 POS 数据处理、格式转换及摄影测量处理后,生成数字高程模型、正射影像图、数字线划图、数字正射影像、应急专题图等不同类型的数据产品,经过信息提取后,为灾害监测、数字城市建设、文化遗产保护、工程监测、地理国情普查等领域提供决策支持。常用的无人机数据处理系统有 Context Capture、Pix4Dmapper、PhotoScan、JX-4、Virtuzo、EPS 等。

第三节　无人机影像数据获取及质量控制

无人机测量外业数据获取包含技术准备与航线规划设计、设备检查与安装调试、飞行作业与无人机回收等环节,其实施情况直接关系到作业效率和作业质量。无人机测量系统为复杂的专业系统,受环境影响较大,因此,作业人员要掌控作业区环境条件、有序管理现场,编制详细的无人机飞行计划、制定应急预案、做好设备使用时间统计等保障工作,确保作业安全。无人机外业技术流程如图 11-10 所示。

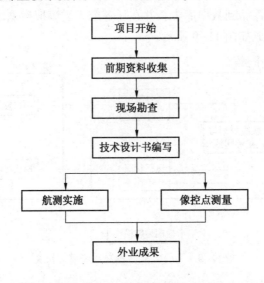

图 11-10　无人机外业技术流程

一、无人机外业数据获取的基本要求

1. 航摄像片倾角

航摄像片倾角指航摄仪向地面摄影时,摄影物镜的主光轴偏离铅垂线的夹角。在实际航空摄影过程中,应尽可能获取像片倾角小的近似水平像片,因为应用水平像片测绘地形图的作业要比应用倾斜像片作业方便得多。像片倾角小于 2°～3° 的航空摄影均称为竖直航空摄影,这是常用的一种航空摄影方式。

2. 航摄比例尺

对于平坦地区拍摄的垂直摄影像片,航摄比例尺为摄影仪主距 f 和像片拍摄处的相对

航高 H 的比值，见下式：

$$\frac{1}{m} = \frac{l}{L} = \frac{f}{H} \tag{11-1}$$

式中　m——航摄比例尺；

　　　l——影像上的线段长度；

　　　L——地面上相应 l 的水平线段长度；

　　　f——航摄仪主距；

　　　H——相对于测区平均水平面的高度，即相对航高。

航摄比例尺越大，像片地面分辨率越高，越有利于影像解译和提高成图的精度。航摄比例尺一般按表 11-1 选择，也可根据成图目的、测区的具体条件决定。

表 11-1　成图比例尺与航摄比例尺关系

成图比例尺	航摄比例尺	成图比例尺	航摄比例尺
· 1 : 500	1 : 2000 ~ 1 : 3500	1 : 1 万	1 : 2 万 ~ 1 : 4 万
1 : 1000	1 : 3500 ~ 1 : 7000	1 : 2.5 万	1 : 2.5 万 ~ 1 : 6 万
1 : 2000	1 : 7000 ~ 1 : 1.4 万	1 : 5 万	1 : 3.5 万 ~ 1 : 8 万
1 : 5000	1 : 1 万 ~ 1 : 2 万	1 : 10 万	1 : 6 万 ~ 1 : 10 万

3. 像片重叠度

像片重叠度分为航向重叠和旁向重叠。航线设计是参照平均基准面进行的，地面起伏、影像倾斜角、飞行偏离航线、航高和地速变化等对重叠度均有影响。在规划航线时，地形起伏对重叠度的影响不容忽视，可以预先考虑修正由地形起伏引起的变化。地形起伏的高差对重叠度的影响如下：

$$\begin{cases} P'_x = P_x + (1 - P_x) \cdot \dfrac{\Delta h}{H} \\ P'_y = P_y + (1 - P_y) \cdot \dfrac{\Delta h}{H} \end{cases} \tag{11-2}$$

式中　P_x——考虑地形起伏影响时，航向重叠度实际值；

　　　P'_x——航向重叠度理论值；

　　　P_y——考虑地形起伏影响时，旁向重叠度实际值；

　　　P'_y——旁向重叠度理论值；

　　　H——飞行的相对高度（相对基准面的高度）；

　　　Δh——测区地形相对基准面的变化值。

一般情况下，航空摄影测量作业规范要求航向应达到 56% ~ 65% 的重叠，以确保在各种不同的地面至少有 50% 的重叠，旁向重叠度一般应为 30% ~ 35%。

4. 测区基准面

航测作业的基准面并非平均海平面，而是考虑测区地形特点选定的一个平面。无人机移动测量测区范围一般较小，通常使用带状线路设计。对于带状设计，基准面的确定采用以下公式：

$$h_{基} = \frac{h_{高} + h_{低}}{2} \tag{11-3}$$

式中　$h_{基}$——平均基准面的高度；

　　　$h_{高}$——区域内最高点的平均高程；

　　　$h_{低}$——区域内最低点的平均高程。

5. 航高计算

航高就是航摄时飞机的飞行高度，根据起算基准不同有相对航高和绝对航高之分：相对航高就是航摄相机相对于某一基准面的高度，是相对于作业区域内地面平均高程基准面的设计航高；绝对航高指航摄相机相对于平均海平面的高度。计算公式如下：

$$\begin{cases} H = mf \\ H_0 = H + h_{基} \end{cases} \tag{11-4}$$

式中　H——相对航高；

　　　H_0——绝对航高。

航高差异一般不得大于5%，同一航线内航高差不得大于50 m。

6. 像移量的控制

航空摄影时，由于飞机的飞行速度很快，即使曝光时间很短，在成像面的地物构像将在航线方向上产生位移，这个移动称为像移。像移量的大小与飞行速度、摄影比例尺等因素有关，具体关系见下式：

$$\delta = \frac{vtf}{H} \tag{11-5}$$

式中　δ——像移量大小；

　　　f——航摄仪主距；

　　　v——飞机对地速度；

　　　t——曝光时间。

受平台荷载所限，无人机平台无法加装复杂的像移补偿装置，只能通过缩短曝光时间和限制飞行速度两项措施来达到限制像移的目的。为保证测量精度，使影像不产生明显的模糊度，在曝光时间内设定的像移量大小不应超出像元尺寸的1/3 ~ 1/2。对于快门速度的限制条件见下式：

$$t \leqslant \frac{GSD}{(2 \sim 3) V} \tag{11-6}$$

式中　V——飞机对地速度；

　　　GSD——地面采样距离。

7. 曝光时间间隔

曝光间隔指同一航线上两张相邻影像的摄影时间间隔，由航向间距和飞行速度确定，见下式：

$$T = \frac{s}{v} \tag{11-7}$$

式中　T——曝光时间间隔；

　　　s——航向间距；

　　　v——飞机飞行速度。

8. 航线弯曲

航线弯曲度指一条摄影航线内各张像片主点至首末两张像片主点连线的最大偏离度，通常规定航线弯曲度不得大于 3%。

9. 像片旋偏角

在航空摄影过程中，相邻像片的主点连线与像幅沿航线方向的两框标连线之间的夹角称为像片旋偏角，如图 11-11 所示角 k。像片旋偏角过大会减小立体像对的有效作业范围，当按框标连线定向时，会影响立体观测的效果。像片旋偏角会使影像重叠度受到影响，像片旋偏角一般要求不超过 60°，最大不超过 80°。

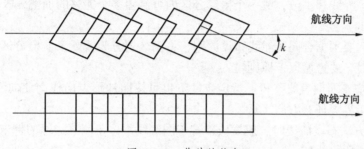

图 11-11　像片旋偏角

10. 航摄时间

航空摄影应选择测区最有利的气象条件，并尽可能地避免或减少地表植被和其他覆盖物（如积雪、洪水、沙尘等）对摄影和测图的不良影响，确保航摄像片能够真实地显现地面细节。其主要要求有：大气透明度好，光照充足，地表、覆盖物对摄影和成图的影响最小。航摄时间的选定原则如下：

（1）既要保证具有充足的光照度，又要避免过大的阴影，一般按表 11-2 的规定执行。对高差特别大的陡峭山区或高层建筑物密集的特大城市，应进行专门设计。

（2）沙漠、戈壁滩等地面反光强烈的地区，一般不应在正午前后各 1 小时内摄影。

（3）彩红外与真彩色摄影应在色温 4500~6800 K 范围内进行，雨后绿色植被表面水滴未干时不应进行彩红外摄影。

表 11-2　航摄时间的选定原则

地 形 类 别	太阳高度角/（°）	阴影倍数/倍
平地	>20	<3
丘陵地、小城镇	>30	<2
山地、中等城市	≥45	≤1
高差特别大的陡峭山区和高层建筑物密集的大城市	限在当地正午前后各 1 小时进行摄影	<1

二、航摄分区和航线布设原则

1. 航摄分区原则

根据测图要求的比例尺及地区情况选择摄影比例尺及航高，划分航摄分区。航摄分区划分时，要遵循以下原则：

（1）分区界线应与图廓线一致。

（2）分区内的地形高差一般不大于 1/4 相对航高，当航摄比例尺 ≥1 : 7000 时，一般不应大于 1/6 相对航高。

（3）分区内的地物景物反差、地貌类型应尽量一致。

（4）根据成图比例尺确定分区最小跨度，在地形高差允许的情况下，航摄分区的跨度应尽量划大，同时分区划分还应考虑加密方法和布点方案的要求。

（5）划分分区时，应考虑航摄飞机安全距离与安全高度。

（6）当采用 GPS 辅助空三加密航摄时，划分分区除应遵守上述各规定外，还应确保分区界线与测区界线相一致，或一个摄影分区内可涵盖多个完整的加密分区。

2. 航线布设原则

在设计中，要根据合同及航线布设原则，将测区划分为若干个航摄分区并进行航线布设。航线布设时，要遵循以下原则：

（1）航线应东西向直线飞行。特定条件下也可按照地形走向作南北向飞行或沿线路、河流、海岸、境界等任意方向飞行。

（2）常规方法布设航线时，航线应平行于图廓线。位于测区边缘的首末航线应设计在测区边界线上或边界线外。

（3）水域、海区航摄时，航线布设要尽可能避免像主点落水；要确保所有岛屿达到完整覆盖，并能构成立体像对。

（4）荒漠、高山区隐蔽地区及测图控制作业特别困难的地区，可以布设构架航线，构架航线根据测图控制布点设计的要求设置。

（5）根据合同要求，航线按图幅中心线或按相邻两排成图图幅的公共图廓线布设时，应注意计算最高点对测区边界图廓保证的影响和与相邻航线重叠度的保证情况，当出现不能保证的情况时，应调整航摄比例尺。

（6）采用 GPS 领航时，应计算出每条航线首末摄站的经纬度（即坐标）。

（7）GPS 辅助空三航摄时，应符合国家现行有关标准规范的要求。

三、无人机外业数据获取前的准备

无人机外业数据获取前，需要根据航摄要求，确保飞行质量、摄影质量与生产工期，避免事故发生，提前做好相关准备工作。

1. 资料收集

为了确定设备能否适应测区环境，判断是否具备空域条件，无人机外业数据获取前要收集与该测区任务相关的所有资料，主要包括图件与影像资料（地形图、规划图、卫星影像及航摄影像等），地形地貌、气候条件，机场、重要设施等；同时利用图件资料进行航摄技术设计和实施方案制定。

2. 选择场地

根据无人机的起降方式，寻找并选取适合的起降场地，起降场地应选择在地形平坦、视线良好区域，远离人口密集区，如广场、集会等地点；200 m 飞行半径范围内不能有高压线、高大建筑物和重要设施；且距离军用机场和商用机场 20 km 以上，附近没有正在使用的雷达站、微波中继、无线通信等干扰源，在不能确定的情况下，应测试信号的频率和强度，如对系统设备有干扰，须改变起降场地；当无人机采用滑跑起飞、滑行降落的，滑跑路面条件应满足其性能指标要求；灾害调查与监测等应急性质的航摄作业，在保证飞行安全的前提下，起降场地要求可适当放宽。

3. 空域使用申请

为进一步推动我国低空空域管理改革，规范低空空域管理，提高空域资源利用率，确保低空飞行安全顺畅和高效，依据《中华人民共和国民用航空法》《中华人民共和国飞行基本规则》《通用航空飞行管制条例》等法律法规，紧密结合我国国情军情和通用航空发展实际，我国制定了《低空空域使用管理规定》：在全国范围内真高 1000 m（含）以下区域使用无人机飞行作业必须经当地空军管制处批准后才能作业。

无人机空域申请批文需准备的材料有：飞行计划、飞行资质证明、操作员资格证书、任务委托合同、任务单位其他相关材料、空域申请书、公司相关资质证明；主要包含作业单位、无人机型号、起降点、任务性质、飞行区域、飞行高度、飞行日期、预计开始和结束时刻等信息，除此之外，使用无人机驾驶员必须要有无人机驾驶员合格证。

4. 飞前检查

航测实施前应对工程使用的设备、材料进行认真检查，并做好检查记录。飞前检查主要包括：飞行器外观检查、相机及内存卡检查、电池电量检查、电台及 GPS 信号接收情况检查、需弹射的进行弹射装置检查、需遥控的进行遥控器检查等。

四、无人机航测航线规划及数据采集

数据采集包括技术准备与航线规划、飞行监测、飞机的降落与回收和航摄数据导出。航线设计规划通常由无人机配套的航线规划系统完成，航线规划系统采用 DEM 数据完成航测区域的划分、航线的自动布设与编辑。航线布设结果可直接导入无人机飞行控制系统进行航空测量作业。

1. 航线规划

典型的航线任务规划系统有工程管理、选定航摄区域、航线设计、航线编辑、数据导出、信息统计查询以及其他辅助功能。

（1）工程管理。实现工程新建、打开、保存、另存为等功能。

（2）选定航摄区域，根据航测任务要求，在航线规划系统软件中，选定航摄区域，如图 11-12 所示。

（3）航线的自动布设与编辑。航测区域选定后，输入具体的航摄技术参数，分为基础设置、高级设置和相机设置。基础设置需要设置的参数有 GSD、任务高度、完成动作和飞行速度；高级设置需要设置的参数有旁向重叠度、航向重叠度、主航线角度、边距和相对航高；相机设置需要设置的参数有照片比例、白平衡和曝光模式等。

2. 飞行监测

飞行监测过程主要包括：对航高、航速、飞行轨迹进行监测；对无人机的空速、地速进行监测，如果是油机，还需要对发动机转速进行实时监测；随时检查照片拍摄数量；对无人机与地面站通信信号强弱进行监测。

3. 飞机的降落与回收

无人机按照设定的路线飞行航拍完毕，降落在指定的地点。此时，飞手需要到指定地

图 11-12　航测区域飞行路线图

点密切注视无人机的位置和状态。如果降落现场出现突发大风、人员走动等情况应及时调整降落地点，以免发生撞击事故。

4. 航摄数据导出

飞行任务结束后，要及时将航摄数据导出并检查数据成果的质量。由于数据量较大，通常采用快速处理数据，检查是否有漏拍的区域，如果发现有遗漏，要及时进行补测。

无人机在进行外业数据获取的整个过程中，要保证航摄数据的完整、飞行安全、技术指标符合要求：在每次起飞之前，需仔细检查系统设备的工作状态是否正常；进入测区前，要组织飞行员和摄影员进行航线设计的技术评价；在航摄飞行时，要严格按照操作规范进行，应保持航高、最大航高与最小航高之差不大于规范限值；每次飞行结束后，要对旁向重叠、范围保证等元素进行逐一检查，做出详细的质检记录，凡不符合要求的产品，必须及时进行补摄或重摄。航摄中出现的相对漏洞、绝对漏洞和其他严重缺陷均应及时补摄，漏洞区域的影像补摄必须按原设计航迹进行，补摄航线的两端应超出漏洞外不少于一条基线。

五、航摄质量控制及成果整理

1. 质量控制

航摄质量控制包括过程质量控制及成果质量控制。在航空摄影技术设计中，应根据项目需要和相关的技术规范对飞行质量和摄影质量提出要求，作业单位应按照规定要求对飞行质量和摄影质量进行检查，检查合格后，应将全部成果资料整理齐全，移交有关单位验收。

（1）飞行质量检查。航摄飞行质量是航摄像片的航向重叠度、旁向重叠度、像片倾斜角、旋偏角、航线弯曲度、实际航高与预定航高之差、测区和摄影分区的边界覆盖等质量要求的总称。具体飞行的质量要求可参考相应的航空摄影测量规范。

（2）摄影质量检查。影像应清晰、层次分明、颜色饱和、色调均匀、反差适中、不偏色，能在影像上辨别出地面细节，不得有色斑、大面积坏点以及曝光过度等情况。

2. 成果整理

航摄工作完成后，要提供的航摄成果有航摄影像及各类文本资料，主要包括影像数据、航片输出片、浏览影像、航摄像片中心点坐标数据、航摄像片中心点结合图、航线及像片结合图、测区范围完成情况图、航摄技术设计书、航摄仪技术参数检定报告、航摄军区批文、航摄飞行记录、航摄鉴定表、航摄资料移交书、航摄资料审查报告以及其他有关资料。

第四节　无人机测绘外业像控测量

像片控制测量（简称像控测量）是在测区内实地测量用于空中三角测量或者直接用于测图定向的像片控制点平面位置和高程的测量工作。像片控制点（简称像控点）是无人机摄影测量空三加密和测图的基础，其位置选择、平面位置和高程的测定直接影响后续内业成图的精度。因此，像片控制点的布设及测量应当尽量做到规范、严格、精确。

一、像片控制点布设

1. 像片控制点的分类及编号

像片控制点按照测量类型可分为平面点、高程点及平高点。平面点是指仅测定平面坐标的控制点，编号前可加 P 表示；高程点是指仅测定高程的控制点，编号前可加 G 表示；平高点是指同时测定平面坐标和高程的控制点，编号前可加 K 表示，该像控点类型在实际测量工作中采用较多。

按照不同的布设方式，像片控制点主要有人工标志点和明显地物点两种类型。人工标志点需要在航摄飞行之前布设，主要用于高精度测量，可分为喷漆式和标靶式两种；明显地物点是指在实地存在且不易受到破坏的、在影像上可清晰辨认的自然点，例如田埂的交汇点、十字路口的道路中心线交汇点或斑马线的拐角等，该类型像控点无须在航摄飞行前布设，降低了外业工作量。上述两种类型的像控点如图 11-13 所示。

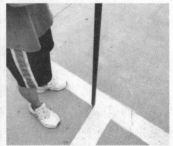

标靶式地面标志点　　　　喷漆式地面标志点　　　　明显地物点

图 11-13　地面标志点及明显地物点

像片控制点依据后续空中三角测量平差及质量评价的需求，又可以分为控制点和检查点。其中，控制点参与平差运算，其数量和质量决定了空中三角测量的精度；检查点不参与平差计算，将其平差值和实测值进行比较，可对空中三角测量的实际精度进行评价。实际作业过程中，需要依据规范要求，判断控制点和检查点误差是否满足相应的测图要求。

2. 像片控制点的布点方案

像片控制点的布点方案可分为全野外布点和非全野外布点。其中，全野外布点是指摄影测量测图过程中所需要的控制点，全部通过野外控制测量获得，无须通过空中三角测量进行控制点加密。该布点方案精度较高，但是外业工作量较大，仅在测图精度要求较高的测区或者特殊地形条件下采用。非全野外布点方案仅需在野外测量少数的地面控制点，然后采用空中三角测量加密出测图所需要的全部像片控制点坐标。该布点方案可大大减少外业工作量，在无人机摄影测量生产实践中得到了广泛应用。

非全野外布点方案一般可分为航带网布点和区域网布点，其中最常用的是区域网布点。区域网布点是以多条航线所构成的一个区域作为平差计算的单元，外业测量少数的地面控制点坐标，然后采用空中三角测量加密出所需要的全部测图控制点。该布点方案要求测区内像控点均匀分布，且测区内控制范围尽可能大。一个小范围无人机倾斜摄影测量的像控点布设方案如图 11-14 所示。

图例：△ 控制点；⊕ 检查点

图 11-14　无人机倾斜摄影测量像控点布设示意图

3. 像片控制点布设的一般原则

（1）像控点一般按照空三或者航摄区域统一布设，并在测区内均匀分布。

（2）像控点必须选在影像清晰、高程变化较小的明显地物点上，如田埂的交汇点、十字路口的道路中心线交汇点或其他接近正交的线状地物交点。测量精度要求较高时，应布设特定的地面控制点标志作为像控点。

（3）像控点应尽量布设在上下两条航线重叠范围之内，以使布设的像控点能用于多张像片。相邻航线控制点不能公用时，应分别布点。

（4）高程控制点应选在高程起伏较小的地方，以线状地物的交点为宜，狭沟、尖锐山顶和高程起伏较大的斜坡，均不适宜布设像控点。

（5）像控点距离影像边缘不应小于 150 像素。

（6）当遇到大面积落水区域时，应视具体情况适当将像控点外扩，以满足内业控制点加密和立体测图要求为原则进行布设。

4. 像片控制点布设的密度要求

像片控制点布设的密度首先要考虑测区地形和精度要求，一般情况下可参照表 11-3 进行布设。但在地形起伏较大、地貌复杂的区域，可适当增加像控点的布设数量（10% ~ 20%）。此外，在飞机带有 RTK 或者 PPK 后差分系统的情况下，可以适当减少像控点数量，需要根据项目测试经验自行调整。为了保证后续测图精度，像控点需要预留一部分作为检查点，以便对空中三角测量和实景三维模型的精度进行验证。

表 11-3 不同项目类型下的像控点布设密度

影像分辨率/cm	像控点密度	项目类型
1.5	100~200 m/个	地籍高精度测量
2	200~300 m/个	1：500 地形图测量
3	300~500 m/个	1：1000 地形图测量
5	500 m/个	常规规划测量设计

二、像片控制点测量

随着现代测量技术的不断发展，目前像控点测量主要采用基于 CORS 站的网络 RTK 测量，该测量方式可以同时获取高精度的平面和高程信息，测量方式如图 11-15 所示。

图 11-15 无人机外业像控点测量

采用基于 CORS 站的网络 RTK 方式进行像控测量时，采集步骤如下：

（1）开机连接 CORS 得到固定解后，检查水平残差和垂直残差数值，验证其是否满足项目的测量精度要求，正常情况下要优于 0.02 m。

（2）控制点采集过程中，每次采集 30 个历元，采样间隔 1 秒。采集过程中要保证对中杆的气泡居中，并确认所测像控点位置和对应点号。每个像控点均需保存大地坐标和投影平面坐标，并根据项目要求设置坐标系统、高斯-克吕格投影分带以及中央子午线。

（3）每个控制点采集结束后，对像控点至少拍摄 3 张照片，分别为 1 张近照、2 张远照。近照要求拍摄对中杆杆尖落地位置；远照则需要反映出刺点位置与周围地物的相对关系，便于空三内业人员刺点。

（4）每日观测结束后，应及时将数据从 GNSS 接收机转存到计算机上，确保观测数据不丢失，并及时移交给内业数据处理人员。

三、像片控制点成果整理

像控点外业观测以及拍照完成后，应及时填写像片控制点成果表，记录点号、坐标、像片编号、坐标系统、高程基准、测量者及检查者信息、测量时间、投影方式以及中央子午线等信息，同时附上 3 张影像和关于刺点位置的文字说明，方便后续内业人员在影像上进行准确辨认。像控点成果表是无人机测绘作业中一项重要的成果，需要及时提交内业人员进行保存，并在后期提交给委托方。表 11-4 为像片控制点成果表的一个示例。

表 11-4　像片控制点成果表（示例）

点号	K003	坐标系统	CGCS2000	高程基准	1985 高程基准
刺点者	×××	检查者	×××	日期	2021-06-05
投影方式	高斯-克吕格 3°分带			中央子午线	114°
X/m		*Y*/m		*H*/m	
9999999.999		999999.999		99.999	

概略点位图（片号：DJI_0_038）	点位略图

点位详细图

 |
| 备注 | 点位刺在测绘学院东侧草坪小路正对停车位西南角 |

1. 无人机都有哪些分类?
2. 无人机测绘的特点都有哪些? 并简单介绍。
3. 无人机测绘常用的飞行平台有哪些?
4. 采用无人机测绘时, 无人机搭载的荷载都有哪些?
5. 无人机航测的基本要求有哪些?
6. 无人机航测数据采集的基本步骤是什么?
7. 无人机外业像控点布设的基本原则是什么?
8. 像片控制点成果记录的主要内容有哪些?

第十二章　无人机测绘内业数字测图

第一节　概　　述

利用无人机搭载数码相机获取目标区域数字影像之后，需要对获取的数字影像进行一系列摄影测量处理，生产出目标区域的各种数字化产品，主要包括数字高程模型（Digital Elevation Model，DEM）、数字正射影像（Digital Orthophoto Map，DOM）、数字线划图（Digital Line Graphic，DLG）以及实景三维模型等形式。其中，数字线划图能够以符号化的形式全面描述各种地表现象，并存储各要素间的空间关系和属性信息，满足各种空间分析需求，在基础测绘、土地利用动态监测、数字城市建设和应急救灾等领域得到了广泛应用。

基于无人机影像进行数字地形图绘制主要包括三种方式：①采用传统摄影测量方式，以立体像对为基本作业单元，采用数字摄影测量工作站完成数字线划图的绘制；②采用数字摄影测量方法首先生成测区数字高程模型和正射影像，然后利用数字高程模型生成等高线，最后叠加基于正射影像绘制的二维矢量图，得到测区数字地形图；③首先生成测区实景三维模型，进而采用裸眼 3D 测图方式完成数字线划图的采集。上述基于无人机影像进行数字地形图绘制的主要技术流程如图 12-1 所示。

图 12-1　无人机影像数字地形图绘制

一、基于立体像对的数字地形图绘制

传统摄影测量作业模式主要是采用数字摄影测量工作站首先构建立体像对，然后借助立体眼镜观测虚拟的立体模型，并通过对其进行立体量测生产数字地形图，主要包括空中三角测量、立体模型定向、数字地形图绘制等环节。

1. 空中三角测量

采用立体像对方式测绘数字地形图，每个像对均需要一定数量的地面控制点，以实现将像片上测量的坐标纳入地面坐标系。多数情况下，立体像对定向所需要的地面控制点可通过空中三角测量（也称空三加密）计算得到。空中三角测量是指利用少量野外控制点的像方和物方坐标，采用摄影测量解析方法，确定测区内所有影像的外方位元素及待定点的地面点三维坐标。影像的外方位元素通常用 3 个坐标值和 3 个角度来表示，用于描述摄影瞬间影像的空间位置和姿态，是摄影测量中关联像片坐标和地面点坐标的重要参数。

2. 立体模型定向

空中三角测量结束之后，可获得足够数量用于立体像对定向的地面控制点。数字摄影测量中，可量测立体模型的生成通常包括内定向、相对定向和绝对定向 3 个步骤。内定向的目的是将单张影像上量测的像点坐标转换为以像主点为原点的像平面坐标；相对定向则以两张像片构成的立体像对为基础，通过求解两者之间的相对方位元素，将同名像点的像平面坐标转换到一个三维的像空间辅助坐标系中；最后，利用空中三角测量计算得到的地面控制点坐标进行绝对定向，求解出绝对方位元素，进而将像空间辅助坐标转换到地面控制点所在的坐标系中。通过上述过程，可构建一个用于量测的立体模型，实现影像上的像点坐标向用户定义的地面坐标系转换。

3. 数字地形图绘制

借助于一定的立体观测设备（如立体眼镜），对上述经过定向得到的立体模型进行立体量测，实现数字地形图的绘制，该过程通常需要借助于专业的数字摄影测量工作站来实现，如图 12-2 所示。目前，生产实践中常用的数字摄影测量工作站有航天远景公司的 MapMatrix、四维远见信息技术有限公司的 JX-4 以及适普软件公司的 VirtuoZo 等。

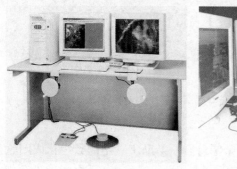

图 12-2　JX-4 数字摄影测量工作站

二、基于数字正射影像与数字高程模型的数字地形图绘制

基于立体像对进行摄影测量作业时，存在如下两个问题：①需要逐像对构建立体模

型，而无人机影像的像幅一般较小，因此需要频繁更换像对来实现一定区域数字地形图的绘制，作业效率较低；②该作业模式通常需要借助于专业的数字摄影测量工作站，并佩戴立体眼镜观测虚拟立体模型进行操作，这对作业人员提出了较高的要求。相比之下，采用无人机正射影像进行数字地形图绘制，可以较大程度上提高作业效率，主要步骤如下。

1. 影像密集匹配

经过空中三角测量计算之后，可获得测区内所有影像的外方位元素。从像片的外方位元素和同名像点坐标出发，采用空间前方交会可解算出大量地面点的三维坐标，生产出高精度数字高程模型。在此过程中，大量同名像点坐标的获取是关键，通常需要利用影像密集匹配技术来实现。与基于特征的影像匹配方法不同，密集匹配可以实现影像间逐像素匹配，其主要用于重建测区地形，是数字高程模型生成和后续测图的基础。

2. 数字高程模型和数字正射影像生成

数字高程模型（DEM）是地形表面形态的数字化表达，主要有规则格网（GRID）和不规则三角网（Triangulated Irregular Network，TIN）两种表示形式，其中规则格网 DEM 具有存储量小、易于管理等显著优点，是目前应用最为广泛的一种形式，其也是后续生成数字正射影像的基础。如前所述，基于影像外方位元素和密集匹配可以获取测区地形表面大量的采样点三维坐标，生成高密度的离散三维点云，其通常是离散、不规则的，需要通过内插的方法获取规则格网 DEM。以规则格网 DEM 为基础，经数字微分纠正、影像镶嵌、图幅范围剪裁等过程可生成数字正射影像（DOM），DOM 是同时具有地图几何精度和影像视觉特征的图像。数字高程模型和数字正射影像是基础测绘最为重要的地理信息产品，在日常生产和生活中得到了广泛应用，其形式如图 12-3 所示。

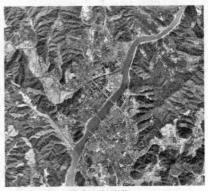

数字高程模型　　　　　　　　　　　　数字正射影像

图 12-3　数字高程模型及数字正射影像

3. 数字地形图绘制

获取测区数字高程模型和数字正射影像以后，借助于一定的数字化成图软件（如南方CASS），可将数字高程模型自动转化为等高线；而通过对数字正射影像进行内业判读，可绘制出道路、房屋、桥梁、水系、植被等地物信息，初步形成数字线划图。最后，依据内业绘制的线划图，外业进行实地调绘，对植被类型、地名等内业无法判读和错判的地理信息进行补测和改正，最后完成数字地形图的绘制。

三、基于实景三维模型的数字地形图绘制

上述两种无人机测绘方法，通常仅需要无人机搭载一个相机，通过垂直摄影获取下视影像即可实现测图，其优点是效率高、成本低，缺点是无法获取建筑物侧面信息，难以实现测区地物的完整性三维建模。与上述两种测绘方式有所不同，基于实景三维模型的数字地形图绘制，通常需要无人机同时搭载多个相机，进行多个角度的倾斜摄影来获取不同视角的数字影像，进而在完成测区实景三维模型构建的基础上，实现不同比例尺数字地形图绘制。该过程涉及空中三角测量、多视影像密集匹配、TIN 模型构建及纹理自动映射等关键环节。

1. 多视影像密集匹配

多视影像密集匹配是将所有待匹配的多视角影像通过一定的算法联系到一起进行匹配，其克服了单立体影像匹配存在的病态解问题，能够在很大程度上减少错误的发生，提高匹配结果的正确率。多视影像密集匹配可以充分利用多角度影像信息，获取覆盖测区的密集三维点云，实现测区地物及地貌的完整三维重建。根据重建对象不同，多视影像密集匹配算法可以分为基于像方的算法和基于物方的算法。基于像方的代表性算法有 SGM、SURE、PhotoScan 等，其侧重于重建视差图（Disparity Map）；基于物方的代表性算法有 PlaneSweep、PMVS、PatchMatch 等，其侧重于重建深度图（Depth Map）。

2. TIN 模型构建及纹理自动映射

采用多视影像密集匹配获取测区高密度三维点云后，对点云数据构建不规则三角网，可生成 TIN 模型。针对 TIN 模型中的每个三角面片，利用摄影测量中的共线条件方程，计算出其在每张像片上的投影像点坐标；按照影像质量及影像投影面最优原则，筛选出最优影像，将所选像片纹理部分裁剪并自动映射到 TIN 模型表面，最终生成实景三维模型。

3. 数字线划图绘制

目前，基于实景三维模型的数字化测图软件已经被广泛应用于测绘生产实践中，其中的典型代表为 EPS 地理信息工作站（简称 EPS 平台），该平台是北京山维科技股份有限公司研发的面向测绘、基础地理信息生产的软件系统，其三维测图模块可实现基于实景三维模型的数字地形图生产，较大幅度减少了外业工作量，缩短了成图周期。实景三维模型及其对应绘制的数字地形图如图 12-4 所示。

实景三维模型

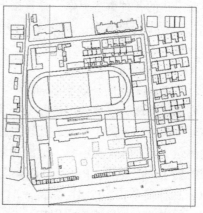
数字地形图

图 12-4　基于实景三维模型的数字地形图绘制

随着摄影测量技术的不断发展和数据处理效率的不断提高，依据实景三维模型进行数字地形图绘制的方法，近些年来在大比例尺地形图测绘中得到了广泛应用，并逐渐成为无人机测绘地形图的主流方法，本章将重点介绍基于实景三维模型的数字地形图绘制方法。

第二节　无人机影像实景三维模型生成

近年来，伴随着"数字城市"的建设与发展，实景三维模型作为一种重要的基础地理信息数据载体，在各行各业得到了广泛应用。无人机倾斜摄影测量是生产实景三维模型的主要技术手段，其通过在无人机上搭载多个影像传感器，从不同视角（1个垂直、4个倾斜）采集反映地表真实情况的多视角影像，能够生成精度高、内容全、真实性强的实景三维模型，且具有数据处理速度快、成本低等显著优点，成为目前城市三维建模的主流技术。

一、常用的无人机影像实景三维建模软件

1. ContextCapture

ContextCapture 实景建模软件是 Bentley 公司于 2015 年收购法国 Acute3D 公司的产品，其前身是 Smart3D 软件。该软件是一个基于倾斜摄影方法建模的摄影测量软件，能够基于数字影像全自动生成高分辨率实景三维模型，适应建模对象尺寸从近景对象到整个城市，目前在全球范围内得到了广泛应用。

ContextCapture 软件所生产的高精度实景三维模型，可用于城乡规划、市政工程、施工模拟、数字展馆等各个方面。该软件具有以下特点：

（1）自动化程度高。该软件无须大量人工干预，可基于无人机航摄影像自动生成真实感强的实景三维模型，且具有精确的地理位置信息。

（2）真实感强。不同于传统三维建模技术得到的 2.5 维模型，ContextCapture 软件可计算基于真实影像的高密度三维点云，并以此为基础生成无限接近真实场景的实景三维模型。

（3）数据源兼容性好。ContextCapture 软件能够处理包括有人机、无人机、街景车甚至手机所采集的各种数字影像，并直接把这些数据还原成逼真的三维模型。

（4）数据输出格式多。该软件能够输出包括 obj、osgb、dae 等通用三维模型格式，方便导入各种 GIS 主流平台。

2. Pix4D mapper

Pix4D Mapper 软件是瑞士 Pix4D 公司开发的无人机影像数据处理软件，其集全自动、快速、专业、精度为一体，可将数千张影像快速制作成专业、精确的二维地图和三维模型。该软件具有完善的工作流，处理过程完全自动化，并且精度高，使无人机成为新一代的专业测量工具，在灾害应急、航测制图、安全执法、电力巡线、农林监测以及教学科研等领域得到了广泛应用。Pix4D Mapper 软件的主要技术优势如下：

（1）操作简单化。Pix4D Mapper 软件操作简单，无须专业知识，飞控手即可查看和处理结果，并将结果发送给最终用户。

（2）处理自动化。无须 IMU 数据，仅需影像的 GPS 位置信息，即可全自动处理无人

机数据和航空影像，同时处理多达 10000 张影像，自动生成带有地理位置信息的数字正射影像及实景三维模型。

（3）支持多相机。该软件可以处理多个不同相机拍摄的影像，并将多个数据合并到同一个工程进行处理。

3. PhotoScan

PhotoScan 软件是俄罗斯 Agisoft 公司开发的一款基于数字影像自动生成高质量三维模型的建模软件。该软件是一种先进的基于图像的三维建模软件，能够从静止图像创建具有专业品质的三维模型。PhotoScan 具有完全自动化的工作流程，其采用最新的多视点三维重建技术，能够对任何位置拍摄的影像进行处理，无须控制点，在有控制点的情况下则可以生成具有真实坐标的三维模型。

PhotoScan 软件支持多航高、多分辨率影像等各类影像的自动空三处理，也支持倾斜影像、多光谱影像的自动空三处理，具有影像掩模添加、畸变去除等功能，能够顺利处理非常规的航线数据或包含航摄漏洞的数据，支持多核、多线程 CPU 运算和 GPU 加速运算，可将数据分块处理，高效快速地处理大数据。

二、无人机影像空中三角测量

无论采用何种航测成图作业模式，空中三角测量都是必不可少的一个作业环节。空中三角测量是利用航摄像片与所摄目标之间的空间几何关系，根据少量像片控制点，平差计算出待求点的平面位置、高程和像片外方位元素的测量方法。

空中三角测量一般不以航带为单位进行计算，而是按照若干条航带所构成的区域进行解算，其解算过程称为区域网平差，基本过程为：相对定向与模型连接构建航带自由网；利用航带之间的公共点，将多条航带拼接成区域自由网；引入少量地面控制点进行区域网平差。常用的区域网平差方法有 3 种：①航带法区域网平差；②独立模型法区域网平差；③光束法区域网平差。其中，光束法区域网平差理论上最为严密，且方便引入各种辅助数据（例如由 GPS 获得的摄站点坐标），目前已成为应用最广泛的区域网平差方法。无人机影像空中三角测量流程如图 12-5 所示。

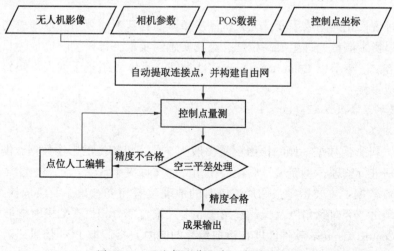

图 12-5 无人机影像空中三角测量流程

1. 测区数据准备

空中三角测量计算前，需要准备的数据主要包括无人机影像、相机参数、像控点成果以及 POS 数据等。其中，无人机影像需要按照航带或者所拍摄的相机重新编号；相机参数主要包括相机焦距、主点偏移、影像畸变参数等，同时还要确定影像宽度、高度以及传感器尺寸等参数；像控点成果除了坐标数据之外，还要准备记录刺点位置的像控点成果表；POS 数据主要有两个作用：一是作为影像是否邻接的判定依据，用于影像匹配和连接点提取；二是作为平差计算时外方位元素的初始值和约束条件。

2. 连接点自动提取并构建自由网

对测区的每张影像，采用特征点提取算子提取均匀分布的明显特征点，然后通过影像匹配获取所有与其有重叠关系影像上的同名像点，形成空三连接点。最后，采用光束法平差算法对连接点进行平差计算，并将测区所有影像连接起来，构建区域自由网。

3. 控制点量测

依据像控点测量成果，人工对地面控制点影像进行识别与定位，准确量测地面控制点在影像上的像点坐标。一般情况下，需要在所有拍摄到像控点的影像上均进行量测，以提高区域网平差的精度。

4. 控制点约束下的光束法区域网平差

将控制点和 POS 数据作为平差约束条件，采用光束法区域网平差进行解算，得到测区所有影像外方位元素和连接点的地面点坐标，并依据平差报告对空三结果进行评估。若不满足精度要求，则需要对连接点、控制点以及 POS 数据进行检查，同时调整平差算法的参数，重新进行平差解算，直至结果达到精度要求。最后，将影像外方位元素、连接点影像坐标及地面坐标等空三成果进行输出。

近些年来，随着摄影测量技术的不断发展，国内外研究学者分别将空中三角测量与差分 GPS 技术、POS 系统相结合，提出了 GPS 辅助空中三角测量和 POS 辅助空中三角测量。这些新的空中三角测量方法的提出，在更大程度上减少了野外劳动工作量，并进一步提高了数据生产效率。

三、无人机影像实景三维模型生成

作为一种现代化的测绘手段，无人机倾斜摄影能够从不同视角获取地表高分辨数字影像，进而通过摄影测量处理生成高精度、高真实感的实景三维模型，已成为目前城市三维建模的主流方法。本节以 Context Capture 软件为例，具体介绍基于无人机倾斜影像的实景三维模型生成过程。

（一）数据准备及工程建立

1. 数据准备

（1）无人机影像数据：倾斜摄影测量一般为 5 个相机拍摄的影像数据，需要将各个相机的数据分别进行整理，重新编号后存放在相应的文件夹中。

（2）POS 数据：主要指每张像片拍摄时的地理位置和姿态角，一般包括经度、纬度、高度、航向倾角、旁向倾角以及像片旋角等 6 个元素。部分相机在拍摄时能够将 POS 信息写入像片，Context Capture 软件能够在读取像片的同时直接读取 POS 信息。若像片中没有包含 POS 信息，则需要将 POS 信息从无人机中导出后，再导入 Context Capture 软件中。

（3）像控点数据：像控点坐标文件一般需要整理为一个文本文档，方便后续导入 Context Capture 软件，主要包括控制点点号、X 坐标、Y 坐标、Z 坐标，一般为投影坐标，需要明确投影带和中央子午线。此外，还需要整理像控点测量成果表，明确像控点在像片上的实际位置，方便内业人员在像片上进行刺点。

（4）相机参数文件：主要包括相机型号、相机名称、焦距、主点偏移、镜头畸变参数、传感器尺寸（数字影像的行数和列数）以及像元大小等。其中，主点偏移和镜头畸变参数可以作为未知数，通过后续的光束法平差进行计算。

2. 新建工程并加载影像数据

打开 ContextCapture 软件，开始一个新的工程"新工程"。若之前已经建立，可以直接选择打开最近工程，结果如图 12-6 所示界面。

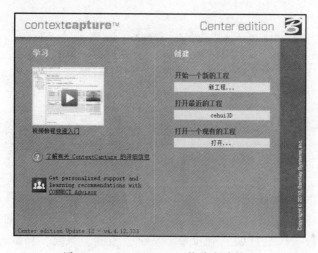

图 12-6　ContextCapture 软件启动界面

选择"新工程"以后，系统弹出新建工程界面，在此处可以设置工程名称并指定工程文件的存储路径，勾选"创建空区块"，结果如图 12-7 所示。

图 12-7　新建工程

新建工程及区块后，可加载影像数据。在空区块中选择"影像"选项卡，点击"添加影像"，可以选择"添加影像选择"或者"添加整个目录"来完成测区无人机影像导入。若选择"添加影像选择"，则需要人工选择各个相机对应的影像进行导入；若选择"添加整个目录"，则可以将各个相机所拍摄的影像一次性导入，前提是需要预先将各个相机所拍摄的影像整理到相应文件夹。导入影像后，需要设置传感器尺寸和焦距。焦距可以根据对应相机型号进行输入；传感器尺寸是指传感器的最大尺寸，一般指传感器的宽度，单位为 mm。最后，点击"检查影像文件"选项卡，检查影像文件的完整性，确保没有丢失或者损坏的影像文件。导入影像后的界面如图 12-8 所示。

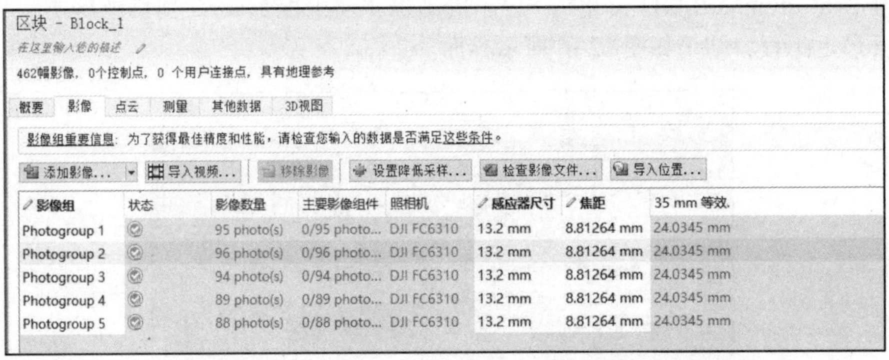

图 12-8　影像数据导入

导入影像后，点击"3D 视图"选项卡，会显示测区所有像片的航带排列。点击任意一张影像，会出现绿色的几何体三棱锥，表示该影像的覆盖范围与方向；同时在右侧窗口会显示该影像的名称、拍摄日期、空间参考系统、经度、纬度、高度等信息，如图 12-9 所示。

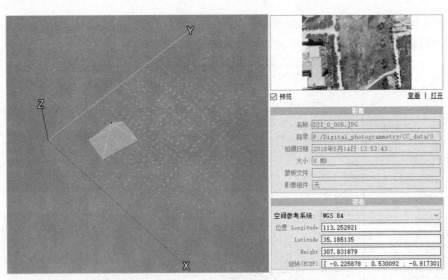

图 12-9　无人机影像 3D 视图

（二）空中三角测量

1. 第一次空中三角测量

影像文件正确导入后，可进行第一次空中三角测量计算，其主要目的是通过区域网平差，建立测区影像之间的关联，方便后续像控点内业标记。在已建立的区块下，点击"概要"选项卡，选择右侧的"提交空中三角测量"。在"定义空中三角测量计算"界面中，输入工程名称。在"定位模式"中，若有准确的 POS 数据（例如差分 GPS 数据），选择"accurate"模式；若没有准确的 POS 数据，则选择"inaccurate"模式；在没有 POS 数据的情况下，选择"arbitrary"模式。上述设置完成后，点击下一步，进行空中三角测量参数的详细设置，如图 12-10 所示。

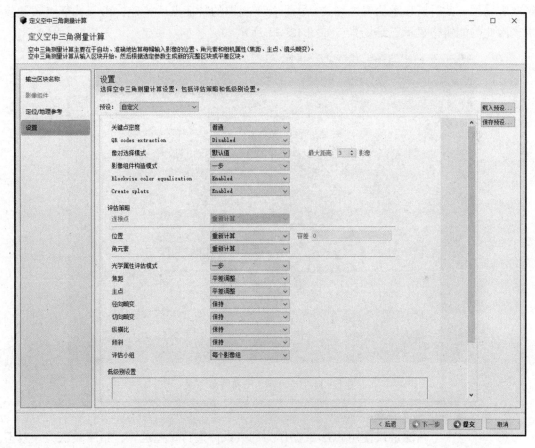

图 12-10　空中三角测量参数设置

在空中三角测量参数设置界面中，重点设置以下相关参数：①关键点密度。Normal：适用于大多数数据集；High：增加关键点密度，当照片没有足够纹理或者照片较少时，可以匹配更多点。②像对选择模式。Generic：通过关键点的相似性估计相关的像对进行影像匹配，通常能够给出合理的计算时间和良好的结果；Exhausitve：使用所有可能的像对，建议在照片重叠度有限的时候使用。③影像组件构造模式。One-pass：一步计算，适用于大多数数据集；Multi-pass：多步计算，适用在一步计算时，有大量影像未参与平差计算的情况。

此外，针对"位置""角元素""焦距""主点""径向畸变""切向畸变"等参数，主要有如下几种估计方法可供选择：①Compute（计算）：不借助于任何输入的初始值进行计算；②Adjust（调整）：利用输入值作为初始值进行计算；③Keep（保持）：使用输入的初始值，不参与运算。

上述设置在多数情况下一般可选择默认选项。完成以上参数设置后，点击"概要"选项卡，选择"提交空中三角测量"，开始第一次空中三角测量计算。需要注意的是，此时需要打开 ContextCapture Center Engine，方能开始空三计算。空三解算时，软件自动完成影像特征点提取、特征点匹配以及光束法区域网平差等环节。

空中三角测量完成后，点击"3D 视图"选项卡，会显示第一次空中三角测量后的测区三维场景。此时所显示的三维场景是由影像上提取的特征点所构建，由于特征点数量较少，因此仅能粗略显示三维场景，如图 12-11 所示。

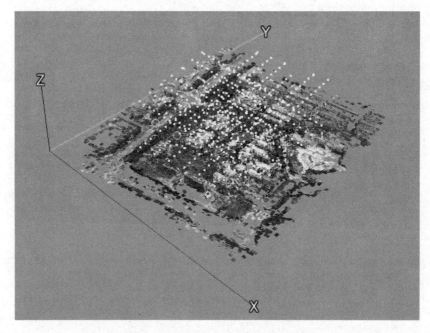

图 12-11　初次空中三角测量结果

2. 第二次空中三角测量

第一次空中三角测量仅使用 POS 数据作为约束条件进行平差运算，精度较低，一般不能满足后续测图需要。为将区域网严格纳入规定的地面坐标系中，需要加入外业控制点作为约束，进行第二次空中三角测量。此时，由于已经进行了第一次空中三角测量，控制点坐标导入之后，软件可以自动计算其在影像上的大致位置，较大程度上提高了空三内业人员的像控点刺点效率。

1）像控点刺点

点击"测量"选项卡，选择"测量控制点"，导入文本格式的控制点坐标，如图 12-12 所示。在自定义文本格式对话框中，选择导入的控制点文件（ ∗∗∗ . txt），并设置点号、X 坐标、Y 坐标以及 Z 坐标的对应列。需要注意的是，ContextCapture 软件中定义的坐标系统为笛卡尔数学坐标系，与测量坐标系定义的 X 轴和 Y 轴相反。此外，需要指定控制点所在的坐标系统及投影带。

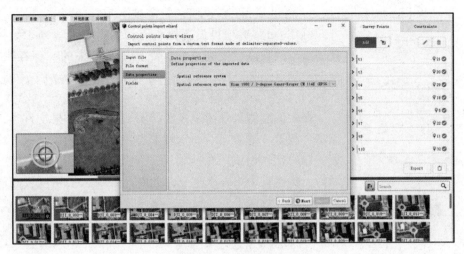

图 12-12　导入控制点

　　控制点坐标导入后，在"测量"窗口下，任选其中一个控制点，依据像控点成果表中指明的像控点实际位置，首先在下视影像上找到该控制点，移动鼠标使十字丝中心位于控制点标记中心，按"shift+左键"确定该控制点在像片上的位置。为了完成像控点影像标记关联（简称刺点），每个像控点要在至少相邻的 3 张像片上刺点，如图 12-13 所示。在下视影像上完成刺点后，点击预测匹配影像"Potential Matchs"，下侧窗口会显示该控制点可能出现的影像，按照上述过程完成该控制点在其余倾斜影像上的刺点工作。每个航带倾斜影像上应尽量转刺 3~5 张影像，以保证空中三角测量的精度。

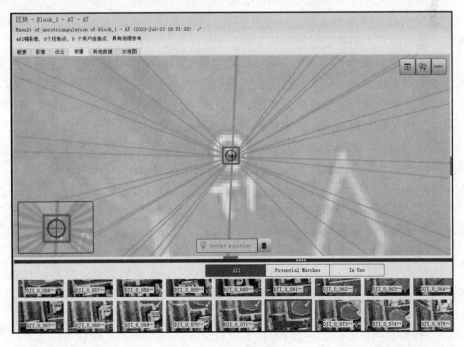

图 12-13　像控点刺点

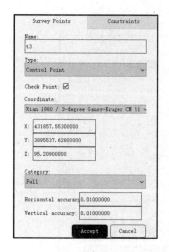

图 12-14 设置检查点

完成所有控制点的刺点之后，需要根据实际情况设置检查点，以满足后续精度评定的需要。双击某个控制点，勾选"Check Point"选项可设置检查点，如图 12-14 所示。待所有控制点与检查点设置完成后，点击工具栏中的"保存"，保存控制点刺点结果。

2）提交空三解算

在软件左侧目录树中，选择第一次空三结果文件夹，然后点击"概要"选项卡，再次提交空中三角测量。输入区块名称后，在"定位模式"中应勾选"使用控制点进行平差"。这是因为，相比较于第一次空三，此时已经加入了精度较高的地面控制点进行约束平差。最后，选择"提交"按钮开始第二次空中三角测量计算。

3. 空三报告输出及精度评价

空三解算结束后，选择"概要"选项卡，点击"view quality report"可以查看空三解算结果报告。空三解算报告是评价空中三角测量质量，判断其是否满足后续数字化测图的重要参考，主要包括项目概述、相机校准、像片位置、照片匹配以及像控点（检查点）误差等各项内容。

（1）项目概述。主要有照片总数、地面覆盖范围、平均地面分辨率、比例尺、相机型号、参与计算的照片数量、关键点数量以及连接点的重投影误差等。

（2）相机校准。以每个相机为单位，给出空三计算后得到的相机焦距、像主点坐标、径向畸变和切向畸变等参数。需要注意的是，相机焦距在空三计算前后的值一般不会相差太大，如果相差较大，可能是输入的相机焦距不正确，会影响空三结果质量。

（3）像片位置。以图形化方式，给出了空三计算后得到的每张照片位置的不确定性，照片周围的圆圈越大，不确定性越大。

（4）照片匹配。采用各项指标来验证连接点匹配的正确性。其中，"连接点位置的不确定性"主要用于评价计算出来的连接点三维空间位置误差；"连接点的观察数量"表示每个连接点所能观察到的像片数量，所能观察到的像片数量越多，空三结果越可靠；"重投影错误"反映了所有连接点反投影到影像上的误差统计（以像素为单位）。

（5）像控点误差。此部分结果为评价空三质量的重要指标，需要在生产实践中根据相应规范要求进行认真检查。空三平差之前，一般要将像控点分为控制点和检查点，其中控制点作为约束条件参与光束法平差，而检查点则不作为约束参与平差计算。空三质量报告中分别给出了控制点和检查点的重投影误差、3D 误差、水平误差和垂直误差等相关精度统计量。其中，控制点的重投影误差若小于 1 像素，则标记为绿色；若在 1 像素和 3 像素之间，则显示为黄色；大于 3 个像素，则该控制点标记为红色。若某些控制点误差较大，需要重新检查其在像片上的刺点位置是否有误，修改之后重新提交空三计算，直至满足规范要求。

（三）实景三维模型生成

空中三角测量解算结束后，若控制点及检查点满足精度要求，则可开始实景三维模型生成。该过程主要包含多视影像密集匹配、三角网生成以及纹理映射等环节。上述环节已经集成到 Context Capture 软件中，相关参数设置完成之后，可自动完成实景三维模型的构建和生成。

1. 三维重建项目建立及参数设置

在软件左侧目录树中，点击最后一次空中三角测量所对应区块，在右侧"概要"选项卡下点击"新建重建项目"，建立一个新的三维重建项目，然后进行空间参考框架设置，如图 12-15 所示。

（1）坐标系统设置。选择"空间框架"选项卡，设置空间参考系统与地面控制点坐标系统一致。

（2）重建范围确定。可以从文件中导入范围线，也可以点击"编辑兴趣区域"按钮，通过推拉测区包围框的方式人工编辑重建范围。

（3）重建区域分块。Context Capture 软件采用瓦片分割的方式进行三维重建，该方式可避免大面积重建时无法一次性载入内存的问题，同时方便进行集群计算，提高重建效率。瓦片分割时，一般选择"规则平面格网切块"，切块大小需要视计算机内存配置情况而定，一般设置计算机运行内存一半所对应的瓦片大小。

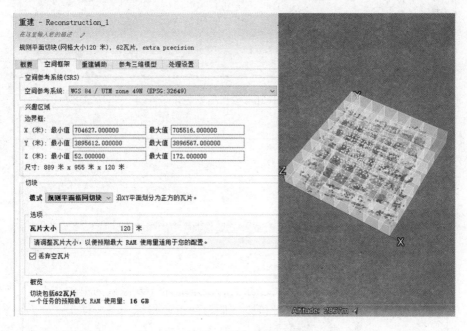

图 12-15　空间参考框架设置

2. 实景三维模型生成

设置好重建项目空间框架相关参数后，选中"概要"选项卡，点击"提交新的生产项目"，进行实景三维模型生成。在生产项目定义中，首先确定产品名称与描述，然后选择生成产品的类型，主要有三维网格、三维点云、正射影像等产品。若要生产实景三维模型，则选择"三维网格"类型，如图 12-16 所示。

在"格式"选项窗口中，选择 Smart3DCapture S3C，该格式三维模型可在 Context Capture 软件中进行显示；若后续需要在 EPS 中进行数字地形图绘制，应选择输出格式为"osgb"。纹理贴图中选择合适的纹理提取影像质量，其他选项一般保持默认，如图 12-17 所示。

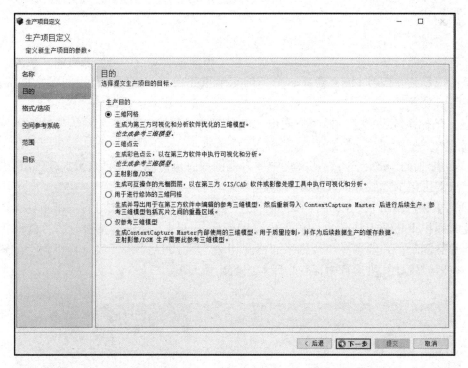

图 12-16　生产项目定义

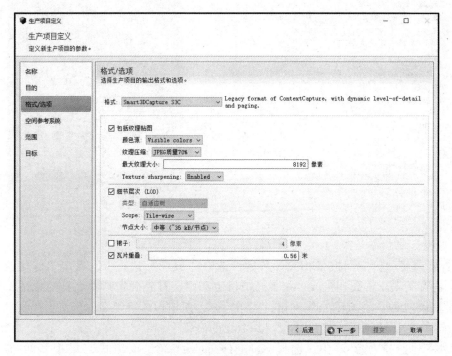

图 12-17　三维模型输出格式设置

最后选择空间参考系统，与之前空间参考保持一致，范围是上一步划分的兴趣区域；选择目标输出路径后，点击"提交"，则开始以瓦片为单位进行三维建模，如图 12-18 所示。

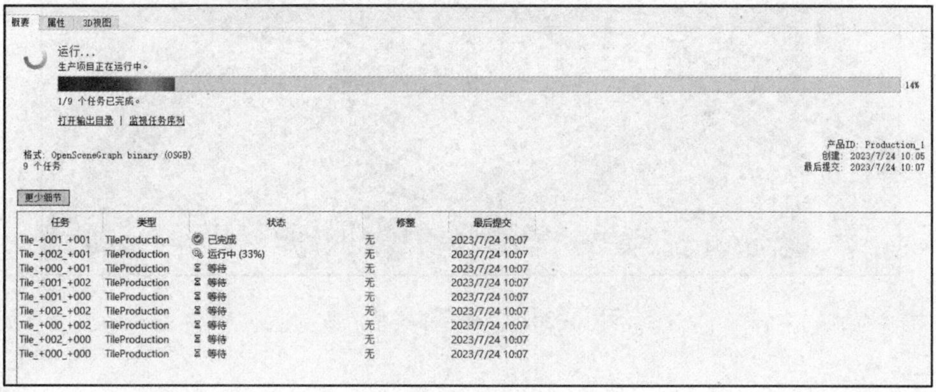

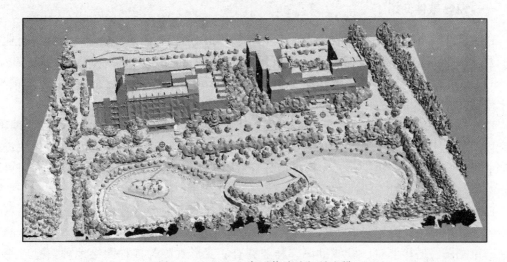

图 12-18　生产项目运行

Context Capture 软件中的实景三维建模过程为一键式操作，以全自动方式完成场景三维重建。重建过程中，软件首先依据空中三角测量结果，通过多视影像密集匹配获得高密度三维点云；然后依据瓦片大小进行不同细节层次 TIN 模型构建，并简化平坦区域的三角网，得到建模区域场景白模，如图 12-19 所示。

图 12-19　TIN 三角网构建的场景白模

对于 TIN 中的每个三角面片，计算其法线方向与所有包含该地物像片之间的夹角，并根据夹角大小来选择合适的像片。一般来说，夹角越小，说明该三角面片与影像平面越接近，两者之间越匹配，纹理质量越高。找到目标影像之后，计算每个三角面片在纹理影像中对应的实际影像区域，并将纹理映射到对应三角面片上，生成测区实景三维模型。经 Context Capture 软件计算后，最终生成的实景三维模型如图 12-20 所示。

图 12-20　实景三维模型产品

第三节　基于实景三维模型的数字地形图绘制

大量的研究实践表明，采用无人机倾斜摄影测量技术可实现大比例尺地形图测绘，精度可满足 1：500 比例尺地形图精度要求。完成实景三维模型生成以后，即可基于该模型进行数字地形图绘制。本节以三维数字化测图软件 EPS 为例，介绍数字地形图的绘制过程。

一、EPS 软件介绍

EPS 是北京清华山维公司自主研发、具有完全知识产权、面向测绘与地理信息行业应用的系列软件总称，其名称取自于电子平板测图系统英文单词的首字母（Electrionic Platform Survey System）。历经二十几年的开发，EPS 软件功能不断完善，目前已成为覆盖基础测绘、国土规划、智慧城市、农业、林业以及交通等不同领域应用的专业地理信息工作站。

EPS 平台支持各种室内和室外数据采集形式。在外业采集时，测绘成果可随手编辑；在室内，可基于航摄影像进行立体测图，基于倾斜模型进行三维测图，基于业务模块进行专题业务（如不动产权籍生产）生产。EPS 平台所采所测数据直接入库，需要更新时可随时下载和迁移，用户可方便地实现测量外业、内业、入库一体化。

EPS 地理信息工作站主要包含"基础平台"和"测绘业务专业模块"两部分。基础平台主要提供统一资源和共享环境；测绘业务专业模块涵盖控制测量、地形测量、立测采集、三维测图、地籍测量、管线勘测、林业调查、变形观测等多种测绘地理信息应用领域。其中，EPS 三维测图系统主要以倾斜摄影测量技术获取的实景三维模型为基础，可实现高精度的大比例尺地形图测绘。该作业方式较大程度上减少了外业工作量，提高了生产效率，近些年来在生产单位得到了广泛应用。

EPS 三维测图系统提供基于正射影像（DOM）、实景三维模型（osgb）、点云数据（机载/车载/地面三维激光扫描）的二三维采集编辑工具，可实现基于正射影像和数字高程模型的垂直摄影三维测图、基于实景三维模型的倾斜三维测图和基于点云数据的三维测图。该系统由三维实景表面模型窗口和二维平面窗口组成，采编建库一体化，实现信息化与动态符号化。EPS 三维测图系统的主要特点包括：①多数据源、多窗口、多视角协同作业；②支持海量数据快速浏览；③虚拟现实立体测图；④网络化生产，数据统一管理；⑤可直接对接不动产、常规测绘、三维建模等专业应用项目；⑥支持大数据浏览以及高效采编库一体化的三维测图；⑦支持多种数据的绘图，包括基于正射影像、实景三维模型以及三维点云数据。

二、EPS 平台地物分类与基本绘制

EPS 平台中，地物要素根据其几何特征主要分为点要素、线要素、面要素以及注记等四种类型，见表 12-1。

表 12-1　EPS 平台要素类型

对象类型	说　明	举例
点	各种点状要素，包括无向点、有向点	路灯、河流流向
线	各种线状要素，包括简单线、复合线	道路、陡坎
面	由闭合线构成的面状要素	水面、林地
注记	按点、线条确定位置的文字注记，包括多行注记	河流名称

EPS 中所有地物和注记对象的表达均以要素类型为基础，用不同的要素编码进行表达。绘制地物时，需要首先选择相应的编码，然后定位相应的地物特征点进行绘制。例如绘制点状要素的基本过程为：首先，启动画点功能（绘图菜单→点）；然后，编码框中选择相应的点要素分类编码（例如 7201001 高程点）；最后，定位到相应点位进行绘制。

在绘制过程中，为了方便绘制，需要利用捕捉、闭合等快捷键，避免矢量线段悬挂、出现不闭合情况。EPS 常用快捷键见表 12-2。

表 12-2　EPS 常用快捷键

键盘位置	功能名称	功　能　描　述
Shift	拖点	按下鼠标左键移动光标，将目标点拖到其他位置
C	闭合	使打开的当前线闭合，闭合的当前线打开
X	回退一点	从当前点回退一点
Shift+X	回退多点	从当前点开始删除多点（到光标指向点）
Ctrl+T	删除	删除当前点列所有点（删除当前对象）
S	捕矢量点	将光标指向的矢量点加入当前点列（捕捉最近点）
D	线上捕点	将鼠标滑动线与某一最近矢量线的交点加入当前点列
Shift+D	捕垂足点	将当前线末点与光标指向线的垂足点加入当前点列
Z	点列反转	从当前线的另一端开始加点
Shift+G	快捷面填充	选择需要的面编码填充鼠标点所在的闭合区域
Shift+A	升降高程	使该点处的高程跟随光标进行升高或者降低
Ctrl+a	锁定高程	使得该目标的高程锁定

三、基于实景三维模型的三维测图

EPS 软件中的倾斜摄影三维测图模块，可实现基于实景三维模型的大比例尺数字地形图测绘。其主要工作流程包括数据格式转换、倾斜模型加载与显示、地形图绘制与编辑、图幅整饰与输出等环节，如图 12-21 所示。

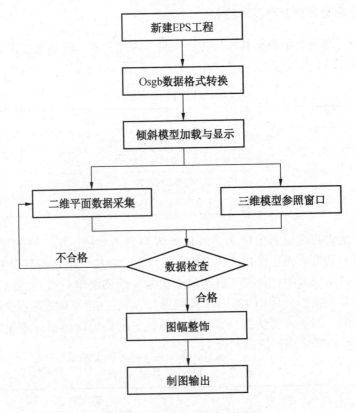

图 12-21　EPS 三维测图流程

（一）新建测图工程及实景三维模型加载

1. 新建测图工程

首先启动 EPS 地理信息工作站，然后依次选择"三维测图"→"新建（工程）"→"选择工程模板"，最后输入工程文件名。软件启动界面如图 12-22 所示。

2. 实景三维模型数据格式转换

Context Capture 软件生成的实景三维模型为 osgb 格式，需要将其转换为 EPS 软件能够读取的索引文件。依次选择菜单栏中的"三维测图"→"倾斜摄影"→"Osgb 数据转换"，打开 osgb 数据转换窗口，如图 12-23 所示。

（1）在倾斜摄影数据目录中选择 Context Capture 软件生成产品的 Data 文件夹（该文件夹下包含有类似 Tile_+000_+001 的多个文件夹），如图 12-24 所示。

（2）元数据文件选择与 Data 文件夹同目录下的索引文件 metadata.xml，如图 12-25 所示。

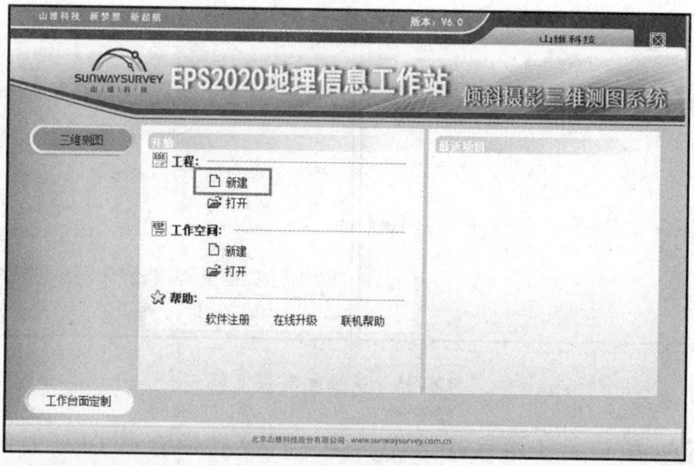

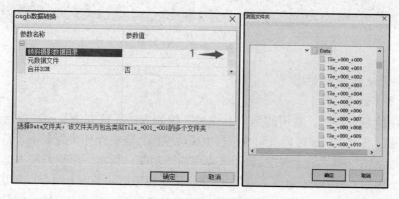

图 12-22　EPS 三维测图软件启动界面

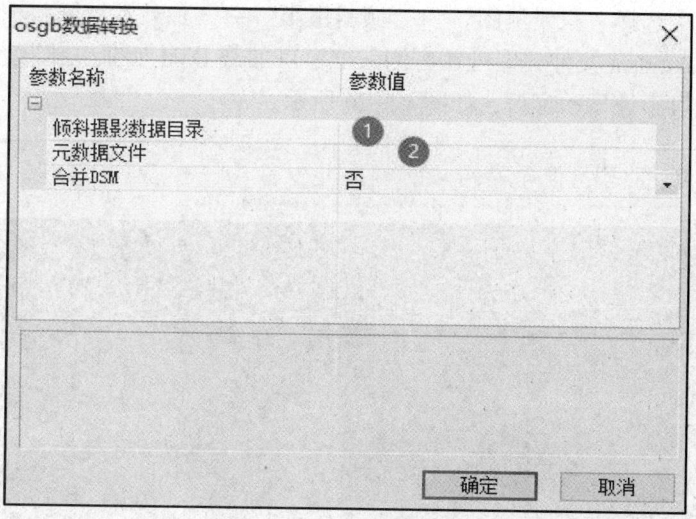

图 12-23　osgb 数据转换

图 12-24　选择倾斜摄影数据目录

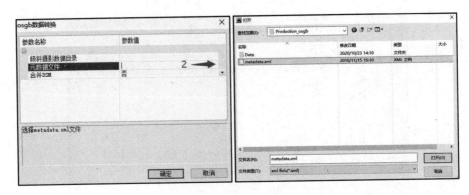

图 12-25　选择元数据文件

点击"确定"按钮，开始执行数据转换，转换完毕会在 Data 文件夹下生成名为"Data. dsm"的索引文件。

3. 加载实景三维模型

菜单栏中依次选择"三维测图"→"倾斜摄影"→"加载本地倾斜模型"，然后选择上一步生成的 Data. dsm 文件，即可在右侧三维窗口加载 DSM 实景三维模型，左侧窗口为二维矢量或者正射影像显示窗口，如图 12-26 所示。

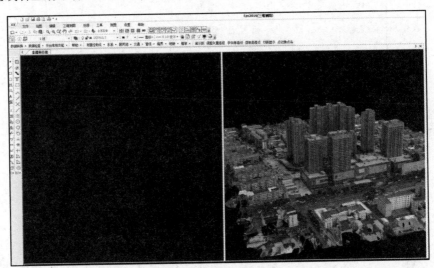

图 12-26　加载 DSM 结果

(二) 典型地物要素绘制

1. 房屋要素绘制

EPS 房屋绘制过程中，常用的是"五点房"绘制方法。该方法是一种绘制规则矩形房屋的简易方法，通过在房屋四边选取 5 个点生成房屋面。主要操作步骤如下：首先，菜单栏中选择"三维测图"→"五点房"，启动五点房绘图功能；其次，在编码框中选择相应房屋要素的编码，例如"3103013 建成房屋"，并依次采集房屋第一条边上两个点和其他边上各一个点；最后，点击"绘制"按钮，程序将自动绘制出房屋面。对于有房檐的四角房，可以在房檐下依次选取 5 个点，从而消除房檐的影响。五点房法绘制房屋如图 12-27 所示。

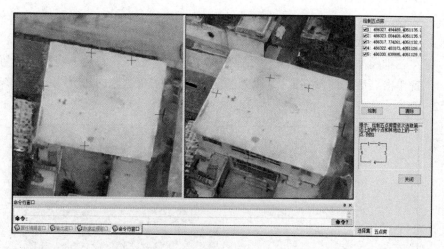

图 12-27　五点房法绘制房屋

　　房屋绘制完成后，点击工具条中"加点"功能右侧的"选择集操作"，选中上一步得到闭合房屋面，即可在操作窗口中输入该房屋的属性，例如建筑物结构、楼层数目等。

　　在 EPS 三维测图系统中，提供了多种采集房屋的工具和方法，例如采房角法、墙面采集法、多点拟合求交采集法、二维映射切片采集法等，需要针对不同形状的房屋采集加以灵活运用。

　　2. 道路要素绘制

　　1）多义线道路绘制

　　多义线道路是指一个道路对象包含多种线型（直线、圆弧、曲线），其绘制结果是一个整体。其绘制过程如下：首先，在工具条中点击"画线"按钮，启动画线功能；其次，在编码框中选择要素编码，例如"4401004 机耕路边线"，并利用鼠标左键在三维模型上依次采集要素的各个节点，绘制过程中，使用快捷键（1 折线，2 曲线，3 圆弧）切换不同线型；最后，单击鼠标右键结束绘制。多义线道路绘制如图 12-28 所示。

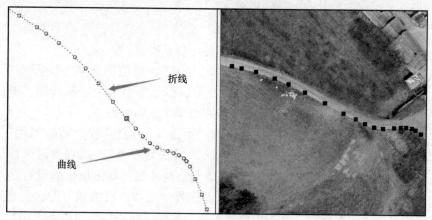

图 12-28　多义线道路绘制

　　2）平行线道路绘制

　　当绘制双线道路时，需要启用"绘制平行线"功能，主要操作步骤如下：首先，在工具条中点击"画线"按钮，启动画线功能，并在操作窗口的加线选项卡中勾选"结束生成平行线"选项；其次，在编码框中选择要素编码，例如"4401004 机耕路边线"，并利用鼠标左键在三维模型上依次采集其中一条道路边线的各节点；最后，将鼠标放置到另一条边线的位置单击右键，即可在鼠标指定位置生成另外一条道路的边界线。平行线道路绘制如图 12-29 所示。

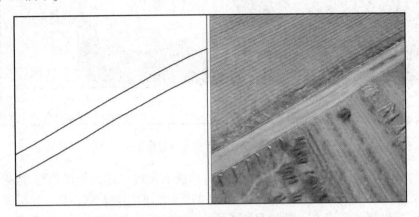

图 12-29　平行线道路绘制

3. 高程点采集

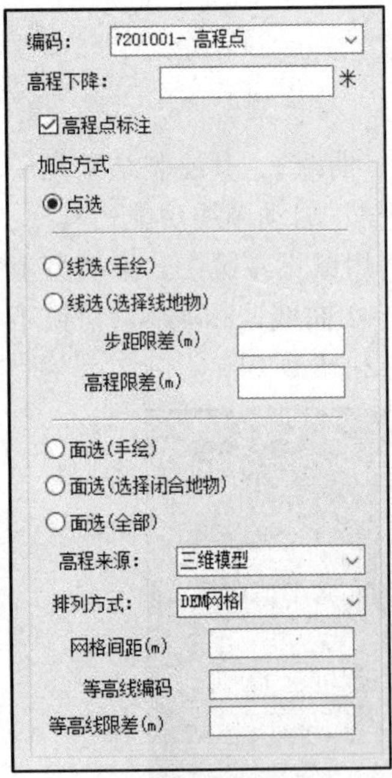

基于倾斜三维模型，可完成高程点的手动或者自动采集，具体步骤如下：首先，在菜单栏中选择"三维测图"→"提取高程点"，启动高程点采集功能；其次，在编码框中输入高程点编码，并确认是否进行高程点标注；最后，选择加点方式完成高程点采集。提取高程点的相关设置如图 12-30 所示。

高程点采集过程中，加点方式主要有三种：点选、线选和面选。

（1）若选择"点选"，直接在三维模型上点击需要标注高程点的位置，即可自动提取。

（2）若选择"线选"，必填参数"步距限差"，选填参数"高程限差"，然后在三维模型上绘制线段，单击鼠标右键后即可按照步距自动生成高程点。

（3）若选择"面选"，必填参数"网格间距"，选填参数"等高线编码""等高线限差"，高程来源选择"三维模型"，在倾斜模型上绘制范围，单击鼠标右键直接可提取出高程点；高程来源选择"边线拟合内插"时，先在倾斜模型

图 12-30　提取高程点

上绘制范围，单击鼠标右键后在范围内自动生成三角网，在三角网内可点击添加多个特征点，特征点需点到有地表露出的地方，使网型尽量贴合地表，再次单击鼠标右键即执行提取高程点，此种方法适用于有植被覆盖的区域。地表上的高程点提取结果如图 12-31 所示。

图 12-31　地表上的高程点提取

在倾斜三维模型上的地形要素绘制中还有等高线采集、立面采集、斜坡采集等，这些要素的绘制在 EPS 三维测图系统中均可实现。

4. 植被绘制

植被绘制需要首先采集植被边界，然后进行植被构面，系统自动生成二三维植被符号。具体过程如下：首先，在工具条中点击"画线"按钮，启动画线功能，并在编码框中输入"地类界"编码；其次，依次采集植被边界点，"C"键闭合；最后，将鼠标放在闭合区域，使用快捷键"shift+G"，在弹出窗口中选择植被填充面编码，例如"8103023 旱地"，然后将鼠标依次放置到闭合区域，使用快捷键"G"，即可完成各个闭合区域的植被符号填充。植被绘制结果如图 12-32 所示。

图 12-32　植被绘制

5. 注记要素绘制

使用注记功能，可为地形图添加相应注记要素。首先，启动注记功能（绘图菜单→注记）；然后，在编码框中选择相应的注记分类编码（例如 4390002 主干道名称注记），并选择注记类型（例如单点/直线）；若为点注记，在要添加注记的位置左键单击，弹出文本输入框，输入注记内容，绘制结果如图 12-33a 所示；若为直线型注记，则需要在添加注记的位置点击第一个点后，弹出文本输入框，输入注记内容，然后依次点击其余节点位置，最后单击右键结束完成绘制，如图 12-33b 所示。

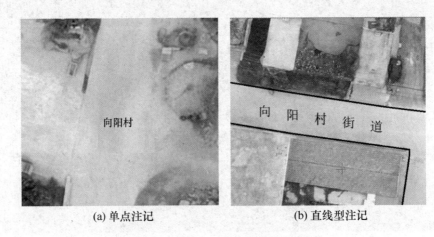

(a) 单点注记   (b) 直线型注记

图 12-33 注记要素绘制

（三）数据检查

点击菜单栏中的"工具"→"数据检查"→"数据合法性检查"，可对所采集的数字线划图进行检查，主要内容包括数据标准检查、空间关系检查与修复、等高线检查等，如图 12-34 所示。数据合法性检查需要分步操作，双击某一检查项即可执行，也可以从鼠标右键快捷菜单中选择"执行组检查"。

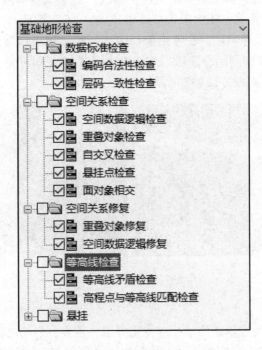

图 12-34 数据检查

1. 数据标准检查

数据标准检查主要检查各要素的归类是否正确，即要素的分类代码是否正确。可分为编码合法性检查和层码一致性检查。其中，编码合法性检查用于检查编码的长度、无对照编码、属性层中的非属性编码等各对象编码的合法性；层码一致性检查用于检查在数据中对象层名与对照表中定义的层名不一致的错误。

2. 空间关系检查与修复

空间关系检查主要用于检查采集数据的空间关系正确性，包括重叠、悬挂、自相交等数据空间正确性的检查。

（1）空间数据逻辑检查：用于检查数据空间逻辑性的正确与否。包括：①线对象只有一个点；②一个线对象上相邻点重叠；③一个线对象上相邻点往返（回头线）；④少于 4个点的面；⑤不闭合的面。

（2）重叠对象检查：用于检查图中地物编码、图层、位置等相同的重复对象。

（3）自交叉检查：检查自相交错误。

（4）悬挂点检查：用于检查图中地物（如房屋、宗地）有无悬挂点。悬挂点是指应该重合而未重合，两点之间或点线之间的限距很小的点。

（5）面对象相交检查：用于检查指定编码面之间是否存在相互交叉的关系，如果选择集不空，则只查选择集内部的目标对象，在参数设置对话框中输入指定面编码序列即可。

检查发现空间关系错误时，可利用软件的"空间关系修复"功能进行地图的自动修正，主要包括重叠对象修复和空间数据逻辑修复。对于无法进行自动修复的错误，需要采用人工编辑的形式进行改正。

3. 等高线检查

等高线检查主要包括等高线矛盾检查、高程点与等高线匹配检查。其中，等高线矛盾检查用于检查 3 条相邻的等高线值是否矛盾；高程点与等高线匹配检查主要用于检查高程点与等高线之间位置、高差是否匹配，如相邻等高线之间的高程点超过两等高线限定的高程范围。

（四）制图输出

对绘图结果进行数据检查，确认无空间关系错误并满足相应比例尺测图精度要求后，可进行制图输出。EPS 软件可将绘图结果输出为 CASS9、DWG、MDB 以及 Shp 等不同格式文件。以打印输出图片为例，具体操作步骤如下：

（1）菜单中选择"文件"→"打印区域设置"，设置图纸大小、比例尺、打印偏移以及分幅方式等参数，然后在二维窗口中手动选择打印区域，然后点击"加入"按钮，将图幅添加至打印列表，如图 12-35 所示。

（2）点击"打印"按钮，在打印对话框中，选择需要打印的图幅；在"输出设备"选项卡中选择"输出到图像"，设定分辨率，并填写文件名和输出路径；点击"开始打印"，可将最终绘图成果输出至指定的目录。最终输出的数字地形图示例如图 12-36 所示。

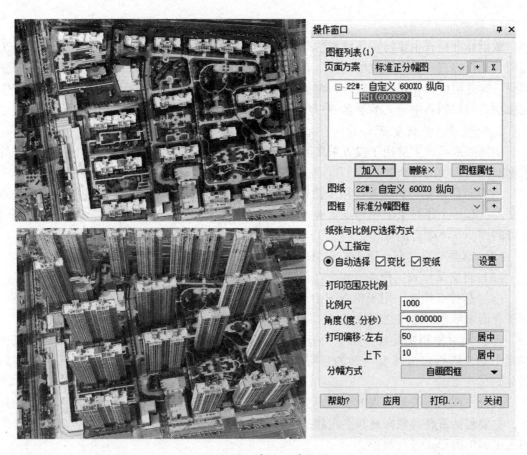

图 12-35　打印区域设置

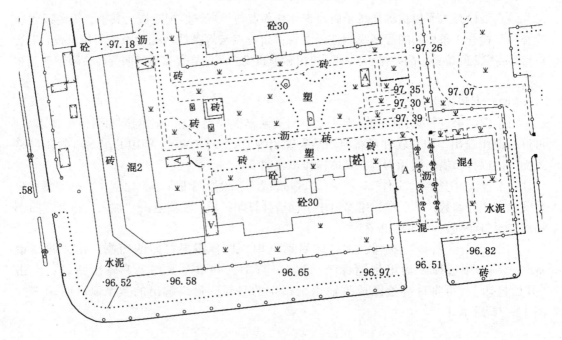

图 12-36　数字地形图绘制结果

第四节 无人机测绘的应用

随着测绘技术的不断发展和日益完善，无人机测绘已经成为满足我国重大需求的一项重要技术之一，其不仅能够生成数字高程模型、数字正射影像、数字线划图等相关成果，还可以生成高精度的实景三维模型，被广泛应用于测绘、矿业、灾害应急、数字城市建设、地理国情监测等行业。

一、在传统测绘领域中的应用

随着无人机航测技术的发展，其数据和产品精度越来越高，已经作为传统测量方式的重要辅助手段，逐步在测绘领域得到广泛应用，如大比例尺地形图测绘、大型堆体体积测算、矿山测绘、土地利用调查、公路选线等，下面主要介绍其在大比例尺地形图测绘、大型堆体体积测算和矿山测绘中的应用。

1. 在大比例尺地形图测绘中的应用

低空无人机摄影测量技术在大面积地形图测绘中的使用取得了显著成绩，精度可以满足 1：500 地形图的要求。无人机遥感的地形图测绘过程中，将获取的 DOM 数据加载到相关软件中，分别建立房子、水泥板、水池、道路、坎、坡等图层，根据 DOM 进行分层矢量化；将野外采集的建筑物、道路等地物特征点展绘到软件中，对比摄影测量矢量化的特征点，并通过不断纠正和完善 DOM 矢量化的图形，以获得更高精度的矢量化成果。将所有矢量化成果转换到绘图软件中，按照数字地形图的成图要求进行地图整饰，生成 DWG 格式最终成果。无人机测图不仅能够满足现代地形图测绘的精度要求，还提高了大面积地形图测绘的工作效率。

2. 在工程测量中的应用

不规则堆积物（如煤堆、矿石堆、原料堆等）的体积测量工作是测绘领域较为常见的工作。体积量算常规的方法是：采用全站仪或 RTK 在堆体表面采集一定密度的三维坐标点，通过建立堆积体数字地面模型 DTM，利用 DTM 法或方格网法计算出堆积体的体积。该方法的主要缺点是费时费力，对于不规则的堆积体，测量的点坐标数量有限，且部分高程点无法观测。利用无人机航测技术对大型堆积体进行体积测量是成本低、效率高的有效方式，其通过将无人机获得的影像数据、高精度 POS 数据直接导入 ContextCaptue 及 photo-scan 等数据处理软件进行空三加密，生成点云、DEM、DOM、DSM 等数据并建立三维模型，继而进行体积量算。

3. 在矿山测绘中的应用

矿山测绘是矿山建设和资源开采利用的基础，也是提高开采效率和效益的保障，在矿山建设过程中起重要的推动作用。传统的矿山测绘手段测绘周期长，不能满足快速成图的社会需求，其工作效率极低。随着无人机技术、定位技术、通信技术的快速发展，航空摄影测量技术逐渐应用于矿山测绘中，取得了较好的应用效果。无人机航测在矿山测绘中的应用主要有以下 3 个方面：

（1）在数字矿山建设方面，数字矿山的建设需要大量的影像、地形图件和数字高程模型等基础数据，无人机技术采用低空飞行方法获取地理信息，能克服矿山处于偏远山区、地理环境复杂的劣势，为数字矿山建设提供大量数据。

（2）在矿山环境整治方面，矿山开采破坏了周边的自然环境，使得环境整治较为困难。无人机技术凭借搭载的各种传感器，能够根据矿上实际情况，及时获取目标区域内的多种遥感数据，如真彩色、雷达和多光谱等，对矿山范围及其周边环境进行周期性数据获取和监测；在此基础上经过加工与处理，可以进行定性定量分析，快速地将矿山治理和恢复情况传达给管理者，为矿山的环境整治提供依据。

（3）在矿山资源保护和利用方面，矿产资源属于不可再生能源，必须合理利用和保护，严禁肆意开采。采用无人机技术可以实现在无人到达目标区域的情况下即刻取证、空中监测的效果，实现资源保护和利用的动态检测，保证矿山开采的合理性和科学性。

二、在应急保障中的应用

近些年，地震、洪水、山体滑坡、生产安全事故时有发生，应急测绘的作用日益显著，快速、准确、及时地获取灾区影像数据显得尤为重要。在地震、泥石流等自然灾害救援中，为了实施更加及时有效的救援工作，需要对灾害发生地及周边实施实时快速的影像获取及地形图测绘，来制定行之有效的救援方案。事故及灾难发生时，道路、桥梁发生损坏导致救援车辆、救援队伍无法进入灾区，人员、仪器很难快速有效地获取灾区的地理信息数据。此时，传统的测量方式，不但测量周期较长且很难进行实时监控。如果在天气状况不好的情况下，遥感卫星也会受到很大程度的影响。此时无人机航测就可发挥巨大的作用，能够在最短的时间内获取最有效的地理信息数据，为主管部门做出正确指令提供数据支持，有力保障国家和人民生命及财产安全。在青海玉树发生地震时，考虑到地震灾区环境恶劣，采用载人航空遥感及卫星遥感技术，是无法实时监控地震灾区的，更难以获取灾区的实时影像，不利于指导灾区开展救援工作；而依赖无人机的灵活性，使用无人机遥感技术对灾区进行实时影像获取及动态监测，可以及时了解灾区的相关动态，为指导救灾工作提供可靠的支持和保障。无人机航测在应急保障中的应用如图 12-37 所示。

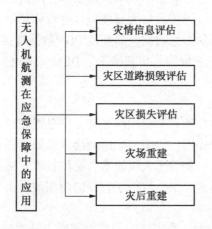

图 12-37　无人机航测在应急保障中的应用

三、在三维数字城市建设中的应用

随着信息化建设和数字城市、智慧城市建设的推进，社会对城市和地表信息的获取和处理提出了更高、更迫切的需求。实景三维模型作为"数字城市"基础数据载体，其构建方法也在不断发展。传统三维模型构建通常借助 AutoCAD、3dsMax 等软件，利用 AutoCAD 平面图、照片或影像数据来估算建筑物高度和轮廓信息，进行建模。此种生产方式需要大量的人工参与，制作的模型纹理与实际效果偏差较大，同时制作周期较长，数据精度和时效性都较低，已无法满足当今时代的要求。

倾斜航空摄影技术是国际测绘领域近些年发展起来的一项高新技术，不但能够真实地反映地物情况，而且还通过采用先进的定位技术，嵌入精确的地理信息、更丰富的影像信息、更直观的体验，极大地扩展了遥感影像的应用领域，并使遥感影像的行业应用更加深入。相比于传统的建模方案，采用倾斜航空摄影技术进行城市三维实景建模具有工期短、成本低、精度高、成果类型多、三维场景真实和建模过程自动化等无可比拟的优点，图12-38 所示为基于无人机倾斜摄影的建筑物三维模型。

图 12-38　建筑物三维模型

倾斜摄影测量以大范围、多角度、高清晰、高精度的方式全面感知复杂的场景，不仅能有效快速地拍摄地物正射影像，还能获取物体侧面纹理，借助高性能协同数据处理系统，可快速实现城市实景三维模型的构建。此种方式有效提高了基础地理信息数据获取的效率，大大降低了三维模型构建的成本，并缩短了周期，已成为城市实景三维建模的主流趋势。

四、在地理国情监测中的应用

地理国情监测既是国家经济社会发展的必然需求，也是我国测绘和地理信息发展的重大战略之一。国家相关单位和技术人员针对无人机服务地理国情监测方面做了大量研究，主要包括农林、国土监测、环境监测、海洋监测、地质矿产勘查等。随着动态监测需求时间缩短、分辨率提高、常态化发展，传统基于国外卫星数据影像长时间序列的动态监测方法，难以满足当前需求。

国土资源监测的工作内容之一是对土地和资源的变化信息进行实时快速的采集，并对重点地区和热点地区要实现循环监测，对违规违法用地、滥占耕地、私自填湖、非法开采矿山、乱砍滥伐、破坏生态环境等现象要做到及早发现、及时制止。无人机航测系统可以快速出动，及时到达监测区域附近，获取监测区域现势性高清影像，为国土、林业等监察部门查处违法行为提供技术保障。

全面、准确、准时地掌握国土资源的数量、质量、分布及其变化趋势，进行合理开发和利用，直接关系到国民经济的可持续发展。通过无人机监测成果，发现和查处被监测区域国土资源违法行为，建立国土资源动态巡查监管机制，可做到对违法违规用地、滥占耕地、破坏生态环境等现象早发现、早制止、早查处。因此，无人机在土地利用、矿产资源及开发重点、热点地区的重复监测等方面具有独特的优势。

当前城市建设日新月异，需要对城市核心地区及散落在城区内的多个建设区域进行动态管理，也需要不断地对这些大到几十平方千米、小到零点几平方千米的区域进行大比例尺、高分辨率、高精度测绘数据的定期更新。变化检测方面，利用无人机低空航测可对重点目标进行动态监测，并自动比较不同时期的 DSM 得到变化检测结果，通过 DOM 与变化检测的结果套合，得到直观的检测结果。

思 考 题

1. 无人机数字地形图测绘的主要方法有哪些？试简要描述。
2. 常用的无人机影像实景三维建模软件都有哪些？并简单介绍。
3. 无人机影像空中三角测量的基本过程是什么？
4. 无人机影像实景三维模型生成过程是什么？
5. 基于实景三维模型的数字地形绘制包括哪些主要环节？
6. 无人机测绘都有哪些应用？

第十三章 数字地形图的应用

第一节 概 述

在工程建设的规划和设计阶段，为了使规划和设计符合实际情况，需要利用地形图提供的资料了解工程建设地区的地形和环境条件，还需要利用地形图进行工程建筑物或构筑物的布设和量算。因此，地形图是工程规划、勘察、设计和建设的重要依据和基础资料。

传统的纸质地形图是以一定的比例尺按规定的图式符号绘制在图纸上的地形图，具有直观性强、使用方便等优点，但也存在不便保存、易损坏、难以更新等缺点。纸质地形图的主要应用包括：在图上量测点的平面坐标和高程、量测两点间的水平距离，确定某一条直线的坐标方位角和坡度，按一定方向绘制断面图，根据设计坡度选择线路，计算平整场地的填挖方量，确定汇水面积，量算面积等。

数字地形图是以数字形式存储在计算机存储介质上的地形图。与纸质地形图相比，数字地形图具有精度高、便于保存、易于更新等优点。利用数字地形图除了可以高精度、快速地完成在纸质地形图上的各种量测工作外，还可以建立数字地面模型。

数字地面模型（Digital Terrain Model，DTM）是地形表面形态属性信息的数字表达，是带有空间位置特征和地形属性特征的数字描述。DTM 是地理信息系统的基础数据，其主要应用领域包括：各种线路（铁路、公路、输电线等）的选线设计；各种工程的面积、体积、坡度计算；任意两点间的通视判断；任意断面图绘制；土地利用现状分析、合理规划及洪水险情预报；在测绘中应用于绘制等高线、坡度坡向图、立体透视图，制作正射影像图以及地图修测等；在遥感应用中可作为分类的辅助数据；在军事上可用于导航及导弹制导、作战电子沙盘等。

随着我国经济的高速发展和社会信息化程度的不断提高，数字地形图将在我国的经济建设和社会发展中发挥越来越大的作用。下面介绍地形图的基本应用、地形图在工程建设中的作用、DTM 的应用。

第二节 地形图的基本应用

一、量测点的坐标

如图 13-1 所示，欲在图上量测 p 点的坐标，可在 p 点所在方格过 p 点分别作坐标格网的平行线 eg 和 fh，再按地形图的比例尺量取 af 和 ae 的长度，则 p 点的坐标为

$$\begin{cases} x_p = x_a + af \\ y_p = y_a + ae \end{cases} \tag{13-1}$$

式中 x_a、y_a——p 点所在方格西南角点的坐标。

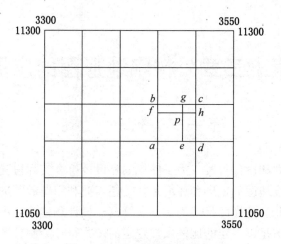

图 13-1　图上量取点的坐标

如果考虑图纸伸缩变形的影响，还需量出 ab 和 ad 的长度。设图上格网边长的理论长度为 m（一般长度为 10 cm），则按下式计算 p 点坐标：

$$\begin{cases} x_p = x_a + \dfrac{af}{ab}m \\[2mm] y_p = y_a + \dfrac{ae}{ad}m \end{cases} \tag{13-2}$$

二、量测两点间的水平距离

当计算线段 AB 的水平距离 D_{AB} 时，首先按照上述方法求得 A、B 两点的直角坐标 $(x_A,\ y_A)$ 和 $(x_B,\ y_B)$，然后按式（13-3）计算 A、B 两点间的水平距离 D_{AB}。

$$D_{AB} = \sqrt{(x_B - x_A)^2 + (y_B - y_A)^2} \tag{13-3}$$

如果量测的精度要求不高，可以直接用比例尺从图上量测线段的水平距离，但是该方法量测的结果会受到图纸伸缩变形的影响。

三、量测直线的坐标方位角

欲求直线 AB 的坐标方位角，先量取 A、B 两点的直角坐标，然后利用坐标反算公式求出该直线的坐标方位角。

若量测精度要求不高时，可用量角器直接在图上量测直线的坐标方位角。

四、量测地面点高程和两点间的坡度

当 p 点位于等高线上，p 点的高程即为该等高线的高程；当 p 点位于两条等高线之间，过 p 点作大致垂直于两相邻等高线的直线 mn，如图 13-2 所示。

分别量取 mp、mn 的距离，则

$$H_p = H_m + \frac{mp}{mn}h \tag{13-4}$$

式中　H_m——m 点的高程，m；

h——等高距，m。

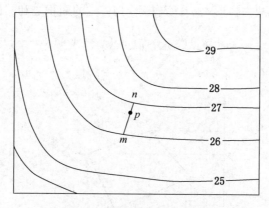

图 13-2　量取地面点的高程

在地形图上求得相邻两点间水平距离 D 和高差 h 后，可按式（13-5）计算两点间的坡度：

$$i = \tan\alpha = \frac{h}{D} \qquad (13-5)$$

式中　α——地面上两点连线相对于水平线的倾角，（°）；

　　　i——坡度，%。

五、面积量算

在地形图的应用中，经常会遇到面积量算问题，如土地调查中各地类面积的量算、地籍测量中宗地面积的量算、水库及道路设计中汇水面积的量算等。面积量算的主要方法有几何图形法、坐标解析法等。

1. 几何图形法

具有几何图形的图形面积，可用几何图形法来测定。方法是将其划分成若干个简单的几何图形，从图上量取图形各几何要素，按几何公式来计算各简单图形的面积，并求其和得图形的面积。几何图形法测定面积的常用方法有三角形底高法、三角形三边法、梯形底高法、梯形中线与高法。

（1）三角形底高法是量取三角形的底边长 a 和高 h，按公式 $S=\dfrac{1}{2}ah$ 计算其面积。

（2）三角形三边法是量取三角形的三边长 a、b、c，然后用公式 $S = \sqrt{s(s-a)(s-b)(s-c)}$ 计算其面积，其中 $s=(a+b+c)/2$。

（3）梯形底高法是量取梯形的上底边长 a、下底边长 b 以及高 h，按公式 $S = \dfrac{1}{2}(a+b)h$ 计算其面积。

（4）梯形中线与高法是量取梯形的中线长 c 及高 h，按 $S=ch$ 来计算其面积。

2. 坐标解析法

坐标解析法是根据多边形各顶点的坐标计算其面积。如图 13-3 所示，将多边形各顶点按顺时针方向编号为 1、2、3、4，由图可知，四边形 1234 的面积等于梯形 $12y_2y_1$ 与梯形 $23y_3y_2$ 的面积之和再减去梯形 $43y_3y_4$ 与梯形 $14y_4y_1$ 的面积之和，即

$$S = \frac{1}{2}[(x_1 + x_2)(y_2 - y_1) + (x_2 + x_3)(y_3 - y_2) -$$

$$(x_3 + x_4)(y_3 - y_4) - (x_4 + x_1)(y_4 - y_1)]$$

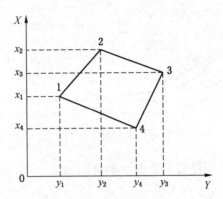

图 13-3　坐标解析法量算面积

整理后得

$$S = \frac{1}{2}[x_1(y_2 - y_4) + x_2(y_3 - y_1) + x_3(y_4 - y_2) + x_4(y_1 - y_3)]$$

同理可得

$$S = \frac{1}{2}[y_1(x_4 - x_2) + y_2(x_1 - x_3) + y_3(x_2 - x_4) + y_4(x_3 - x_1)]$$

若图形为 n 边形，面积计算公式的一般表达式为

$$S = \frac{1}{2} \sum_{i=1}^{n} x_i(y_{i+1} - y_{i-1}) \tag{13-6}$$

$$S = \frac{1}{2} \sum_{i=1}^{n} y_i(x_{i-1} - x_{i+1}) \tag{13-7}$$

式中，下标为多边形各顶点的序号。计算时，当 $i-1=0$ 时，下标应取 n；当 $i+1=n+1$ 时，下标应取 1。

此外，进行面积量算的传统方法还有方格法和求积仪法等。随着 AutoCAD 技术的日益完善及在现场中的广泛应用，也可以直接在 AutoCAD 图上直接量取图形面积。

六、体积量算

体积量算是地形图应用的一个重要内容。由于各种工程建设的类型不同，地形复杂程度不同，因此需要计算体积的形体复杂多样，下面主要介绍常用的等高线法和断面法。

1. 等高线法

利用等高线计算体积的方法如下：首先量算出各等高线围成的面积，然后分别利用台体和锥体体积的计算公式计算各层的体积，最后各层体积相加，得到总的体积。

如图 13-4 所示，欲计算高程为 64 m 以上的土方量，具体计算过程如下：设 S_1、S_2、

S_3、S_4、S_5 为各等高线围成的面积，h 为等高距，h_k 为最上面的等高线距山顶的高度，则

$$V_1 = \frac{1}{2}(S_1 + S_2)h \qquad V_2 = \frac{1}{2}(S_2 + S_3)h \qquad V_3 = \frac{1}{2}(S_3 + S_4)h$$

$$V_4 = \frac{1}{2}(S_4 + S_5)h \qquad V_5 = \frac{1}{3}S_5 h_k$$

$$V = V_1 + V_2 + V_3 + V_4 + V_5 \tag{13-8}$$

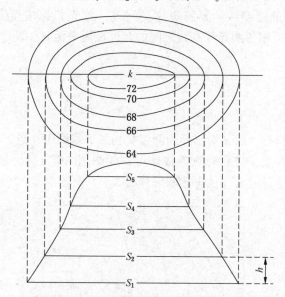

图 13-4　等高线法量算体积

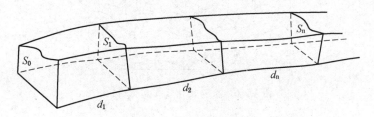

图 13-5　断面法量算体积

2. 断面法

断面法一般用来计算路基、渠道、堤坝等带状土工建筑物的填、挖方量。如图 13-5 所示，根据纵断面线的起伏情况，对于基本一致的坡度划分为同坡度路段，各段的长度为 d_i；过分段点作横断面图，并量算各横断面的面积，分别表示为 S_i，则该带状土工建筑物的体积为

$$V = \sum_{i=1}^{n} V_i \tag{13-9}$$

式中　V_i——第 i 段的体积。

计算如下：

$$V_i = \frac{1}{2} \sum_{i=1}^{n} d_i(S_{i-1} + S_i) \tag{13-10}$$

第三节 地形图在工程建设中的应用

一、根据限定坡度选定最短路线

线路工程设计时，既要满足坡度限制又要减少工程量、降低施工费用，为此要求有坡度限制的情况下选取最短路线。要解决这类问题，首先根据坡度限值的要求，运用式（13-11）求出路线经过相邻两条等高线之间的允许最短平距 d，即

$$d = \frac{h}{i} \tag{13-11}$$

式中　h——等高距，m；

　　　i——设计坡度，（°）。

然后，以起点为圆心，以 d 为半径画圆弧交相邻等高线于一点，再以该点为圆心重复上述过程，直至到达终点，将所有点连线即可，如图 13-6 所示。最短路线若不止一条，要综合考虑地形、地质等因素，从中选取最佳路线。

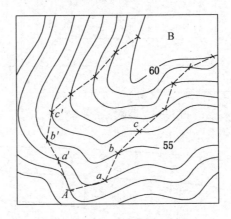

图 13-6　根据设计坡度选取路线

二、按指定方向绘制断面图

在进行线路、管道、隧洞、桥梁等工程的规划设计时，往往要了解沿某一特定方向的地面起伏情况，此时可利用地形图绘制指定方向的断面图。

如图 13-7 所示，欲绘制沿 MN 直线方向的断面图，首先在图上绘直线 MN，找出该直线与各条等高线的交点（a, b, c, d, e, f, g, h, i, j）；在图纸上绘制水平线 MN 为横轴，表示水平距离方向，过 M 点作 MN 的垂线为纵轴，表示高程方向。然后，在地形图上沿 MN 方向确定各交点（a, b, c, d, e, f, g, h, i, j），并在横轴上以 M 为起点沿 MN 方向依次截出相应各点。再从地形图上读取各点高程，并以各点高程为纵坐标向上画出相应的垂线，得到各交点在断面图上的位置，用光滑曲线连接这些点，即得 MN 方向的断面图。

为了明显表示地面的起伏变化状态，高程比例尺常为水平距离比例尺的 10~20 倍，且

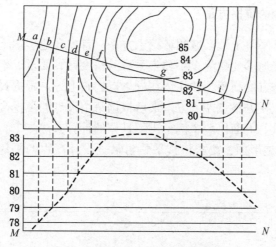

图 13-7 根据指定方向绘制断面图

方向线与地性线的交点在断面图上必须表示出来，以使绘制的断面图更符合实际地貌。

三、确定汇水面积

在公路、铁路的勘测设计中，遇到跨越河流、山谷或深沟时，需要修建桥梁和涵洞。桥梁的跨度、涵洞的孔径与水流量有关；水库设计时，水坝位置、坝的高度与水库蓄水量有关。水量的大小又与该区域内汇集雨水和雪水的地面面积大小有关，这个面称为汇水面积。为了确定汇水面积的范围，需在地形图上绘出汇水面积的边界。这个边界实际是一系列分水线即山脊线的连线，所以汇水面积的边界线是由一系列山脊线连接而成的。

如图 13-8 所示，欲修建一条道路 *FB*，其中 *A* 处为修筑道路时经过的山谷，需在 *A* 处建造一涵洞用来排泄水流。涵洞孔径的大小应根据流经该处的水量决定，而水量又与汇水面积有关。从图 13-8 可以看出，由分水线 *BC*、*CD*、*DE*、*EF* 和道路 *FB* 所围成的面积即为汇水面积。

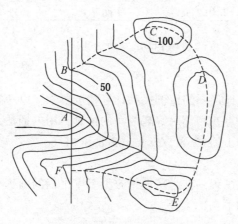

图 13-8 确定汇水面积

四、计算平整场地的填挖方量

常采用方格法量算平整土地区域的填挖土方量。首先在地形图上按施工范围绘制方格网，方格的边长取决于地形变化的大小和土方量的精度计算要求。然后根据地形图上的等高线，内插出每个方格点的高程，并注记在方格点的右上方。根据设计高程计算每个方格顶点的填挖高度，注记在方格点左上方。最后根据每个顶点的填挖高度和方格的面积计算整个区域的填挖土方量。下面以一个例子讲解具体的计算方法。

如图 13-9 表示的地形图，要求将其平整为某一设计高程的平地，填挖方量的计算步骤如下。

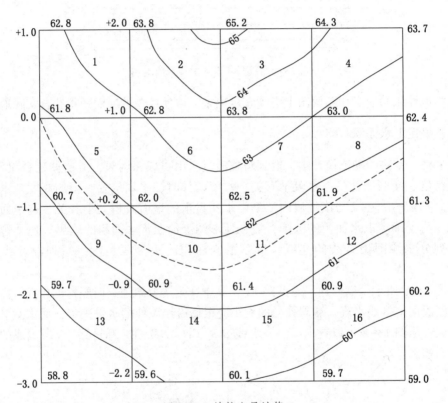

图 13-9　填挖方量计算

1. 绘制方格网

根据地形复杂情况、地形图的比例尺和计算精度要求，以一定大小的方格在地形图上绘制方格网。根据方格顶点在相邻两等高线间的位置，用内插法计算各顶点高程，并标注在顶点的右上方，如方格 1 的 62.8、63.8、62.8 和 61.8。

2. 计算设计高程

根据每个方格顶点的高程，在满足填挖方量基本平衡的前提下，利用加权平均值的方法计算设计高程。计算如下：

$$H_{\mathrm{d}} = \frac{P_i H_i}{\sum P_i} \tag{13-12}$$

式中　H_d——场地的设计高程，m；

　　　H_i——方格点 i 的高程，m；

　　　P_i——方格点 i 的权，每个方格点的权一般根据它们的位置取 1、2、3 或 4。

图 13-9 的设计高程计算为

$H_d = [1 \times (62.8 + 63.7 + 59.0 + 58.8) + 2 \times$

$(63.8 + 65.2 + 64.3 + 62.4 + 61.3 + 60.2 + 59.7 + 60.1 + 59.6 + 59.7 + 60.7 + 61.8) +$

$4 \times (62.8 + 63.8 + 63.0 + 62.0 + 62.5 + 61.9 + 60.9 + 61.4 + 60.9)] \div$

$(4 \times 1 + 12 \times 2 + 9 \times 4) = 61.8(m)$

3. 绘填、挖边界线

根据计算出的设计高程，在地形图上绘制填、挖边界线（图中所示的虚线）：在该线上的各点既不填也不挖，线的下方为填的区域，线的上方为挖的区域。

4. 计算填、挖高度

各方格顶点的高程减去设计高程即为填、挖高度，标注于顶点的左上方。正值表示挖方，负值表示填方。

5. 计算填、挖方量

首先计算各方格的填、挖方量，然后计算总的填、挖方量。计算时，有些方格为全挖方，如方格 1、2、3、4、6、7；有些方格既有填方又有挖方，如方格 5、8、9、10、11、12；有些方格为全填方，如方格 13、14、15、16。计算每个方格的填（挖）方量时，取每个方格顶点的填（挖）高度的平均值与填（挖）面积相乘，即得到每个方格的填（挖）方量。例如，方格 1 全挖方量、方格 5 既有挖方量又有填方量、方格 13 全填方量的计算如下：

$$V_{1挖} = \frac{1}{4} \times (1.0 + 2.0 + 1.0 + 0.0) \times S_{1挖} = 1.0 \times S_{1挖}$$

$$V_{5挖} = \frac{1}{4} \times (0.0 + 1.0 + 0.2 + 0.0) \times S_{5挖} = 0.75 \times S_{5挖}$$

$$V_{5填} = \frac{1}{3} \times [0.0 + 0.0 + (-1.1)] \times S_{5填} = -0.37 \times S_{5填}$$

$$V_{13填} = \frac{1}{4} \times (-2.1 - 0.9 - 2.2 - 3.0) \times S_{13填} = -2.05 \times S_{13填}$$

式中　　　$S_{1挖}$——方格 1 的面积，m^2；

　　　$S_{5挖}$、$S_{5填}$——方格 5 挖和填的面积，m^2；

　　　$S_{13填}$——方格 13 的面积，m^2。

用同样的方法将其他方格的挖、填体积计算出来，分别对挖、填的体积进行求和，即可得到总的挖、填体积。

第四节　DTM 的 应 用

随着计算机技术的飞速发展以及 DTM 理论和方法的日趋完善，DTM 在测绘、遥感、土木、水利工程勘察和规划、资源调查、灾情监控、制图自动化、军事领域、地学分析和地理信息系统等许多领域得到了广泛研究和迅速发展。特别是近年来，随着空间数据基础设施建设和数字地球战略的实施，加快了 DTM 与 GIS 和遥感的一体化进程，为 DTM 的应用开辟了广阔天地。DTM 在各个领域的应用都是以以下 9 个方面的应用为基础。

一、计算点的高程

利用 DTM 计算点高程的原理是根据临近 4 个已知数据点组成一个四边形，可以确定一个双线性多项式函数内插待求点的高程，即

$$z = a_0 + a_1x + a_2y + a_3xy \tag{13-13}$$

当 x 或 y 确定时，高程 z 与 y 或 x 呈线性关系。设四边形的 4 个角点分别为 $P_1(x_1, y_1, z_1)$、$P_2(x_2, y_2, z_2)$、$P_3(x_3, y_3, z_3)$ 和 $P_4(x_4, y_4, z_4)$，代入式（13-14）求出参数 a_0、a_1、a_2 和 a_3。

$$\begin{pmatrix} a_0 \\ a_1 \\ a_2 \\ a_3 \end{pmatrix} = \begin{pmatrix} 1 & x_1 & y_1 & x_1y_1 \\ 1 & x_2 & y_2 & x_2y_2 \\ 1 & x_3 & y_3 & x_3y_3 \\ 1 & x_4 & y_4 & x_4y_4 \end{pmatrix}^{-1} \begin{pmatrix} z_1 \\ z_2 \\ z_3 \\ z_4 \end{pmatrix} \tag{13-14}$$

将插值点的坐标代入式（13-13），计算该点的高程值。

二、计算表面积

地面面积可以看作其所包含的各个网格表面积之和。若网格中有特征高程点，可将网格分解为若干个小三角形，求出它们的倾斜面积之和作为网格的地表面积；若网格中没有高程点，可以计算网格对角线交点处的高程，利用 4 个顶点的斜三角形面积之和作为网格的地表面积。

空间三角形面积计算公式如下：

$$A = \sqrt{P(P - S_1)(P - S_2)(P - S_3)} \tag{13-15}$$

$$P = \frac{1}{2}(S_1 + S_2 + S_3)$$

式中，S_1、S_2 和 S_3 表示三角形边长，根据其顶点坐标计算。

三、计算剖面积

根据工程设计的线路，可计算其与 DTM 各格网边的交点 $P_i(X_i, Y_i, Z_i)$，则该线路的剖面积为

$$S = \sum_{i=1}^{n-1} \frac{Z_i + Z_{i+1}}{2} \cdot D_{i, i+1} \tag{13-16}$$

式中　　n——交点个数；

$D_{i,i+1}$——交点 P_i 与 P_{i+1} 的距离。

四、计算体积

DTM 的体积由四棱柱和三棱柱的体积累加得到。四棱柱的上表面用双曲抛物面拟合，

三棱柱上表面用斜平面拟合，下表面均为水平面或参考面。体积的计算公式分别为

$$V_3 = \frac{Z_1 + Z_2 + Z_3}{3} \cdot S_3 \qquad (13-17)$$

$$V_4 = \frac{Z_1 + Z_2 + Z_3 + Z_4}{4} \cdot S_4 \qquad (13-18)$$

式中 S_3、S_4——三棱柱和四棱柱的底面积。

五、计算填挖方量

利用 DTM 计算填挖方量常用的方法是三角棱柱体法，即通过建立三角网计算每一个三棱锥柱的填挖方量，累计后得到计算范围内的填挖方量。根据三角形各角点填挖高度的不同，每个三角形区域可能包括两种情况：全填全挖或有填有挖。

对于三角形 3 个角点全部为填或挖，三棱柱的计算公式为

$$V = \frac{H_1 + H_2 + H_3}{3} \cdot S \qquad (13-19)$$

式中 S——三角形投影到参考水平面的面积；

H_1、H_2、H_3——三角形各角点的填挖高度。

对于三角形的 3 个角点有填有挖时，填挖分界线将三角形分成两部分：一部分为底面是三角形的锥体，另一部分是底面为四边形的楔体。它们的体积计算公式分别为

$$V_{锥} = \frac{H_3^2}{3\left[(H_1 + H_3)(H_2 + H_3)\right]} \qquad (13-20)$$

$$V_{楔} = \frac{S}{3} \cdot \left[\frac{H_3^2}{(H_1 + H_3)(H_2 + H_3)} - H_3 + H_2 + H_1\right] \qquad (13-21)$$

式中 S——三角形投影到参考水平面的面积；

H_1、H_2、H_3——三角形的各角点填挖高度，且 H_3 表示锥体顶点的填挖高度。

六、绘制等高线

绘制等高线是 DTM 最重要的应用之一。利用 DTM 绘制等高线的原理如下：首先从 DTM 上跟踪等高线点，然后对等高线进行拟合和光滑处理，即在原始内插等高线点的基础上，插补加密等高线点以形成光滑曲线。

DTM 绘制等高线包括基于矩形格网绘制等高线和基于三角网绘制等高线。基于矩形格网绘制等高线的步骤包括：①利用矩形格网点的高程内插格网边上的等高线点，并将这些等高线点按顺序排列；②加密等高线点，绘制成光滑曲线。基于三角网绘制等高线可以直接利用原始观测数据，避免了内插的精度损失，因此绘制的等高线精度较高。下面重点介绍基于三角网绘制等高线的方法。

1. 搜索等高线点

在利用三角网绘制等高线前，首先应该搜索等高线点。显然，绘制的等高线可能从三角形的顶点通过，也可能从三角形的边上通过。

设 X_i、Y_i 和 Z_i 表示区域内 N 个离散点的三维坐标；IP_1、IP_2 和 IP_3 为某一个三角形顶点的编号；W 为当前所绘等高线的观测值；$XP(m, l)$ 和 $YP(m, l)$ 为等高线点的平面

坐标，其中 m 表示用于判断等高线点是边上还是中间等高线点的特征计数器，l 表示三角形的序号。为了判断等高线点是从三角形顶点还是从边上通过，首先判断等高线点是否在三角形的边上。利用下式内插等高线点 P 的坐标：

$$XP(m, l) = X(IP_1) + \frac{X(IP_2) - X(IP_1)}{Z(IP_2) - Z(IP_1)} \times (W - Z(IP_1)) \tag{13-22}$$

$$YP(m, l) = Y(IP_1) + \frac{Y(IP_2) - Y(IP_1)}{Z(IP_2) - Z(IP_1)} \times (W - Z(IP_1)) \tag{13-23}$$

2. 搜索等高线的起点和终点

无论绘制开曲线或是闭曲线，都必须首先找出等高线的起始点和终止点。闭合等高线一定位于绘图区内部，其内部三角形边上任一等高线点均可作为起始点和终止点；开曲等高线一定开始于绘图区域的边界又结束于边界，所以起始等高线点和终止等高线点一定位于边界三角形的最外边上。

3. 跟踪等高线点

搜索出等高线的起始点后，就可以沿起始点顺序地跟踪出一条等高线的全部等高线点。由于在内插等高线点时，内插得到的等高线点是按三角形的序号排列，因此是不规则的。为了把等高线点按一条等高线通过的先后顺序进行排列，必须沿起始点按照一定规则进行追踪。由于按顺序排列的等高线点只存在于相邻的三角形中，所以可以利用一等高线点既是某个三角形的出口点又是相邻三角形的入口点的原理，构造等高线的追踪算法。

4. 连接成等高线

当某一数值的等高线点追踪完毕，把离散的等高线点连接后生成等高线。绘完某一数值等高线点后，再开始下一数值等高线的绘制，直到完成全部等高线的绘制为止。

七、绘制断面图

传统断面图的绘制方法是把沿路中心线测得中桩的地面高程绘制在坐标格网纸上，根据设计标准，对地面线进行拉坡，最后得到纵断面设计线。这种传统方法需要大量的野外勘测工作，因此工作强度大，且受人为因素影响大，不便于数据更新。利用 DTM 绘制断面图，可以自动绘制任意比例、长度和方向的断面图，速度快、精度高，且便于数据更新。下面介绍利用 DTM 绘制断面图的步骤。

（1）根据中线的转点坐标和曲线要素计算不同桩号的坐标。根据直线的方位和距离，可以方便地求出任意断面上某一桩距的各点坐标。

（2）根据断面上各点坐标，确定其所在的三角形。

（3）根据三角形顶点的高程，内插断面上各点的高程。

（4）根据各桩距的高程和距起点的距离，绘制某一长度和一定纵横比例的断面图。

八、绘制坡度图和坡向图

坡度和坡向是互相关联的两个参数。坡度反映斜坡的倾斜程度，通常把坡面的铅直高度和水平宽度的比叫作坡度，常用百分比表示。坡向反映斜坡所面对的方向，是坡向变化比率最大的方向，按从正北方向起算的角度测量。

坡度的计算公式为

$$\tan\alpha = \sqrt{\left(\frac{\partial z}{\partial x}\right)^2 + \left(\frac{\partial z}{\partial y}\right)^2} \qquad (13-24)$$

坡向的计算公式为

$$\tan\beta = \frac{\left(-\dfrac{\partial z}{\partial y}\right)}{\left(\dfrac{\partial z}{\partial x}\right)} \qquad (13-25)$$

计算出各地表单元的坡度后，可以对坡度计算值进行分类，使不同类别与显示该类别的颜色或灰度对应，即可得到坡度图。坡向图是坡向的类别显示图。由于任意斜坡的倾斜方向可取方位角0°~360°中的任意方向，通常把坡向分为东、南、西、北、东北、西北、东南、西南8类，加上平地共9类，以不同色彩显示，即可得到坡向图。

九、绘制透视图

绘制透视立体图是DTM的一个重要应用。透视立体图能更好地直观反映地形的立体形态，与等高线表示地形形态相比，其独特的优点更接近人们的直观视角。特别是随着计算机图形处理能力的增强和屏幕显示系统的发展，立体图形的制作具有更大的灵活性。人们可以根据不同的需求，对同一个地形形态作各种不同的立体显示，如局部放大、改变高程值的放大倍率以夸大立体形态、改变视点的位置以从不同角度进行观察、转动立体图形使人们更好地研究地形的空间形态等。

从一个空间三维的DTM到平面的二维透视图，其实质是透视变换。具体做法是：将"视点"看作"摄影中心"，直接利用共线方程从物点坐标计算像点坐标；经过消隐处理后，调整视点、视角等参数，就可以从不同方位和不同距离绘制形态各异的透视图。

思 考 题

1. 试述在纸质地形图上分别确定点、线、面和体等信息的基本方法。
2. 什么是数字高程模型？其作用主要有哪些？
3. 说明在地形图上根据指定方向绘制断面图的方法步骤。
4. 平整场地时，简述在地形图上计算填挖方量的方法和步骤。
5. 在地形图计算面积、体积的方法有哪些？
6. 在数字地形图上选取人工渠走向时，应注意哪些事项？

参 考 文 献

[1] 何荣，李长春．数字测图原理与方法［M］．2 版．北京：应急管理出版社，2019．

[2] 潘正风，程效军，成枢，等．数字地形测量学［M］．2 版．武汉：武汉大学出版社，2019．

[3] 高井祥，付培义，余学祥，等．数字地形测量学［M］．徐州：中国矿业大学出版社，2018．

[4] 高井祥，等．数字测图原理与方法［M］．3 版．徐州：中国矿业大学出版社，2015．

[5] 李长春，何荣．测量学［M］．北京：煤炭工业出版社，2015．

[6] 程效军，鲍峰，顾孝烈．测量学［M］．5 版．上海：同济大学出版社，2016．

[7] 李克昭，杨力，柴霖，等．GNSS 定位原理［M］．北京：煤炭工业出版社，2014．

[8] 程多祥．无人机移动测量数据快速获取与处理［M］．北京：测绘出版社，2018．

[9] 段连飞．无人机图像处理［M］．西安：西北工业大学出版社，2017．

[10] 程远航．无人机航空遥感图像拼接技术研究［M］．北京：清华大学出版社，2016．

[11] 段延松．无人机测绘生产［M］．武汉：武汉大学出版社，2019．

[12] 韦加无人机教材编写委员会．无人机飞行原理［M］．北京：航空工业出版社，2018．

[13] 全广军．无人机及其测绘技术新探索［M］．吉林：吉林科学技术出版社，2018．

[14] 法尔斯特伦，格里森．无人机系统导论［M］．4 版．郭正，王鹏，陈清阳，等译．北京：国防工业出版社，2015．

图书在版编目（CIP）数据

数字测图原理与方法/何荣,李长春主编. --3 版. --北京:应急管理出版社，2023

河南省"十四五"普通高等教育规划教材　煤炭高等教育"十四五"规划教材

ISBN 978-7-5237-0090-7

Ⅰ. ①数… Ⅱ. ①何… ②李… Ⅲ. ①数字化测图—高等学校—教材 Ⅳ. ①P231. 5

中国国家版本馆 CIP 数据核字（2023）第 232911 号

数字测图原理与方法　第 3 版

（河南省"十四五"普通高等教育规划教材）

（煤炭高等教育"十四五"规划教材）

主　　编	何　荣　李长春
责任编辑	郭玉娟
责任校对	张艳蕾
封面设计	罗针盘

出版发行　应急管理出版社（北京市朝阳区芍药居 35 号　100029）
电　　话　010-84657898（总编室）　010-84657880（读者服务部）
网　　址　www. cciph. com. cn
印　　刷　三河市中晟雅豪印务有限公司
经　　销　全国新华书店

开　　本　787mm×1092mm$^1/_{16}$　印张　21$^1/_2$　字数　499 千字
版　　次　2023 年 12 月第 3 版　2023 年 12 月第 1 次印刷
社内编号　20230954　　　　　　定价　60.00 元